U0358633

国家社科基金重大项目"中国古代环境美学史研究"
（13&ZD072）最终成果

中国古代环境美学史

清代卷

陈望衡 范明华
——主编

陈国雄 著

江苏人民出版社

图书在版编目(CIP)数据

中国古代环境美学史. 清代卷 / 陈望衡, 范明华主编; 陈国雄著. -- 南京:江苏人民出版社, 2024.1
ISBN 978 - 7 - 214 - 27205 - 8

Ⅰ. ①中… Ⅱ. ①陈… ②范… ③陈… Ⅲ. ①环境科学-美学史-中国-清代 Ⅳ. ①X1 - 05

中国版本图书馆 CIP 数据核字(2022)第 082994 号

中国古代环境美学史

陈望衡　范明华　主编

清代卷

陈国雄　著

项 目 统 筹	康海源　胡海弘
责 任 编 辑	康海源
装 帧 设 计	潇　枫
责 任 监 制	王　娟
出 版 发 行	江苏人民出版社
地　　　　址	南京市湖南路 1 号 A 楼,邮编:210009
照　　　　排	江苏凤凰制版有限公司
印　　　　刷	南京爱德印刷有限公司
开　　　　本	652 毫米×960 毫米　1/16
印　　　　张	172.75　插页 28
字　　　　数	2300 千字
版　　　　次	2024 年 1 月第 1 版
印　　　　次	2024 年 1 月第 1 次印刷
标 准 书 号	ISBN 978 - 7 - 214 - 27205 - 8
定　　　　价	880.00 元(全七册)

(江苏人民出版社图书凡印装错误可向承印厂调换)

总序:中国古代环境美学思想体系

中国古代有着丰富而又深刻的环境美学思想,这思想可以追溯到距今约七八千年的新石器时代,而其奠基则主要在距今 2 000 多年的先秦时代,其中春秋战国时代的"百家争鸣"对于中国古代环境美学思想的形成起了重要的作用。汉、唐、宋、明、清是中国历史上存在时间较长的朝代,它们于中国环境美学的建构与完善分别起着重要的作用。大体上,汉代主要体现在家国意识的建构上,唐代主要体现为山水审美意识的拓展与提升,宋代主要为新的城市观念的建构,明代主要为园林思想的成熟,清代主要为中国古代环境美学的总结以及向近代环境美学的过渡。探查中国古代环境美学的发展历程,我们认为中国古代有一个完整的环境美学思想体系。

一、汉语"环境"一词考辨

中国自远古起,就有环境思想,但"环境"这一概念产生得比较晚。构成环境一词的"环"与"境",其出现时间则要早得多。

"环"字最早出现于金文中,写法不一。① 《说文解字》把"环"归入

---

① 方述鑫等编:《甲骨金文字典》,成都:巴蜀书社 1993 年版,第 23 页。

"玉"部,称"环,璧也","从玉,瞏声",《绎史》将"环"图示为◎。可见,"环"是璧的一种,指圆形的、中间有圆孔的玉器,孔的直径和周边的宽度相等。环是古代一种重要礼器。《王度记》云:"大夫俟放于郊三年,得环乃还,得玦乃去。""环"和"玦"(环形有缺口的玉)成为大夫能否得恩宠的信号。周朝设官职"环人",《周礼·夏官司马》云:"环人,下士六人,史二人,徒十有二人。"

离开讲礼的场合,"环"则显出其他的含义。

第一,从"环"的圆形生发出"环形"(圆形及类圆形)、"环绕"之义。《庄子·齐物论》云:"枢始得其环中,以应无穷。"《庄子·大宗师》亦云:"其妻子环而泣之。"又,《汉书·高帝纪》有语:"章邯复振,守濮阳,环水。"

第二,与"环绕"相近,"环"有"包围"义。《吕氏春秋·仲秋纪·爱士》有"晋人已环缪公之车矣"语。

第三,"环"有"旋转"义。《茶经·五之煮》说:"以竹策环激汤心。"

第四,"环"有起点与终点重合即无起点亦无终点义。《史记·田单列传》云:"奇正还相生,如环之无端。"《荀子·王制》云:"始则终,终则始,若环之无端也。"没有了起点与终点之别,"环"又发展出"连续不断"之义,如《阅微草堂笔记·如是我闻》有"奇计环生"语。

第五,从"环"外在形象的完满生发出"周全""遍通""周密"等义。《楚辞·天问》有"环理天下"语,此处的"环"有"周全"义;《文心雕龙·风骨》云"思不环周",又,《文心雕龙·明诗》云"六义环深",此两处的"环"均有"周密"义。

"环"与其他字组合,还会产生新义,如《韩非子·五蠹》"自环者谓之私",王先慎《诸子集成·韩非子集解》中引《说文解字》认为此"环"与"营"相通。

《说文解字》释"境"为"疆也。从土,竟声,经典通用竟"。何谓疆?界也。何谓界?画也。《后汉书·史弼传》云,古代先王"疆理天下,画界分境,水土异齐,风俗不同",可见"境"的意思是"划(画)出的边界"。围绕着边界,"境"生发出不同的意思。

第一,就边界本身而言,"境"释为"疆界"。《史记·晋世家》:"(晋)秦接境。"《春秋繁露·玉英》:"妇人无出境之事。"《韩非子·存韩》:"窥兵于境上而未名所之。"《礼记·曲礼下》:"大夫、士去国,逾竟(境),为坛位,乡(向)国而哭。"《史记·孝文本纪》:"匈奴并暴边境,多杀吏民。"对"边境",《国语》有一生动比喻,其《楚语》曰:"夫边境者,国之尾也。""境"还可析出细貌,如《资治通鉴·梁纪五》云:"魏敕怀朔都督简锐骑二千护送阿那瑰达境首。"境首,犹言边境也。

第二,把边界当作一条线,就相关话语者所持立场而论,边界的两边就有了不同的归属地,分出"境内"和"境外"。《礼记·祭统》云:"诸侯之祭也,与竟内乐之。"《史记·卫青霍去病列传》云:"以臣之尊宠而不敢自擅专诛于境外。""境"的"内""外"之别给人造成一种亲疏有别之感,边界成了时刻提醒人们危机将临的警戒线。

第三,不管"境内""境外",都是指"地方"。《论衡·书虚》:"共五千里之境,同四海之内。"《桃花源记》:"率妻子邑人来此绝境,不复出焉。"这"地方"由东、西、南、北来圈定,称为"四境"。《淮南子·道应训》:"诚有其志,则四境之内皆得其利矣。"

第四,"境"也与"环"一样,其义从有形的地方拓展到精神之域。《淮南子》有诸多这样的用法,如《原道训》:"夫心者……驰骋于是非之境。"《俶真训》:"定于死生之境,而通于荣辱之理";"若夫无秋毫之微,芦苻之厚,四达无境"。《修务训》:"观始卒之端,见无外之境。"

最早把"境"的概念引入艺术理论中的是东汉学者蔡邕。他的论书著作《九势》云:"此名九势,得之虽无师授,亦能妙合古人,须翰墨功多,即造妙境耳。"

"境"与其他词义合作形成的语域,朝着诗学维度拓展,则产生了"意境"和"境界"。这两个语词不仅在诗论中,而且在画论、书论、文论中都成为评判作品是否达到最高水平的标准。"境界"还可指人生修炼达到精神通达的程度。

最早使用"意境"评诗的是唐代诗人王昌龄,传为其所作的《诗格》二卷中有"诗有三境"论,其中第三境即为"意境"。王昌龄还创"境象"概念,他在论第一境"物境"时说:"处身于境,视境于心,莹然掌中,然后用思,了然境象。"这"境象"与"意境"同义。

"境"从"身境"(物境)到"象境"(意境)的拓展,可以看作"境"在历史文化中,其精神因素不断增强的一个缩影。有学者认为,"境"从"实境"到"虚境",在精神审美因素上的提升与佛教有关。佛教著名的"六境"说根据不同的对象分出六种识境(色、声、香、味、触、法)。佛学意义上"境"更多地偏向"境界"的含义。

"境界",同样经过了从外在物理空间到内在精神空间的变化过程。汉代郑玄在《诗·大雅·江汉》"于疆于理"句下笺云:"正其境界,修其分理。"当中"境界"指"地方"。魏晋南北朝时期,佛学把"境界"引入精神领域,如《无量寿经》说"比丘白佛,斯义弘深,非我境界",此处"境界"指的就是内在修炼所达到的程度。

真正在审美意义上使用"境界"概念的是近代的王国维。他的《人间词话》试图以"境界"为核心概念来把握中国古代诗词的主要精神。"境界"成为艺术之本,亦成为艺术美乃至美之所在。

"环境"是晚出词,据资料库显示,先秦至民国的文献中,"环""境"组合使用大致有200多处。而在隋朝之前,"环境"用例至今没有发现。因此大致可以推断,"环境"最早可能出现在唐朝,进一步缩小范围,可认定在唐朝中后期。唐朝段文昌(773—835年)《平淮西碑》有"王师获金爵之赏,环境蒙优复之恩"。又,《唐大诏令集》卷一一八《令镇州行营兵马各守疆界诏》(下诏时间为大和年间)有"今但环境设备,使之不能侵轶,须以岁月,自当诛除。此所谓不战之功,不劳而定也"。此处的"环境"亦须作动宾短语理解,有"环绕某处全境"之意,不是合成词。

由上可见,唐代"环境"作为"地区"的用例还不太固定。宋代"环境"概念使用要多一些,且趋向于表示某个地区或地带。如北宋《新唐书·王凝传》曰:"时江南环境为盗区,凝以强弩拒采石。"(《新唐书》完成于嘉祐五年,即公元 1060 年。)与此差不多同时的《黄州重建门记》曰:"环境之内,皆若家视。"(作者郑獬自叙本文完成于治平三年,即公元 1066年。)吕南公(1047—1086 年)《上运使郎中书》曰:"使环境之俗,欢荣戴赖,如倚父母。"上述"环境"都指环绕某处之全境。

康熙时的《佩文韵府》《骈字类编》中举"环境"这一条目时都有个例句:"诸军环境,不得妄加杀戮。"引自《文苑英华·讨凤翔郑注德音》。《文苑英华》编纂于太平兴国七年至雍熙三年(982—986 年),其所撷取的《讨凤翔郑注德音》一文来自唐代的"德音"(诏书的一种)。这样一来,"环境"的出现似乎要推到唐代。但仔细推敲"诸军环境"这句话,如把"环境"当成"某地"看,与"诸军"意思搭配不上。那么"诸军环境"该作何解呢? 直接查《唐大诏令集·讨凤翔郑注德音》,其文字却是"诸军还境,不得妄加杀戮",显然意思就较为清楚,"诸军还境"意为"各路军队回到凤翔这个地方"。古汉语"环"与"还"意义相通,《文苑英华》的写法是允许的,而清代的字书在收集"环境"这一词条时有些草率。即使唐代的说法成立,所引的例子也可能是孤证,况且《文苑英华》以及《唐大诏令集》都编定于宋代,因此,可以推定,"环境"用以指称地区,应是从北宋开始的。

有了北宋的发端,南宋使用"环境"一词就较为便当。南宋熊克《中兴小纪》卷四云:"时河东环境为盗区。"范浚《徐忠壮传》亦云:"当是时,河东环境,为敌区独。"都用了"河东环境",意思也一样。李曾伯《帅广条陈五事奏》有"蛮僚环境,动生猜疑"。"环境"也见于诗作,李纲《闻建寇逼境携家将由乐沙县以如剑浦》:"纷然群盗起,环境暗锋镝。"刘克庄《送邹莆田》:"租符环境少,花判入人深。"

此后,元、明、清的文献均有"环境"的用例。从以上考证大致可以看出,在古文文本中,"环境"的使用不是太普遍,严格地说,它还没有形成一个概念,其内涵与外延都不够确定。只有到了近代,"环境"才真正成为概念。

作为概念的"环境",其意义已经远不止于"地区"义,具有一定的人文内涵，凸显了地区与人生存发展的某种关系。鲁迅在《孤独者》中说：
"后来的坏，如你平日所攻击的坏，那是环境教坏的。"这"环境"的用法就
与此前时代的用法完全不同。显然，将这里的"环境"解释成地区、地带
就完全不妥。

到了当代，由于人与自然的关系成为生存的一大问题，人们的环境
意识进一步加强：一是从自然科学的维度，创建了各种环境科学，如环境
化学、环境物理学、环境生物学、环境土壤学、环境工程学等；二是开拓出
"社会环境"概念，相应地创建了社会环境科学；三是从生态学维度，创建
生态环境科学，生态问题不仅涉及自然问题，也涉及人文问题，因此，出
现了诸多具有交叉性、边缘性的生态环境科学，如环境哲学、环境伦理
学、环境美学等。

梳理中国文化视野下"环境"语词及概念的发生与发展过程，对于我
们研究古代的环境美学思想是很有必要的：

第一，要区别"环境"语词与"环境思想"。虽然"环境"语词在中国文
化视野中晚出，但不说明中国古代的环境思想晚出。中国古代的环境思
想具有两种形态：一种是感性的物质的形态，另一种是概念形态。而概
念是需要用语词来代表的。中国古代与环境相关的概念很多，主要有
天、地、天地、自然、山水、山河、江山、田园、家园、国家等，这些概念各自
指称古代环境思想中的某个部分。也就是说，中国古代的环境思想，包
括环境美学思想，更多不是通过"环境"这一概念，而是通过天地、山水、
家园等概念表达出来的。

第二，"环境"这一语词，作为概念来使用时，在中国古代更多指自然
环境，而不是指社会环境。"社会"当然有"环境"义，但是，在中国传统文
化中，"社会"主要是作为政治学—社会学的范畴来使用的。研究中国古
代的环境思想，应该以自然环境为主要研究对象。更兼，虽然自然环境
文化通常被视为物质文化，但是，中国文化中的物质文化均具有深厚的
精神内涵。换句话说，中国文化中的自然均为文化的自然，因此，研究中
国古代的自然环境，不仅不能忽视其文化内涵，而且需要将其作为自然

环境的灵魂来看待。

第三,基于"环境"由"环"与"境"构成,这两个概念的含义均不同情况地渗入"环境"概念,成为"环境"概念的内涵成分。

"环"作为独立的概念,不仅重视范围与边界,而且重视中心。受此影响,中国环境思想的中心概念与边界概念都非常重要,中国古代有"大九州"之说,《史记·孟子荀卿列传》载:"(邹衍)以为儒者所谓中国者,于天下乃八十一分居其一分耳。中国名曰赤县神州。赤县神州内自有九州,禹之序九州是也,不得为州数。中国外如赤县神州者九,乃所谓九州也。于是,有裨海环之,人民禽兽莫能相通者,如一区中者,乃为一州。如此者九,乃有大瀛海环其外,天地之际焉。""大九州"说强调中国是九州之中心,另外也强调九州外有大瀛海包围着。

"境"为域,此域虽也有"地域"义,但自唐开始,"境"越来越多地指精神之域,因此,它主要是一个文化概念,包含丰富的哲学、宗教、美学内容。"境"成为"环境"一词的重要构成部分后,将它的这一特质也带入"环境"概念,因此,研究中国古代的环境思想,不能不注意它的文化内涵、精神内涵。

第四,"环境"概念具有时代的变异性、承续性和发展性。尽管中国古代的环境概念与现代的环境概念不同,这种不同显示出环境概念的变异性,但是,古今环境思想更具有承续性。我们今天在使用天地、山水等古代的环境概念时,是在一定程度上接受了它们的古义的。当然,这其中也渗入了新的时代内容。这说明"环境"概念具有时代的发展性。

二、中国古代的"环境"概念系统

中国古代虽然没有"环境"这一语词,但有环境思想,而且还有类似"环境"的概念。这些概念大致可以分为两类:居室环境概念和自然环境概念。基于人们对环境的认识主要是指对自然环境的认识,加之居室类环境如都市、宫殿等所涉及的问题远不止于环境,且那些问题似比环境问题更重要,因此,讨论环境问题,一般将重点放在自然环境上。中国古代有关自然环境的概念主要有天地(天)、山水、山河(河山、江山)、家国(社稷、家园)、仙境(桃花源、瀛壶)等。

(一)天地(天)

"天地"在古汉语中最初是分开来用的,出现很早。甲骨文中有"天"字,画作正面站立的人:大。人的头上有一四边形的圈,表示头顶的空间。已发现的甲骨文中没有"地"字,金文中有。《说文解字》释"天":"颠也,至高无上,从一大。"释"地":"元气初分,轻清阳为天,重浊阴为地,万物所陈列也。从土,也声。"最早将"天"与"地"合在一起且赋予其深刻哲学含义的是《周易》。《周易》的《经》部分,天、地是分用的;其《传》部分,既有分用,也有合用。分用的天有时相当于天地。合用的天、地则形成一个概念,相当于现今的"自然"。

作为宇宙的全称,"天地"概念更多用"天"来代替。这样做,是为了凸显天的至高性。

天地的性质有五:第一,天地是与人相对的,基本上属于物质的概念,但有精神性。第二,天地广大悉备。《中庸》认为天地无穷大,它说:"今夫天,斯昭昭之多;及其无穷也,日月星辰系焉,万物覆焉。今夫地,一撮土之多;及其广厚,载华岳而不重,振河海而不泄,万物载焉。"(第二十六章)第三,天地是万物的母体。这句话一是指天地生万物。《周易·系辞下》云:"天地之大德曰生。"二是指天地养万物。《周易·颐卦·象辞》云:"天地养万物。"第四,宇宙运动的规律为天地之道。《庄子》将天地之道概括成"正",说要"乘天地之正"(《逍遥游》)。《中庸》说:"天地之道,博也,厚也,高也,明也,悠也,久也。"(第二十六章)第五,天地具有神性。

自古以来,中华民族给予天地以崇高的礼赞。这种礼赞大体上有两种情况:其一,赞美天地兼赞美天道。《庄子》云"天地有大美而不言",此天地既是物质性的自然界,又是精神性的天道——自然规律。于是,"天地有大美"既说自然界有大美,又说自然规律有大美。其二,赞美天地兼赞美天工。如《淮南子·泰族训》云:"天地所包,阴阳所呕,雨露所濡,化生万物。瑶碧玉珠,翡翠玳瑁,文采明朗,润泽若濡,摩而不玩,久而不渝,奚仲不能旅,鲁般不能造,此之谓大巧。"这种"大巧"即天工。

天地如此伟大如此美,就不仅成为人膜拜的对象,还成为人效法的对象,于是,就有了天人相合的理论。

《周易·乾卦·文言》云:"夫'大人'者,与天地合其德,与日月合其明,与四时合其序,与鬼神合其吉凶,先天而天弗违,后天而奉天时。"与天地相合,意义重大,不仅可以获得平安,获得成功,而且可以获得"大乐"。《乐记·乐论》云"大乐与天地同和",而与天地同和的快乐,《庄子》称之为"天乐",天乐为"至乐"。《庄子·至乐》云"至乐无乐"。之所以称之为无乐,是因为它是天之乐,天无所谓乐与不乐。人能达此境界必然"通于万物"(《庄子·天道》),而能通于万物,人真就与天地合一了。因此,人与天合,不仅具有实践上遵循规律的意义,而且还具有精神上通达天道的意义。

(二) 山水

"天地"主要是哲学概念,而"山水"则主要是美学概念。作为美学概念的"山水"发轫于先秦。孔子云"知者乐水,仁者乐山"(《论语·雍也》),这水与山成为乐的对象,说明它们已进入审美领域了。

山与水合成一个概念,应该是在魏晋。此时出现了以山水为题材的诗歌和画作,后人名之为山水诗、山水画,应该说,在这个时候,山水就成为一个美学概念,它不再指称自然形势,而专指自然美本体。东晋的谢灵运是中国第一位山水诗诗人。他的名篇《石壁精舍还湖中作》用到了"山水":"昏旦变气候,山水含清晖。"东晋另一位文学家左思的《招隐(其一)》亦用到了"山水",云:"非必丝与竹,山水有清音。"

"山水"与"天地"存在着内在联系。天地是宇宙概念,山水是宇宙的一部分,将山水归于天地,是不错的,但一般不这样做。在天地与山水这两个概念间,人们的关注点是它们不同的意义。从总体上来说,天地是哲学概念,而山水是美学概念。言天地,总离不开言本,人们认为天地是人之本、万物之本。言山水,总离不开言美,人们认为山水具有最大、最高的美,并且认为它是人工美之母、之师。天地虽然兼有物质与精神、具象与抽象两个方面的意义,但是由于它在时空上的无穷性,人们更多地从精神上、从抽象意义上去理解它。而山水则不是这样。虽然它也兼有物质与精神、具象与抽象两个方面的意义,但人们更看重的是它的物质的、具象的意义。相较于天地,山水具体得多,感性得多,亲和得多。如果说天地给予人的更多是理,是启示,那么,山水给予人的更多是美,是快乐。

"山水"与"自然"也存在着内在联系。自然,就其作为性质来说,它说的是性质中的一种——本性。凡物均有其本性,不只是自然物有本性,人也有本性。所以,自然不是自然物。自然,也作为物来理解。作为物,名之曰自然物,自然物的根本性质是非人工性。山水属于自然物。自然物的价值可以从两个方面来理解:一方面,自然物具有对自身及对整个自然界的价值,其中包括生态价值;另一方面,它也具有对人的价值,是这种价值让它接受人的评价、利用。山水的价值,也有这两个方面,但是,山水作为美学概念,凸显的是审美价值。因此,言及山水,我们几乎完全忽视其对自身的及对整个自然界的价值。

相较于"风景"概念,"山水"又抽象得多。可以这样说,山水,当其进入人的审美视界就成为风景。我们通常也将风景说为"景观",其实,风景只是景观中的一种——自然景观。

中国的自然环境审美早在先秦就有萌芽,但一直没有一个合适的概念来描述它。"山水"的出现,意味着自然环境审美独立了。

中国的山水意识,有一个发展的过程。大体上,先秦时注重以山水"比德",至魏晋南北朝注重山水"畅神",由"比德"到"畅神",明显体现出山水审美的自觉性的出现。郭熙在《林泉高致》中探寻君子爱山水的缘由,云:"君子之所以爱夫山水者,其旨安在? 丘园养素,所常处也;泉石啸傲,所常乐也;渔樵隐逸,所常适也;猿鹤飞鸣,所常观也。"明确将山水与人的关系归于人之"常处""常乐""常适""常观"。如果说"常处""常适"涉及居住,那么,这"常乐""常观"就属于审美了。

关于山水画,郭熙说:"世之笃论,谓山水有可行者,有可望者,有可游者,有可居者。画凡至此,皆入妙品。但可行可望,不如可居可游之为得。"(《林泉高致·山水训》)这说明,在中国人的心目中,山水,不管是现实山水还是画中山水,都具有家园感,山水是环境的概念。

(三)山河(河山、江山)

中国传统文化中,除了"山水"这样倾向于表达纯审美意象的概念,还有一些注重在审美中凸显国家意识的环境概念,主要有"山河""江山""河山"等。

南北朝的文学家庾信在《哀江南赋序》中用到"山河"概念,文云:"孙策以天下为三分,众才一旅;项籍用江东之子弟,人惟八千,遂乃分裂山河,宰割天下。岂有百万义师,一朝卷甲,芟夷斩伐,如草木焉?"这里的"山河"指国土,也指国家。《世说新语·言语》也这样用"山河"概念,文曰:"过江诸人,每至美日,辄相邀新亭,藉卉饮宴。周侯中坐而叹曰:'风景不殊,正自有山河之异!'皆相视流泪。"

与"山河"概念相类似的有"江山"。《世说新语·言语》中有一段文字:"袁彦伯为谢安南司马,都下诸人送至濑乡。将别,既自凄惘,叹曰:'江山辽落,居然有万里之势!'"这里的"江山"从字面上看,似是赞美自然风景,但这不是一般意义上的自然风景,而是祖国、国家、国土等意义上的自然风景,江山成为祖国、国家、国土以及国家主权等意义的代名词。

"河山"原是黄河与华山的合称。《史记·天官书第五》:"及秦并吞三晋、燕、代,自河山以南者中国。"这里的"河"指黄河,"山"指华山。但后来,河山用来指称祖国、国家、国土以及国家主权。《史记·赵世家》:"燕、秦谋王之河山,间三百里而通矣。"这里的"河山"指国土。

山河、江山、河山等概念虽然能指称祖国、国家、国土、国家主权等,但一般不能在文中替换成这样的概念,主要是因为山河、江山、河山等概念除具有祖国、国家、国土、国家主权等意义外,还具有审美的意义,其审美特性为壮美、崇高。一般来说,在国家遭受外族入侵的形势下,人们多用山河、江山、河山来指称祖国、国家、国土及国家主权。南宋诗词用这类概念最多,显示出深厚的忧患意识和昂扬的爱国主义情感。

（四）家国（社稷、田园）

很难说"家国"是环境概念,但是在一定的语境下,可以将其看作环境概念。

"家国"是"家"与"国"的组合。分别开来,它们各是一种社会形态,将它们合为一体,意在强调它们的血缘关系,国是家的组合体,家是国的构成单元。家国既是实体存在,也是一种思想、情怀。"家国"概念系统主要有两个系列。

第一,由"地"到"社稷"等概念构成的"国家"系列。

《周易·乾卦·彖辞》云:"大哉乾元,万物资始。"《坤卦·彖辞》云:"至哉坤元,万物资生。""乾元"指天,"坤元"指地。这里,"始"是生命之始,"生"是生命之成。生命之成,重在养。坤,作为地,最为重要的功能是养育生命。《说卦》说:"坤也者,地也,万物皆致养焉。"养物的前提是载物。《周易·坤卦·彖辞》说:"坤厚载物。"正是因为地能载物,故地"德合无疆。含弘光大,品物咸亨",如此,地就成为万物之母。

从这些表述来看,虽然是天与地共同作用生物,但地的作用更为人所看重。这种情况的出现,与农业社会有重要关系。农业社会虽然重视天象,但更重视大地。基于农业,让人顶礼膜拜的"大地"演化成了更让人感到亲和的"土地"。

大地是哲学化的概念,土地是功利化的概念。先秦古籍中,大地哲学主要集中在《周易》,土地功利则主要集中在《周礼》。《周礼·地官司徒第二》云"以土会之法,辨五地之物生","五地"指山林、川泽、丘陵、坟衍、原隰。土地功利,基础是农业,延伸则是政治,其中核心是国家、国土、国家主权。

正是因为土地有这样重要的功利,所以土地就成为祭祀的对象。于是,一个标志祭地的概念——"社"产生了。"社"与"稷"相联系,《孝经》云:"稷者,五谷之长。……故立稷而祭之。"社稷本来指两种祭礼,但此后引申出国家的意义,成为国家的另一称呼。

第二,由田园、园田、农家、田家等构成的"家园"系列。

这套概念系列衍生出了中国重要的诗歌流派——田园诗。田园诗产生的土壤是农业文明,浇灌它苗壮成长的雨露是环境审美。《诗经》中有诸多描绘农家生活的诗,应被视为田园诗的滥觞,但作为诗派,田园诗应该说是陶渊明开创的。田园诗在唐朝已相当兴盛,大诗人王维就写过诸多田园诗,如《山居秋暝》《桃源行》《辋川闲居赠裴秀才迪》《田园乐》《鸟鸣涧》《渭川田家》《田家》《新晴晚望》等。宋代田园诗写作蔚然成风。虽然田园诗也描写了农家生活的艰辛和官家对农民的压迫,具有揭示社会黑暗的价值,但是,田园诗的主体是展现田园风光之美,这无疑是最具农业文明特色的环境之美。

国家也好,家园也好,它们都由具有一定疆域的土地来承载。中华民族具有深刻的土地情结,这种情结与家国情怀复合在一起,具有极为丰富的文化内涵,成为中华民族的重要传统。

(五)仙境(桃花源、瀛壶)

中华民族理想的人物是神仙,神仙生活的地方为仙境。

神仙是自由的,可以说居无定所,但还是有相对比较固定的生活场所。神仙的居住场所大体上可以分为三类:一、天宫龙宫等;二、昆仑山、海上三神山等;三、桃花源之类。三类场所,第一类完全是虚幻的,人无法达到,值得我们重视的是二、三类,它们就在红尘中,诸多寻仙的人千方百计要寻找的就是这类仙境。

仙境中的风景极为优美,反映出中华民族崇尚自然美的传统。美好的自然风景总是以生态优良为首位,因而所有的仙境中人与动物均和谐相处。

仙境常被人们用来作为园林建设的理想范式。最早将海上仙山引入园林的是秦始皇,据《元和郡县图志》卷一:"兰池陂,即秦之兰池也,在县东二十五里。初,始皇引渭水为池。东西二百丈,南北二十里,筑为蓬莱山。刻石为鲸鱼,长二百丈。"以后的各个朝代都情况不一地将各种仙境引入园林,"一池三神山"更是成为园林建设的一种范式,沿用至今。计成的《园冶》描绘了理想的园林。他认为理想的园林应具有仙境的品格:"莫言世上无仙,斯住世之瀛壶也。"(《卷三·掇山》)"漏层阴而藏阁,迎先月以登台。拍起云流,觞飞霞伫。何如缑岭,堪偕子晋吹箫。欲拟瑶池,若待穆王待宴。寻闲是福,知享既仙。"(《卷一·相地》)

仙境基本性质是在人间又超人间。在人间,指适合人居;超人间,指它具有人间不可能具有的优秀品质——快乐,长寿,没有苦难。

陶渊明的《桃花源记》描写的桃花源是仙境的典范。桃花源人本生活在世俗社会中,只是因为逃避战乱才迁到这里,与世隔绝,从而"不知有汉,无论魏晋"。他们的长相、穿着与世俗之人没有什么不同,"男女衣着,悉如外人",但他们"黄发垂髫,并怡然自乐"。桃花源与世俗社会也没有什么不同,"阡陌交通,鸡犬相闻"。如果要找出什么不同,那就是和谐,就是宁静,就是快乐,就是长寿。

仙境作为中华民族的环境理想,是中华民族建设现实生活环境的指导,具有重要的意义。

三、中国古代环境意识的基础:农业文明

中国古代有关环境问题的思考与实践由来已久,溯其源,可达史前。史前人类早期的生产方式是渔猎,基本上是在相对固定的地域或地区生活,或是依赖着一片草原,或是依赖着一片山林,或是依赖着一片水域。渔猎的地区能够让人对这片土地产生一定的亲和感、依赖感,但是不够稳定,因为渔猎生产受资源的影响,人们不得不经常性地迁徙。而农业则不同。农业需要固守一片田园,年复一年地耕作、经营。对这块土地每年都要有投入,只有这样,才能有所收获。与之相关,农业需要定居。除非有不可抗拒的原因,农民一般不会迁移。从事农业的人们在相对比较固定的土地上一代又一代地生产着,生活着,发展着。环境的意识,从本质上来说,就产生在农业这种生产方式之中。

考古发现,距今约 12 000 年前的湖南道县玉蟾岩遗址就有稻谷的遗

存,这属于旧石器时代向新石器时代过渡的时期。此外,在江西万年仙人洞遗址和湖南澧县彭头山遗址,也发现了史前人类种植水稻的证据,这两处遗址距今均约 9 000 年。在距今约 6 000 年(属新石器时代早期)的浙江余姚河姆渡遗址,考古学家发现了大量稻谷、谷壳、稻秆和稻叶堆积,最厚处达一米。在气候干燥的黄河地区,史前人类也早早进入了农耕时代。甘肃秦安大地湾遗址,就发现了炭化黍,距今约 8 000 年。这些史实证明中华民族很早就在创造着农业文明,而环境意识包括环境的审美意识就建构在农业文明的创造之中。

中国古代的环境意识,在农业文明的基础上,向着两个方面展开:

第一,家园意识。

谈环境经常要涉及的概念是自然。自然,只有当与人相关的时候,它才成为人的自然。人的自然首先是或者基本上是物质的自然。物质的自然,对于人的意义主要是两个,一是资源,二是环境。从理论与实践上来说,前者侧重于人的生产资料与生活资料的获取,后者则侧重于人身体上和心灵上的安顿。作为身体与心灵安顿之所的环境通常被称为"家园"。

农业生产的主要场所为田野,日出而作、日落而息的农业生产中,生产地与生活地一般不会分隔得太远,生产区与居住区总是挨着的,这两者共同构成了人们的家园。家园是环境问题的核心,环境审美的本质即是家园感。

农业生产是家庭产生的物质基础。渔猎生产中,人的合作不是生产必需的前提,即便有合作,这种合作也未必需要以家庭为单位。而农业生产是必须合作的,理想的生产单位是家庭。一般来说,男人从事较为繁重的田园劳作,女人则主要从事畜养和采集的劳动。有了孩子后,一般来说,男孩是父亲的帮手,女孩则是母亲的帮手。

在中华民族,一夫一妻的家庭究竟产生于何时,还是一个正在研究的课题,从理论上说,应该是农业社会。考古发现,西安半坡仰韶文化遗址存有大量房屋基址,房子分方形、圆形两类,面积不等,绝大多数屋子面积在 12—20 平方米。这正是对偶家庭所居住的屋子。严文明先生认为,半坡居民有 300—600 人,分为三级,最低级为对偶家庭,住 12 平方米左右的小屋子,数座小屋与中型屋子(面积 20—40 平方米)组成一个大家庭或家族,若干个大家庭组成氏族公社,三五个氏族公社组成胞族公社。① 考古发现,半坡人已经以农业为主要的生产方式了。可以说,中华民族最早的家庭就是应农业生产之需而建立的,并稳固地成为社会的基本单位。甲骨文中的"家",上为屋顶形,有覆盖的意义;下为豕,即猪。"家"字的创造明显表现出农业文明的影响。

中华民族最早的国家形态应是由氏族公社构成的胞族公社,胞族公社的首长就是族长,因此,以胞族公社为基本性质的国家实际上就是放大的家。炎帝部落与黄帝部落在实现合并之前都是胞族公社,其合并后,性质有了变化,成为胞族公社的联盟。

尽管由胞族公社联盟所构成的国在性质上与家有了区别,但社会的基本单位仍然是家。重要的还不是家这样的单位的存在,而是家观念一直是社会的主导观念,血缘关系一直被视为社会的基本关系,这和儒家学说有着重要关系。进入文明社会后,儒家试图为社会制定行事规则。儒家的基本立场是家观念。儒家建构的公民道德,其基础是正确处理家庭人员的关系。家庭人员之间的良性关系建立在等级和友爱两重原则的基础之上,而等级与友爱均以血缘亲疏为最高原则。儒家将这套家庭伦理观念推及社会,建立社会伦理,于是国就是放大的家,君主是全国人民共同的家长,而全国人民均是这个大家庭中的成员。

家意识的扩大即为国意识,国意识的缩小就是家意识。儒家经典《大学》云:"欲治其国者,先齐其家。""家齐而后国治。"齐家是治国之先,这"先"不仅具先后义,而且具习用义,就是说,齐家是治国的演习或者说练习,治国是齐家之后的大用。如此说来,治国与齐家在基本原则与方

---

① 参见严文明《仰韶房屋和聚落形态研究》,《仰韶文化研究》,北京:文物出版社 1989 年版,第 180—242 页。

式上是相通的。

中国文化中有两个重要概念——"国家"和"家国"。言"国家"，实际上说的是"国"，但要以"家"托着；言"家国"，虽然是既说"家"又说"国"，但是以"家"为先或者说为前的。不管是"国家"概念还是"家国"概念，"家"与"国"均密切联系，不可分割。

中华民族的环境意识具有强烈的家国情怀。这是中华民族环境意识包括环境审美意识的重要特质。这种特质的产生与中华民族以农为本的生产方式以及因此建构的家国意识有着重要关系。

第二，天人关系。

环境问题说到底还是天人关系问题。天人关系应该是人类共同的问题。天人关系中的"天"具有多义性，它可以理解成自然界，可以理解成上天的意旨、鬼神的意旨乃至不可知的命运等。从环境美学的维度来看，这"天"，只能理解成自然，但不能把所有自然现象都理解成环境，只有与人的生存、生活相关的那部分自然，可以被看作环境。

中国文化的以农为本，在很大程度上影响着中国人的天人关系。农业的基本性质是代自然司职，基于此，农业文明中的天人关系有两种形态：

其一，人与第一自然的关系。第一自然是人还不能对它施加影响的自然，而它可以对人的生产、生活产生影响。以人代自然司职为基本性质的农业，本就融会在自然活动的体系中，比如，春天，是万物生长的时节，也是播种农作物的时节。可以说，农作物及畜养物，都与自然共生，既如此，农业全面地接受着大自然的影响，包括有利的影响和不利的影响。对于这种影响，人们非常敏感。从农业功利的维度，人们形成了对于自然现象相对固定的审美观念。就天象景观来说，风调雨顺的景观是美的，狂风暴雨的景观就被认为是丑的。杜甫诗云："好雨知时节，当春乃发生。随风潜入夜，润物细无声。"（《春夜喜雨》）这"雨"好是因为"润物"。就大地景观来说，膏壤沃野、新绿满眼，是美的；不毛之地、荒寒之地，就是丑的。虽然在自然景观的审美过程中，人们不一定都会想到农业,但潜意识中,农业功利已成为衡量自然景观美丑的重要标尺。或者说,农业功利意识早就化为中华民族的集体无意识。

其二,人与第二自然的关系。第二自然是人工创造的自然。对于人工创造的自然,人类对它们具有极为真挚深厚的情感。农业文明中第二自然的整体形象为田园。田园中既有庄稼、牲畜等人造的自然物,也有人造的自然活动,它们共同构成一种田园景观。这种田园景观成为农业环境审美的重要对象。与之相关,田园诗以及田园散文在中国文学体系中占有重要地位。中华民族其乐融融的天伦之乐以及耕读传家的传统都建立在田园生活的基础上。正是因为如此,中国古代环境美学的一大特点就是重视田园环境的审美。

中国人的环境观念虽然在很大程度上受到以农为本的影响,但亦不受其约束。中国人的世界观既有务实的一面,又有务虚的一面;既有执着的一面,又有超越的一面。表现在环境审美上,则是既重功利——潜意识中的农业功利,又重超越——主要是对物质功利包括农业功利的超越。陶渊明在这方面很有代表性。他的《读山海经(其一)》云:

> 孟夏草木长,绕屋树扶疏。众鸟欣有托,吾亦爱吾庐。既耕亦已种,时还读我书。穷巷隔深辙,颇回故人车。欢然酌春酒,摘我园中蔬。微雨从东来,好风与之俱。泛览周王传,流观山海图。俯仰终宇宙,不乐复何如!

诗中的景观审美明显具有田园风味,功利性也是有的,如"欢然酌春酒,摘我园中蔬";但是,当说到"微雨从东来,好风与之俱"就已经实现超越了。诗人更多体会到的不是功利,而是自然风物与人身心合一的美妙,最后诗人上升到哲学的高度——"俯仰终宇宙,不乐复何如!"

陶渊明是一位具有多重身份的诗人。首先,他是农民,农作物长得好不好,直接关系着生存,因此,他在意"种豆南山下,草盛豆苗稀。晨兴理荒秽,带月荷锄归。道狭草木长,夕露沾我衣。衣沾不足惜,但使愿无违"[《归园田居(其三)》]。但是,他不只是农民,他还是诗人,因此,他能够说:"翩翩飞鸟,息我庭柯。敛翮闲止,好声相和。"(《停云》)更重要的是,他是哲学家,他能超越一切功利,实现与自然之间心灵的对话:"结庐在人境,而无车马喧。问君何能尔?心远地自偏。采菊东篱下,悠然见南山。山气日夕嘉,飞鸟相与还。此还有真意,欲辩已忘言。"[《饮酒(其五)》]

以农为本,说的只是经济基础,审美与经济基础是存在联系的,但是这种联系更多是间接的、隐晦的、精神的、超越的。基于此,虽然中华民族对于自然环境的审美的根基是农业,但其表现方式是多元的、丰富多彩的。

四、中国古代环境美学理论体系(一):天人关系

如从黄帝时代算起,中华民族拥有五千年的文明,这文明中包含对环境美学问题的深层思考,形成了相当完善的理论系统。环境理论体系首先是环境哲学,环境美学是环境哲学的组成部分。环境哲学的核心问题是人天关系论。

(一)环境哲学中的天人关系

虽然人天关系不等于人与自然的关系,但人与自然的关系无疑是人天关系的主体。长期以来,中华民族对此问题有着诸多深刻的思考,大体上可以分为三个方面。

1. 天人合一论

张岱年先生说:"中国哲学有一个根本思想,即'天人合一',认为天人本来合一,而人生最高理想,是自觉地达到天人合一之境界。"①天人合一,有诸多理论。首先它涉及"天"的概念,天有自然义、本性义、天道(理)义、造物神义、鬼魅义,还有不可知义。其次,"合"亦有多种含义,有唯物主义的解释,也有唯心主义的解释,比如董仲舒的天人感应论,完全是唯心主义的。最后,这"合一"的"一",究竟是天,还是人,并不定于一

① 张岱年:《中国哲学大纲——中国哲学问题史》,北京:昆仑出版社 2010 年版,第6页。

尊。为了强调天的权威性,天人合一,这"一"就是天;为了凸显人的主体性,天人合一,这"一"就是人。比如张载的"为天地立心"说,也是天人合一。在张载看来,天地只是物质,并无精神,而人有灵性、有心性。他的"为天地立心"说,实质是让自然为人造福,凸显的是人的主体性。他并不否定自然规律的客观性,也不反对遵循自然规律办事,只是在这一语境中他不强调这一点。

天人合一论的精华是自然的客观性与人的主体性的统一。《周易·革卦》说:"汤武革命,顺乎天而应乎人。"顺乎天,顺的是天理;应乎人,应的是人心。这句话也许是中国古代天人合一思想的最佳表达。

天人合一论最有思想性的观点,是老子的"道法自然"说。其全句为"人法地,地法天,天法道,道法自然"(《老子》第二十五章)。这种表述,是有深意的。"人法地"的"地",是指大地。人的确只能效法或师法自然——特别是与人共同生活在大地上的自然物——进行创造。"地法天"的"天"不是指与大地相对的天空,而是指整个宇宙。作为部分的地,理所当然应服从整体的天。"法天",服从天,遵循天。那么,"天"又应服从、遵循什么呢?老子说是"道"。道即规律。宇宙,即天,它的运行是有序的,有规律的。"道"从何来,又是什么?老子认为道就在事物本身,道不是别的,就是事物之本然/本质,也就是自然——自然而然。本然是外在形态,本质是内在核心,自然而然是存在方式。作为宇宙整体的"天",究其本,是道的存在。人生活在地上,法地而生;地作为天的一部分,法天而存;天作为宇宙整体,循道而行;而道不是别的,就是事物自身的存在,包括它的内在本质与外在形态。说到底,人作为宇宙的一部分,其存在也应"法自然"。"法自然",于人而言,即是尊重人自身的自然,同时也尊重人以外的他物的自然,包括环境的自然,实现两种自然的统一。只有这样,人才能生存,才能发展。老子的"道法自然"具有深刻的人与环境和谐论以及生态和谐论思想。

2. 天人相分论

与天人合一论相对立的是天人相分论。持此论者,最早是荀子。他说"天行有常,不为尧存,不为桀亡。应之以治则吉,应之以乱则凶",强调要"明于天人之分"。(《荀子·天论》)庄子反对"以人灭天",对于治马高手伯乐残害马的天性的种种作为予以猛烈抨击,他尖锐地嘲讽鲁侯"以己养养鸟"导致鸟"三日而死"的愚蠢做法(《庄子·至乐》)。高度重视民生的管子也谈天人相分,他的立论多侧重于生产与生活。管子认为"天不变其常,地不易其则,春秋冬夏不更其节,古今一也"(《管子·形势》),强调"天"即自然规律是客观的、不变的,人必须法天、遵天,"凡有地牧民者,务在四时,守在仓廪"(《管子·牧民》)。管子还谈到环境建设,说要"因天材,就地利,故城郭不必中规矩,道路不必中准绳"(《管子·乘马》),一切从实际出发,尊重自然。

天人相分是客观存在的,不需要人为,而天人合一,需要人为。只有承认天人相分,并且努力认识进而把握天地之道、实践天地之道,才能实现天人合一。天人相分的观点,中国历代均有人在谈,如唐代有刘禹锡的"天人交相胜"说、柳宗元的"天人不相预"说。宋明理学虽更多地谈天人合一,但首先肯定的还是天人相分,是在肯定天人相分的前提下强调天人合一。

3. 天人相参论

《周易》提出天人地"三才"说。"三才"说的伟大价值在于彰显人在宇宙中的地位。人不仅居于天地之中,而且参与天地的创造。《中庸》更是明确提出,人"可以赞天地之化育","与天地参"(第二十二章)。

人"与天地参",有两种理解。按天人相分论,是天做天的事,人做人事,人不去干扰天地的运行。荀子说:"天有其时,地有其财,人有其治,夫是之谓能参。"(《荀子·天论》)按天人合一论,则是人一方面尊重天,循天而行;另一方面运乎心,逐利而行。天理与人利实现统一,天理为真,人利为善,两者的统一为美。

(二)环境建设与环境审美中的天人关系

中国古代的天人关系哲学是中国人的思维法则,也是中国人环境建设的指导思想。

中国人的环境建设开始于筑巢而居。《韩非子》云："上古之世，人民少而禽兽众，人民不胜禽兽虫蛇。有圣人作，构木为巢以避群害，而民悦之，使王天下，号之曰有巢氏。"（《韩非子·五蠹》）有巢氏的时代是巢居开始的时代，这个时代对于初民审美意识的生发具有极其重要的意义。居，是生存第一义。动物的居住，大体上有两种：一种基本上是利用自然环境，将就一个居住场所；另一种则是利用自然物质，建设一个居住场所。前者的特点是"就"，后者的特点是"建"。人类的居住场所，原来主要是"就"，比如，住在山洞里，为穴居。当人类觉得这种居住场所不理想，想自己动手盖一个屋子的时候，建筑就产生了。

从目前的考古发现来看，在旧石器时代，人类居住在洞穴里。而到了新石器时代，人类才开始建造属于自己的屋子，这距今大约一万年。

有两类建筑是值得格外注意的。一类是部落举行祭祀或集会的大房子，在距今7 000—5 000年的仰韶文化时期已有。在仰韶村遗址，考古人员发现一座面积在130平方米以上的大屋子；在半坡遗址，发现一座面积近160平方米的大房子；又在西坡遗址，发现一座面积竟达516平方米的房子。这更大的房屋，结构复杂，四周设有回廊，为四阿式建筑。我们有理由猜想，这大房子是部落最高首领举行重大活动的地方，相当于故宫中的太和殿。这样的建筑发现让建筑与礼制结上了关系，意义巨大。

另一类建筑为园林。园林的出现比较晚，考古发现，夏代、商代是有园林的。据甲骨卜辞记载，这样的园林，其功能是多元的，包括狩猎功能、种植功能、豢养功能，还有休闲观景等功能。这最后一项功能，我们可以将它概括为审美功能。此后的发展中，园林的狩猎功能、种植功能、豢养功能消失，园林成为人们的另一住所，这另一住所的最大好处是景观美丽，人们在这里可以放松身心，尽情地欣赏美景、宴饮欢乐。园林的审美功能日益凸显，成为园林的主导功能。园林，本来不是艺术，但因为审美功能成为园林的主导功能，而跻身艺术。如果要说这艺术与其他艺术有什么不同，那就是这艺术还保留着物质功能——可居。于是，园林成为艺术中唯一兼有物质功能的特殊存在。

城市是人类居住相对集中的地方,是一定区域内的政治中心、经济中心、交通中心和文化中心。城市出现得很早,距今约 6 000 年的凌家滩遗址出土了许多精美的玉器,其中有玉龙、玉冠饰、玉鹰、玉钺等只有部落首领及贵族才能拥有的玉器,专家认为,这个地方很可能就是古代的一座城市。无疑,城市是当时当地最为优越的生活环境。优越的生活必然不只是物质上富足,还包括精神上富足,而精神上富足,其最高层次无疑是审美。

就是在建设优秀的生活环境的过程中,人们逐渐形成了一些环境审美意识。这些意识,一方面是环境哲学的具体展开,另一方面,又是环境建设的理论指导。在中华民族长达五千年的环境建设实践中,有一些环境审美意识是最值得重视的。

1. 人为主体

环境建设中,人为主体。环境与自然不一样。自然可以与人不相干,而环境则不能没有人。人于环境不是被动的,而是可以按自己的需要选择并建设环境。前文谈到,环境于人的第一要义是居住,不是所有的自然环境都适合人居住,就是适合人居住的环境,其品位也有高下之别。这里就有一个人选地的问题。柳宗元在他的散文中说起一件逸事:潭州地方官杨中丞为名士戴简选了一块风景不错的好地建造住宅。在柳宗元看来,戴氏算是找到一块与他的心志相符的好地了,而这块好地也算是找对了主人,两者可说是惺惺相惜。于是,他说:"地虽胜,得人焉而居之,则山若增而高,水若辟而广,堂不待饰而已奂矣。"(《潭州杨中丞作东池戴氏堂记》)在审美关系中,物与人两个方面,柳宗元更看重的是人。在《邕州柳中丞作马退山茅亭记》中,他明确地说:"美不自美,因人而彰。"

人的主体性是环境审美的第一原则。主体性原则既表现在对自然的尊重上,也表现在对人的需要(包括审美需要)的充分考虑上。

2. 观天法地

环境建设中人的主体性突出体现在观天法地上。

观天法地有两个方面的意义：一、自然基础。天指天气，地指地理，二者都关涉到人的生存与发展问题。《周礼·考工记》就记载了营建都城时匠人对地形与日影的测量情况："匠人建国，水地以县，置槷以县，视以景。为规，识日出之景与日入之景，昼参诸日中之景，夜考之极星，以正朝夕。"二、礼制需要。中国人的环境建设重视礼制。都城是皇帝所居的地方，对于天象的观察尤其重要。皇帝居住的正殿应对应天上的紫微星。长安正是这样的："正紫宫于未央，表峣阙于闾阖。疏龙首以抗殿，状巍峨以岌嶪。"按张衡《西京赋》的说法，西汉的都城长安与刘邦还有一种特殊的关系："自我高祖之始入也，五纬相汁以旅于东井。"这是说"五纬"即金木水火土五星"相汁"（和谐），并列于"东井"（即井宿）。

3. 重视因借

中国的环境建设强调尊重自然。计成提出园林建设"因借"说，"因"的、"借"的均是自然："因者：随基势之高下，体形之端正，碍木删桠，泉流石注，互相借资；宜亭斯亭，宜榭斯榭，不妨偏径，顿置婉转，斯谓'精而合宜'者也。借者：园虽别内外，得景则无拘远近，晴峦耸秀，绀宇凌空；极目所至，俗则屏之，嘉则收之，不分町疃，尽为烟景，斯所谓'巧而得体'者也。"（《园冶·兴造论》）"因借"理论不仅适用于园林，也适用于一切环境建设。

4. 宛自天开

虽然总体上中国的环境建设以老子的"道法自然"说为最高指导思想，强调尊重自然格局、以自然为师，但是，也不是一味拜倒在自然的脚下，毫无作为。如《周易》的"三才"说，《中庸》的"与天地参"说。特别是荀子，其建立在"天人相分"哲学基础上的"有物"说，更是宣扬人的主体精神，强调向自然索取："大天而思之，孰与物畜而制之？从天而颂之，孰与制天命而用之？望时而待之，孰与应时而使之？因物而多之，孰与骋能而化之？"（《荀子·天论》）荀子的"骋能而化之"是对"道法自然"说的重要补充。事实上，中国的环境建设所持的建设理念正是"道法自然"与"骋能而化之"的统一。计成说园林"虽由人作，宛自天开"，堪为对这统一的精彩表述。

"宛自天开"既是对天工最高的赞美,也是对人工最高的赞美。除此以外,中国人的园林学说中还有"与造化争妙"(李格非《洛阳名园记·李氏仁丰园》)的观念。这与中国绘画理论中"画如江山""江山如画"的说法完全一致。"画如江山",江山至美;"江山如画",画又成最高之美了。概括起来,我们可以这样表述:天工至尊,人工至贵。

5. 遵礼守制

中国文化的礼制精神可以追溯到史前,史前的彩陶、玉器就是礼器。进入文明时代后,夏、商两朝均有礼制的建构,只是不完善。到周朝,主政的周公花大气力构建礼制。从《周礼》一书,我们可以看出周朝的礼制是何等的完备!儒家知识分子极力鼓吹礼制。自汉代始,以礼治国成为中国数千年治国的基本方略。礼制对中国人生活的影响是广泛而又深刻的,不独在政治中,也在环境建设之中。《周礼·考工记》就明确地说匠人营建国都是有礼制规定的:"匠人营国,方九里,旁三门。国中九经九纬,经涂九轨,左祖右社,面朝后市⋯⋯"礼制虽然渐有变异,但基本上是有承传的,像宫殿建筑群的设置,"左祖右社,面朝后市"被一直贯彻下来,没有改变。

中国古代环境建设的礼制有一个核心的东西,就是等级制。这种等级制在统治者看来归属于天理,也就是说,人间的秩序是对应着天上的秩序的,因而它具有神圣性,不可违背。这种等级制好不好,不是我们在这里要讨论的问题。从审美的维度来看这种等级制,我们只能说,它营造了一种秩序,这种秩序经过礼制制定者或维护者的阐述,显出它的庄严与神圣。于是,中国的宫殿建筑因这种秩序表现出一种美——崇高之美。这种崇高感,恰如张衡《西京赋》所言:"惟帝王之神丽,惧尊卑之不殊。"

中国礼制的等级制不仅表现为由百姓到天子的递升体系,也体现为天子居中、臣民拱卫的体系,因此,在中国古代的环境建设中,中轴线是非常重要的,因其体现了礼制的尊严。而于审美来说,中轴线的设置的确创造了一种美——"中"之美。审美意义上的"中",具有稳定感、平衡感。人体具有中轴线,脊柱就是中轴,大体上两边对称。在中国,中之美不仅具有人体学的依据,还具有文化意义:中国自称中国,认为自己居世界地理之中,同时也是世界文化之中心,因此,中之美在中国特别受到青睐。

6. 活用风水

风水分为阳宅风水与阴宅风水,阳宅风水讲如何选择居住地,阴宅风水讲如何选择墓地。两者其实相通之处很多,基本原理一样。认真地研究风水的内容,迷信与科学兼而有之。从科学角度言之,它是中国最古老的建筑环境学、环境美学的萌芽。从迷信角度言之,它是中国古老的巫术文化的遗绪。而在哲学思想上,它是中国古老的天人合一论在地理学上的集中体现。

中国最古老的诗歌总集《诗经》中有关于相地的记载。《诗经·大雅·公刘》详细地描述了周人的祖先公刘率众迁居豳地的过程。公刘择地,注意到了这样几个方面:一、根据地的向阳向阴,辨别地气的冷暖,选择温暖的地方居住;二、根据地势的高低,选择干燥平坦的地方居住;三、根据山林情况,选择靠山的地方居住。从此诗的描绘来看,公刘择地既考虑到了实用价值又考虑到了审美价值。这些考虑可以视为中国风水学的萌芽。

中国风水学中的择地,虽然看起来很神秘,但其实不外乎两个标准,一是实用,二是美观。二者在风水学上是统一的。只要到通常视为风水好的地方去看看,不难发现,所谓风水好,好就好在对人的生存有利,对事业的发展有利,对审美的观赏有利,这三者缺一不可。

中国风水学,其实质是生命哲学,好的风水主要在于它有生命的意味或者说"生气"。《黄帝宅经》云:"宅以形势为身体,以泉水为血脉,以土地为皮肉,以草木为毛发,以舍屋为衣服,以门户为冠带,若得如斯,是事严雅,乃为上吉。"在中国风水学看来,美与善是统一的,就是说,凡风水好的地方均是风景美好的地方。《黄帝宅经》云:"《三元经》云:地善即苗茂,宅吉即人荣。又云:人之福者,喻如美貌之人。宅之吉者,如丑陋之子得好衣裳,神彩尤添一半。若命薄宅恶,即如丑人更又衣弊,如何堪也。"

中国人的哲学是面向未来的。为了今后的幸福,也为了子孙后代的幸福,甚至为了那不可知的来世的幸福,中国人用了一切办法,甚至包括相地这样的办法,来为自己以及死去的亲人寻找一个合适的长眠之地。风水学从本质上来说,是中国人特有的未来学。

风水学存在着道与术两个方面的内容。它的道主要是中国古代以阴阳为核心的哲学思想、天人合一思想、礼制思想。它的术则有重地形的"峦头"说和重推算的"理气"说。

风水学内容丰富,合理的、不合理的,乃至迷信的东西都有。它也存在理解与运用上的问题。事实上,古人运用风水理论就存在着诸多差别,宜具体问题具体分析,不可笼统论之。自古以来,关于风水学的争议不断,但其一直拥有旺盛的生命力。不管到底应对风水学作何评价,它的影响是客观存在的。今天我们有责任对它做深入的研究与分析。当代,最重要的是领会它的精神,是活用。

五、中国古代环境美学理论体系(二):家国情怀

环境美学的本质为家园感。在中国,家园感分为两个层次:一是家居,二是国居。家居与国居具有一体性,从而显示出一种情怀——家国情怀。

(一)中国古代环境美学中的家园意识

家园感,集中体现在以"居"为基础的生活之中。《说文解字》释"家":"家,居也。"中国传统文化中的"居",根据居住场所可分为城居、乡居、园居、山居等,根据居住的质量则可分为安居、和居、雅居、乐居四个层次。对于环境美学来说,我们关注的主要是居住的质量。中国古代环境美学理论体系的核心是家居意识,具体来说,有以下五个方面。

1. 安居
先秦诸子对于"安居"都非常重视,儒家最为突出。安居主要指人的

生命财产的保全。安或不安，一是取决于自然，二是取决于社会。对于来自自然的原因，因为诸多因素不可知，所以，诸子谈得不多，谈得多的，主要是社会的平安。社会的平安首先是政治上的，其中最重要的是没有战乱。孔子于此深有体会，他说："危邦不入，乱邦不居。天下有道则见，无道则隐。"（《论语·泰伯》）逃避战乱，固然不失为明智之举，但反对战乱，消弭战乱的根源，更是儒家积极去做的。老子也是主张"安其居"的，他坚决反对战争，义正词严地警告统治者："民不畏死，奈何以死惧之？"（《老子》第七十四章）社会的动乱不仅来自国与国之间的争夺杀戮，也来自统治者对人民的严酷的压迫与剥削。儒家主张仁政，反对苛政，意在让人民安居。中国古人所有关于安居的言论闪耀着人道主义的光芒。

2. 和居

和居，同样是侧重于社会上人与人之间的和谐。儒家于这方面贡献尤其突出。儒家认为和居的根本是尊礼重道："有子曰：礼之用，和为贵。先王之道，斯为美。"（《论语·学而》）墨子主张以爱治国，他说："诸侯相爱，则不野战；家主相爱，则不相篡；人与人相爱，则不相贼；君臣相爱，则惠忠；父子相爱，则慈孝；兄弟相爱，则和调。天下之人皆相爱，强不执弱，众不劫寡，富不侮贫，贵不敖贱，诈不欺愚。凡天下祸篡怨恨，可使毋起者，以相爱生也。"（《墨子·兼爱中》）墨子与孔子的和居思想都具有乌托邦的色彩，但精神非常可贵。

3. 雅居

雅居，源推隐士生活。中国的隐士文化源远流长，可追溯到商代的叔齐伯夷，而真正成为一种文化可能是在汉代。南齐文人孔稚珪作《北山移文》揭露隐士周颙"假步于山扃""情投于魏阙"的虚伪，可见此时"隐"已经成为重要的社会现象了。隐士过着仙人般自由自在的生活，充分享受着山林泉石之乐。

欧阳修说"举天下之至美与其乐，有不得兼焉者多矣"（《有美堂记》），有两种乐——"富贵者之乐"和"山林者之乐"（《浮槎山水记》）难以兼得。这实际上说的是隐士生活与仕宦生活难以兼得。然而，就不能想办法吗？办法是有的,那就是建别业。官员的正宅一般设在官衙的后部,由于与官衙相连,受到诸多限制,风景不佳是最大的缺点。别业一般建在郊外风景优美之处,官员于办公之余或退休之后在此生活,则可以尽享"山林者之乐"。另外,还可以在此读书、弹琴、会友、宴饮,尽享文人的生活。别业起于汉末,兴盛于唐,最著名的别业为王维的辋川别业。可以说,别业开私家园林的先河。

私家园林的生活是真正的雅居生活。《园冶》说园林中的生活"顿开尘外想,拟入画中行","尘外想"即隐士情怀,"画中行"即游山玩水,无疑,这就是雅居了。当然,雅居生活不只是"画中行",还有文人们醉心的其他生活,如弹琴吹箫、写诗作画等。文震亨的《长物志》描写园林中室庐、花木、水石、禽鱼、书画、几榻、器具、位置、衣饰、舟车、蔬果、香茗等种种设施,无不透出清雅高洁的情调。

雅居兼"山林者之乐"与"富贵者之乐"两种乐,又添加上文人情调,其环境之雅洁与人物之清高融为一体,如文震亨所说:"门庭雅洁,室庐清靓,亭台具旷士之怀,斋阁有幽人之致。"(《长物志·室庐》)雅居是中国知识分子理想的生活方式,与之相应,园林也就成为他们理想的生活环境。

4. 乐居

乐居,是中华民族最高的生活追求。它有两种哲学来源,一种是道家哲学。道家哲学认为,人生最大的问题是处理人与自然的关系,而处理好这一关系的关键,是"法自然"。这其中具有一定的生态和谐的意味,一是老子所说的"为无为",强调本色生存;二是为了保护资源,对动物要有一定的关爱,不可竭泽而渔;三是在审美层面,强调人与自然的和谐,如辛弃疾所说的"我见青山多妩媚,料青山、见我应如是。情与貌,略相似",又如计成所说的"鹤声送来枕上""鸥盟同结矶边"。

另一种是儒家哲学。儒家哲学认为,人生最大的快乐是仁爱相处,其中统治者与被统治者的仁爱相处最难,也最重要。为此,儒家提出礼乐治国,以礼区别等级,保证统治者的利益;以乐和同人心,削减阶级对立。孟子提出"与民同乐"论,他的"乐民之乐者,民亦乐其乐。忧民之忧者,民亦忧其忧"(《孟子·梁惠王下》)成为几千年来儒家津津乐道的经典。

理学是综合了儒道释三家思想而以儒学为主干的思想学说,对于乐居,亦有着诸多言论,这些言论相对集中在关于"颜子之乐"的讨论之中。《论语》中的颜子,生活极端贫困,然而,生活得很快乐。为什么能这样?显然是精神在起作用,也就是说,他生活在一种精神世界里,是这种精神让他快乐。这精神是什么? 有的说是"仁",有的说是"天地"。凡此等等,均说明,乐居最重要的是要具有一种高尚的精神境界,对于现实有一定的超越。回到环境问题,人能不能乐居,关键是能不能与环境建构起一种良性关系,人在这种关系中实现精神上的提升与超越。

5. 耕读传家

"耕读传家"是中国儒家知识分子重要的精神传统,此传统发源于先秦,成熟于清代中期。左宗棠、曾国藩堪谓此中代表,这两位清朝中兴大臣,均有过一段时间家乡务农、躬耕田野、课读子孙的经历。因为这样一种传统是在农村培养的,对于农村的建设具有重要的意义,所以我们才将它归入环境美学范围。笔者曾经在广西富川县农村做过调查,清朝时凡是大一点的村子均有自办的书院,书院遗址大多尚存。

"耕读传家"中"耕""读"二字是值得深究的。"耕",凸显中国文化以农为本的传统。治国以农为本,治家也以农为本,乃至立身也以农为本。"读"在中国有着独特的意义,读书不只是一般的学习知识,而是"学成文武艺,货与帝王家",即为国家效劳。

(二)中国古代环境美学中的国家意识

中国人的环境意识不仅具有浓郁的家园情怀,而且具有强烈的国家意识,特别是中国意识。其表现主要是:

1. 昆仑崇拜

中国人的环境观具有深厚的国家意识,这意识可以追溯到黄帝时代,突出体现是与黄帝相关的昆仑崇拜。昆仑在中国人的心目中,有着至高无上的地位。此山西起帕米尔高原,横贯新疆、西藏间,向东延伸到青海境内,全长 2 500 公里。被誉为中国母亲河的黄河、长江,其源头水系均可追溯到这里。从地理上讲,以它为主干的青藏高原是中国山河的脊梁,西高东低的格局对中国的气候乃至农业生产、中国人的生活、中国的城乡布局起着决定性的影响。因此,中国的风水学将昆仑看作中国龙脉之源。

尽管昆仑对于中华民族的生存具有重大的意义,但它成为中华民族的第一自然崇拜的根本原因还不在这里。昆仑之所以成为中华民族的第一自然崇拜,是因为昆仑是中华民族始祖黄帝最初生活的地方。《山海经·西山经》云:"西南四百里,曰昆仑之丘,是实惟帝之下都。"这段记载说昆仑之丘为"帝之下都","帝"指谁? 历史学家许顺湛说是黄帝:"帝之下都即黄帝宫,其地望在昆仑丘。"①

2. "中国"概念

战国时邹衍提出"大九州"说,将全世界分为八十一州,中国为其中一州,称赤县神州。于是,"中国"的概念就有了着落。司马迁接受此种说法。他在《史记·五帝本纪》中说:"尧崩,三年之丧毕……舜曰'天也',夫而后之中国践天子位焉。""中国"这一概念在中国古籍中多有出现,一般来说,它不指具体的朝代(政权),而指以汉族为主体的中华民族所生活的这块固有的土地,因此,它主要是国土概念,同时也指在这块土地上建立的国家。

"中国"这一概念中用了"中",体现出中华民族对于自己的国土、自己的国家的珍爱。在中华文化中,"中"不仅指空间意义上的居中,而且还有正确、恰当、核心、领导等多种美好的内涵。此外,按中国传统文化的理念,"中"就是"礼"。《周礼·疏》引云:'礼者,所以均中国也。'"《白虎通义·礼乐》云:"先王推行道德,调和阴阳,覆被夷狄,故夷狄安乐,来朝中国,于是作乐乐之。"可见,用今天的概念来解读,"礼"就是文明。

① 许顺湛:《五帝时代研究》,郑州:中州古籍出版社 2005 年版,第 60 页。

"中国"这一概念就是礼仪之邦、文明之邦。

3. "华夏"概念

中国又称夏、华、①华夏②、诸夏③。这跟中国古代部族三集团有关,三集团为华夏集团、苗蛮集团、东夷集团。华夏集团主要由炎帝部落与黄帝部落构成,两个部落之间曾发生过战争,后来实现了统一,建立了联盟。华夏集团与东夷集团、苗蛮集团也发生过战争,最后也实现了统一。按《山海经》中的说法,三大集团还存在着血缘关系,而且均可以追溯到黄帝,为黄帝的后人。虽然《山海经》具有神话色彩,不是信史,但其中透露的信息告诉我们,主要生活在昆仑山一带、黄河流域、长江流域的史前人类之间是有着各种联系的,考古发现也证明了这一点。历史学家徐旭生认为"到春秋时期,三族的同化已经快完全成功,原来的差别已经快完全忘掉",由于华夏集团"是三集团中最重要的集团","所以它就此成了我们中国全族的代表"。④

中国大地上存在着诸多民族,大家之所以认同"中国"概念,不仅是因为上面所说的种族上具有一定的血缘关系,而且是因为在长期的相处之中,诸民族的文化相互交融,达到彼此认同,以儒家为主体的汉民族文化成为中华民族文化的核心。

"夏""华"均是美好的词。"中国有礼仪之大,故称夏;有服章之美,谓之华。"(孔颖达《春秋左传正义》)将中国称为华夏,是中华民族对自己民族、国家、国土的赞美。蔡邕《郭有道碑文》云:"考览六经,探综图纬,周流华夏,随集帝学。"这"周流华夏"的意思是巡视中国美好的土地,因此,华夏不仅指中华民族、中国,还指中国的国土。

中国传统文化一方面讲"夷夏之辨",坚持夏文化优秀论(这自然有大民族主义之嫌),另一方面也讲"夷夏一体"。孟子提出"用夏变夷",主

---

① 《左传·定公十年》:"裔不谋夏,夷不乱华。"
② 《左传·襄公二十六年》:"楚失华夏。"
③ 《左传·僖公二十一年》:"以服事诸夏。"
④ 徐旭生:《中国古史的传说时代》,北京:文物出版社1985年版,第40页。

张以先进的夏文化改变落后的夷文化。而实际上夏文化也不断地学习夷文化中先进的东西,战国时始于赵国的"胡服骑射"就是一例。唐代,胡文化源源不绝地进入中原地区,成就了唐文化的博大与丰富。宋、元、明、清,夏文化与夷文化基本上就没有差别了。

应该说,世界上不论哪一个民族,其环境美学观念中均有家情怀和国情怀,但是,可以说没有哪一个民族能像中华民族这样,家情怀与国情怀达到如此高度的融会:国是放大的家,家是微型的国;国之本在家,家之主在国;国存家可存,国破家必亡。中国五千年来,虽政权有更迭,但基本国土没有变过,因此,家园、国土、国家,在中国文化中,其意义具有最大的叠合性。按中国文化,爱家不爱国是不可想象的,爱家必爱国,而爱国必爱国土。

中国古代的环境美学具有浓重、深刻的家国情怀,这是中国古代环境美学的本质性特点。

六、中国古代环境美学理论体系(三):准生态意识

科学的生态系统知识,中国古代应该是没有的,但这不等于说古人就没有生态意识。在长期与自然打交道的过程中,古人已经感到人与物之间存在着一种内在的联系,这种联系让人认识到,要想在这个世界上生活得好,就必须兼顾物的利益。人与物,不能是敌对的关系,而应该是友朋的关系。于是,准生态系统的意识产生了。这些意识大致可以归结为两个方面。

(一)中国古代环境美学中的物人共生观念

对于物与人的关系,中国古代有着极为可贵的物人共生观念。主要体现在如下一些命题上。

1. 尽物之性

中国文化中有着朴素的生态观念。《中庸》说:"唯天下至诚,为能尽其性。能尽其性,则能尽人之性。能尽人之性,则能尽物之性。能尽物之性,则可以赞天地之化育。"(第二十二章)将人之性与物之性作为一个

系统来考虑,并且认为它们的利益是一致的,这种思想明显体现出原始的生态意识,难能可贵。

2. 民胞物与

"民胞物与"是北宋哲学家张载在《西铭》中提出来的。原话是:"民吾同胞,物吾与也。"前一句是说如何处理人与人之间的关系:应将民看作同胞兄弟,既是同胞兄弟,就具有血缘关系,需要彼此关照。后一句是说人与物的关系,强调人与物是朋友、同事的关系,不仅共存于世界,而且共同创造事业。

"物吾与也"中的"与"有两义:

一为"相与"义。"物吾与也"即是说物是人的朋友。将物看作人的朋友,以待友之道来处理人与物的关系,说明人与物是平等的,人要尊重物,包括尊重物的利益。计成的《园冶》,说到园林景物时,云:"好鸟要朋,群麋偕侣。槛逗几番花信,门湾一带溪流。竹里通幽,松寮隐僻。送涛声而郁郁,起鹤舞而翩翩。"(《相地》)这是一种人与物和谐相处的景观,非常动人。

二为"参与"义。"物吾与也"即是说物是人的同事。人与物共同生存在这个世界上,共同从事生命的创造。这意味着人与物存在着生态关系:人与物共处于生态系统之中,为命运共同体。

3. 公天下之物

"公天下之物"是《列子》提出来的。《列子·杨朱》云:"身固生之主,物亦养之主。虽全生,不可有其身;虽不去物,不可有其物。有其物,有其身,是横私天下之身,横私天下之物。不横私天下之身,不横私天下物者,其唯圣人乎! 公天下之身,公天下之物,其唯至人矣! 此之谓至人者也。"《列子》认为,人是生命,要发展;物"亦养之主",要滋养。人的发展,追求"全生";物的滋养,同样追求"全生"。人要"全生",会损害物的利益;同样,物要"全生",会损害人的利益。怎么办?《列子》提出既"不横私天下之身",也"不横私天下物",让人与物各自受到一定的利益限制,同时又各自能得到一定的发展。这就是"公天下之身""公天下之物",其实质是生态公正。

4. 天下为公

"天下"这一概念，在中国古籍中出现得很多。天下，既可以指国家的天下，也可以是社会的天下，还可以是人与物共同拥有的天下。上述《列子》所谈的"天下"是人与物共同拥有的天下，即宇宙。而儒家经典《礼记》侧重于从社会的维度来谈"天下"，《礼记·礼运》说："大道之行也，天下为公。选贤与能，讲信修睦。故人不独亲其亲，不独子其子，使老有所终，壮有所用，幼有所长，矜寡孤独废疾者皆有所养。男有分，女有归。货恶其弃于地也，不必藏于己；力恶其不出于身也，不必为己。"如果说《列子》谈天下，突出的是自然生态公正，那么，《礼记》谈天下突出的则是社会生态公正。社会生态公正的关键是人各在其位、各尽其职、各得其利，即"老有所终，壮有所用，幼有所长，矜寡孤独废疾者皆有所养。男有分，女有归"。

（二）中国古代环境美学中的资源保护意识

中国古代的环境保护意识与资源保护意识是合一的，主要表现为以下三种观念。

1. 网开一面

《周易·比卦》说："王用三驱，失前禽，邑人不戒，吉。"朱熹对此的解释是："天子不合围，开一面之网，来者不拒，去者不追。"周朝对于保护资源有着明确的规定："凡田猎者受令焉。禁麛卵者，与其毒矢射者。""山虞掌山林之政令，物为之厉，而为之守禁。仲冬斩阳木，仲夏斩阴木。凡服耜，斩季材，以时入之。令万民时斩材，有期日。凡邦工入山林而抡材，不禁。春秋之斩木，不入禁。凡窃木者，有刑罚。"（《周礼·地官司徒第二》）当然，虽有这样的要求，是不是做到了，那是另一回事。事实上，在古代，对动物进行灭绝性屠杀的事时有发生。张衡在《西京赋》中就痛斥过这种行为："泽虞是滥，何有春秋？摘澡湒，搜川渎。布九罭，设罜䍡。撰昆鲕，珍水族……上无逸飞，下无遗走。攫胎拾卵，蚳蝝尽取。取乐今日，遑恤我后！"中国古代对于生态的保护，虽然为的是人的利益,但实际上兼顾了生态的利益。有必要指出的是,这种保护,主要是出于对资源的爱惜,还不能说是为了生态环境,只是客观上起到了保护环境的作用。

2. 珍惜天物

中国的环境保护思想还体现在对物的珍惜上。古人将浪费资源和劳动成果的行为称为"暴殄天物"。唐代李绅的《悯农》诗云:"春种一粒粟,秋收万颗子。四海无闲田,农夫犹饿死。/锄禾日当午,汗滴禾下土。谁知盘中餐,粒粒皆辛苦。"这诗已经成为蒙学经典。珍惜天物,虽然目的不是保护生态,但起到了保护生态的作用。

3. 见素抱朴

崇尚朴素生活,在中国有两个源头。一是道家的道德哲学。老子主张"见素抱朴"。"素",没有染色的丝;"朴",没有雕琢的木。两者均用来借指本色。"见素抱朴",用来说做人,即要求人按照人性的基本需要来生活。这样做为的是养生,但反对奢华,有珍惜财物的意义,而珍惜财物的客观效果是保护生态。

另一源头是儒家的伦理学说——崇尚节俭。它的意义是多方面的,主要是政治方面。贞观元年,唐太宗想营造新的宫殿,但最后放弃了,他对臣下说:"自古帝王凡有兴造,必须贵顺物情。……朕今欲造一殿,材木已具,远想秦皇之事,遂不复作也。"不仅如此,他还说:"自王公以下,第宅、车服、婚娶、丧葬,准品秩不合服用者,宜一切禁断。"(《贞观政要·论俭约》)尽管唐太宗主要是从政治上考虑问题的,但不浪费、少奢华,对于资源和环境的保护还是很有意义的。

七、结　语

中国古代的环境美学是中国人在自己的生产实践与生活实践中创立的。这一历史可以追溯到史前。在进入文明时代之始,曾有过以大禹为首的华夏部落联盟与特大洪水斗争的伟大事迹。正是这场漫长的、最终以人类胜利告终的斗争,让"九州攸同,四奥既居,九山栞旅,九川涤原，九泽既陂，四海会同"(《史记·夏本纪》)，中华民族美好的生活环境由此奠定，而治水的诸多经验也成为中华民族环境思想的重要组成部分。由于时代久远，我们只能凭现存的祖国山河，凭有限的文字记载，想象那场气壮山河的斗争如何再造山河。中华民族长期以农立国，以地为本，以水为命，以家国为据，以和谐为贵，以道德为理，以天地为尊，以动植物为友，以安居为福，以乐天为境。所有这些，是中国人基本的生活状态。中国古代的环境美学思想就寄寓在这种生活状态之中，并且是这种生活状态的经验总结。虽然由古到今，中国人的生活状况已经发生了巨大的变化，但是中国人的文化心理仍然保持着诸多传统的基因。更重要的是，中国人所面对的一些关涉环境的主要问题并没有发生根本性的变化，如何处理好人与自然的关系、文明与生态的关系、个人与社会的关系、家与国的关系、国与世界的关系，仍然困扰着当代的中国人。从中国古代环境思想中寻找美学智慧，以更好地处理当代环境问题，其意义之重大不言而喻。

值得特别提及的是，当代全球正在建设的生态文明与农业文明有着重要的血缘关系。如果说生态文明是工业文明批判性的发展，那么，可以说生态文明是农业文明蜕化性的回归。生态文明建设，核心是处理好环境问题，实现文明与生态的协调发展，共生共荣。这方面，农业文明会给我们诸多有益的启迪。有着五千年农业文明的中国，为我们准备了智慧的宝库，值得我们深入发掘、认真学习。

陈望衡

目　录

引　论

　　清代作为我国大一统封建王朝的最后一个时代,其时间跨度从 1644 年到 1911 年,有着将近三百年的历史。清代的历史可以 1840 年为界分为两个时期,第一个时期为 1840 年以前,在这一时期,经济发达,出现了历史上有名的"康乾盛世",在文化与学术上也十分兴盛。这个时期的学者对明代以前的各个时代的各种学术与思想进行总结并重新加以演绎与阐释,此时期的学术思想从历朝历代治乱兴衰的轨迹分析入手,提出了各种改造与振兴社会的措施,从而呈现出一种经世致用与博学于文交错的学术态势。第二个时期为 1840 年以后,随着西方文化的强行入侵,我国文化史在此时期进入一个更为复杂错综而又急剧变化的历史时代,新的学术思想在中西文化汇合的过程中逐步产生。

　　清代环境美学思想的主要特色可以概括为"总结"与"转型"的统一。而这种统一基于清代环境观的历史演变,清代环境美学思想的研究必须建立在清代环境观演变的基础之上。清代环境观的演变以 1840 年为分界线,1840 年以前,清代环境观偏于言古不言今、言内不言外,对于此时期环境观的把握,应清楚地认识到其是中国古代传统环境观的总结与成熟形态。而 1840 年以后,随着"开眼看世界"思潮的形成与发展,清代环境观更多呈现为由古而趋今、由内而趋外。

这种"总结"表现为传统环境美学思想的总结。中国古代环境美学思想发展到清代，已处于一个全面成熟与总结的时期。到了清代，中国古代的农业文明与儒道互补的思维模式定型了中国古代环境美学思想的总结形态。农业文明特别是小农经济全面地奠定了清代前中期环境美学形成的基础，而"耕读传家"思想的成熟与总结全面建构了中国古代环境美学的理想模式：乐居田园，力耕陇亩，心存魏阙。耕读传家的理念和中国古代的儒道互补的思维模式彰显了自然性与人文性的统一，有效地呈现了作为环境美学哲学基础的生态主义与人文主义的结合。由于农业文明与儒道互补的思维模式的影响，这个系统发展到清代，在定型与成熟的基础上，更加趋向于内向，注重系统内部人与环境间的有机联系及其交互感，注重人与环境审美关系的整体把握。

而晚清环境审美的时代转型主要体现在以下四个方面：传统天下观的瓦解、新的世界观念的成形、环境安居问题的凸显、工商业城市环境审美思想的形成。晚清地理学的重心转移促成了晚清环境观的改变。在"开眼看世界"思潮的引领下，晚清的环境审美观呈现出鲜明的转型特质。晚清环境审美观的转型作为明清思想转型的重要组成部分，其历史意义主要表现在如下四个层面：

1. 这种转型不仅有效地推进了"开眼看世界"的时代思潮，而且也有效地参与和推进了晚清环境观的改变过程。在对世界图景进行审美描述的过程中，晚清环境审美的转型在一种全球化的视野中拓展了龚自珍基于大一统王朝而形成的"内外一家"观念，并进一步推进了魏源"海国"观念的历史生成。魏源"海国"观念力图以图文并茂的方式将"内外一家"的王朝观念发展为"中外一家"的世界观念，从而有效地促成了新的环境观的形成。

2. 这种转型为传统天下观与夷夏观的逐步消解提供了良好的推进空间，从而促成了世界意识与国家意识在晚清时代得以逐步确立。晚清环境审美观的转型以一种诗意的方式从情感上潜移默化地促成文化观念的历史转变，这不仅促成了林则徐世界意识的萌芽，也推进了魏源国家意识的初步生成。林则徐世界意识的萌芽是建立在他突破传统华夷观念的基础之上的,不仅表现在其对世界自然地理情况的了解,而且也表现在他对于世界形势的深入关注。林则徐世界意识的萌芽为后来世界意识的形成与发展提供了十分坚实的基础。而随着"中国中心论"的解体,在《海国图志》中,魏源在海国体系的烛照下对中国身份与地位进行了自我表达,从而引导了梁启超国家观念的确立。

3. 这种转型从中外关系的层面深入地考量了我国当时的环境安居问题,合理地考察了世界环境与格局的变化对于我国环境安全的挑战,并就如何实现环境安居进行了有益的探索。晚清环境审美转型所反映的中外审美现状勾勒出世界整体环境的巨大改变,我国在被动的局面下进入了海洋时代,大陆时代所不曾面临的整体环境安居的问题接踵而至。魏源所提出的海国概念是作为中国的他者与对手而产生的概念,其主要着眼点并不在于对西方文明的学习,而主要是从我国整体环境安全的角度考虑。包括"师夷长其以制夷"在内的各种举措与变革都围绕着我国在海洋时代中环境安居的问题而展开。

4. 这种转型促成了晚清思想界对当时的工商业城市环境投入极大的审美关注。这种审美关注一方面表现在对城市公共环境的审美考察中,而这种对城市公共环境的审美考察呈现为对城市公共环境破败的批判性观察,这种批判性的审美观察直指晚清工商业城市公共环境的污染与城市风气的败坏,渗透在城市环境公共环境的审美改造意愿与实践之中。另一方面,这种审美关注也表现在对工商业城市审美建构思路的探索之中,在这种有益的探索中,华洋杂糅的畸形城市建设思路被有效地终止,田园城市的发展思路得以确立并影响到民国时期的城市建设。

基于此,清代环境美学思想的主要内容可以从以下四个方面进行整体把握:

1. 人与环境审美关系整体性把握

我国自先秦以来的环境观就认为自然环境是一个内向耗散自活系

统,正如《国语》中所认定的"气不沉滞,而亦不散越"。① 人在自然环境中生存应当合理地注意处理人与环境之间的内在关系,在随顺自然中让万物各归其位。到了清代,在合理考察人地关系的基础上,清代地理学更加注重从整体上把握人与环境之间的内在关系,其中体现的环境美学思想更加注重这种内向耗散自活系统内部人与环境间的有机联系及其交互感,更加注重人与环境审美关系的整体把握。1840 年以前的清代地理学主要表现为对传统历史地理学的发展与总结,呈现为地理总志、地方志、边疆志等著作的编纂与地理的沿革考证,主要著述有《明史·地理志》,清代编修的《一统志》,顾炎武的《天下郡国利病书》《肇域志》《历代宅京记》,顾祖禹的《读史方舆纪要》等。环境美学思想具体表现为人地关系思想的辩证性总结、家国意识的总结性发展、各地风俗与环境之间的内在关系考察、利尽山川与环境保护的辩证考察、环境对人的审美熏染作用、从环境变迁探讨环境安居与利居的问题、环境科学知识与环境审美之间的内在关系考察等方面。1840 年以后的清代地理学主要表现为传统历史地理学的突破与革新,这种突破与革新呈现为对域外历史地理的考察与近代地理学的初步建构,主要著述有魏源的《海国图志》、徐继畲的《瀛寰志略》、梁启超的《地理与文明之关系》等系列专题论文、张相文的《新撰地文学》等。在这种突破与革新中,其环境美学思想主要体现为传统天下观的动摇、世界意识的萌芽、新的世界观念的形成、从中外历史地理审视环境安居的问题等方面。

2."环境—家园"理念的定型

耕读传家作为我国传统文明形成的内在文化基因,耕代表与自然的亲和,而读代表文明的进步。这种文化基因发展到清代,一方面内隐着自然与人文的结合、生态与文明的结合;另一方面也体现出"环境—家园"理念的定型,体现出环境安居、利居、和居与乐居思想的审美融合。

---

① 上海师范大学古籍整理组校点:《国语·周语下》,上海:上海古籍出版社 1978 年版,第102 页。

人只有定居下来后,才有真正的发展,或者说比较大的发展。农耕对人最大的意义,就是作为人类定居与安居的基础。定居才有家园的概念,正是从这种意义出发,农耕文明可以视为环境美学之源。农耕文明不但铸造了中国人的时空体验和四方想象,而且,为人的生存注入了本质性的审美内容。从某种意义来说,农耕文明是一种表现为与自然亲和的文明,通过人与自然的相互渗透,培育了中国人对自然时空的审美体验。耕读传家作为农耕文明的一种亦耕亦读的生活方式,这种生活方式坚信:耕田可以养家糊口,以立性命;读书可以知诗书,达礼义,修身养性,以立高德。耕读促成环境成为我们的居住之所,耕可以使我们安居与利居,读可以使我们和居与乐居。

3. 日常生活的审美表达

明代中叶以后,随着城市商品经济的发展,为了满足当时市民阶层的审美需求,晚明时期的思想家与文学家对于日常生活进行了新的解读,并在这种新的解读中对于日常生活进行了肯定。在思想领域内,王艮在王阳明心学的基础上提出了"百姓日用即道"的理论见解,他认为圣人之道,就在世俗的日常生活之中。在文学领域内,李贽的"童心说"与袁宏道的"性灵说"对传统雅俗文学界限进行合理的解构,强调雅文学与俗文学之间在日常生活中的互相转化与内在沟通,从而形成了一种雅俗共存、俗中有雅、以俗为雅的时代审美风潮。正如李泽厚在《美的历程》中提到的一样,以小说戏曲为主要类型的明清文艺所描述的是当时的世俗人情,其中展现了一个广阔的美的世界,在这个美的世界里,市井生活被赋予了诗意与美,并通过一幅幅平淡无奇但又内蕴五花八门、多姿多彩的社会风习图画呈现出来。① 晚明这种对日常生活的审美肯定引领了清代日常生活审美的时代倾向。在清代,这种对日常生活的审美关注既体现在李渔闲居的审美追求中,也体现在沈复对当时风俗民情的诗意表达之中;既体现在袁枚对于日常生活的审美关注之中,也体现在曹雪芹

---

① 李泽厚:《美学三书》,天津:天津社会科学院出版社2003年版,第169页。

对于园居生活的诗意呈现之中;既体现在扬州八怪引日常生活入画的艺术实践之中,也体现在晚清时期对城市环境欣赏的审美实践之中。

4. 工商业城市环境的审美关注

晚清工商业城市的出现与发展,不仅带来了社会结构的变化,而且也促成了社会观念与社会心理的剧烈改变,在这种变化与改变中,新型的城市文化观念与文化心理也逐步形成。在工商业城市文化观念与心理的推动下,晚清时期的环境审美观发生了重大的改变,开启了农业文明环境美学观向工业文明环境美学观的转型。工商业城市环境的审美关注一方面表现在对城市公共环境的审美关注中,而这种对城市公共环境的关注不仅表现为对城市环境破败的批判性观察,这种批判性的审美观察直指晚清工商业城市公共环境的污染与城市风气的败坏,而且也体现在城市环境公共环境的审美改造意愿与实践之中。另一方面,这种工商业城市环境的审美关注也表现为对工商业城市的整体审美,这种整体性的审美观照不仅体现为对城市景观的审美欣赏,而且也表现为对新的生活观念的推崇。

第一章 清代环境美学思想的主要特点

清代环境美学思想研究必须建立在对清代环境观整体把握的基础之上。清代环境观的整体把握应当以 1840 年为分界线,1840 年以前的环境观表现为传统环境观的总结,而 1840 年以后的环境观表现为新的环境观的生成,这种新的环境观主要的特质呈现为在环境观的转型中实现了古今融合、内外结合。在清代环境观的总结与转型的视野中,清代的环境美学思想的主要特点表现为传统环境美学思想的总结与农业环境审美向工商业城市环境审美的转型的融合与统一。

第一节 传统环境美学思想的总结

清代环境美学思想作为传统美学思想的总结形态,这种总结性一方面体现在对人地关系的总结性探讨,这种探讨更为关注人与环境的内在关系;另一方面体现在"耕读传家"思想的日趋成熟,从而更为关注文明与生态的内在关系,促成"环境—家园"理念的定型。

一、人地关系的总结性探讨

自先秦以来,人地关系一直受到关注。《礼记·王制》中提到"广谷大川异制,民生其间异俗",这是一种强调人地内在关系的早期表达。而唐代刘禹锡则主张"天与人交相用""还相用"的观念,强调人与环境的内在相关性。这种人地关系的思考发展到清代,在定型与成熟的基础上,更加趋向考察人与环境间的有机联系,注重人与环境内在关系的深入把握。

王夫之十分深入地考察过人与环境之间的内在关系,通过对中国的自然地理大势的分析,他认为,正是中国独特的自然地理环境造就了中原汉民族与中原以外民族之间不同的民族气质、不同的风俗民情:"中国之形如箕,坤维其膺也,山两分而两迆,北自贺兰,东垂于碣石,南自岷山,东垂于五岭,而中为奥区,为神皋焉。"①在此,他认为,从贺兰山到碣石山由北向东的山脉走势为北方的大山脉,从而成为中原民族与北方民族之间的分界线;从岷山到五岭由南向东的山脉走势为南方的大山脉,从而成为中原民族与南方民族之间的分界线。王夫之认为,自然地理环境的相同会造就居住其中的人们相同的气质类型,而不同的自然地理环境,如不同的地理形势、气候条件,会对人们的体质、社会活动、民俗风情形成不同的影响,"天气殊而生质异,地气殊而习尚异"②。基于此,他认为,自然地理环境能影响战争胜负的走向、国家的安危兴亡,因之,人类应当深入地了解其生存的地理环境,从而充分地合理利用自然地理环境为人类的社会活动服务。在分析自然地理环境对人类活动影响的基础上,他深入地探讨了人类活动对于自然地理环境的影响。他认为,我国古代社会经济中心之所以在唐宋时由西北向东南进行转移,主要是由于人类活动影响了西北与东南的地理环境,从而促成了社会经济中心由西北位移到东南的历史格局。

在《天下郡国利病书》《肇域志》《历代宅京记》等著作中,顾炎武深入地探讨了自然地理环境与人类文明之间的内在关系。他不仅分析了自

---

① 〔清〕王夫之撰,船山全书编辑委员会编校:《读通鉴论》卷十三,《船山全书》第十册,长沙:岳麓书社 2011 年版,第 485 页。

② 〔清〕王夫之撰,船山全书编辑委员会编校:《读通鉴论》卷二,《船山全书》第十册,第 110 页。

然地理环境对于文明与文化发展的重要作用,通过对贵州与百越地区自然地理环境的考察,从人与环境内在关系的角度,探讨贵州地区文化不发达的原因在于其自然地理环境的不足。而且,他也考察了人类活动对自然地理环境产生的巨大影响,随着人类活动区域的不断变化与扩大,自然地理环境也会随之进行改变,这种改变最终促成社会经济文化中心的不断位移。此外,顾炎武在探讨都城选址由西到东、由北向南的历史趋势过程中,考察了天下大势随着自然地理环境的改变而出现的变化,"天下之势,自西而东,自北而南"。从人与环境内在关系的历史考察中,他认为,随着自然地理环境的变化,天下发展的格局也发生改变。

在《广阳杂记》中,刘献廷通过自然地理环境与人类生活之间的内在联系,对于人地关系进行了深入的探讨。他一方面认为,人生活的故乡自然地理环境对于人成年后的情感构成与风俗习惯会产生十分重要的决定作用:"大兄云:满洲掳去汉人子女,年幼者,习满语纯熟,与真女直无别。至老年,乡音渐出矣,虽操满语,其音则土,百不遗一云。予谓人至晚年,渐归根本,此中有至理,非粗心者能会也。予十九岁去乡井,寓吴下三十年,饮食起居与吴习,亦自忘其为北产矣。丙辰之秋,大病几死,少愈,所思者皆北味,梦寐中所见境界,无非北方幼时熟游之地。"[1]在此,他以两个例子来说明故乡的自然环境对于人的重要影响,一是满洲掳去的汉人子女老年对于乡音的铭记,二是以自身的经历为例,他虽然在南方生活三十年,适应了南方的饮食起居,但晚年魂牵梦萦的依然是北方的故乡风情。另一方面,刘献廷强调自然地理环境对于人的胸怀、性情的陶冶作用:"江西风土,与江南迥异。江南山水树木,虽美丽而有富贵闺阁气,与吾辈性情不相浃洽。江西则皆森秀辣插,有超然远举之致。吾谓目中所见山水,当以此为第一。他日纵不能卜居,亦当流寓一二载,以洗涤尘秽,开拓其心胸,死无恨矣。"[2]他认为,与江南的自然地理

---

[1] 〔清〕刘献廷撰,汪北平、夏志和标点:《广阳杂记》卷一,北京:中华书局1957年版,第32页。
[2] 〔清〕刘献廷撰,汪北平、夏志和标点:《广阳杂记》卷三,第188页。

环境相较,大江西边的自然地理环境大为迥异,江南的山水与树木虽然甚美,且内在具备一种富贵闺阁的气质,但与其性情不相契合;然而大江西面的山水与树木则大为不同,江西的树木森郁清秀,峰峦高耸挺拔,处处呈现出超然致远的内在风情。即使不能在此定居,也可在此暂居一两年,从而洗涤内心中尘世的污秽,开拓内心的境界追求。此外,刘献廷在探讨人与环境内在关系的同时,还认为对于自然地理环境的研究不应止于对环境现象和人与环境关系进行简单描述,更应在此前提下,对于自然地理环境中的内在规律进行深入的分析。在《广阳杂记》中,他对于这种止步简单描述而缺乏规律探寻的倾向进行了批评:"方舆之书所记者,惟疆域建置沿革、山川古迹、城池形势、风俗职官、名宦人物诸条耳;此皆人事,于天地之故,概乎未之有闻也。"①在此,刘献廷提出的"天地之故"正是自然地理环境的内在规律性。因此,在《广阳杂记》中,他一方面真实地记载了其观察到的环境现象,另一方面,他更注重从不同地域之间的物候差异入手,分析环境的内在规律。

顾祖禹在《读史方舆纪要》一书中重点考察了人地之间的内在关系,他不仅探讨了环境对于战争与天下局势的重要性,而且也重点指出,即使拥有优势的自然地理环境,如果没有很好的历史条件与优秀的能力素质,自然环境的优势也会荡然无存。他在分析陕西关中的自然地理形势时鲜明地表现出这一种关于人地关系的辩证思想:"陕西据天下之上游,制天下之命者也。是故以陕西而发难,虽微必大,虽弱必强,虽不能为天下雄,亦必浸淫横决,酿成天下之大祸。"②在此,顾祖禹认为,陕西关中地区为天下之上游,能够控制天下的走势,所以在陕西关中地区发难,虽然开始时微弱,但必会变大变强,即使不能成为天下之雄,亦能形成席卷天下之势。但陕西关中地区这种自然地理环境优势的发挥因时因人而异,三国诸葛亮之才,足以使关中之势发挥作用,但其历史条件不允许;张浚

---

① 〔清〕刘献廷撰,汪北平、夏志和标点:《广阳杂记》卷三,第150页。
② 〔清〕顾祖禹撰,贺次君、施和金点校:《读史方舆纪要》卷五十二,北京:中华书局2005年版,第2449页。

的时代可以发挥关中的优势,而且他也意识到关中的重要性与优势地位,但其能力不足以发挥这种优势。由此可见,顾祖禹在此一方面分析了关中自然地理环境的优势与重要性,另一方面,他更强调自然地理环境优势的发挥与历史时机、人的能力有十分重要的关系。与此同时,他在《读史方舆纪要·总叙》中也明确提出这种思想:"且夫地利亦何常有哉?函关、剑阁,天下之险也。秦人用函关,却六国而有余,迨其末也,拒群盗而不足。诸葛武侯出剑阁,震秦、陇,规三辅,刘禅有剑阁,而成都不能保也。……知求地利于崇山深谷,名城大都,而不知地利即在指掌之际,乌足与言地利哉?"①函关、剑阁的自然地理优势明显,就函关而言,秦国早期可用之来抵御六国,而后期"拒群盗而不足",就剑阁而言,诸葛亮以剑阁之险威震天下,而刘禅拥剑阁之险成都亦不可守。由此可见,刻意地追求崇山深谷与名城大都的自然地理环境之险,而忽视了人地关系中人的主观能动性,则自然地理环境的优势无法体现。此外,顾祖禹从天下地理大势入手,其最终的目的是安居环境的建构,因此,他十分强调河流与湖泊的因时变化与民生之间的关系。在《读史方舆纪要》中,他对各个省区内河流湖泊与民生的关系进行了重点的分析,并且他研究天下地理大势的着眼点在于治国安邦,因此,他对于环境安居十分关注,并就如何实现环境安居有深入的分析与具体的对策。顾祖禹对环境安居的关注体现在他对"民生"问题的极度重视。与此同时,顾祖禹从国计民生的角度考察自然环境对于环境安居的重要性,河流与湖泊的不断变迁都与人们的生存环境有着内在的紧密关系。

　　地理学家孙兰在《柳庭舆地隅说》中也极为深入地表达这种人地相关的思想。他从人与环境相互影响的角度分析了社会变化与自然地理环境变化之间的内在关联性,他认为,随着时代与历史形势的不断变化,自然地理环境与人类社会内在关联性的程度也会发生改变,"黄帝诛蚩

---

① 〔清〕顾祖禹撰,贺次君、施和金点校:《读史方舆纪要》总叙二,第14—15页。

尤定诸侯,区为万国;至秦皇废为郡县,定为一统".① 黄帝定诸侯、始皇废封建都只是在不同的历史条件下人与环境关系的合理调整。正因为如此,在论述环境的变化时,他并没有将环境的变化完全归于人类的社会活动。他在分析流水侵蚀地貌的形成过程时指出:"流久则损,损久则变,高者因淘洗而日下,卑者因填塞而日平,故曰变盈而流谦。"②在此,他首先采用"变盈流谦"的理论解释流水侵蚀地貌的形成,这种侵蚀地貌的形成不仅是一个长期的过程,而且也是缘于侵蚀和沉积两个方面的相互作用;进而,在对流水侵蚀地貌形成探讨的基础上,孙兰认为,气候的影响、人类活动的作用、自然环境内力与外力的作用,都是地形地貌变化的原因,从而全面地探讨了环境变化的内在原因。而在探讨各地之间的文化差别时,他指出:"其所以异者,有天之异,地之异,时与势之异,变与常之异。因之心性情异而事亦异焉。"③由此,我们可以看出,孙兰认为,各地文化的差异与自然地理环境有重要的影响,天地之异会促使各地文化存在一种内在的差异性,当然除了自然地理环境外,时势也是形成文化差异的重要因素,这很好地体现了他对于人地关系探讨过程中的辩证思维。

魏源在《圣武记》与《海国图志》中也表达了人与环境相互影响的相关思想。他在《圣武记》中指出:"自康熙用兵,修攘恢复,增赛音诺颜部,而准夷不敢南牧。"④他认为,在康熙平定新疆准噶尔叛乱之后,准噶尔部不敢再南下侵犯,其主要原因在于"盖地利形势然哉",他得出这种"地利"的结论主要是由于其对新疆、乌梁海地区等地自然地理环境的深入考察,康熙的防守依托新疆、乌梁海地区等地的山脉形势占据了地理上的优势地位。金川等地的屯练土兵英勇善战,清朝时期将之作为护卫西

---

① 〔清〕孙兰:《柳庭舆地隅说》,《丛书集成续编》第 80 册,台北:新文丰出版公司 1988 年版,第 182 页。
② 〔清〕孙兰:《柳庭舆地隅说》,《丛书集成续编》第 80 册,第 175 页。
③ 〔清〕孙兰:《柳庭舆地隅说》,《丛书集成续编》第 80 册,第 187 页。
④ 〔清〕魏源撰,魏源全集编辑委员会编校:《圣武记》卷三,《魏源全集》第三册,岳麓书社 2004 年版,第 143 页。

藏等边疆地区安全的重要军事力量,魏源从人与自然地理环境内在关系的角度出发,分析了金川等地的屯练土兵英勇善战的原因,他认为,金川等地的屯练土兵十分擅长于山战,其主要的原因在于金川等地"地苦寒,所食惟包谷、油麦、青稞、苦荙、牛、羊",所以"人皆悍鸷贪利"。① 与此同时,他在《海国图志》中着重分析了自然环境气候与文明之间的内在关系,"震旦则正当温带,四序和平。故自古以震旦为中国,谓其天时之适中,非谓其地形之正中也"。在此,他以震旦为何被称为中国之例,得出了温带有利于文明的起源与发展的结论,因为震旦正处于温带的地域,四季平和分明,震旦之所以被称为中国,并不是其地形在世界的中心,而是因为其"天时适中",正好处于寒带与热带的中间,从而产生了极其辉煌的文明,并且获得了持续不断的发展。

清末的张相文也持有这种地理环境决定论思想。如他在《新撰地文学·绪论》中提出:"言地理,必济之以地文,其旨趣始深,乃不病于枯寂无味,且与他学科互相关联,如天文学、地质学、动植物学、人种学、气象学、物理学、化学,莫不兼容并包,以为裨益人生之助⋯⋯此地文学所以为最重要之学科也。"②在此,张相文从自然环境与人的内在关系中认识到地文学的重要性,此外,他还从地理环境与人种差异之间的关系来探寻人地关系,他认为人种及其相关文化特征与地理环境有内在的必然关系,他将人类从发型上分为直发、拳发和绒发3种。认为直发种人"思想较多",拳发种人"思想多高于他种人",绒发种人"思想低劣,无能光于历史"。③ 并指出:"各种族之盛衰兴废,常视其分布地之气候物产以为进退。因之生活程度之高低,亦若天实限之,而不能强同者。寒热带之人,为天然力所束缚,或昏怠弛缓,或猥琐困陋,皆不免长为野蛮。亚热带则生物以时,得天颇优,常为开化之先导。亚寒带则生物鲜少,人尚武健,在中古时常足以战胜他族,然发达竞争,要以温带之地为高尚人种之锻

---

① 〔清〕魏源撰,魏源全集编辑委员会编校:《圣武记》卷十一,《魏源全集》第三册,第501页。
② 〔清〕张相文撰:《新撰地文学》,上海文明书局光绪三十四年发行,第1页。
③ 同上,第191—193页。

炼场,故今富强文明诸国,莫非温带之民族所创建也。"①虽然张相文片面地强调了地理环境对于人的决定性作用,但他是从人与环境关联性的角度进行探讨并提出自己的观点的。这是张相文在学习西方地理学观点方法时所引进的决定论观点,在教科书中出现的这种理论,反映了它在当时中国的人地关系诸观点中所具有的特殊地位,是当时人地关系论中占主导地位的地理思想。

清末梁启超在对中国与世界地理大势分析的基础上,深入地思考了人地之间的辩证关系。在《中国史叙论》《亚洲地理大势论》《中国地理大势论》中,他从人与环境的关系着眼,重点指出人类文明的发展与自然地理环境之间有着紧密的依存关系,自然地理环境的差异会造成区域文明发展之间的内在差异。但梁启超并没有成为一个地理环境决定论者,他在《地理与文明之关系》《近代学风之地理的分布》等论文中分析了人地关系中人的作用,十分突出地强调了人的主观能动性的发挥对于自然地理环境的反作用。由上可知,梁启超对文化与地理之间辩证关系的分析形成了自己独特的文化地理学。在文化与地理关系考察的基础上,梁启超在《论中国学术思想变迁之大势》《中国地理大势论》《近代学风之地理的分布》中从我国文学发展的南北特质具体探讨了文学与地理之间的内在关系,他指出,我国南北文学之间的差异在很大程度上是由我国南北地域的自然地理环境的差异而形成的,在这种分析中,梁启超建立起了独特的文学地理学思想。

综上所述,从清初王夫之、顾炎武对人地关系的论述,一直到梁启超对文化、文学与环境关系的具体考察,我们可以看出,清代在地理学发展的引领下对于人与环境关系十分关注。而随着梁启超文化地理学与文学地理学思想的提出,这表明清代对人地关系的考察已然能够从科学与辩证的角度进行分析,并且取得了很高的成就,已经比较正确地注意到了人和地理环境在社会历史文化发展中的意义以及相互间的作用。

---

① 〔清〕张相文撰:《新撰地文学》,第 193—194 页。

二、"耕读传家"思想的成熟

耕读传家是中国农耕文明传统形成的文化基因。这种文化基因内蕴着丰富的环境美学思想,耕读合首先意味着环境美感的生成与延伸;其次内隐着自然与人文的结合、生态与文明的结合,意味着人与自然、人与社会统一的和谐环境的形成;最后,耕读合体现出环境—家园理念的定型,聚集着环境安居、利居、和居与乐居思想的融通。

1. 耕读传家思想的历史梳理

古人追求耕读结合的生活方式,坚持耕可务本与读可知礼,逐步形成了我国独具特色的耕读文化,这种耕读文化衍生出耕读传家的居住理念。春秋战国时期,农家学派许行提出"贤者与民并耕而食"的主张,标志着耕读传家思想的源起。南北朝时的颜之推在《颜氏家训》中强调了耕读传家的思想,在书中,颜之推将读书做人作为家训最重要的内容进行强调,与此同时,书中也表达了对"耕"的重视,"生民之本,要当稼穑而食,桑麻而衣"①。明末清初的农学家张履祥就"耕读传家"的思想进行了深入的分析,他在《训子语》中强调耕读必须并重,不可偏废,"读而废耕,饥寒交至;耕而废读,礼仪遂亡"②。从耕可务本的角度来看,人们为了达到安居的目的,必须强调农业耕作,从而实现务本节用,"治生无他道,只'务本节用'一语尽之"③。在中国传统社会中,人们主要的生存物质来自农业,农业耕作对于国计民生而言具有基础性的地位。正是从这种意义考察农业耕作的重要性,张履祥加强农业建设,他希望"子孙只守农士家风,求为可继,惟此而已"④。只有重视农业耕作,才能传家。而在农耕之余,人们应当研读圣贤经典,修养心性,树立勤俭持家的理念,防止贪婪之心,远离奢侈之风。在张履祥看来,耕读不可偏废,"有田亩便当尽力

① 〔南北朝〕颜之推撰,檀作文译注:《颜氏家训》,北京:中华书局 2007 年版,第 34 页。
② 〔清〕张履祥撰,陈祖武点校:《杨园先生全集》,北京:中华书局 2002 年版,第 1352 页。
③ 〔清〕张履祥撰,陈祖武点校:《杨园先生全集》,第 1109 页。
④ 〔清〕张履祥撰,陈祖武点校:《杨园先生全集》,第 1351 页。

开垦,有子孙便当尽力教诲。田畴不垦,宁免饥寒? 子孙不教,能无败亡?"①无"耕"则无以为生,无法安居,无"读"则心性堪忧,不能乐居。耕读合才能实现物质生存与精神需求的满足,进而达到传家的目的。

晚清时期的曾国藩对于耕读传家的思想十分推崇,他在践行的基础上对其进行了充实与总结。曾国藩坚持以农为本,亦耕亦读,耕读兴家传家。曾国藩的家书,经常导引弟妹子侄坚守耕读传家的思想传统,"子侄除读书外,教之扫屋、抹桌凳、收粪、锄草,是极好之事,切不可以为有损架子而不为也"。②"半耕半读,未明而起,同习劳苦,不习骄佚,则所以保家门而免劫数者,可以人力主之。"③在曾国藩看来,农业耕作不仅是务本之道,也是治家之本,而耕读合则是家族安居乐居、世代传承的根本,"以耕读二字为本,乃是长久之计"。④

由上可见,自先秦以来,耕读传家的思想不仅成了中国传统耕读文明中固有的文化基因,而且也成了人们实现环境安居与乐居的重要依据。

2. 耕读合则环境美感生

"耕"使得人们体验"天地之大德曰生",进而体验"天地有大美"。人们从"天地之大德曰生"中首先体验到天地是产生生命的根源,更重要的是体验到生命产生的法则与规律,因此"耕"使得人们对生的理解具有多重的意义:生命、生意、生成、生长。正因为如此,"耕"让人将"生"作为宇宙天地之间最为重要的本体进行赞美,从而产生"天地有大美"的观念。

而"读"促使自然环境美感以律历的方式呈现,律历是一种自然向人文生成的结晶,我国现存最早的历书《夏小正》对于环境的审美感知基于农耕。在这部历书中,人们的农事活动,在某种意义上被"读"或者文明塑造成对于自然环境之美在场体验的审美活动。传统律历的出现只是

① 〔清〕张履祥撰,陈祖武点校:《杨园先生全集》,第 156 页。
② 〔清〕曾国藩撰:《曾国藩全集》家书之一,长沙:岳麓书社 2012 年版,第 246 页。
③ 〔清〕曾国藩撰:《曾国藩全集》家书之一,第 225 页。
④ 〔清〕曾国藩撰:《曾国藩全集》家书之二,第 494 页。

"读"对于环境美感体验的初步拓展,随着文明的进步,"读"对于环境美感的深化体现在以下两个方面。一方面是通过文学与艺术使自然环境审美体验细腻化与诗化。经典的农事诗《诗经·七月》,按农事活动的自然顺序,以素描的方式,逐月舒展开农耕活动的画面。朱熹在《诗集传》中如是评价此诗:"仰观星日霜露之变,俯察昆虫草木之化,以知天时,以授民事。"①当人在仰观俯察运动的自然生命时,通过观察星日霜露的变化轨迹,了解天时运作的规律;通过观察花草树木的枯荣兴衰,了解农事活动的顺序。在这过程中,人对自然物候变化的感知就成为对自然生命过程的审美体验。中国的绘画强调"天地与我并生,而万物与我同一",自然界万物之美总是灵气四溢,"中国画的主题'气韵生动',就是'生命的节奏'或'有节奏的生命'"②。我国山水画中的"气韵生动",强调对自然的灵性生命力的表现,也正是如此,才有郭熙在《林泉高致》中对山川的动人描述:"春山澹冶而如笑,夏山苍翠而欲滴,秋山明净而如妆,冬山惨淡而如睡。"③

另一方面,通过日常生活与自然世界的内在关联性促成自然环境审美体验的细腻化与普遍化。在《吕氏春秋·十二纪》《淮南子·时则训》《逸周书·月令解》《礼记·月令》中,自然时序的变化在日常生活的体验中呈现出五色、五音、五味、十二律等日常生活属性。与此同时,社会各个层面的生活被自然的时序与节气进行了规范,从而呈现为一种普遍而细腻的自然审美化过程。

而当弥漫到社会各个层面的环境美感通过耕读结合回归到天地自然之间时,这种最初以在场式、直观体验式呈现的环境审美感受,获得了更多的丰富性与更高的深刻性。

---

① 〔宋〕朱熹撰,赵长征点校:《诗集传》,北京:中华书局2011年版,第121页。
② 宗白华:《宗白华全集(第2卷)》,合肥:安徽教育出版社2008年版,第109页。
③ 〔宋〕郭熙:《林泉高致》,见俞剑华编著:《中国画论类编》,北京:人民美术出版社1986年版,第634页。

3. 耕读合则环境和谐成

原始渔猎时代形成的穴居与巢居等居住方式,表现出人们对于自然的依附,人们只能被动地适应自然环境。进入农耕时代之后,耕读结合的居住方式促使人们在顺应自然前提下形成了改造自然的能力,并进而生成了建构自身文化与文明的能力,实现了生态与文明、自然与人文的结合。农耕时代形成的耕读传家不仅体现了人与自然环境的和谐意愿,而且也体现了人与社会环境的和谐追求。

耕读合一方面体现出人与自然的亲和。从事农业耕作的过程中,人类需要尊重自然、顺应自然,从而将个体全身心地介入到自然环境的生命律动之中,营造人与自然互生互荣的和谐环境。

耕读合另一方面体现出人与社会的协调,通过"读",通过学习与接受教育,在崇尚文明的基础上实现人与社会环境的和谐。在江西,《铜鼓卢氏家训》订立的十二款"治家之本"中,第八款为"重读书":"重读书:读书变化气质,顽者可以使灵,邪者可以反正,俗者可以还雅,此其大要。至日常应用文字,万不可少。慎择良师,读一年有一年之用,读十年有十年之用。欲光大门庭,通晓世事,舍读书无他择。"[①]读书可"光大门庭",更重要的是能"通晓世事","通晓世事"表现在修身的基础上,强调与人交往时坚持爱亲敬长、和亲睦邻,从而实现个体与社会和谐。

4. 耕读合则环境家园立

"耕读传家"思想促成了环境—家园理念的定型,耕读使环境成为我们的家园,耕可以使我们在田园中安居与利居,读可以使我们在田园中和居与乐居。

耕可以让人安居,安居之后才逐步形成家园的概念,宗白华曾经指出:"中国古代农人的农舍就是他的世界。他们从屋宇得到空间观念。从'日出而作,日落而息'(击壤歌),由宇中出入而得到时间观念。空间、

---

① 卢美松:《中华卢氏源流》,厦门:厦门大学出版社1996年版,第528页。

时间合成他的宇宙而安顿着他的生活。他的生活是从容的,是有节奏的。"①农舍就是中国古代农人的世界,其实此处的"世界"就蕴含有家园的内涵。在江西,《铜鼓卢氏家训》订立的十二款"治家之本"中,第七款即为"重耕田":"重耕田:为工为商,亦是求财之路,终不如在家种田,上不抛离父母,下能照顾妻子,且其业子孙世守,永远无弊。"②由"重耕田"可知,耕不仅可以"上不抛离父母,下能照顾妻子",从而让我们在环境中安居,而且也可以实现"子孙世守,永远无弊",实现家庭与家族的不断发展,从而在安居的基础上达成利居的目的。由此可见,"耕"不仅可以使环境成为我们的居住之所,使我们安居,而且通过耕作水平的提高,有利于我们自身的发展,实现利居的目的。

读在和居与乐居的环境建构方面起到了重要作用。这种作用体现在以下三个方面:第一,"读"对于个体修身有重要的价值,通过个体心性的培养传递知书达理的淳朴民风;第二,"读"能普及与传承乡规民约中和谐、包容的优秀基因,形成良好的社会风尚,增强人们在环境中生存的幸福感与和谐感。第三,"读"能让人更加深入地理解天地人之间的内在关系,构建天地人一体的整体观念,深入履行"赞天地之化育"的责任,强调天、地、人和谐相处,从而促进和谐人居的实现。

耕读传家思想包含着亦耕亦读的环境经营理念,它不仅保证了安居、利居环境的实现,而且也促成了和居与乐居环境的生成,从而使我们在环境中获得一种温馨的家园感,环境真正成为我们的家园。

第二节　环境观的改变与环境审美观的转型

梁启超在《中国近三百年学术史》中指出,自道光中叶以后,地理之学趋向一变,其重心盖由古而趋今,由内而趋外。在梁启超看来,林则徐组织翻译的《四洲志》,既可以视为"新地志之嚆矢",又可以视为晚清地

① 宗白华:《美学散步》,上海:上海人民出版社1981年版,第106页。
② 卢美松:《中华卢氏源流》,第528页。

理学重心转移的开始。① 地理之学的重心变化促成了清代环境观的转型,《四洲志》的出版也可视为晚清环境观转型的开端。作为晚清时期翻译的首部世界地理著作,《四洲志》不仅为中国了解世界的地理与政治格局提供了一个窗口,而且也导引一个"开眼看世界"的时代思潮,更重要的是它为晚清的环境观转型提供了一个极好的契机。在此之后,我国的开明知识分子纷纷投身于"开眼看世界"的思潮,深入地介绍西方的各种历史地理情况,据费正清主编的《剑桥中国晚清史》下卷统计,从林则徐组织人翻译《四洲志》起到 1861 年洋务运动兴起止,短短 20 年间,中国人写成的有关介绍世界历史地理的书籍至少有 22 种之多。② 这些著作的问世有力地推进了环境观转型的进程。基于晚清环境观的历史转型,晚清的环境审美观也呈现出鲜明的转型特质,晚清环境审美的时代转型主要体现在以下四个方面:传统天下观的瓦解、新的世界观念的成形、环境安居问题的凸显、工商业城市环境审美思想的形成。

一、传统天下观的瓦解

恩格斯曾指出,每一个时代的理论思维,都是一种历史的产物。③ 清代后期环境观与环境审美思想的变化,与其特定的历史背景有内在的关系,其变化的内在逻辑深深地植根于历史与时代的地基之中。而且这种环境观与环境审美思想的变化在明清之际已现端倪,明末清初是我国历史上一个思想观念剧烈动荡的时代,古代学术思想的动摇、自然科学的

① 梁启超:《中国近三百年学术史》,《饮冰室合集(第十册)·专集七十五》,北京:中华书局 1989 年版,第 321—323 页。
② (美)费正清、刘广京撰,中国社会科学院历史研究编印室译:《剑桥中国晚清史(1800—1911 年)》下卷,北京:中国社会科学出版社 1985 年版,第 146 页。在当时介绍西方历史地理情况的书籍中,比较突出的包括 1841 年出版的汪文泰的《红毛番英吉利考略》、1841 年出版的陈逢衡的《英吉利纪略》、1843 年出版的魏源的《海国图志》、1843 年出版的何秋涛的《朔方备乘》、1846 年出版的梁廷枏的《海国四说》、1848 年出版的徐继畬的《瀛寰志略》、1841 年出版的夏燮的《中西纪事》。
③ (德)恩格斯撰,中共中央马克思、恩格斯、列宁、斯大林著作编译局译:《自然辩证法》,《马克思恩格斯选集》第 3 卷,北京:人民出版社 1972 年版,第 465 页。

进一步发展、西方先进科技与文化的渗入,这不仅给明清之际的思想家们呈现了一个广阔的思想舞台,而且,他们力图在这个舞台上展现新时代的思想锋芒。基于此,华夷之辨在明清之际已然松动。虽然在明末清初,启蒙思想家无法冲破"夷夏之大防"的思想牢笼,但当他们在客观地审视中华文明的历史与现状时,作为启蒙者,他们又不受狭隘的民族意识所牵绊,坦然承认少数民族文化中的先进之处,并且力图效仿。顾炎武在将其宽广的历史视野投向少数民族时就开始抛弃传统"华夏观"的环境偏见:"历九州之风俗,考前代之史书,中国之不如外国者有之矣。"契丹部落之所以能"虎视四方",主要是由于他们能安守于原有朴素的风俗习惯,专心于辛苦劳作,而且"不见纷华异物而迁",因之他们能够做到每家每户能丰衣足食;而燕蓟之地,陷入契丹百年,而"民亡南顾心者",因为"契丹之法简易","科役不烦故也"。① 甚至严守"华夷之分"的王夫之,在时代思想的影响下,十分认真地考察了夏夷之优劣,并且认为中原地区虽然在政治与经济方面比四夷有领先之处,但两者在文化与文明的高下之分是可以因时因地而变迁的。

虽然在 1840 年鸦片战争以后,随着"开眼看世界"的引领,自 1840 年至 1861 年间,我国的文人与学者开始更多地关注世界地理大势,并在此期间写出了 22 部以上的介绍世界地理的书籍,而且从环境安居的角度,文人学者们的环境观也随着世界地理知识的接受而逐步改变,但这种对于世界地理形势的了解意识是出于外力的压迫而产生的。因而当面临中西方文化冲突时,尤其当这种环境观的转型冲击着传统天下观与夷夏观时,我国文人学者就会产生一种思想上的惰性。而当这种惰性传递到国家层面上,就会产生一种国家制度在应对环境观转型时滞后的惰性。由于这种惰性的产生,当中西方文化产生剧烈冲突时,人们就会在与西方的被动交流中产生许多的误解与错误的观念。英国在 1793 年派

---

① 〔清〕顾炎武撰,黄汝成集释:《日知录集释》(下),上海:上海古籍出版社 2006 年版,第 1652—1655 页。

遣马戛尔尼与 1816 年派遣阿美士德赴华交流时,我国的官员在不解世界形势,尤其是英国当时在世界的实力的情况下,单方面强迫这两个使者接受清帝国的繁琐礼仪。在我国与西方通商的初期,人们普遍认为,西方人极度需要我国的丝、茶与大黄等货物,并且认为茶与大黄等货物涉及西方人的生死。虽然魏源等人已经指出,西方人需要中国的茶叶主要是由于茶叶的味道十分好,并不涉及人的生死问题,但这种关于茶叶与大黄等货物重要性的错误观念依然十分流行,而且这种错误观念甚至影响林则徐对于中外通商的看法。上述误解与错误观念形成完全基于中西方文化冲突过程中产生的思想与制度的惰性。在 1840 年至 1861 年间,这种思想与制度的惰性使得人们并不重视魏源提出的"师夷长技以制夷"的主张,没有在全国形成一种"开眼看世界"的时代紧迫感。基于上述局面,晚清环境观的转型完成必须依赖文化观念上的转型。

1860 年以后,随着环境观的逐步改变,传统的天下观与华夷观念也逐步开始消解了。费正清在《剑桥中国晚清史》下卷中提到,在处理中西方关系时,一些关键性术语使用的变化表明了我国对西方理解的深入。19 世纪 60 年代以前,我国使用"夷务"这一词来指称与西方有关的事务,而到了 19 世纪 70 年代与 80 年代,"夷务"被"洋务"或"西学"所替代,19 世纪 90 年代,"夷务"这一词进一步被"新学"取代。[1] 这种关键性术语使用的变化表现了传统华夏观的逐步消解,"夷务"术语的提出代表着一种传统华夏文明对四夷文明的优越性,仍然体现了一种没有突破传统天下观视野的世界观,并且其中包含着一种贬义;而"洋务"或"西学"术语的提出则代表世界观已然开始突破传统的天下观,从而可以从一种客观的态度去看待与西方有关的事务;而"新学"术语的产生则表明人们对于西方文明持一种赞赏的态度。

"夷"在传统语境中是用来指称相对于中原而言的四边少数民族的

一个术语,且含有浓重的鄙视之义。而随着西方文明的入侵,"夷"在鸦片战争前后的指称范围进一步扩大,西方人也被纳入到"夷"的范围,并且被视为在文化上未开发的民族。因之,与西方有关的所有事物都可以用"夷"来作为定语,如西方人船舶被统一称为"夷船",西方在我国进行商业活动的人被称为"夷商",西方使用的各种语言被统称为"夷语",西方在中国的租界被称为"夷场"。在《航海述奇》中,张德彝就上海人称上海租界为"夷场"有具体的记录:"(新北门)门外原系荒野,一望苍茫,自西人至此,遍造楼房,迄来十余年,屋瓦鳞鳞,几无隙地,土人名其地曰'夷场'。"①将租界称为"夷场",正是"华尊夷卑"之传统观念的产物,如有的研究者所指出的那样,"其睥睨傲视的意态是非常明显的"②。19世纪60年代以来,随着人们对世界的不断了解,当时开明的思想家已然使用"洋"取代"夷"来指代西方。

　　在传统夷夏观的消解过程中,开明思想家进一步消解传统天下观。王韬在《华夷辨》中对传统"内华外夷""华尊夷卑"的观念进行了严厉的批驳:"苟有礼也,夷可进为华,苟无礼也,华则变为夷,岂可沾沾自大,厚己以薄人哉?"在此,他认为,华夷之分的标准应为是否有"礼"的存在,而由此观之,将西方民族视为"夷"就没有了合理性,因为从事实来看,西方民族不仅有自己的"礼",而且十分发达。③ 在《校邠庐抗议》中,冯桂芬从中西比较的视野出发,从"人无弃才""地无遗利""君民不隔""名实必符"几个层面具体分析我国不如西方国家。④ 冯桂芬十分明确地将东周与当时的世界进行比较,并且认为二者之间存在极大的相似性,春秋战国时期,诸多的诸侯国在我国并立,这种情形与19世纪世界各国并立的情况完全可以类比。在这种类比中,冯桂芬其实想暗示我国在19世纪并不

---

① 〔清〕张德彝:《航海述奇》,长沙:湖南人民出版社1981年版,第164页。
② 熊月之主编:《上海通史》第5卷《晚清社会》,长沙:上海人民出版社1989年版,第286页。
③ 〔清〕王韬撰,楚流等注:《弢园文录外编》,沈阳:辽宁人民出版社1994年版,第387页。
④ 〔清〕冯桂芬:《校邠庐抗议》,见《采西学议——冯桂芬、马建忠集》,沈阳:辽宁人民出版社1994年版,第76页。

是世界的中心,而且在事实上也不是,我国只是世界各国的一分子,我国与其他国家的关系是平等的。这种类比构建的是一种平等语境,在平等语境中,人们可以在当时放弃传统的"天下观",从而将我国纳入到一个崭新的世界体系之中。郑观应则对传统"天下观"进行了直接的批评:"地球圆体,既无东西,何有中边。同居覆载之中,奚必强分夷夏。"①在此,他认为,地球作为一个圆体的存在,无所谓中心与边缘,因而不必强分夷夏。如果依据传统天下观强分中心与边缘,我国就会故步自封,在飞速发展的世界中失去应有的位置。

传统天下观的瓦解不仅为晚清环境审美观转型提供了坚实的思想基础,而且在环境审美的地理视域与文化视野的拓展中促进了晚清环境审美转型的发展。

二、新的世界观念的成形

随着传统天下观的动摇与瓦解,中国中心观在新的历史环境中逐步消解,这种中国中心观念的消解首先是地理意义上的中国中心论的解体,然后才是文化意义上的中国中心论的解体。随着中国中心论的解体,并在"国家"的观念逐步形成的过程中,新的世界观念也在逐步地形成。而新的世界观念的形成在某种意义上就是近代世界观的形成,因此,从这种意义上说,新的世界观念的形成必须从我国作为世界中心的传统观念中挣脱出来;从地理意义上说,新的世界观必须承认世界各国的多元存在,我国只是世界各国的一员,并不是世界各国的中心所在,世界上其他国家与我国在地位上是平等的;而从文化意义上说,新的世界观必须破除文化上的华夷之辨,在世界文明发展的事实中体认西方文明的价值与地位。

基于此,新的世界观念的形成必须建立在中国中心观的解体的基础

---

① 〔清〕郑观应:《易言·论公法》,《郑观应集》(上册),上海:上海人民出版社 1982 年版,第 67 页。

之上,1840年鸦片战争之后,这种传统的中国中心观已经开始解体。正如马克思在《中国革命与欧洲革命》中论述的一样:英国的入侵严重地破坏了中国统治者的权威,从而使得古老的天朝来到了人间,从而迫使古老的天朝帝国与崭新的世界进行接触。天朝帝国保存下来的首要条件就是与外界完全隔绝,而当这种隔绝的状态在英国入侵的暴力下被完全打破之后,天朝帝国的解体就势在必行了。① 马克思在此提到的解体其实就是中国中心论的解体,这种解体不仅体现在地理意义上,也体现在文化意义上。因为我国传统的天下观不仅是一种空间意义上的地理观念,更是一种文化意义上的文化观念。这种传统的天下观来源于夏商周时期,其思想的论述主要体现在《禹贡》之中。据《禹贡》记载,中心之国位于天下的中央,围绕中心之国的就是甸、侯、绥、要、荒五服之地,从中心之国往外延伸,越是边远之地文化就越为低下。随着这种思想的发展,到了秦汉唐宋,天下的图景就逐步演化为中国居中,而东夷、西戎、北狄、南蛮分列东南西北四方围绕中国。由此可见,在传统天下图景或世界图景的建构过程中,人们认为自己所处的地方从地理位置来说就是天下或世界的中心,所处地域的文明也是最为发达的,于是天下就如同一个棋盘或者是一个回字形的结构,由中心位置逐步向四边偏远地方延伸与发展。地理位置离中心越远的地方就越荒芜,文明的程度也就越低。② 这种天下观就固化了我们对于世界的理解,虽然随着历史的发展,天下的范围越来越大,但其基本的结构是不可改变的。

其实,在1840年以前,这种传统的中国中心论在明末清初之际经历了一次思想的冲击,但由于传统观念的根深蒂固,当时西学的输入依然无法打破中国中心论,从而也就无法形成新世界观念。在明末清初西学东渐的过程中,西方天文地理学知识的传入,给我国带来了不同于传统天下观的世界地理知识。晚明时期,利玛窦的《坤舆万国全图》给我国带

---

① (德)马克思撰,中共中央马克思、恩格斯、列宁、斯大林著作编译局译:《中国革命与欧洲革命》,《马克思恩格斯选集》第2卷,北京:人民出版社1972年版,第3页。
② 葛兆光:《古代中国社会与文化十讲》,北京:清华大学出版社2002年版,第2页。

来了"地圆说"、地球五带划分、南北半球等崭新的世界自然地理知识,而且也让当时的中国人了解了五大洲的概念与当时世界各国并立的状态。最为重要的是,在利玛窦所展示的地图中,我国并不在地图的中央,而只是在地图最东的边缘地带。[①] 这就表明,中国并不是世界的中心,而只是当时世界诸多国家中的一个。接下来,艾儒略的《职方外记》《西方问答》及南怀仁的《坤舆全图》《坤舆图说》等自然地理书籍及地图,进一步介绍了世界各地的自然地理情况。但是非常遗憾的是,由于传统天下观的根深蒂固,西方天文地理知识的传入并没有改变当时的知识界,当时的知识界对于新知识基本上不予采纳,有的人认为这是无稽之谈,有的人则以傲慢的态度加以嘲笑,有的人甚至以一种闭目塞听的方式加以粗暴地拒绝。[②]

直到1840年之后,有关世界的自然地理知识才逐步被人们所接受,从而,传统的中国中心论开始出现解体的状态。林则徐的《四洲志》、魏源的《海国图志》、徐继畬的《瀛寰志略》、梁启超相关的历史地理著述,都在传统中国中心论的解体过程中起到了重要的作用。这些介绍世界地理情况与近代地理学思想的书籍,不仅在晚清时期起到了重要的思想启蒙作用,而且也有效地促使晚清时期的知识分子将视野延伸到传统的空间与文化体系之外,关注异质的地理空间与文化体系,从而在推动传统中国中心观念解体的同时,促进了新的世界观念的形成。在此种意义上看,新的世界观念的形成体现在以下两个方面:

一方面体现在从地理意义消解中国居中的意识。魏源认为,当时的知识分子著书只论及九州之内之事,而对于塞外诸藩、荒外诸服则言之不详,而且他们根本就不了解当时世界的情况,"徒知侈张中华,未睹瀛寰之大"。因此,魏源认为,想要制驭外夷,就必须了解与熟悉外国的情

---

① (意)利玛窦、金尼阁:《利玛窦使华札记》,北京:中华书局1983年版,第6页。
② 熊月之:《西学东渐与晚清社会》,北京:中国人民大学出版社2010年版,第53—62页。

况,而要了解与熟悉相关的夷情,就必须"先立驿馆,翻夷书"①。外国人来到广东,他们第一时间就是购买中国书籍将之翻译为夷文,因而能够深入地了解我国的情况,并采取相应的措施。假如我国也设译馆于广东,专门翻译夷书夷史,则"殊俗敌情,虚实强弱,恩怨攻取,瞭悉曲折",外国的情况一旦被我们十分深入地掌握之后,我国在御敌时就能有的放矢。因此,魏源在林则徐编译的《四洲志》的基础上,更加深入地收集世界各国的有关情况,编成了《海国图志》。在《海国图志》的序言中,他指出,《海国图志》与前人所著的海图之书的主要差异在于,前人之书是中土人谈论西洋,而他所编著的《海国图志》志在以西洋谈西洋。因此,他在介绍西洋各国情况的过程中,更为注重对于外国资料的征引,而且他还亲自询问英军的俘虏,并将得来的资料收入书中,这就增加了书中资料的可信度。在《海国图志》中,魏源征引了古今中外的资料将近百种,相对系统地介绍了西方各国的自然地理情况,并在此基础上,对西方的政治、历史、先进的科学技术进行了介绍。更为重要的是,在《海国图志》中,通过对地心说、地圆说、地动说的了解与接受,魏源对我国传统的"天圆地方"理论进行了有力的颠覆,并在此基础上,对建立在天圆地方观念上的地理意义上的中国居中理念进行了有效的修正与批判。从地理意义上而言,圆形的地球表面上并不存在中心之说,我们所居住的地球"浑沦一球,原无上下"②,在地球内,我们所看到凡是脚站立的地方为下,而头所向的地方为上,据此,地球作为圆形而言,根本就不存在所谓的"居中之国"。而从历史的事实来看,各大宗教都将其宗教集中传播之地作为中心之国,佛教的经典认为,佛必降生于大地之中,因此,佛教以印度为中国,而地球的其他地方都为边远之地;而西方的天主教以天主降生之地德亚为中国,"回教"也以其教主所降生的天方国为中国。而为何古人将我们所生存的"震旦"视为"中国",其主要的原因是震旦正处于温

① 〔清〕魏源撰,夏剑钦编:《圣武记》卷十二,《魏源全集》第三册,长沙:岳麓书社 2004 年版,第516—517 页。

② 〔清〕魏源撰,陈华等点校注释:《海国图志》,长沙:岳麓书社 1998 年版,第 1865 页。

带,其四序和平,因此,自古以震旦为中国,并不是它处于地球的中心位置,而是指其天时位于热寒两带的中间位置。① 在《瀛寰志略》中,徐继畬以图文并茂的方式勾勒了一幅崭新的世界图景,不仅相对系统地介绍了地球的形状、经纬度划分等相关知识,而且也介绍了近八十个国家与地区的自然地理位置、风土人情及经济文化发展情况。更为重要的是,他明确地指出,我国并不是世界的中心,虽然是一个大国,但顶多也只是亚细亚的一个大国。他认为,大地之土都围绕着北冰海而生,并且分为东西两个大的部分,东半部分按泰西人划分为亚细亚、欧罗巴、阿非利加三个部分,而西半部分则为亚墨利加。亚细亚在四土中面积最大,而我国位于亚细亚的东南区域,由此可见,经由对世界自然地理的介绍,徐继畬为当时的人们描述了一幅崭新的世界图景。

另一方面体现在从文化意义上消解文化占优的意识。在《海国图志》中,魏源从世界的视野入手,对于世界文明的产生与发展进行了新的解读,并在此基础上,对于传统的华夷之辨进行了新的解释。魏源认可玛吉士的文明观,他在《玛吉士〈地球总论〉》中认为,天下万国之人可以分为下、中、上三等。下等之人完全不知有"文义学问",他们只从事渔猎,并且在四处游牧;中等之人可以"习文字,定法制,立国家",但其见识浅薄,无深远之虑;而上等之人则熟习学问,修立道德,对于经典法度没有不通晓的,和平时期则"交接邦国,礼义相待",受到侵犯时则"捍御仇敌,保护国家"。由此可见,经由对玛吉士文明观的吸收,他通过世界文明发展的事实,确立了一种新的文明等级的划分标准。而以此新的标准来衡量,我国与西洋各国实际上处于同一文明等级之中。在此基础上,他对于传统的华夷之辨进行了新的解读,以蛮狄、羌夷视之的人类,专指不知王化、残虐性情之民,他们就像禽兽一样,因此,先王将之视为夷狄。由此可见,夷狄并不是指我国之外的教化之民。从上可知,魏源既然认为西洋各国与我国处于同等文明层级之中,而夷狄特指未知王化之民,

---

① 〔清〕魏源撰,陈华等点校注释:《海国图志》,第 1849—1850 页。

因此,有教化的西洋之国就不在夷狄的范围之内。而且,他认为,从西洋而来之民中不乏明理行义之人,他们上通天文,下晓地理,通彻物情,通古知今,可以称得上"瀛寰之奇士,域外之良友",不可以夷狄视之。正因为如此,魏源认为,我国之民不能"株守一隅,自书封域",而应以世界视野去体察墙外之天、舟外之地,形成天下一家的新观念。① 在《瀛寰志略》中,徐继畬从文明历史发生的角度切入,分析了亚欧美非四洲在古代都有高度发达的文明产生,巴比伦作为西方第一国,与我国的虞舜同期,产生了发达的文明,而在我国夏代文明出现的同时,地中海及西亚地区也产生了如希腊、波斯、犹太等文明,我国周代时期,欧洲出现了罗马文明。与此同时,他认为,世界上各种文明的产生具有其内在的独立性,在文明内部又有其各自的价值标准,而且这些价值观念标准都有其内在的合理性。他指出,英吉利的文明并没有和我国一样具有叩拜君王的礼仪,但也是文明之邦。而当世界发展到他所生活的时代,文明在世界各地依然发展,西洋国家并不是蛮夷之国,其文化发达程度并不在清朝之下,法国的巴黎作为欧罗巴第一繁华城市,城内建有大型书院,藏印本书三十六万册,抄本书七万册,允许欧罗巴各地游学之士住院借读。其繁术院作为各项艺术的师法之地,其中包括学兵法、开河道、造器物等技艺。② 而论及米利坚合众国,其国位于北亚墨利加,南、北墨利加广袤绵延数万里,但其精华所在就是米利坚合众国,其天时之正、土脉之腴,与我国没有多少差异。其制度不设王侯之制,没有世袭之规,公器付之公论,形成了古今未有之局面。其国"好讲学业,处处设书院",其士类分为三等,一类称为学问,专门研究天文地理,一类称为医药,专门主管治病,一类称为刑名,专门主管讼狱。③

而到了19世纪60年代以后,随着我国在与西方国家的战争中节节失利,晚清知识分子虽然一方面还沉湎于西学中源与中体西用的文化神

① 〔清〕魏源撰,陈华等点校注释:《海国图志》,第1888—1891页。
② 〔清〕徐继畬撰,田一平点校:《瀛寰志略(卷五)》,上海:上海书店出版社2001年版,第207页。
③ 〔清〕徐继畬撰,田一平点校:《瀛寰志略(卷九)》,第290—291页。

话之中，但另一方面，他们已然意识到技艺不如夷的惨痛事实。王韬在《变法》中指出："至今日，而泰西大小各国无不通和立约，叩关而求互市，举海外数十国悉聚于一中国之中，见所未见，闻所未闻，几于六合为一国，四海为一家；……至今日而欲办天下事，必自欧洲始。以欧洲诸大国为富强之纲领、制作之枢纽。舍此，无以师其长而成一变之道。"[①]此段论述代表了 1894 年以前晚清知识分子对于世界的一种新的认知，在这种新的世界观念中，中国中心观念进一步被消解，知识分子开始主动地将我国纳入到世界的整体格局之中，并将我国视为世界各国的一员，而且他们也承认欧洲各个大国可以作为"富强之纲领、制作之枢纽"，应当成为我国学习的对象。

尤其是 1894 年甲午战争失败之后，中国中心论的观念得到了根本性的摧毁。正如美国学者孙隆基所言的一样："天朝残剩的自满自得心理，在甲午战争败绩后，已荡然无存。它所产生的危机感促使康有为及其追随者在一个扩大了的世界重新放置中国。"[②]20 世纪初，梁启超将地理与文化的视野结合起来，进一步对中国中心论进行颠覆，从而真正地确立了新的世界观念。在地理视野与文化视野结合的基础上，梁启超从文化地理学的层面考察了我国与世界的关系，新的世界观念在他的学术思考中正式成形。

综言之，随着传统天下观的动摇与瓦解，中国中心观在新的历史语境中也逐步解体，在"国家"观念逐步形成的过程中，新的世界观念也得以确立。

三、环境安居问题的凸显

随着世界意识的萌芽与发展，晚清时代的人们开始从中外关系的角度审视我国环境安居的问题，将中外关系的问题置于世界地理与政治大

---

① 〔清〕王韬撰，楚流等注：《弢园文录外编》，第 22 页。
② 孙隆基：《清季民族主义与黄帝崇拜之发明》，载《历史研究》，2000 年第 3 期。

势的视野之中进行新的考察,已然意识到国家周边环境面临的危险,并在这种考察的基础上深入地探析了应当如何应对这些影响国家安全的环境隐患。

魏源与徐继畲都意识到世界格局已经发生了巨大的变化,并在《海国图志》与《瀛环志略》中进行了具体的描述。在《瀛环志略》中,徐继畲指出,南洋诸岛国与我国东南相连,印度与西藏毗邻,这些地方在汉代以后明代以前都是"弱小藩部",都要朝贡我国,但如今都成为欧罗巴各国进入亚洲的码头,这可以称得上"古今一大变局"。① 在《海国图志》中,魏源指出,自明代开始,我国的气运就处于一种下降的趋势,"天地之气,其至明而一变",这就意味着,明代成为我国国运盛衰的一个转折点。明代以前,无论是一统之世,还是偏隅割据时代,南洋各国的朝贡都络绎不绝,但明代以后,尤其到了清代,朝贡我国的南洋诸国成为西方各国的殖民之地,欧洲各国东来之船"遇岸争岸,遇洲据洲",并建立城埠,设置兵防,于是,南洋诸国的要害之地都已经全部成为西洋之都会。这已经标志着世界格局发生了巨大的变化。

随着人们逐步意识到世界格局的变化,晚清的有识之士感受到世界格局的变化必然会给我国安全带来巨大的威胁。梁廷枏在《海国四说》中提到,西方国家唯利是图,只要有"锱铢之末"的利益,他们就会不畏艰险,跋涉数万里,寻求国家的经济扩张。② 在该书中,梁廷枏集中关注了英国的情况,英国进入我国市场之后,其统治者与平民合力谋求最大的利润,并"谋无弗至",为了利益,无所不用其极。③ 在《海国图志》中,魏源已经充分地认识到中外关系的变化给我国安全带来的巨大隐患,他集中关注了英国对于我国的威胁,他认为英国不仅在全世界进行经济掠夺,而且也对别国进行军事占领,英国船舶所到之国,如果守御不严,英国就

---

① 〔清〕徐继畲撰,田一平点校:《瀛寰志略(卷五)》,第7页。
② 〔清〕梁廷枏:《海国四说》,北京:中华书局1993年版,序言第2页。
③ 〔清〕梁廷枏:《海国四说》,第103页。

会以大兵压境,攻破其国家的防线,"或降服为属藩,或夺踞为分国"①。并且认为,英国当时如此强大,主要是由于英国在世界各地掠夺了大量的殖民地。姚莹在《识小录》《东槎纪事》《康輶纪行》等地理著作中关注了西方国家对于我国的威胁。《识小录》写于鸦片战争之前,在《康輶纪行》的自序中,姚莹说明了自己著述此书的目的:"莹自嘉庆中每闻外夷桀骜,窃深忧愤,颇留心兹事,尝考其大略,著论于《识小录》矣。"②该书的卷四重点讨论了西北的史地情况,集中描述了与我国北方接壤的俄罗斯和与西藏接壤的廓尔喀(尼泊尔),同时也提及了欧洲的一些国家,由此可见,当时在东南沿海任职的姚莹已经意识到西方国家对我国边疆的威胁。《东槎纪事》写于他第一次任职台湾期间,在该书中,他意识到"夷情叵测",虽然诸夷最初的意图不过是售卖鸦片,但随着他们对于海道的熟悉,再加上他们看到我国"海防之疏,水师之懦"③,他们就会有不轨之心,这样我国今后的安全就无法保证。而在《康輶纪行》中,姚莹已经开始自觉地从环境安居的角度来考察中外关系之间的新变化,从而以全新的世界眼光来考察我国边疆形势及其与世界形势之间的内在关系。他在西南各地进行实地考察的基础上,重点研究了西藏周边的国家与地区,并对其与西藏的地理位置关系进行了一一梳理。他认识到西藏之西为古天竺国,即今天的印度,西藏之南为廓尔喀,即今天的尼泊尔,哲孟雄为今天印度的锡金邦,其地域小并且十分畏惧英国控制下的披楞地区(东印度地区)。在经过对廓尔喀(尼泊尔)、印度、孟加拉、哲孟雄等国家或地区情况的深入了解之后,他已然意识到英国对我国西藏地区的觊觎之心。他经过对英国侵略意图的深入分析后认为,英国在控制了印度与孟加拉之后,必然会尽力占据廓尔喀和哲孟雄,并以此为跳板,实现侵占我国西藏的目的,"道光十九年……其时英吉利……欲谋并廓尔喀,以窥西

---

① 〔清〕魏源撰,陈华等点校注释:《海国图志》,第 1463 页。

② 〔清〕姚莹撰,欧阳跃峰整理:《康輶纪行》,北京:中华书局 2014 年版,自叙第 1 页。

③ 〔清〕姚莹撰:《东溟文集》卷四,见《清代诗文集汇编》编纂委员会编:《清代诗文集汇编》(549卷),上海:上海古籍出版社 2010 年版,第 356 页。

藏矣"①。当时英国占领印度后，廓尔喀感到十分危险，请求我国支援其对抗英国，但清政府由于对国际形势不了解而拒绝与廓尔喀合作抗英，这就造成了英国对西藏周边国家与地区的进攻渗透。而且，他在《〈西藏外各国地形图〉说》中进一步分析了英国为何可以对西藏乃至整个西南地区形成威胁，"先是哲孟雄与披楞隔界有大山，甚险阻，无路，有一线道可容羊行。近为英人所据，屯兵其上，凿宽山道，可以长驱抵藏矣"②，而抵达西藏后，英国就可以进入四川，沿长江而下，对我国的整体安全造成巨大的威胁。

除了重点关注英国对我国的威胁处，当时的有识之士也关注了俄罗斯对于我国北部边疆的威胁。对于俄罗斯的关注，最早始于林则徐。在广东禁烟期间，他就从《澳门新闻报》等报刊或杂志中大量地选译了有关俄罗斯情况的相关资料，其中包括当时俄罗斯的国土面积、人口数量、军事力量。但当时包括林则徐在内的所有介绍俄罗斯的有识之士只是从客观的角度对俄罗斯的地理及相关情况进行介绍，并将之作为世界地理情况介绍的一个部分。林则徐被贬伊犁之后，他在新疆的三年，正是俄罗斯对我国伊犁河流域进行侵占的时期，他对于俄罗斯的威胁有着十分清晰的认知。当他从新疆回到内地时，有人就和他说，英国对我国安全的危害没有止境，但林则徐的回答则出乎所有人的意料之外。他认为，英国的威胁不足为虑，只不过是以鸦片和奇巧之物掠夺我国的钱财而已，而且即使英国前来攻打我国，只能由海路进行攻击，存在很多的困难，只要我国"善守海口"，英国就无计可施，但俄罗斯就不一样，因为俄罗斯日渐强大，其"所规画布置，志实不小"，并且，俄罗斯可以从西北包抄我国边境，也可以从南边的云南入侵我国，这两处都是可以从陆路进入我国，实在是防不胜防，"将来必成大患"③。虽然，林则徐对于英国的威胁有认识不足的问题，但他对于俄罗斯威胁的认识是十分到位的，他

---

① 〔清〕姚莹撰，欧阳跃峰整理：《康輶纪行》，第 59 页。
② 〔清〕姚莹撰，欧阳跃峰整理：《康輶纪行》，第 542 页。
③ 来新夏：《林则徐年谱》，上海：上海人民出版社 1981 年版，第 438—439 页。

已经预感到俄罗斯最终将成为我国安全的严重威胁。但非常可惜的是,魏源、徐继畬与龚自珍在研究世界地理的时候虽然已经注意到俄罗斯的侵略扩张,但没有能清晰地意识到俄罗斯的扩张对于我国国土安全带来的严重威胁。而且虽然他们都意识到要加强西北地区的边防建设,甚至龚自珍主张在新疆设立行省来稳定西北,将西北作为我国的后方基地,但他们主要针对的是当时浩罕、布鲁特等西域小国在新疆引发的叛乱,而不是俄罗斯的侵略扩张。甚至魏源在《海国图志》中还希望清朝政府能够在鸦片战争中与俄国结盟来对抗英国,从而实现以夷制夷的目的。

随着19世纪六七十年代以来日本与德国的快速崛起引发了整个世界格局的变化,薛福成在《出使英法义比四国日记》中分析了德国强大的历史与现实原因,王韬在《弢园文录外编》中提及了日本强大的原因在于日本对于西方各个层面的学习,而黄遵宪在《日本国志》中详细地对日本明治维新的各项改革措施进行了系统的介绍。与此同时,更多的人意识到日本强大之后对于我国安全形成的巨大威胁,黄遵宪就十分直接地指出:"日本维新之效成则且霸,而首先受其冲者为吾中国。"①薛福成为姚文栋的《日本国志》作序时指出,日本自同治初年以来,由于学习西方之法,军政、商务、铁路、枪炮及其机器制造十分发达,有蔑视中国之意;在此基础上,日本灭琉球、窥朝鲜、骚扰我国台湾地区,而且他还听说日本水陆士兵都备有我国地图,知晓我国地势的险要之处。② 与此同时,薛福成在为黄遵宪的《日本国志》作序时指出,日本与我国之间的关系或因为同壤而为世仇,就像吴越互相倾轧之态势,或因为同盟而呈现为唇亡齿寒之格局,就像吴蜀互相援助之态势,但最终会出现何种局面,只能在时代与形势的变迁中才能得以确认,"时变递嬗,迁流靡定,惟势所适,不敢悬揣"。③

① 梁启超撰:《嘉应黄先生墓志铭》,见《黄遵宪集》,天津:天津人民出版社2003年版,第801页。
② 〔清〕薛福成撰:《庸盦文别集》,上海:上海古籍出版社1985年版,第228—229页。
③ 〔清〕薛福成撰:《日本国志序》,见黄遵宪:《日本国志》,浙江书局清光绪二十四年(1898年)重刊本,第1—2页。

针对我国安全受到严重威胁的局面,晚清知识分子在分析中外关系的同时提出一系列相应的解决方略。魏源、徐继畬十分注意从当时世界其他国家的重要变化中寻求解决我国安全受到威胁的办法。魏源在《海国图志》中多次提及越南抗击外敌成功的案例,并力图从中汲取成功的经验为我所用。从越南两次重创外夷令其片帆不返的战斗中,魏源指出,越南之所以能成功拒敌,主要的原因在于将敌人诱入内河对其进行围攻,因此,他认为,我国在拒外夷时也应当合理地利用内河作战的优势,而不应当完全依靠被动的海洋防御。① 他在总结缅甸与越南抗击外夷的经验时指出,“观于缅栅之足拒夷兵,而知我之所以守,观于安南札船之足慑夷艇,则知我之所以攻”②。从缅甸对夷兵的防守中,我们应当知晓正确的防御之法,而从越南通过轧船战胜夷艇的经验中,我们应当知晓如何进行正确的攻击。从上可知,通过对缅甸与越南等国战胜外夷的经验总结,魏源认为,我国在抗击外夷时应当正确地采用攻守之法,充分利用自身的内在优势,在扬长避短中狙击敌人。在《瀛环志略》中,徐继畬从当时非洲、欧洲,尤其是印度和东南亚各国与地区的具体情况分析入手,十分明确地指出,为了在西方国家入侵的不利局面中生存下来,最好的办法就是从自身做起,做到奋发图强。他在《瀛环志略》的卷三与卷五中对印度的沦陷进行了十分详尽的记述,欧洲各国入侵印度,始于明代中叶,最早为葡萄牙,然后就是荷兰、英吉利,这些国家都以重金从印度海滨购得土地,建立码头,但当时的印度人完全没有察觉这种行为的危害性,也没有奋发图强地壮大自身。因此当英国养锐蓄谋,全力一击时,印度就拉枯折朽沦亡了。③ 与此同时,通过对苏禄与瑞典等国情况的记述,他指出,不管国家多么弱小与贫穷,只要有坚定的抗战御敌之心、奋发图强之意,都会取得最后的胜利。在记述东南亚各国的抗争中,他对于苏禄国的抗争给予了高度的肯定,苏禄本为南洋小岛之国,但当

---

① 〔清〕魏源撰,陈华等点校注释:《海国图志》,第 8 页。
② 〔清〕魏源撰,陈华等点校注释:《海国图志》,第 467 页。
③ 〔清〕徐继畬撰,田一平点校:《瀛寰志略(卷三)》,第 70 页。

面对西班牙、荷兰虎视南洋之时,奋力抗敌,最终数百年来能安然自保。[1]
而欧洲的瑞典在欧洲各国之中最为贫瘠,其国所在之地为苦寒之地,但能奋发自保,没有为强邻所兼并,成为北欧的强国。[2] 在《英吉利幅员不过中国一省》中,姚莹就我国与英国的客观情况进行了深入的比较,我国地大物博,人口众多,"海外诸国无不震惊而尊之如此",而英国四周都有强敌环伺,如法国、美国、印度、俄罗斯都是其强有力的竞争对手,并对其造成威胁,"彼之患在肘腋,实有旦夕之虞"[3],一旦我们了解其虚实要害之处,就能正确地制定防御方略,从而战而胜之。由此可见,姚莹通过对中英双方情况的比较分析,提出了在抗击英国的过程中应当知己知彼,合理利用我国的有利条件,从而制定合理的防御方案。

而何如璋与薛福成从日本明治维新的事例中不仅看到了我国自强的急迫性,而且也力图从其中找寻我国自强的信心与合理的途径。在《使东述略》中,何如璋认为,我国土地广阔,物产丰富,人口数量众多,有自强自立的坚实基础,而目前正是不可不自强之时,因此,不可"拘成见,务苟安",而应当从西方学习先进的技术与理念,抓紧时机奋发自强,如果错失此等良机,不仅"海外之争无与我事"[4],而且国家的安全问题也岌岌可危。薛福成在《出使英法义比四国日记》中指出,我国地广民众,其自强之势难道还不如英俄等国? 只要奋起直追,其自强之势必能凌驾于英俄之上。"区区日本,尚知力图振兴"[5],因此,我国就更应当寻求自强之谋,而且这种自强的谋划迫在眉睫。如果不自强,则国家的安全就面临十分严重的局面。而应当如何实现自强的目标呢? 在薛福成看来,最为重要的就是向西方学习,并且他认为,这种向西方学习的趋势是一种

---

① 〔清〕徐继畬撰,田一平点校:《瀛寰志略(卷二)》,第 35 页。
② 〔清〕徐继畬撰,田一平点校:《瀛寰志略(卷四)》,第 133 页。
③ 〔清〕姚莹撰,欧阳跃峰整理:《康輶纪行》,第 340—341 页。
④ 〔清〕何如璋:《使东述略》,见《早期日本游记五种》,长沙:湖南人民出版社 1983 年版,第 59 页。
⑤ 〔清〕薛福成:《出使英法义比四国日记》,长沙:岳麓书社 1985 年版,第 370 页。

客观的必然,是"宇宙之大势使然"①。在这种认识的引领下,他严厉地批评了当时认为西学不必学也不可学的保守态度,并指出这种保守的态度是见识不广造成的。

综上所述,在世界意识逐步形成的过程中,晚清思想家将我国置于列国并争的世界关系中重构世界图景,并在总结世界各国兴衰变化的经验与教训的过程中厘清我国面临的环境危机。与此同时,他们从环境安居的角度强调应在知己知彼的基础上,通过学习西方的先进经验,力图实现我国的自强自立,从而解决我国面临的环境安全问题。

四、工商业城市环境审美思想的形成

随着传统天下观、夷夏之防的打破,从林则徐、魏源、徐继畬等开眼看世界开始,传统的农业文明审美观开始打破,新兴的工业文明审美观正在形成。

在林则徐、魏源、徐继畬的著作中,我们可以发现他们开始对西方文明与新兴的工商业城市环境进行合理的审美。徐继畬在《瀛环志略》中表达了对西方工业文明背景下城市环境美的审视,他首先称赞形成城市环境美的各种技术,他指出,欧洲各国擅长制造各种机器,精巧的程度令人不可思议;虽然火器是由中国首创,但欧洲各国加以模仿制作,其火器更加精妙;造船技术尤其擅长,船上的各种"篷索器具",制作精良,具有良好的使用性能;其测量海道的技术也十分发达,在测量过程中,在海道各处标注其深浅,达到了十分精确的程度。② 而就具体国家的城市环境而言,徐继畬在论及英国伦敦的城市环境时指出,伦敦的各种建筑高耸宏大,具有令人震撼的气势;其城市街道纵横交错,四通八达;整个城市中各种商品堆积如山,全世界的商船云集各个港口。与此同时,徐继畬还介绍了美国工商业城市环境的繁荣,城市中"万室云连,市廛盘匜,百

---

① 〔清〕薛福成:《出使英法义比四国日记》,第 231 页。
② 〔清〕徐继畬撰,田一平点校:《瀛寰志略(卷四)》,第 112—113 页。

货阗溢",并且留有空地,空地围以栏杆,在外以树木环之,作为居民的游憩之地;陆地交通铁路、马车、火轮并用,火轮车行速度十分快,一日可行三四百里。①

　　而在1860年以后,清末出国游历之人对西方文明与西方城市景观表现出十分推崇的态度。这些出国游历之人包括外交使节(如郭嵩焘、曾纪泽、薛福成)与国外旅游者(如王韬、康有为、梁启超),在出国游历的记述中,对西方工商业城市环境从审美的角度进行了描述。② 从1847年林鍼随美国商人游历美国开始,清末出国游历之人包括清朝政府先后派出的外交使节志刚、郭嵩焘、曾纪泽、薛福成等,也包括考察外国政治与法律的专使戴鸿慈、载泽等,当然也包括政治流亡人士与旅游者王韬、康有为、梁启超等,这些出国游历之人都先后到过美国与欧洲各国,在他们的出国游记、日记、考察报告中,我们可以看到,这批出国游历之人都对西方工商业城市景观持一种推崇与赞美的态度,表现出对新型城市景观的审美关注。在《西海纪游自序》中,林鍼详细地描述了当时"花旗国"(美国)城市中的新型景观,百丈高的楼房到处林立,"万家之亭榭嵯峨,桅樯错杂",学校、旅馆、舟车比比皆是,而且排列十分整齐;交易市场中商贾众多,各种"山海之珍"充满市场,博古院中"明灯幻影,彩焕云霄",城市中的平地喷水,"高出数丈,如天花乱坠"。③ 斌椿记述他在欧洲初次乘坐火轮车的观感,他指出,火轮车刚刚启动时,缓缓而行,但是接下来就有如奔马不可遏制之势前行,车外的房舍、树木、山冈以不可逼视之态疾驰而过。④ 何如璋在《使东述略》与《使东杂咏》中对日本长崎、神户、大

---

① 〔清〕徐继畬撰,田一平点校:《瀛寰志略(卷九)》,第279页。
② 关于这批著作,钟叔河将其进行整理,编成"走向世界丛书",第一批出版35种,第2批65种于2016年底全面推出,共100种,1400余万字,由岳麓书社出版,前后耗时36年。"走向世界丛书"专收1840至1911年间中国人到欧美日本通商、留学、出使、游历和考察等所留下的日记、笔记和游记。
③ 钟叔河:《从东方到西方——"走向世界丛书"叙论集》,上海:上海人民出版社1989年版,第9—10页。
④ 钟叔河:《从东方到西方——"走向世界丛书"叙论集》,第26页。

阪、横滨等地区的地理、历史、民俗等基本情况进行了相对详细的介绍，这为后来黄遵宪写作《日本国志》提供了许多的素材。在提及长崎城市环境时指出，长崎地区的人们十分注重街道的卫生，其街道均是以石条砌成，时时清扫。而且他对于当时日本各地流行的铁路、火车、电报、邮便等新技术的产品进行了形象的描述。① 郭嵩焘在《伦敦与巴黎日记》中从文明进步的角度分析了西洋各国不能以夷狄视之的原因，他指出，西洋各国与非洲达和米（达荷美）酋长订立条约，禁止其国贩卖黑奴出口欧洲，而且在杀人祭祀神灵时不得强迫西洋各国的商民前去观看；与此同时，他还指出，英国王宫举行舞会时通宵达旦，如果以我国的礼法视之，这是十分荒诞不经的，但这种舞会很少听说过"越礼犯常"之事。② 曾纪泽在《出使英法俄国日记》中提到西方人建造城市园林时的情况，他指出，西方地少人多，因而其地基价值极高，其居住形式多为楼居，高的有八九层，又在地面之下挖掘地穴，作厨房酒房之用。但西方人在建造城市园林时"规模务为广远，局势务求空旷"，在园林中的游赏休息之地，大的周边有十余里，小的周边也有二三里，由此可见，在城市园林的建造过程中，西方人既没有爱惜地面之心，也无苟且迁就之意。③ 王韬在《漫游随录》中提到，当他抵达法国马赛里时，其眼界顿时开阔，好像来到了另外一个宇宙。在法国巴黎，他着重考察了卢浮宫的文化宝藏与当时万国博览会的盛况，所有陈列的东西，都是"凡近耳目所逮"之物，可以称之为天下大观。而到了伦敦之后，他更是考察了火机的妙用，并在《制造精奇》中着重介绍了英国先进的科学技术，他指出，英国以天文、地理、电学、火学、光学、气学、化学等为实学，对此推崇备至，但不重视诗赋辞章。而且这些实学的用途可"由小而至大"，通过天文可以知晓日月五星距地之远近、风云雷电从何而来；由地理学可以知晓万物由何而来、山水起伏、邦国大小等情况；通过电学可以知晓天地万物何物可以生电、何物可

---

① 钟叔河：《从东方到西方——"走向世界丛书"叙论集》，第 141—142 页。
② 钟叔河：《从东方到西方——"走向世界丛书"叙论集》，第 219 页。
③ 钟叔河：《从东方到西方——"走向世界丛书"叙论集》，第 237 页。

以防电等等，在通晓水火之力后，西方人发明火机，不仅用于制轮船火车，而且也用于穿山、航海、陶冶、耕织等各种活动之中。① 薛福成在《出使英法义比四国日记》中提到，他初到英国时，详细地记述了轮船、火车、电报的发明，并且已经注意到先进的技术文明对于经济社会发展的推动作用，他明确地指出，英国的富强之路从乾隆嘉庆年间创造火轮舟车开始，而西洋各国的富强也是由于先进技术推动下工商业的快速发展。而且他提出，要想振兴商业，必先讲求工艺，此处的工艺其实就是先进的工业技术，其讲求的方法可以从格致为基、机器为辅开始。在此基础上，他认真地分析了西方富强的本原，他指出，西方谋国有三个重要的方面：安民、养民、教民，而其中养民最为重要，并且从二十一个方面具体探讨了如何养民，而这二十一个方面实际上就是说明西方国家如何通过先进的技术文明成果具体发展经济的过程。②

梁启超在《新大陆游记》中对于纽约的城市景观极为欣赏与羡慕："今欲语其庞大其壮丽其繁盛，则目眩于视察，耳疲于听闻，口吃于演述，手穷于摹写，吾亦不知从何处说起。"③上述这些描述性的场面表达出从林鍼到梁启超这批出国游历之人对西方城市景观的审美关注。

由上可知，随着传统的天下观与夷夏观念的逐步消解，环境观的转型获得良好的生长空间，世界意识与国家意识才逐步得以确立，从而也为晚清时期新的环境美学思想的形成提供了一种良好的学术生态环境。

---

① 钟叔河：《从东方到西方——"走向世界丛书"叙论集》，第274—275页。
② 钟叔河：《从东方到西方——"走向世界丛书"叙论集》，第398—402页。
③ 钟叔河：《从东方到西方——"走向世界丛书"叙论集》，第511页。

第二章　清初三大思想家的环境美学思想

　　清初三大思想家顾炎武、王夫之与黄宗羲的环境美学思想研究是清代环境美学思想研究的一个重要方面。王夫之的美学体系作为中国古典美学的总结形态，其体系中的天人合一论、"现量说"、意伏象外论、情景关系论蕴藏了丰富的环境美学思想。顾炎武与黄宗羲从人文地理学的角度探讨各地的风土人情。顾炎武的《天下郡国利病书》《肇域志》《历代宅京记》从各地区的地理形势、都城堪舆的理论和实践、山川与名胜等人文地理学的角度讨论了人地关系的若干问题；黄宗羲的《四明山志》《匡庐游录》《今水经》等著作从地理学的角度探寻山水胜境、人文景观。顾炎武、黄宗羲的上述著作是对中国古代人文地理思想的总结，体现了"环境—家园"的审美理念，从中可以挖掘出深厚的环境美学思想。

第一节　王夫之

　　王夫之（1619—1692），字而农，号姜斋，湖南衡阳人，因其晚年隐居于湖南衡阳石船山上，后人尊称其为船山先生。王夫之的美学思想力图从根本上解决"人生在世"的价值问题。按照张世英在《哲学导论》中对"人生在世"所作的解释来看，"人生在世"指的就是"人与世界"的关系：

人不是站在世界之外"旁观"于世,而是作为参与者,"纠缠"在这个世界万事万物中,这才有了我们得以存在的"生活"。① 在王夫之的哲学视野中,人与世界关系中的"世界"具有客观实存性,是一种人生活于其中的环境,基于此,他从审美的角度解读"人与世界"的内在关系的过程中,蕴蓄着丰富的环境美学思想。

一、人与自然的和谐统一

王夫之继承与发展了张载的"气化论",建立了以气一元论为基础的哲学体系。王夫之认为,气是宇宙一切运动与变化的物质主体,"虚空即气,气则动者也"②,在运动变化中,气化生了万物。而且,王夫之针对朱熹的理无内外而气有不存的观点,在批判的基础上提出了气具有普遍无限性:

> 阴阳二气充满太虚,此外更无他物,亦无间隙,天之象,地之形,皆其所范围也。③
>
> 人之所见为太虚者,气也,非虚也。虚涵气,气充虚,无有所谓无者。④

在此,太虚所指的就是宇宙,王夫之认为,宇宙太虚间全被气所充满,宇宙中只有气才是最为本质的存在,太虚中虽然看起来一切皆无,但其实太虚之中并不是虚无的,充满整个太虚空间的是气,太虚中包含着气,气充实着太虚,因此,太虚并不是"无",只是由于气不能被人所看见。

正由于气的这种普遍无限性,气才在万物化育的过程中表现了一种

---

① 张世英:《哲学导论》,北京:北京大学出版社 2005 年版,第 5 页。
② 〔清〕王夫之撰,船山全书编辑委员会编校:《张子正蒙注》卷一,《船山全书》第十二册,长沙:岳麓书社 2011 年版,第 50 页。
③ 〔清〕王夫之撰,船山全书编辑委员会编校:《张子正蒙注》卷一,《船山全书》第十二册,第 26 页。
④ 〔清〕王夫之撰,船山全书编辑委员会编校:《张子正蒙注》卷一,《船山全书》第十二册,第 30 页。

本体性的地位,"天人之蕴,一气而已"。而且在王夫之看来,气具有"太和"的内在规定性,"人物同受太和之气以生,本一也"①,"太和"作为气的本质规定性,代表着一种极致的"和"。为何称之为太和呢? 王夫之认为:"未有形器之先,本无不和,既有形器之后,其和不失,故曰太和。"②因为"太和",宇宙在没有形器之分的时候,呈现出一种和谐的状态,当有形器之分之后,宇宙这种和谐的状态也没有失去。从"太和之气"入手,王夫之推导出万物存在的最本源状态应为一种和谐的状态,因之天人之间、人与自然之间从本源来说应当是和谐共生的。在王夫之的哲学视野中,因为"太和之气",宇宙内部从本质来看应当呈现出一种和谐的状态,太和之气作为形成万物的根本,人与自然都是由于太和之气的运动而产生,虽然各自有其内在的运动规律,但相互之间的运动体现出一种和谐共生的状态。

但在现实生活中,由于人欲望的无限延展,人与自然之间和谐共生的状态很难保持,人与自然的关系呈现出一种对立与冲突的状态。为了促使人与自然的关系回归到和谐状态,王夫之从以下三个方面提出了具体的解决策略:

首先,人必须在提倡仁爱精神的基础上树立合理的消费观念。从气一元论的理论基础出发,王夫之认为,人与万物在本质上是同一的,人与万物不仅有和谐共存的基础,而且人与万物也应拥有相同的生存权利。如何才能在人与万物之间实现这种生存权利的平等性呢? 在王夫之看来,人只有发挥其仁爱精神才能实现人与万物的和谐共生。他认为:"万事万物皆天理之所秩序,故体仁则统万善。"③天地间万事万物的和谐本于天理,由天理所规范,人类深入地体会仁爱之道就会领悟天道之万善,

---

① 〔清〕王夫之撰,船山全书编辑委员会编校:《张子正蒙注》卷五,《船山全书》第十二册,第221页。
② 〔清〕王夫之撰,船山全书编辑委员会编校:《张子正蒙注》卷一,《船山全书》第十二册,第15页。
③ 〔清〕王夫之撰,船山全书编辑委员会编校:《大易篇》,《张子正蒙注》卷七,《船山全书》第十二册,第285页。

成就人与自然之间的和谐。为何人深入地理解仁爱之道,发挥仁爱精神就会实现人与自然之和谐? 王夫之认为在发挥仁爱的基础上,人类会潜移默化地形成一种合理的消费观念。他认为:

> 安仁则私欲净尽,天理流行。①
>
> 食以时,用以礼,已足而无妄欲,即养以寓教,民不知而自化矣。②

在此,王夫之指出,仁爱精神与合理消费理念的形成具有一种内在的关系,当人安于仁时,则能剔除私欲,从而人与自然和谐统一的天理就呈现出来了。当人以仁对待自然时,人就会食之以时,用之以礼,以礼规范与制约对自然的过度使用,从而建立一种合理的满足观,在节用的基础上有效地控制人不合理的欲望。

由此可见,王夫之认为,当人提倡与发挥仁爱精神时,人才能以仁爱之心对待自然,平息人内心中不应当有的欲望,抛弃从自然过度索求的自然治理观念,在"食以时,用以礼"中形成一种以礼待自然的合理消费理念,从而实现人与自然之间的内在和谐。

其次,人在对自然的索取过程中应当顺应自然的内在规律。王夫之从时令的角度提出,人们对自然的改造必须遵循自然的内在节奏与韵律来安排人类的活动。他在《礼记章句》"月令"部分指出:"十二月之令皆当顺时而行。"③《礼记·月令》中的十二月之令集中反映了人们对于自然节气的认识及如何在合理认知节气的基础之上安排农事活动。王夫之认为,《礼记·月令》强调人对自然的索取应当顺应自然节气的内在规律。其实,顺应自然的内在节气就是不违反自然的内在时间节奏,在此基础上,王夫之以春天的节气为例,重点强调了人应当如

---

① 〔清〕王夫之撰,船山全书编辑委员会编校:《礼记章句》卷三十二,《船山全书》第四册,第1329页。
② 〔清〕王夫之撰,船山全书编辑委员会编校:《张子正蒙注》卷七,《船山全书》第十二册,第268页。
③ 〔清〕王夫之撰,船山全书编辑委员会编校:《礼记章句》卷六,《船山全书》第四册,第382页。

何顺应自然的时间节奏。他认为："农事方始,不当以鱼鳖故失水利。山林长养材木,方春焚之,则不复生。"①春天是一年农事开始的时候,土地最需要水的灌溉,而且春天的自然节气促成了水量的充足,在此时节,人不应当因为捕捉鱼龟而造成水资源的流失,这样就不利于农事活动的开展;春天的时候,正是林木生长的季节,如果人们没有认识到这种时机的重要性,在春天对山林进行焚烧,则林木就整年都不会生长。由上可知,在王夫之看来,为了使人与自然形成和谐协作之势,人必须尊重自然的时间节奏,在农事活动中不违农时,不能违反季节时令将自然视为可以无限索取的对象,人在利用自然资源的过程中应当顺时而动,相机而行。

再次,为了实现人与自然的和谐共生,人应当因地制宜地处理人与自然的关系。王夫之从历代黄河治理的事实来说明因地制宜的重要性,他认为,中国的自然地理环境大势决定了人们在治理黄河时必须依据黄河下游地势而采取合适的对策。为了使黄河流域不至于泛滥成灾,治理黄河时不能不顾及黄河随自然地势的高低走向,因为这种高低走向自然就决定了黄河必然会东流入海,如果人为地堵塞黄河的入海口,其河水必然会引起水患。他从中国的自然地理环境大势入手,合理地考察了黄河入海口的环境特征,从因地制宜的角度得出黄河治理只能采取以疏导为主的方式。他提出:"中国之形如箕,西极之山,箕之膺也;南北交夹,连山以趋于海,箕之两胁也;其中为汙下平衍,达于淮、泗之浦,箕之腹与舌也。"在王夫之看来,中国地理环境的大体形状就像是箕的形状,西北的高山就是箕的胸部,而南北两支山脉一直趋于大海,就像是箕的两肋;在两肋之间则为平衍之地,而到达淮泗地区时,就是箕的腹与舌的部位了。因为淮泗广大地区的土壤与靠近山岳的土壤有本质的区别,靠近山岳的土壤更多偏于润黏坚,而淮泗流域的土壤则更多偏于燥轻脆,因而淮泗流域的土壤特性决定其地成为黄河天然的入海口。从水流的特性

---

① 〔清〕王夫之撰,船山全书编辑委员会编校:《礼记章句》卷六,《船山全书》第四册,第387页。

来说,黄河流域的水流穿越晋陕之群山后,最终会来到平衍之地,从而到达淮泗地区时,由于土壤特性,黄河水流借高下之势而冲决了松脆的沙土,一往无前地直入大海。在尧的时期,黄河之水没有出群山就受到阻碍,故其水流倚靠着北方山脉的山脚曲折而行,最后夺济水与漯河之口而入海。黄河北岸由于靠近山岳,其地土壤坚硬,延续一千多年后至周定王时期才有决口的先例。在王夫之看来,其实大禹治水也没有从因地制宜的角度来考虑,大禹治水的成功不可复制,只不过其适其时了。王夫之为何有如此看法呢?因为在王夫之看来,南岸地势本极平坦,再加上土壤燥轻脆的特性,黄河南岸的防御能力弱于北岸,随着日积月累的冲蚀,黄河水必然南下,而不可复归北了。从土壤的特性而言,淮泗地区的广大平原必然成为黄河水的必经之道,虽然通过人力使其改流,但这不符合因地制宜的治河规律。从另外一个角度看,豫、徐、兖南之境从自然规律来说本来就是黄河水流必然的归宿。黄河东流入海,必然会夺地而行,才能安流不溢。黄河在北方夺取的是漯、济、漳等北方的大川,而到了南方后,南方平地较多,没有大川容纳黄河水流,只能遍地而流。而从豫、徐、兖南之境的自然地理环境而言,这里的土质沙化严重,从而土地十分贫瘠,不太适宜于粮食与经济作物的生产,而且其地也无太多的矿产资源。既然黄河已然南下而不可归北,那就不如放弃豫、徐、兖等州的污下之地,使之成为黄河水流的自然归纳之地,这种方法比堵塞黄河之水使之北归更容易取得良好的治理效果。在此基础上,王夫之提出了自己的治河方略,他认为,孟诸湖泽、濠泗原野可以成为黄河的河道,合理考察黄河流域的高下自然之势,大量地修渠以利分流,并且将当地的堤坝尽量拆除。当黄河水泛滥时,或许就可以让水流途经徐、泗旷衍之地,成大河之势,并且因势利导地加地疏流,洪水泛滥之灾则可避免,从而实现人与自然的和谐共处。①

由此可见,在人与自然关系的处理上,王夫之认为,人与自然都源于

---

① 〔清〕王夫之撰,船山全书编辑委员会编校:《读通鉴论》卷三,《船山全书》第十册,第145页。

太和之气,因之在现实生活中人与自然的关系能够回归到一种和谐的状态,这种和谐状态的复归有赖于人在合理的维度上发挥其主观能动性,在培育一种合理消费观的基础上,遵循自然的内在规律,因时因地合理地处理人与自然的内在关系。

二、延天以祐人

在人与环境和谐共生的基础上,王夫之提出了"延天以祐人"的命题。"延天以祐人"命题的提出基于王夫之对人的主观能动性的认知。王夫之在解释复卦时集中探讨了人在天地之间的地位与作用,从而提出了"人者,天地之心"的论断:"天地之生,以人为始。故其吊灵而聚美,首物以克家,聪明睿哲,流动以入物之藏,而显天地之妙用,人实任之。人者,天地之心也。"①王夫之在此指出,人类作为天地自然的产物,聚集了天地之间的众美而成就为万物之灵长,只有作为万物之首的人类才能延续天地衍生万物的功能。人类的聪明睿智直达世间万物的核心,因而能够成为"天地之心",从而显现出天地生化万物的神奇。在此基础上,王夫之提出,人之所以成为天地之心,因为人是天地自然的主持者,"自然者天地,主持者人,人者天地之心"。② 在此,王夫之强调了人在天地间的主导作用,天地自然以其化育万物作为最大的德性,人作为万物之首,秉持了这种最大的德性,将治理万物作为化育万物的延续,继续发挥天地的德性,由此,人不仅能最大限度地利用万物,而且也能合理地治理万物。天地生化万物,但天地不能治理万物,天地只有依赖人类的聪慧使用与治理万物。天地产生了各种动植物,但假如没有合理的治理,则会形成生气与生道不兴盛的局面,最终也无法实现天地化育万物的最终目的,因此,"天地之德,亦待圣人而终显其功",天地化育万物的德性的实现,最终有待于圣人对万物的治理。

---

① 〔清〕王夫之撰,船山全书编辑委员会编校:《周易外传》卷二,《船山全书》第一册,第882页。
② 〔清〕王夫之撰,船山全书编辑委员会编校:《周易外传》卷二,《船山全书》第一册,第885页。

正由于对人在天地之间地位的认知,王夫之在解读《周易》产生原因时提出了"延天以佑人"的命题:"圣人与人为徒,与天通理。与人为徒,仁不遗遐;与天通理,知不昧初。将延天以祐人于既生之余,而《易》由此其兴焉。"①王夫之认为,《周易》产生的主要原因在于"延天以佑人",而达成此目的的,在于圣人与天通理,了解天地自然的各种变化,进而拓展天地的功能,使天地自然适应人类的各种需求。圣人通过"与人为徒"与"与天通理",达成尊重自然法则与顺应社会发展规律,而在"既生之余"的层面体现出人的主观能动性。如何在延天的层面实现人的主观能动性呢?王夫之认为:"前使知之,安遇而知其无妄也;中使忧之,尽道而抵于无忧也;终使善之,凝道而消其不测也。此圣人之延天以佑人也。"②在此,王夫之描述了一个发挥人类主观能动性的合理过程:前使知之—中使忧之—终使善之。"前使知之"指的是提前预判事物发展的趋势,通过提前预判实现计划的合理性;"中使忧之"指的是遵循事物的规律性处理问题,从而抵达无忧的状态;最终实现"终使善之"的结果。

正因为关注到"天人不协"的事实,王夫之才深入考察关于为何要"延天"的问题。天地能生化万物,但不能合理地治理万物。由于不能合理治理万物,从而出现了"天人不协"的状态——"春霖之灌注,池沼溢而不为之止也;秋潦之消落,江河涸而不为之增也。若是者,天将无以佑人而成天下之务也。"③春雨灌注万物时,天不知道在池沼满溢时停止;秋天因久雨而形成大水退落时,天不知江河干涸而增加降雨量,这种"天人不协"的状态将会造成天无以佑人,从而无法实现其化育万物的最终目标。当天地自然的各种变化与人类的需要无法协调时,天地自然生而不治的状态无法满足人类的客观需求,因而人类必须要拓展天地自然的功能,实现天下的合理治理。

---

① 〔清〕王夫之撰,船山全书编辑委员会编校:《周易外传》卷五,《船山全书》第一册,第993页。
② 〔清〕王夫之撰,船山全书编辑委员会编校:《周易外传》卷五,《船山全书》第一册,第993页。
③ 〔清〕王夫之撰,船山全书编辑委员会编校:《周易外传》卷五,《船山全书》第一册,第992—993页。

　　如何实现"延天",并进而在天人和谐的状态下实现"佑人"的目标呢?为了更好地实现"延天以佑人"的目的,王夫之提出了"相天"的理论。庄子最早提出"相天"这个概念,《庄子·达生》提到:"弃事则形不劳,遗生则精不亏。夫形全精复,与天为一。……形精不亏,是谓能移;精而又精,反以相天。"在庄子看来,人之所以能够"相天",其主要的原因是人"形全精复",如何做到"形全精复"呢?庄子认为,放弃俗事,人的形体就不劳累,遗忘俗事,人的精神就不亏损,两者结合就会达到"形全精复",从而"形精不亏"。在这种"形全精复"的状态中,人与天地合一,能够顺应天地自然的各种变化,当这种状态精益求精时,人就能够辅佐天了。在庄子"相天"概念的基础上,王夫之认为:"语相天之大业,则必举而归之于圣人。乃其弗能相天与,则任天而已矣。鱼之泳游,禽之翔集,皆其任天者也。人弗敢以圣自居,抑岂曰同禽鱼之化哉?"[1]在此,王夫之将"相天"与"任天"对举,人如果不能相天,就只能任天了,"任天"就是听任天地万物的自然状态,听任鱼的泳游、鸟的飞翔与停集。但由于天地自然的不足而造成的"天人不协",人类不能对"天地自然"听之任之,人应当辅佐天地而成就天人和谐。在王夫之看来,圣人由于能够做到"形全精复",因而必须承担这种"相天"大业;而对于一般人而言,虽然他们做不到"形全精复",因而与圣人有区别,但一般人与禽鱼又存在本质的区别,他们也能在其能力范围内分担改造自然、治理自然的部分责任。

　　基于上述认知,王夫之认为,为了实现"相天"大业,人类可通过自己的努力改造自然界,消除天地之间固有的戾气,培育一种天人和谐共存的环境氛围。王夫之提出,人类应当发挥自身的主观能动性,在尽力克服"天人不协"的状态中,积极主动地建构一种天人和谐共存的环境,"善事天者,避其过,就其和"。[2]由上引述可知,在王夫之看来,"相天"就是一种"善事天"的表现,合理地避免天的不足之处,辅佐成就其化育万物

---

[1]〔清〕王夫之撰,船山全书编辑委员会编校:《续春秋左氏传博议》卷下,《船山全书》第五册,第617页。
[2]〔清〕王夫之撰,船山全书编辑委员会编校:《周易外传》卷四,《船山全书》第一册,第957页。

之功。为了成为"善事天者",人类必须竭力运用天地赐予人类的能力，"天与之目力，必竭而后明焉；天与之耳力，必竭而后聪"①，当人类尽力运用自身的目力与耳力时，人类才能清晰地认识天地，做到耳聪目明。当人类将自身的能力发挥到极致时，"天之所死，犹将生之；天之所愚，犹将哲之；天之所无，犹将有之；无之所乱，犹将治之"②，人类的伟力能够全面辅佐天地，使其自然的过程呈现出一种"佑人"的和谐状态，从而打造一个天人和谐的生存环境。

王夫之"延天以佑人"的理念着眼于人与环境辩证关系，强调发挥人作为万物之灵长的智慧，合理地改变天人不协的状态，在顺应自然环境规律的前提下改造自然环境，从而实现人与环境的和谐共生。

三、天气殊而生质异，地气殊而习尚异

王夫之十分注重考察自然地理环境与社会发展之间的内在关系，并且以一种辩证的眼光看待两者的关系，他一方面强调自然地理条件在很大程度上影响民族发展、政权存亡，另一方面，他也突出社会发展对于自然环境的重要影响力。

1. 自然地理环境对民族发展的影响

在关于自然地理环境对民族发展的影响分析中，他提出了"天气殊而生质异，地气殊而习尚异"③的命题。他从古代"中国"的自然地理环境大势分析入手，进而以上述命题区分夷夏之间的不同文化，"中国之形如箕，坤维其膺也，山两分而两迤，北自贺兰，东垂于碣石，南自岷山，东垂于五岭，而中为奥区、为神皋焉"。④ 我们可以看出，王夫之将从贺兰山到碣石山的连绵山脉作为中原民族与北方民族的分水岭，而将从岷山到五

---

① 〔清〕王夫之撰，船山全书编辑委员会编校：《续春秋左氏传博议》卷下，《船山全书》第五册，第617页。
② 〔清〕王夫之撰，船山全书编辑委员会编校：《续春秋左氏传博议》卷下，《船山全书》第五册，第617页。
③ 〔清〕王夫之撰，船山全书编辑委员会编校：《读通鉴论》卷二，《船山全书》第十册，第110页。
④ 〔清〕王夫之撰，船山全书编辑委员会编校：《读通鉴论》卷十三，《船山全书》第十册，第485页。

岭的连绵山脉作为中原民族与南方民族的分水岭。

王夫之一方面认为自然环境能影响人的体质、性情与习俗,相同地域的人具备相同的体质、性情与习俗,"形势合,则风气相为嘘吸;风气相为嘘吸,则人之生质相为侔类;生质相为侔类,则性情相属而感以必通"。"水之所绕,山之所蟠,合为一区,民气即能以相感。"①相同的山水环境、区域位置由于民气交感,性情因此相通。另一方面,不同的自然环境造就不同的体质、性情与习俗,"天气殊而生质异,地气殊而习尚异"②,并用此观点分析民族文化与习俗之间的分野。虽然天下的万族与事物由气所化生,但由于地域环境的差异,天之气也会随之发生改变。正因为如此,华夏民族与四边的夷狄民族虽然源自气,但由于生活的自然地理环境的差异,天之气也存在巨大的差别,最终形成社会习俗与社会行为的差异。所以,王夫之认为:"中国之于夷狄,所生异地,其地异,其气异矣;气异而习异,习异而所知所行蔑不异焉。"③在此,他在比较华夏与夷狄差异的过程中,推导出一个清晰的逻辑线索:地异—气异—习异—知行异。各地天地之间的殊气与殊理促成了民族的气质差异与不同的风俗习惯,华夏民族与夷狄民族之间存在气质与个性上"刚柔、轻重、迟速"的差别,这种差别进而形成了两者文化上的巨大差异,风俗习惯的迥异、生产工具的差异、服饰搭配的区别都是两者文化差异的具体表现。正由于风俗习惯等方面的"习异"最后形成了"知行异":"(华夏)有城廓之可守,墟市之可利,田土之可耕,赋税之可纳,昏姻什进之可荣","(夷狄)自安其逐水草、习射猎,忘君臣、略昏宦、驰突无恒之素"。④ 华夏民族的人们更偏于以农业耕作为主,形成一种定居的生活状态;政治制度相对完善,有相对完整的赋税体系;并且,社会关系相对复杂,十分重视处理君臣关系与

① 〔清〕王夫之撰,船山全书编辑委员会编校:《读通鉴论》卷三,《船山全书》第十册,第 126 页。
② 〔清〕王夫之撰,船山全书编辑委员会编校:《读通鉴论》卷二,《船山全书》第十册,第 110 页。
③ 〔清〕王夫之撰,船山全书编辑委员会编校:《读通鉴论》卷十四,《船山全书》第十册,第502页。
④ 〔清〕王夫之撰,船山全书编辑委员会编校:《读通鉴论》卷二十八,《船山全书》第十册,第 1095—1096 页。

婚姻关系。但夷狄诸民族更多习惯于逐水草而居，形成了一种游牧的生活状态，重视射猎，在处理君臣关系和婚姻关系时，呈现出一种与华夏民族不同的"忘君臣，略婚宦"的自然状态。

正因为人对环境的依赖性，王夫之接着考察了环境的利居性的问题，他认为，人必须居于让其利居的环境之中，才能获得更好的发展。北方民族之所以能够强大起来，主要是因为他们生活在长城以北的草原地区，形成了适应于他们生存的风俗习惯。但是假如北方民族放弃草原地区，而进入中原的农耕地域，那必然会衰落下去。与此同时，假如运用适应于汉民族的管理方法去改造北方民族的风俗习惯，也同样会让他们无所适从，最终因为民族特性的丧失而逐步失去民族强盛的根基。

2. 自然地理环境对政治格局的影响

在谈到自然环境对政治格局的影响时，王夫之一方面从自然地理环境对战争胜负的影响入手，探讨自然地理条件对战争的影响。他认为，在战争中，人们必须充分地认识到自然地理环境的内在规律性，才能更好地掌握战争的主动权。在古代战争中，由于武器制作技术的不成熟，战争所在地的自然地理条件在很大程度上能决定战争的走向。王夫之列举了历史上一些有名战役来说明这种影响。曹操南下时，没有意识到南方自然地理环境对于北方士兵的不适应，从而导致在赤壁之战一败涂地；诸葛亮无法清晰地意识到擅于水战的荆兵不能在陆地称雄，利于山战的益州士兵在平原地区无法发挥其战争的优势；袁绍在官渡之战失败后充分地体会到，他的部队只能在黄河以北纵横驰骋，所以他在官渡之战之后再也不敢南下，因为他认为他的士兵面对"平原广野川陆相错"时，"目眩心荧，莫知所措"[1]，根本无法发挥其应有的战斗力。这种自然地理环境对于战争的影响最终会造成政局的演变。

另一方面，王夫之意识到自然地理环境对政局也会产生直接而重要的影响。巴蜀之地的环境在天下分立时可以严重地影响长江下游的政

---

① 〔清〕王夫之撰，船山全书编辑委员会编校：《读通鉴论》卷九，《船山全书》第十册，第361页。

局,王夫之列举了历史上长江下游政权更替来说明巴蜀之地对于长江下游政权的重要性。他认为,在秦国统一六国的过程中,正是由于陈轸建议秦国灭掉了蜀国,楚国才在秦国直逼夷陵时失掉了鄢、郢等地不得不向东转移,并进而在政权转移中败亡;五代十国时期,南唐在江南能够生存下来,主要的原因是王健的蜀国为之做屏障,而随着时代的变化,后蜀之地被宋攻占之后,南唐就不得不成为历史的过往;南宋之所以能在江南苟且偷安,主要是有人捍卫蜀地,而随着合州的陷落,南宋也就无险可守了。由此可见,历史的事实证明,江南政局的稳定与否与巴蜀之地的得失有内在的关系,巴蜀之地对于江南政权的存亡起着十分重要的作用。

王夫之也认识到,荆襄之地作为长江中游的一个重要区域,可以左右江东政局的安危,他以东晋为例说明荆襄之地对于江东政权的重要性。他认为:"荆、湘、江、广据江东之上流,地富民强,东晋立国倚此也。"①东晋政权中央集权不够,从而导致政权内部分为荆、扬两个部分,荆指的是以荆襄为主,包括湘、江、广等的长江中游之区域,这个区域地富兵强,成为东晋政权中的军事重镇,但分享政权的权力不够。而扬指的是以都城建康为中心的江南之地,因其是天子所在之地,拥有更多的权力,但力量薄弱。因此,东晋初中期王敦与桓温的叛乱,主要是由于王敦与桓温控制了荆襄之地,获得了强大的军事力量,从而力图获取更大的政治权力。当王敦与桓温叛乱时,他们都是从荆襄之地顺长江而下,江南的建康之地无力还手,王夫之认为,荆襄之地占据了"上流之形势",从而攻打建康等地十分容易,所以才造成"王敦、桓温之所以莫能御"②的局面。

与此同时,王夫之也从自然地理环境与政局关系的角度分析了河北为何能在安史之乱后长期与唐朝中央对立。他认为,河北本身经济实力

① 〔清〕王夫之撰,船山全书编辑委员会编校:《读通鉴论》卷九,《船山全书》第十册,第512页。
② 〔清〕王夫之撰,船山全书编辑委员会编校:《读通鉴论》卷九,《船山全书》第十册,第512页。

与军事实力的强大是不争的事实，但除此之外，河北由于其自然地理环境的独特性形成的社会风俗也有十分重要的关系，河北的地理环境造就了其民风的崇武剽悍。他认为，河北地区本受传统的文教影响，但由于东汉光武帝刘秀曾用河北的武力荡平寇乱，并进而大量驻军河北各地，从而导致河北各地都崇尚披坚执锐、崇尚武力的社会风气，再加上南北朝时期，河北地区处于少数民族统治的范围之内，更加习惯于接受这种崇武剽悍的社会风俗。而唐代统一全国之后，也并没能对河北各地进行更多的教化，导致这种风气保持，进而形成河北骄兵悍民与中央政权对抗的政治局面。由此可见，王夫之充分地意识到自然地理环境条件对于政局的稳定与否产生着十分重要的影响。

3. 社会活动对自然地理环境的影响

在王夫之看来，人类的社会活动能够对自然地理环境产生深刻的影响。从正面来说，这种影响可以使人深入地掌握环境内在规律，从而充分地利用环境为人类生活创造更好的生存条件。"山国之人出乎山而穷于原，泽国之人离乎泽而穷乎陆"，"在山而用山之智力，在泽而用泽之智力"[①]，在此，王夫之不仅强调了人对于环境的依赖性：山国之人离开了大山不习惯于平原的生活，泽国之人离开了大泽不习惯于陆地的生活；而且，他认为在大山生活必须充分地掌握大山的内在规律，而在大泽生活必须充分了解大泽的内在规律。同时，王夫之认为，北方民族与中原民族的分界线在夏商周三代时为燕山山脉，而三代之后转为黄河流域，他分析这种转移是从气运的角度入手。他认为，夏商周三代之前，天下气运聚于北方，南方由于淑气不临，其地为蛮夷之地，而随着时代的变化，汉高祖兴于丰沛之地，依托楚地平定天下，因此天下气运南移。正由于天下气运的南下，居于燕山以北的匈奴在汉代逐步南迁，其活动区域在黄河以北，并渐渐强大，从而促成了汉民族与北方民族的分界线逐步南移到黄河一带。王夫之虽然从气运入手分析这种分界线的南移，但他清

---

① 〔清〕王夫之撰，船山全书编辑委员会编校：《读通鉴论》卷九，《船山全书》第十册，第361页。

楚地意识到，气运也是由人所造就的，人类的社会活动促成了气运的转移，正由于人们对于黄河以北与燕山以南之地自然环境规律性的逐步了解，人们才一步步南迁。由此可见，在王夫之看来，只有对所生活的自然环境有深入的了解，人们才能在环境中安居与乐居。

从反面来说，如果人类不遵循环境的内在规律，环境将会变得不宜居。王夫之认为，我国古代社会经济中心呈现出一种由西北向东南转移的大势，这种大势的转移符合历史发展的态势，但人们没有遵循西北（尤其是关中地区）环境的内在规律性，造成西北地区的自然与社会环境的不宜居。魏晋以前，西北地区不仅是政治中心，也是经济兴盛之地，"三河者，商家六百载奠安之乐土也；长安者，周、汉之所久安而长治也"。①在此，王夫之采用《史记》中的河东、河内、河南三河之地的说法，认为三河之地居于天下之中，呈三足鼎立之势，从而承载了商代六百年之天下，而长安地区成为周代与汉代长治久安的根基。魏晋以前国家政治中心基本位于关中河洛地区，国家的主要经济来源也由此承担。与此相应，魏晋以前，东南的吴、越、楚、闽地区全为四夷之地。东南地区的快速发展源于东晋建都南京，三吴之地才逐步成为我国的经济中心。到了唐代，政治中心依然位于西北，而经济中心逐步偏向东南地区。但自唐代以来，人们没能合理审视西北（尤其是关中地区）环境的内在规律性，通过政治布局的控制，从而造成西北环境的不宜居。唐代安史之乱之后，唐代统治者开始以东南财富接济西北，而随着政治中心对于东南经济的依赖，逐步形成了竭东南财富以充西北的局面，这种局面的形成并没有使西北地区变得更加宜居与乐居，相反，西北在自然地理环境与社会风俗环境等方面逐步恶化。在自然地理环境方面，西北由于过度依赖东南财富的接济，当地人们好逸恶劳，不事桑蚕，农业水利设施破坏严重，形成了"陂堰不修，桑蚕不事，举先王尽力沟洫之良田，听命于旱蝗而不思捍救"的不利局面。在社会风俗环境方面，"夫削妻骸，弟烹兄肉，其强者

---

① 〔清〕王夫之撰，船山全书编辑委员会编校：《读通鉴论》卷二三，《船山全书》第十册，第865页。

弓弓驰马以杀夺行旅,而犹睥睨东南,妒劳人之采稆剥蟹也"。王夫之认为,造成这种局面的原因在于竭三吴以奉西北的错误政策,"谁使之然,非偏因东南以骄西北者纵之而谁咎邪?"①这种无条件的"奉西北"造成西北骄佚贪婪。由此可见,由于人为的国家政策没有合理地处理东南与西北地区的内在关系,西北地区自然与社会环境日益恶化。

四、情景交融与乐居的生成

从人与环境的内在审美关系而言,王夫之情景理论探讨的核心旨归是人如何在环境审美中实现一种乐居的生存状态。从此旨归出发,王夫之探讨了情景交融如何可能、情景如何交融及其情景交融如何实现乐居的生存状态等重要的理论问题。在王夫之的视野中,环境审美中的情与景是不可分离、妙合无垠的:

> 夫景以情合,情以景生,初不相离,唯意所适。②
> 情与景名为二,而实不可离。神于诗者,妙合无垠。巧者则有情中景,景中情。③

在此,王夫之认为,情与景从最本源的状态来说是不相离的,景因为与情感的契合而呈现为一种带有情感的生命景观,情因为世间景物的触动而成为一种目之所见的意象呈现。虽然情与景两者从表层看是两分的,但在环境审美中两者是须臾不可分的。而这种不可分的状态在古代诗歌中体现得最为神奇,在诗歌中情景两者妙合无垠,巧妙的呈现方式表现为情中见景、景中具情。

在探讨情景交融如何可能的问题上,王夫之将对天人关系的思考作为情景可能交融的哲学根基。在天人关系的探索中,王夫之认为,"天人

---

① 〔清〕王夫之撰,船山全书编辑委员会编校:《读通鉴论》卷二三,《船山全书》第十册,第864页。
② 〔清〕王夫之撰,船山全书编辑委员会编校:《夕堂永日绪论内篇》,《船山全书》第十五册,第826页。
③ 〔清〕王夫之撰,船山全书编辑委员会编校:《夕堂永日绪论内篇》,《船山全书》第十五册,第824页。

之蕴,一气而已",天人的本质都是处于永恒运动的"气",天人具有内在的同构性,从而天人应当处于一种合一的状态。在气一元论的基础上,他认为,天人、心物必然处于一种"絪缊"的存在状态,所谓的"絪缊",其本义指的是圆形的器具处于一种严密封盖的状态,而在《易传》"天地絪缊,万物化醇"的表述中将其引申为相互交融的状态。而在"絪缊"的状态中,由太和之气所化生的阴阳二气相互交融,而化生人与万物:

> 凡物皆太和絪缊之气所成。[1]
>
> 天人之化,人物之生,皆具阴阳二气。[2]
>
> 阴阳具于太虚絪缊之中,其一阴一阳,或动或静,相与摩荡,承其时位而著其功能,五行万物之融结流止、飞潜动植,各自成其条理而不妄。[3]

王夫之在此认为,天地万物都由太和之气所化育生成,由太和之气所化的阴阳二气在絪缊融合的状态中产生了天地人物,阴阳的或动或静,相互交融,促成了五行万物的各种运动,也使得天地人物各有条理。由此,他主张天人、心物同生于太和之气,并由阴阳二气絪缊生化而成,从而具有一种本质上的同构性。这种天人关系的认知成为王夫之探讨情景关系的坚实基础,他坚持认为情与景的关系在本质上和天与人的关系是相通的。在视天与人同出一源的基础上,王夫之也主张情与景的生成都来源于太和之气,源于阴阳二气的絪缊交融。由此,他进一步认为:"情者,阴阳之几也;物者,天地之产也。阴阳之几动于心,天地之产膺于外。故外有其物,内可有其情矣;内有其情,外必有其物矣。"[4]虽然情景实为不

---

[1] 〔清〕王夫之撰,船山全书编辑委员会编校:《张子正蒙注》卷五,《船山全书》第十二册,第195页。

[2] 〔清〕王夫之撰,船山全书编辑委员会编校:《张子正蒙注》卷一,《船山全书》第十二册,第57页。

[3] 〔清〕王夫之撰,船山全书编辑委员会编校:《张子正蒙注》卷一,《船山全书》第十二册,第32页。

[4] 〔清〕王夫之撰,船山全书编辑委员会编校:《诗广传》卷一,《船山全书》第三册,第323页。

同的存在,情为阴阳二气动于内心而产生的,景为天地外物所产生,一为内心所生,一为天地外物所生。但情景的这种不同由于本质上同出一源没有使两者成为互为分裂的存在,因为情景的统一实为阴阳二气的统一,而这种统一的本质为气自身的絪缊融合。由此,我们可以看出,王夫之正是认知到人的内心情感与外在的景物之间在环境审美的过程中存在一种内在的同构性,从而使情景交融得以可能发生。

在探讨情景如何交融的问题上,王夫之以古代经典诗词中情景描写作为情景交融的案例,认为情景交融、妙合无垠有两种典型方式:景中情、情中景。关于景中情的方式,王夫之以王维的《渭川田家》为例,他认为此诗"通篇用'即此'二字括收。前八句皆情语,非景语"。[①] 在《渭川田家》的前八句中,王维描述了一幅充满诗意的田园风景:夕阳西下的时候,夕照洒在村落的各处,成群的牛羊在牧人的指引下悠然归家。村里的老人们倚靠着拐杖在柴门前等候着放牧归来的儿童。青青的麦地中隐隐传来野鸡的鸣叫声,在田地干活的村民荷锄而归。由上可知,《渭川田家》的前八句描述的是晚归的村居生活场景,并无一语传情。王夫之则认为前八句皆情语,而"非景语",前八句虽为场景特写,但王夫之认为,这种活灵活现的场景描述来源于诗人对于村居生活悠然恬静的心慕之情,只有这种心慕之情蕴于场景描述之中,景语才能逼真,才能内蕴情感。关于情中景的方式,王夫之认为,此种情感融合的方式最难成就,"情中景尤难曲写,如'诗成珠玉在挥毫',写出才人翰墨淋漓、自心欣赏之景"。[②] 在此,王夫之以杜甫《奉和贾至舍人早朝大明宫》中的"朝罢香烟携满袖,诗成珠玉在挥毫"为例说明情中景方式的成就之难。诗句在场景的描写上表现了诗人挥毫写诗的生动画面,但其场景描写的内在旨归主要是烘托诗人在朝中觐见帝王受君王赏识的得意之情。整首诗虽然表层呈现的是写诗挥毫的场景,但其主要的目的是表达自己的自得之

---

① 〔清〕王夫之撰,船山全书编辑委员会编校:《唐诗评选》卷二,《船山全书》第十四册,第940页。
② 〔清〕王夫之撰,船山全书编辑委员会编校:《夕堂永日绪论内篇》,《船山全书》第十五册,第825页。

情,场景的呈现只是为了更好地突出自己此时此刻的情感状态。此外,王夫之点评杜甫《登岳阳楼》中"亲朋无一字,老病有孤舟"的诗句也表达了这种情中景的情景融合方式,他认为,"'亲朋'一联情中有景"①,此一联诗句有江上孤舟的场景描写,但这种描写更多的是为了突出表现诗人背井离乡,多年来与亲朋好友断绝联系的凄苦心境,同时更加衬托出诗人体弱多病、孤独飘零的潦倒之情。江上孤舟之景是为了配合诗人的内心情感而诗意存在的,只是为了更好地表达其"景中情"。

　　王夫之视野中的情景交融追求的是一种人与世界的和谐状态,在人与环境的和谐中,情景的契合表现着人与万物之间的一种生命的内在共鸣。正由于在情景交融中实现了人与环境的和谐状态,才实现人的和居。在王夫之看来,人与环境的和谐状态首先以人的情感与自然景观的融合为基础,"两间之固有者,自然之华,因流动生变而成其绮丽。心目之所及,文情赴之,貌其本荣,如所存而显之,即以华奕照耀,动人无际矣"。② 在此,他认为,自然景观是天地固有的存在,自然景观作为天地之精华,由于天地之间太和之气的流动变化而生成绮丽的景象。当这种流动变化的自然景观与人的文情结合在一起,这种情景交融的状态呈现出一种动人无际的境界,从而突显出一个本然的自然世界与生活世界。王夫之如此描述这个本然生活世界的和谐状态:"形于吾身以外者,化也;生于吾身以内者,心也;相值而相取,一俯一仰之际,几与为通,而浡然兴矣。"③而在这个本然的生活世界中,虽然万物景观外在于吾身之外,内心情感内在于吾身之内,但人与环境"相值而相取",内在于吾身之内的"心"将我之情感融入生机勃勃的自然世界,在"一俯一仰"之间实现了人与环境的内在和谐,从而呈现出一种人在环境的和居状态。

　　而在人在环境中和居的基础上,王夫之进一步认为,情景交融所造

---

① 〔清〕王夫之撰,船山全书编辑委员会编校:《唐诗评选》卷三,《船山全书》第十四册,第1017页。
② 〔清〕王夫之撰,船山全书编辑委员会编校:《古诗评选》卷五,《船山全书》第十四册,第752页。
③ 〔清〕王夫之撰,船山全书编辑委员会编校:《诗广传》卷二,《船山全书》第三册,第384页。

就的和谐状态能有效地推进人与环境之间的关系回归到一种本原的"乐"的境界,从而实现人在环境中乐居的理想境界。"天不靳以其风日而为人和,物不靳以其情态而为人赏,无能取者不知有尔。'王在灵囿,麀鹿攸伏。王在灵沼,于牣鱼跃。'王适然而游,鹿适然而伏,鱼适然而跃,相取相得,未有违也。是以乐者,两间之固有也,然后人可取而得也。"①在此,王夫之认为,天地万物不吝惜以自身的情态为人欣赏,在这种情态的表现中,环境展现其为人创设乐居环境的潜能,但这种潜能的实现需要人在情景交融的过程中领悟。王夫之引用《孟子》中"王在灵囿,麀鹿攸伏,王在灵沼,于牣鱼跃"来说明这种情景交融中实现的乐居状态,这种乐居状态体现为一种人与万物之间的适然境界。王在园林中适然而游,母鹿在树荫下悠然卧伏,王在池边适然而游,池鱼自由自在地跳跃,这种人与万物的适然而居,其本质就是一种人在环境中的乐居境界。

五、夷夏之辨的新解读

关于夷夏之辨的问题,王夫之虽然继承了先秦以来的夷夏有别的思想观念,但他从气一无论出发,围绕自然地理环境与文化之间的内在关系,对于夷夏之辨提出了新的见解。

王夫之在《黄书》中提到,天下万事万物均有其类之归属,圣人的职责是"清其族,绝其畛,建其位各归其屏"②,从而使各种事物各归其属,防止其互相杂糅。这种观念放之于夷夏问题上,就要严守夷夏之大防。但王夫之关于夷夏问题的见解基于其气一元论的思想,并在新的时代中更加注重从环境与文化的角度来进行论述,从而产生了新的理论见解,并为清代后期环境观的嬗变提供了坚实的思想基础。

从气一元论出发,王夫之认为,天以太和之气孕育万族,但在化育万

---

① 〔清〕王夫之撰,船山全书编辑委员会校:《诗广传》卷四,《船山全书》第三册,第450页。
② 〔清〕王夫之撰,船山全书编辑委员会校:《黄书》,《船山全书》第十二册,第501页。

族的过程中,由于自然地理环境的不同,太和之气与环境结合所产生的万族在本质上有所不同。"天以洪钧一气生长万族,而地限之以其域,天气亦随之而变,天命亦随之而殊。……故裔夷者,如衣之裔垂于边幅,而因山阻漠以自立,地形之异,即天气之分;为其性情之所便,即其生理之所存。"①在此,王夫之主张,天以太和之气生长万族,而由于自然地理环境以其不同的地域限制"天气"的生长过程,于是地域的不同造就了"天气"的不同,各族的本质也就千殊万别了。他进而从中国的自然地理大势分析了夷夏之别产生的原因,四夷就像衣服的边缘一样生活在我国的四边之地,因山脉的阻隔而自成独立的地理环境与"天气"条件,这种独特的地理环境与"天气"条件是形成四夷民族本质的基础。王夫之采用"理一分殊"的理论来解释地理环境对于"天气"的影响。他认为,天之太和之气在生发万物时是一视同仁的,并无地域的差别,这就是"理一"。但由于"地主形",当太和之气遭遇各种地形时,它就会出现"分殊"的状态,而这种地理环境差异最终会促成夷夏民族文化之间的巨大差异。华夏和夷狄的差异最初来源于两者地理环境的不同,由于环境的差异,地异而气异,气异最终形成了习俗与文化的差异,而且这种差异随着时代的进步越来越明显。文化的差异最终成为区分夷夏的最终依据。

由上可知,在王夫之看来,以气一元论与地理环境为基础而引出的夷夏之别主要在于文化上的不同,没有包含明确的价值判断,这种做法与传统夷夏之别基于血缘而产生的价值判断有本质上的区别。正因为如此,王夫否认夷狄的主要原因在于文化上的落后。他认为,夷狄在文化上存在唯利是趋、劫杀无度、仁孝不存等问题:"夷狄之唯利是趋,不可以理感情合",②"夷狄以劫杀为长技",③"恩足以服孝子,非可以服夷狄

---

① 〔清〕王夫之撰,船山全书编辑委员会编校:《读通鉴论》卷十三,《船山全书》第十册,第485页。
② 〔清〕王夫之撰,船山全书编辑委员会编校:《读通鉴论》卷二四,《船山全书》第十册,第924页。
③ 〔清〕王夫之撰,船山全书编辑委员会编校:《读通鉴论》卷二八,《船山全书》第十册,第1082页。

者也"。① 基于此,王夫之将夷夏之别与君子和小人的差别相提并论。王夫之认为,"天下之大防"有两种,一种是四夷民族与华夏民族之防,一种是君子与小人之防。他以君子与小人的区别来类推夷夏之辨,他以义利之分来区别君子与小人,"义"作为君子应当坚持的生存准则,而"利"则是小人求索的根本。君子在深味利之内涵的基础上能够分清公私,因而以义为生存原则;小人不明义而只是追求人欲之私,故其寐寐求之的是利。而小人为何不明义,主要是因为小人在文化上的孤陋,正由于其文化的孤陋,从而其在义利关系处理上过分偏于利;以此类推,四夷民族生于"朔漠荒远之乡",这种环境迫使他们不得不"耐饥寒、勤畜牧、习射猎,以与禽兽争生死"②,且加之其"生于利之乡,长于利之涂",因而他们只能"沉没于利之中"③。王夫之认为四夷民族之所以对于利的求索孜孜不倦,主要是由于其生存的环境决定了其生产方式与生产力的水平,从而也就决定了其必然以利为重,重利轻义。

虽然王夫之以君子与小人之分来类比夷夏之分,但他并没有完全固化夷夏之分。从气的变化性入手,他着眼于历史发展的事实,深入地考察了夷夏之分的相对性与历史性,并且其中内隐着环境的变化造就了这种区分相对性与历史性的理论观点,从而使其对夷夏之分的考察带有鲜明的辩证法思维,这在一定程度上破解了夷夏区分的森严界限。

1. 王夫之从文明进化论的角度分析了夷夏之分并不具有历史的必然性。

> 唐、虞以前,无得而详考也,然衣裳未正,五品未清,昏姻未别,丧祭未修,狉狉榛榛,人之异于禽兽无几也。④

> 中国之天下,轩辕以前,其犹夷狄乎! 太昊以上,其犹禽兽乎! 禽兽不能全其质,夷狄不能备其文。文之不备,渐至于无文,则前无

---

① 〔清〕王夫之撰,船山全书编辑委员会编校:《读通鉴论》卷四,《船山全书》第十册,第169页。
② 〔清〕王夫之撰,船山全书编辑委员会编校:《读通鉴论》卷十二,《船山全书》第十册,第436页。
③ 〔清〕王夫之撰,船山全书编辑委员会编校:《读通鉴论》卷十四,《船山全书》第十册,第503页。
④ 〔清〕王夫之撰,船山全书编辑委员会编校:《读通鉴论》卷二十,《船山全书》第十册,第763页。

与识,后无与传,是非无恒,取舍无据,所谓饥则呴呴,饱则弃余者,亦植立之兽而已矣。①

在此,王夫之分析华夏地区(中原地区)人类文明进化的过程,在太昊之前,人与禽兽是没有区别的,因为人此时还没有"全其质",也就是说,此时的"人"没有完全具备人的基本特质。在唐、虞以前,人类在衣裳、五品、婚姻、丧祭等文化方面没有形成相对完善的体系,人类只能称为"植立之兽",与禽兽没有太多的差异。直到轩辕以前,人类才与一般的动物之间有了本质的区别,但由于人类此时还没能"备其文",因而只能称为"夷狄"。而随着后稷时代的到来,人们开始掌握农业耕作的技术,华夏地区才从半农半牧的生活状态进化为农耕定居的生活状态,一直发展到夏商周三代,"定礼乐而道术始明",华夏地区才真正建构起自身的文化与文明。

王夫之从华夏民族由野蛮向文明发展的过程中认识到,夷夏之分并不是从来就有的,也不具有历史的必然性。华夏民族的发展是随着人类对环境的改造而逐步实现的。

2. 王夫之从地区发展的不平衡性入手破解夷夏之分的森严界限。虽然王夫之认为,社会文明随着人类对环境的改造而逐步进化,其总体趋势是向前发展的,但这种文明的进化置之于特定的地区与环境时,并不是完全地直线行进的。王夫之从对文明发展的理解出发,对特定地域环境下的文明提出了自己的设想:"天地之气衰旺,彼此迭相易也。太昊之前,中国之人若麇聚鸟集。非必日照月临之下而皆然也。必有一方焉如唐、虞、三代之中国也。"②天地之气在特定地域环境的兴衰,造成了文明的兴衰,如在太昊之前,我国广大的地域上文明极度不发达,但这并不代表"日照月临"的地方都是如此,就整个世界而言,必定有一些特定地

———————————

① 〔清〕王夫之撰,船山全书编辑委员会编校:《思问录·外篇》,《船山全书》第十二册,第467页。
② 〔清〕王夫之撰,船山全书编辑委员会编校:《思问录·外篇》,《船山全书》第十二册,第467—468页。

域的文明呈现出一种发达的状态,就像我国在唐虞三代的文明一样。从世界文明发展的历史事实来看,王夫之这种判断是成立的,特定地域的文明不一定是一直领先的,也并不一定是一直落后的。从特定的地域环境来看,社会文明的发展总是呈现为高潮与低潮交替出现的发展态势。而这种特定地域环境的文明发展状况也符合我国各地文明发展的历史事实。王夫之认为:"且夫九州以内之有夷,非夷也。古之建侯也万国,皆冠带之国也。三代之季,暴君代作,天下分崩。于是而山之陬,水之滨,其君长负固岸立而不与于朝会,因异服异制以趋苟简。"①在此,王夫之从历史事实出发强调,古代中国九州以内称为"夷"的地域,并不是真正的夷狄之地,因为从古代的历史来看,古代君王在九州之内建列万国,九州之地都是文明发展之地,都为华夏所辖之所。但由于政治、经济等各方面的原因,九州之内处于"山之陬,水之滨"的某些地域逐步地呈现出文化不兴的状态,从而进一步形成了"异服异制"局面,因之其他文化兴盛之地视这种九州之内的"异服异制"之地为夷狄之地,其地之人也就被视为夷狄。王夫之从特定地域环境文明发展的不平衡说明夷夏之分产生的历史原因,从而在很大程度上破解了夷夏之辨的森严界限。

3. 王夫之从文化中心转移的视野表达了夷夏可以易位的思想。王夫之从我国文化中心从黄河流域逐步向南方长江流域位移的事实入手,分析了华夏民族与文化和四夷民族与文化互相融合、此消彼长的历史事实,从而得出夷夏随着环境的变化可以在历史中易位的结论。他认为:"轩辕以前,其犹夷狄也。"在黄帝以前,由于环境的原因,没有夷夏之分,华夏民族也是野蛮人,也可以称为四夷。以前被称为四夷的民族,随着环境的变化、文化的进步,也可以创造高度发达的文化与文明。与此同时,随着环境的变化,华夏民族如果固守于文化与地域的优势而不思进取,在历史的发展过程中可能导致"以至于无文",形成"一失则为夷狄,

---

① 〔清〕王夫之撰,船山全书编辑委员会编校:《宋论》,《船山全书》第十一册,第175页。

再失则为禽兽"①的状态。"吴、楚、闽、越,汉以前夷也,而今为文教之薮。齐、晋、燕、赵,唐、隋以前之中夏也,而今之椎钝駤戾者,十九而抱禽心矣。"②王夫之从历史发展的事实证明,吴、楚、闽、越等南方之地,以前是四夷之地,而随着历史的发展与环境的变化,如今已经成为文化发达之地;而齐、晋、燕、赵等地,以前为中夏之地,文教昌盛,然而如今沦为"抱禽心"之地,文化已失,成为夷狄之地。在此,王夫之深入地考察南北文化的历史发展,自唐代以来,随着环境的变化,作为中夏之地的北方中原之地日趋落后,而与之相对的是,作为夷狄之地的南方则成了文化的中心。

基于对我国文明中心转移的历史事实的分析,王夫之总结出这种转移的内在趋势体现为由北向南的位移。他一方面从历史大势指出,三代以前,文明的中心在北方,而南方为蛮夷;随着汉高祖起兵于丰沛之地,凭借楚地而定鼎天下,文明的中心逐步南移。另一方面,他以明代文明发展的状况为例说明了这种位移的情况:"洪、永以来,学术、节义、事功、文章皆出荆、扬之产,而贪忍无良、弒君卖国、结宫禁、附宦寺、事仇雠者,北人尤为酷焉。……今且两粤、滇、黔渐向文明,而徐、豫以北风俗人心益不忍问。"③明代自洪武、永乐年间以来,学术、节义、事功、文章等文明的表征都盛行于南方荆扬之地,而北方的文明每况愈下,贪忍无良、弒君卖国、结宫禁、附宦寺、事仇雠诸种夷狄行为都泛滥于北地;而且两粤、滇、黔等地文明渐兴,而徐、豫以北等地的风俗与人心则离文明愈远。

第二节 顾炎武

顾炎武(1613—1682),人称亭林先生,江苏昆山人。其学术领域涉及经学、史学、音韵、方志舆地、诗文,作为著名经学家、史地学家、音韵学

---

① 〔清〕王夫之撰,船山全书编辑委员会编校:《礼记章句》,《船山全书》第四册,第1243页。
② 〔清〕王夫之撰,船山全书编辑委员会编校:《思问录·外篇》,《船山全书》第十二册,第468页。
③ 〔清〕王夫之撰,船山全书编辑委员会编校:《思问录·外篇》,《船山全书》第十二册,第468页。

家,其学术思想强调经世致用,提倡利国富民。其环境美学思想主要体现在《日知录》《天下郡国利病书》《肇域志》《历代宅京记》等著作中。

一、天下兴亡,匹夫有责

顾炎武作为我国早期的启蒙思想家,在他的思想体系中,我们能清晰地体会到他炙热的家国情怀,而他提出的"天下兴亡,匹夫有责"见解,更是家国情怀的集中体现。

顾炎武在《日知录·正始》中认为:"保国者,其君其臣,肉食者谋之;保天下者,匹夫之贱,与有责焉耳矣。"在此,他区分了"保国"与"保天下",朝代的兴亡是君臣这些肉食者应当思考的问题,与普通的大众无关;而天下的兴亡、家国的兴亡则与每一个普通的百姓息息相关。进而他区分了"亡国"与"亡天下":"有亡国,有亡天下。亡国与亡天下奚辨?曰:易姓改号,谓之亡国;仁义充塞,而至于率兽食人,人将相食,谓之亡天下。"①在此,他坚持认为"亡国"与"亡天下"有内在的区别,政权的易姓改号,可视为亡国,而政治黑暗,仁义沦丧,百姓民不聊生,家园不再,无处容身,才是"亡天下"。由此可见,顾炎武所言的"国"并不是今天所言的"祖国"的内涵,指的是君王一家一姓的朝代,而"天下"更多指的是今天所言的"祖国"。因之他所言的"保天下",其实是保护祖国的安全与利益,传承民族优良的文化传统。故而他提出的"天下兴亡,匹夫有责"的见解,从普通百姓的家园建构与保护入手,进而拓展到维护祖国的利益,从而体现出家国一体的家国情怀。

顾炎武认为,只有实现了"博学于文"和"行己有耻"的人生准则与追求,才能建构起"天下兴亡,匹夫有责"的天下情怀与家国情怀。他在《与友人论学书》中提出了"博学于文"和"行己有耻"的人生准则与追求:"愚所谓圣人之道者如之何?曰'博学于文',曰'行己有耻'。自一身以至于

---

① 〔清〕顾炎武撰,黄汝成集释:《日知录》卷十三,《日知录集释》(中),上海:上海古籍出版社2006年版,第756—757页。

天下国家,皆学之事也;自子臣弟友以至出入、往来、辞受、取与之间,皆有耻之事也。耻之于人大矣! 不耻恶衣恶食,而耻匹夫匹妇之不被其泽。"①在此,顾炎武提出他所认为的"圣人之道"就是"博学于文"和"行己有耻",而圣人之所以为圣人,一方面体现在其学的内容是"自一身以至于天下国家",圣人不仅要学习个人修身养性的知识,而且也是学习有关于天下国家的知识;另一方面体现在各个方面使自己时刻保持着羞耻之心。在顾炎武看来,作为社会中的个体,应当向圣人学习,学习什么呢? 就是"博学于文"和"行己有耻"。顾炎武为何提出"博学于文"和"行己有耻"的人生准则,其中有其重要的所指。当时晚明政治腐败,官吏不学无术,只会空谈心性,而面对现实的社会问题与矛盾,这些官吏束手无策;同时,从个体修身来说,个体行为没有底线,无羞耻之心。

　　正因为如此,顾炎武对"博学于文"和"行己有耻"进行了深入地剖析与解读,力图用来规划社会与个体的行为。

　　"博学于文"出自《论语·雍也》,其原义主要强调君子应当广泛地学习文化知识,但顾炎武在当时的历史背景下强调"博学于文",主要是为了警醒人们不要成为"面墙之士"和"为利禄者"。因此,他在《日知录·博学于文》中对"博学于文"进行了时代性的解读:"'君子博学于文'。自身而至于家、国、天下,制之为度数,发之为音容,莫非文也。"②在此,顾炎武对"文"进行了创新性的界定,他认为,"文"范围应当包括"自身而至于家、国、天下",其内涵包括人立身待人的行为表现与国家天下的各种制度。由此可见,顾炎武对"文"的理解偏离于孔子的原义,《论语》中"博学于文"的"文"更多指的是文藻辞章之文,但顾炎武所理解的"文"主要从"文"的本义"木的纹理及其事物的条理"立意。基于此,顾炎武的"文"就有所特指,它不是单纯的一般的文化知识,而是指向人立身处世及其国家天下事务的合理规范,因而"博学"的目的不仅仅满足于学识渊博,而

---

① 〔清〕顾炎武撰:《与人论学书》,《顾亭林诗文集》,北京:中华书局1983年版,第41页。
② 〔清〕顾炎武撰,黄汝成集释:《日知录》卷七,《日知录集释》(上),第403页。

更在于通过"文"的"博学",实现立身明道,经世致用。只有通过广泛地学习个体立身处世及其国家天下事务的相关知识,个体才能真正自立于天地之间,明天地之理,行天下之道,做出有利于国计民生的经世致用之举。

而关于"行己有耻"的解读,顾炎武更多地忠实继承了《论语》中的原意,只不过他对于"有耻"的范围进行了重点的强调,并突出"耻"对于人的重要意义。他对于"行己有耻"的具体解读表述为,"有耻之事业"指的是"自子、臣、弟、友以至出入、往来、辞受、取与之间",作为一个"行己有耻"的个体,一方面在处理父子、君臣、兄弟、朋友之间的关系时要有羞耻之心,另一方面,在处理出入、往来、辞受、取与之间的关系时更要有羞耻之心。关于出仕与入仕之间关系的处理,以羞耻之心来衡量,重点不在是否出仕与入仕,而在于"不耻恶衣恶食,而耻匹夫匹妇不被其泽",在于个体的选择是否有利于福泽天下与国家;而关于"辞受"与"取与"之间的关系的处理,个体都应当以羞耻之心合理拒绝不应当的"受"与"取"。因此,在顾炎武看来,只有以羞耻之心合理处理父子、君臣、兄弟、朋友之间的关系,深入地理解出入、往来、辞受、取与之间的辩证关系,个体才能真正地意识到自己的历史与社会责任,具备"天下兴亡,匹夫有责"的责任感,去除个人不必要的名利之心,为天下国家谋求福泽。只有胸怀"天下兴亡,匹夫有责"的家国情怀,个体才能"不耻恶衣恶食,而耻匹夫匹妇不被其泽",才能在家国情怀的引领下以明道救世作为自己的应尽责任。

正因为如此,顾炎武将家国情怀深沉地置入他的学术求索之中。正由于意识到"天下兴亡,匹夫有责",他对于地理学的研究充满了一种时代的焦虑感,一种心系寰宇的"天下意识"。他的《肇域志》《天下郡国利病书》与《历代宅京记》都是基于这种家国情怀的驱动而创作的。他认为,只有具备体国经野的胸怀,才可以登山临水;必须具备济世安民的远见,才能考古论今。基于此,他在《天下郡国利病书》的序中描述他研究地理学的初衷与过程。"感四国之多虞,耻经生之寡术"是其研究地理学的初衷,于是,他自崇祯十二年(1639)开始在家国情怀的驱动下立志苦读,广泛而深入地阅读二十一史、天下郡县志书、名家文集,偶尔也涉及章奏文册之类的著作,在这个过程中,一有心得立即记录下来。同时,在广搜资料的过程中,辅之以实地调查,从而将这些文献资料与实地调查互相印证。他实地调查的足迹先是历遍江南,然而,他并不局限于东南一隅。1668 年后,他北上中原,游历北方,深入考察了华北、山东和西北等地的地理情况与风土人情。在此过程中,在家国情怀的指引下,他尤其关注边防和西北的地理状况与风俗民情。通过广搜资料与实地调查的结合,他"共成四十余帙,一为舆地之记,一为利病之书",舆地之记即为《肇域志》,而利病之书则为《天下郡国利病书》,同时从中梳理历代都城的沿革历史,从而形成了《历代宅京记》。由此可见,《历代宅京记》《肇域志》与《天下郡国利病书》三书存在一种内在的紧密联系。徐元文在《历代宅京记》的序中清晰地描述了这种联系:"……乃退著书以自是。有曰《肇域志》,囊括《一统志》、二十一史及天下府、州、县之志书而成者也。继又摘其有关政事者,为《天下郡国利病书》。而复汇从来京都沿革之故,参互考订,辑成是编,共二十卷,名曰《历代宅京记》。"[1]

　　在《天下郡国利病书》中,顾炎武主要记载了明朝各地区的利病之处。在该书的总论中,他从地脉、形胜、风土、百川考等四个方面广泛收集了前人的相关论述,简明扼要地描述了全国山脉的分布情况、各种地形的突出特征、各地的气候土壤情况、各条主要水系的源流。在正文中,顾炎武不仅有各地的地理情况的客观论述,而且结合当地的社会经济深入论述其利病之处;他关注的范围不仅涉及江南与内地,同时也将其学术视野投向了边疆地区。其内容不仅关注了各地漕渠、盐政、屯田、水利、赋税等方面的情况,而且也兼顾地分析了我国与国外的贸易关系。正因为其视野的独特性,《天下郡国利病书》被晚清梁启超视为"政治地理学"。而《肇域志》的主要特色是材料引证广博、考证兼收并蓄。顾炎

---

① 〔清〕徐元文:《历代宅京记·序》,见〔清〕顾炎武撰,于杰点校:《历代宅京记》,北京:中华书局1984 年版。

武着眼于天下的视野,《肇域志》引证材料比《寰宇通志》和《明一统志》更为广博,其重要的史料价值主要体现在,其中引用的一些明代及清初方志到现在已经遗失,有些版本比现有的版本更好,这为后代研究者保存了极具价值的方志资料。正因为其材料引证广博、考证兼收并蓄,《肇域志》可以说是一部明代历史地理沿革总志,其主要体例以明代的行政区划进行编排,书中不仅比较详尽地记载了各地区的山川、名胜、水利、贡赋的相关情况,同时也对上述地区的形势、城郭、街市、寺观、陵墓、郊庙等相关内容进行详细的介绍与考证,尤其对南直隶地区的地理情况及其云南地区的矿产、水利、气候、民族的情况进行极为详尽的收纳与考证,尽显其天下视野与家国情怀。《历代宅京记》主要考察历朝历代的都城设置与布局。历代的"卜都定鼎,计及万世,必相天下之势而厚集之",顾炎武紧紧抓住建都与国家安定之间的内在关系,一方面以宏阔的视野全面展现了自伏羲氏建都以来我国都城发展的详细情形,并且以独到的眼光分析了我国古代都城发展由西向东、由南向北的内在位移规律;另一方面详细地描述了各时代都城的总体规划布局及其中的宫苑城池和街道坊市营建的相关情况,并且梳理了各代都城文化发展的具体内容,从而展现了各个历史时期与各个民族独特的文化环境与文化景观。

二、人地关系的考察

顾炎武关于人地关系的考察及其相关思想,主要体现在《天下郡国利病书》《肇域志》《山东肇域志》《历代宅京记》《山东考古录》《京东考古录》《营平二州地名记》《昌平山水记》等相关著作里。顾炎武关于人地关系思想的形成是对明代王士性人文地理思想的继承与发展。王士性颇喜游历,著有《五岳游草》《广志绎》《广游志》等。王士性认为:"吾视天地间一切造化之变,人情物理,悲喜顺逆之遭,无不于吾游寄焉。"①在此,

① 〔明〕王士性撰,周振鹤点校:《五岳游草·自序》,《五岳游草·广志绎》,北京:中华书局2006年版,第24页。

"天地间一切造化之变"指的是自然环境的变化与变迁,而"人情物理、悲喜顺逆之遭"则是社会文化的因时而变,因此,王士性不仅关注自然环境,也关注社会人文环境。与此同时,他更加关注自然环境与社会人文环境的内在关系。《广志绎》的"方舆崖略"从南北地理环境的不同考察了南北科举人物多寡的不同与饮食风俗的不同:"西北山高,陆行而无舟楫,东南泽广,舟行而鲜车马。海南人食鱼虾,北人厌其腥;塞北人食乳酪,南人厌其膻。"①不仅南北如此,就是同一省内部由于地理环境的差异,也会形成不同的风俗与文化,从地理环境来看,"浙东多山,故刚劲而邻于戾;浙西近泽,故文秀而失之靡"。②因而在风俗上有很大的区别:"两浙东西以江为界而风俗因之。浙西俗繁华,人性纤巧,雅文物,喜饰鞶帨,多巨室大豪……浙东俗敦朴,人性俭啬椎鲁,尚古淳风,重节概,鲜富商大贾。"③与此同时,王士性认为环境在很大程度上能影响人的行为方式,"杭、嘉、湖平原水乡,是为泽国之民;金、衢、严处丘陵险阻,是为山谷之民;宁、绍、台、温连山大海,是为海滨之民。三民各自为俗:泽国之民,舟楫为居,百货所聚,闾阎易于富贵,俗尚奢侈缙绅气势大而众庶小;山谷之民,石气所钟,猛烈鸷愎,轻犯刑法喜习俭素,然豪民颇负气聚党与而傲缙绅;海滨之民,餐风宿水,百死一生,以有海利为生不甚穷,以不通商贩不甚富,闾阎与缙绅相安,官民得贵贱之中,俗尚居奢俭之半"④。在此,他以浙江为例,认为浙江可分为三区:杭、嘉、湖为平原水乡,是"泽国之民",这里舟楫交通方便,百货所聚,城市里的人比较富裕,风俗也较奢侈,缙绅的势力很大;金、衢、严处于丘陵地带,是"山谷之民",石气所钟,性情刚烈,习性俭约,但不把富人放在眼里;宁、绍、台、温是"海滨之民",这里的人因为有海利而不太穷,又因为不经商,而不太富,风俗也"居奢俭之半",比较适中。由上可知,王士性认为自然环境对于人类生

---

① 〔明〕王士性撰,周振鹤点校:《广志绎》,《五岳游草·广志绎》,第191页。
② 胡朴安:《浙江通志》,《中华全国风俗志(上篇卷三)》,上海:上海书店1986年版,第2页。
③ 〔明〕王士性撰,周振鹤点校:《广志绎》,《五岳游草·广志绎》,第263页。
④ 〔明〕王士性撰,周振鹤点校:《广志绎》,《五岳游草·广志绎》,第264页。

活有重大的影响力,并且他隐约地意识到,当地理环境改变时,风俗、文化与经济等也随之改变。"江南佳丽不及千年。孙吴立国建康,六代繁华,虽古今无比,然亦建康一隅而止,吴、越风气未尽开也。盖萑苇泽国,汉武始易阘茸而光明之,为时未几。……唐分十二道,一江南东道,遂包升、润、浙、闽;一江南西道,遂包宣、歙、豫章、衡、鄂,岂非地旷人稀之故耶? 至残唐钱氏立国,吴越五王继世,两浙始繁。王审知、李璟分据,八闽始盛。……赵宋至今仅六七百年,正当全盛之日,未知何日转而黔、粤也。"①在经世济用时代思潮的影响下,王士性还从环境安居与利居的角度出发,集中分析了各地自然环境、社会环境与人文环境的优势与劣势,从而确定环境对于人类居住的适宜程度。

而顾炎武有效地继承了王士性的人文地理学思想,集中从环境安居与利居的层面,着眼于环境与人的关系,提出了"郡国利病"的观念,并突出了地理环境的变化对于社会文化变化的影响力。顾炎武在《天下郡国利病书》一书中特地开辟了一篇舆地山川总论,引用王士性《广游志》中的"地脉""形胜""风土"三篇具体分析和探讨了人地之间的相互关系。

一方面,顾炎武认为,自然地理环境对于社会文化现象的形成具有重要的作用。顾炎武在《天下郡国利病书》一书中从环境的角度考察了自古以来贵州、百粤之地文化不发达的原因:"客有问余黔中、百粤风气久不开者。……独贵竹、百粤山牵群列队,向东而行,粤西水好而山无开洋,贵竹山劣而又无闭水,龙行不住,郡邑皆立于山椒水溃,止为南龙过路之场,尚无驻跸之地,故粤西数千年闇瞀,虽与吴、越、闽、广同入中国,不能同耀光明也。"②在此,顾炎武从自然环境的角度分析了贵州、百粤之地风气不开的原因。从顾炎武对王士性《五岳游草》的全文转引中,我们可以看出他对于堪舆学的"三龙说"是持赞成态度的。在我国古代的堪

① 〔明〕王士性撰,周振鹤点校:《广志绎》,《五岳游草·广志绎》,第190页。
② 〔清〕顾炎武撰,黄绅、顾宏义校点:《天下郡国利病书(一)》,《顾炎武全集》12册,上海:上海古籍出版社2011年版,第20页。

舆学中,以南、中、北三条龙脉将中国划分为三个主要的区域,"自昔堪舆家皆云天下山川起昆仑,分三龙入中国"。①贵州、百粤之地虽然处于南龙的范围,但这两地的自然环境远远不及江南诸省会与川中所在之地。顾炎武首先分析了江南诸省会所在之地的自然地理环境,他认为,江南诸省虽然多山,但是省会所在之地山势开阔,人口密集,且有诸多泽薮蓄积水体,因而能够凝聚气脉,文明随之兴盛;然后,他探讨了川中的自然地理环境,他认为,川中的山脉离昆仑祖山不远,水离源头也近,才能成就成都之千里沃野,川中之水虽无聚集之所,但其水体皆归于三峡,故而能成为西部大省;最后,顾炎武以江南诸省会与川中所在之地作为比照,深入地考察了贵州、百粤之地的自然环境,他认为,贵州、百粤之山列队向东而行,粤西虽然水好但山势不开阔,而贵州不仅山势不开阔,而且无聚水之处,此外,贵州、百粤之地的郡邑城市均位于山顶和水边高地之处,因而南龙在此无"驻跸之地",无法停留,从而一路东行而去。因而,顾炎武据此认为,贵州、百粤之地虽然"与吴、越、闽、广同时入中国",但其文明风气数千年不开。在此,顾炎武虽然是从传统堪舆学的角度以一种神秘的方式进行分析的,但这种分析内在地体现了自然地理环境对于社会文化的发展有一种重要的决定作用。

在《历代宅京记》中,顾炎武从人地关系的角度深入地考察了历代都城(上起伏羲,下至元代)的选址的变迁过程。他不仅考察了古代都城发展的全过程,而且也归纳出都城发展由西向东、由南向北的内在规律。顾炎武的外甥徐元文在序言中表达了顾炎武对于建都与环境之间内在关系的关注:"自古帝王维系天下,以人和不以地利,而卜都定鼎,计及万世,必相天下之势而厚集之。"②在此,顾炎武认为,虽然帝王统治天下,常以人和为主,但对于国都的选址,却更注意"相天下之势而厚集之",强调国都的地理优势,从而与人和相合,延至万世。由此可见,顾炎武在建

---

① 〔清〕顾炎武撰,黄绅、顾宏义校点:《天下郡国利病书(一)》,《顾炎武全集》12 册,第 16 页。
② 〔清〕顾炎武撰,于杰点校:《历代宅京记》,序言。

都选址时,更为强调地利的突出作用。正因为此种观念,顾炎武在《历代宅京记·总序下》中引用杜佑《通典》中的议答双方的内容,对于关中、洛阳、江陵等历代重点建都地的评价,隐隐地表达出对于关中之地作为建都之所的赞成。他认为:"临制万国,尤惜大势,秦川是天下之上腴,关中为海内之雄地,⋯⋯若居之则势大而威远。"[①]在此,顾炎武借用《通典》中的议答双方的观点,表达了其对于关中之地建都的赞成,因为其地能制衡全国各地,为海内之雄地,如果建都则能国运兴旺。由此,他对于都城的选址十分强调自然地理环境的重要性。同时,他在分析辽国上京作为都城的原因时指出:"上京,太祖创业之地。负山抱海,天险足以为固。地沃宜耕植,水草便畜牧。"[②]上京地势险要,易守难攻,再加上土地肥沃,水草丰盛,实在是建都兴国之良地。与此同时,顾炎武在分析都城发展由西向东、由北向南的大致走向的时候认为:"天下之势,自西而东,自北而南。"这表明了顾炎武从人与环境内在关系的历史变迁考察中,由都城营建的位移趋势意识到天下发展格局的位移。

另一方面,在论述地理环境对社会文化现象的重要作用的同时,顾炎武也从堪舆学的层面分析了人类活动会造成自然地理环境的变化,并进而形成社会经济文化重心的转移。在堪舆学"三龙说"中,北龙的大概走向沿明代的长城一直到山海关进而入海,中龙的大概走向沿着现在的岷山、华山、嵩山、泰山等山脉进而入海。而南龙则主要指我国南边区域,其可分为五支,"南龙五支,一止于武陵、荆南,一止于匡庐,一止于天目、三吴,一止于越,一止于闽"。顾炎武十分认同王士性的观点,由于人类活动的影响,南、中、北三条龙脉兴衰的历史时期是不同的,"古今王气,中龙最先发,最盛而长,北龙次之,南龙向未发,自宋南渡始"。中龙最先兴盛,自夏代始,历经商、周、秦、汉、隋、唐、北宋,这些强大的朝代都处于中龙的区域之内;而随着冒顿、突厥、辽、金、元等朝代的先后崛起,

---

① 〔清〕顾炎武撰,于杰点校:《历代宅京记》,第 26 页。
② 〔清〕顾炎武撰,于杰点校:《历代宅京记》,第 251 页。

北龙也逐步兴盛；至于南龙，在宋朝南渡之前一直处于沉寂状态，到了明代，南龙气运聚集于江南一带。而为何云南、贵州、两广等地依然文明不兴？顾炎武认为，随着时代的发展，人类活动的逐步影响，南龙区域的文明会随之转移，云南、贵州、两广等地也会成为文明兴盛之地："宜今日东南之独盛也。然东南他日盛而久，其末势有不转而云、贵、百粤，如树花先开，必于木末，其髓盛而花不尽者，又转而老干内时溢而成葶，薇、桂等花皆然。山川气宁与花木异？故中龙先陈先曲阜，其后转而关中；北龙先涿鹿先晋阳，后亦转而塞外。今南龙先吴、越、闽、越，安得他日不转而百粤、鬼方也？"①这种文明的转移，顾炎武虽然在表面解释为"天运循环，地脉移动"②，但从顾炎武对于天下郡国利病的考察中，我们可以看出，顾炎武深刻地意识到，天下郡国的利病之处都是与人类的社会活动息息相关的，因而，这种文明中心的转移也是由于人类社会活动的影响从而促成"天运循环，地脉移动"。

三、利尽山川与环境保护

顾炎武已经充分地意识到经济发展与环境保护之间的矛盾与对立，但他意图在这对矛盾中寻求动态的平衡。他一方面强调"利尽山川而不取诸民"，另一方面上利用孔子的"无欲速""无见小利"的思想，强调环境保护，力图唤起人们对于环境的长远之见，防止人们因为"小利"而急功近利，忽略了环境保护。

"利尽山川而不取诸民"观念的提出，基于顾炎武对明代社会底层人们的生活环境与状态的体会与反思。在《天下郡国利病书》的《歙志·风土论》中，他将明朝以嘉靖为界分为前后两个截然不同的历史时期，并描述了这两个时期不同的社会风气，及社会下层人们不同的生活环境。从

---

① 〔清〕顾炎武撰，黄绅、顾宏义校点：《天下郡国利病书（一）》，《顾炎武全集》12 册，第 17—18 页。
② 〔清〕顾炎武撰，黄绅、顾宏义校点：《天下郡国利病书（一）》，《顾炎武全集》12 册，第 16 页。

明代建国到弘治时期,"妇人纺绩,男子桑蓬,臧获服劳,比邻敦睦",处于社会下层的人们男耕女织,邻里和睦,生活在一种极富传统农耕文明诗意的生活环境之中。而随着商品经济的发展,嘉靖初年,社会上商贾增多,人们不重视农耕,从而出现"末富居多,本富尽少"的局面;而到了万历年间,出现了"金令司天,钱神卓地"的社会风气,从而形成了"贪婪罔极,骨肉相残"的社会环境①。这种社会环境严重地破坏了传统的伦理道德观念,但在顾炎武看来,统治者不能以道德整肃的名义阻止商品经济的发展,社会环境要想得到改变,必须大力发展经济。为此,他在《肇域志》中征引王士性《广志绎》卷四的观点,表达了他对于杭州旅游业发展的见解。在明代中后期,杭州的旅游业十分发达,下层民众多以此作为收入的主要部分,但当地官员多次以整肃风俗的名义,限制与约束人们正常的商业活动。顾炎武认为,游观虽然不是传统的风俗,但杭州西湖等地已然成为游观之地,官府经常对游观加以限制,使得渔者、舟者、戏者、市者、酤者失去基本的收入,造成生活的困顿,这不仅阻碍了商品经济的发展,也无益于社会风俗的整顿。②

　　基于上述的基本立场,顾炎武坚持认为可以通过农业、畜牧业和手工业的发展实现商业的进步,从而实现社会经济的发展;与此同时,他认为也可以通过开放矿禁来促进经济的发展与提高人民的生活水平。他在《天下郡国利病书》中集中对这个问题进行了深入的思考,并且认为民间开矿有"塞"与"开"两种治理思路与方法,"塞"只能治标,无法治本,并且引发盗采的可能性,并且最终有害于民,而"开"则能治本,并且有利于国计民生,"上利乎国而下变利于民矣"。

　　由上可知,顾炎武看出当时社会的最大忧患在于经济的不发展,他力图通过经济的发展解决当时社会中的基本矛盾,从而实现社会环境的改造。但他并没有一味地沉湎于经济发展的目标,而是十分辩证地意识

---

① 〔清〕顾炎武撰,黄绅、顾宏义校点:《天下郡国利病书(二)》,《顾炎武全集》13 册,第 1025——1026 页。
② 〔明〕王士性撰,周振鹤点校:《广志绎》,《五岳游草·广志绎》,第 265 页。

到,经济发展必须顾及生态环境保护的问题。在写作《天下郡国利病书》与《肇域志》的过程中,顾炎武经过对南北各地的实地考察,不仅了解了各地的历史地理情况,而且也对各地的社会经济发展情况有相当深入的了解。正因为如此,他非常清晰地意识到,全国自然生态环境已然遭到十分严重的破坏,在结合历代自然环境保护的可贵资源的基础上,他提出不仅要"利尽山川",而且也应注意自然生态环境的保护。

在分析黄河水患的基础上,顾炎武提出了水患的原因是"非河犯人,人自犯之",从而突出地强调环境保护的重要性。

"非河犯人,人自犯之"的观念,很好地体现了顾炎武的环境保护思想,这种环境保护的思想建基于"利尽山泽"。环境不仅是资源更是家园。利尽山泽表现了将环境作为资源很好地利用,而环境保护是将其作为家园进行思考。顾炎武深入地探析了商品经济与道德之间的内在关系,从而指出以"道德"去反对商品经济的发展并不符合历史发展的规律。为了有效地挽救当时社会的道德危机,他提出,"欲使人兴孝兴弟,莫急于生财"[1],贫穷是当时社会最大的问题,"今天下之患,莫大于贫"[2],应当通过发展农业与手工业来促进商品经济的发展。但是他并不是主张不择手段地破坏自然环境来获得经济的发展。由于他对中国古代经济史的合理分析,对于古代历史地理的深入考察,再加上他为了写作历史地理学著作对于全国的实地调查,他从对黄河流域与东南地区生态环境日益恶化的现实考察中,深刻地意识到自然环境已经受到了严重的破坏,因此,他主张在经济发展的过程中应当注意自然环境的保护,正视中国大地上自然生态环境遭到严重破坏的现实,认为经济的发展必须以尊重自然规律、维护自然界的生态平衡为前提。

通过对黄河流域历史变迁的深入考察,顾炎武指出,黄河流域整体生态环境的破坏主要是由人为因素造成的:"河政之坏也,起于并水之民

---

① 〔清〕顾炎武撰,黄汝成集释:《日知录》卷六,《日知录集释》(上),第380页。
② 〔清〕顾炎武撰,华忱之点校:《郡县论六》,《顾亭林诗文集》,第15页。

贪水退之利,而占佃河旁汙泽之地,不才之吏因而籍之于官,然后水无所容,而横决为害。贾让言:'古者立国居民,疆理土地,必遗川泽之分,度水势所不及。大川无防,小水得入,陂障卑下,以为汙泽,使秋水多,得有所休息,左右游波,宽缓而不迫。'故曰:'善为川者,决之使道。'又曰:'内黄界中有泽,方数十里,环之有堤。往十余岁,太守以赋民,民今起庐舍其中,此臣亲见者也。'《元史·河渠志》谓:'黄河退涸之时,旧水泊汙池多为势家所据。忽遇泛溢,水无所归,遂致为害。'由此观之,非河犯人,人自犯之。"①在此,顾炎武分析黄河水患的形成主要是由于黄河两岸的人们"贪水退之利"而占据河旁汙泽之地进行耕种,破坏了黄河流域的自然生态环境,从而导致洪水泛滥时,水无所归,最终形成水患。与此同时,顾炎武通过对五代、宋、金的史料分析,了解到山东境内的梁山泊在当时拥有方圆八百里的水域,而随着黄河流域生态环境的破坏,明末清初时只余方圆十里的水域,"予行山东巨野、寿张诸邑,古时潴水之地,无尺寸不耕,而忘其昔日之为川浸矣,近有一寿张令修志,乃云:'梁山泺仅可十里,其虚言八百里,乃小说之惑人耳。'此并五代、宋、金史而未之见也。书生之论,岂不可笑也哉!"②在此,他通过一个具体的细节展现黄河流域生态环境破坏的严重性:山东寿张的一个地方官在修地方志时,由于没有很好地了解五代、宋、金时期的有关史料,因而质疑梁山水泊具有八百里水域的真实性。在顾炎武看来,这种质疑只是"书生之论",这位寿张令一方面没有翻阅当时的史料,另一方面也并没能实地进行考察。而顾炎武在结合当时史料的基础上进行了实地的考察,当时巨野、寿张等地皆为水域之地,而到明末清初之际,巨野、寿张等地都成为耕地。由此可见,通过史料分析与实地考察,顾炎武已然清晰地意识到黄河流域水患的形成是人们违反自然规律进行耕种而造成的;同时,他也充分地体会到尊重自然规律对于人类安居环境建构的重要性。

---

① 〔清〕顾炎武撰,黄汝成集释:《日知录》卷十二,《日知录集释》(中),第739—740页。
② 〔清〕顾炎武撰,黄汝成集释:《日知录》卷十二,《日知录集释》(中),第740页。

在安居与和居环境的建构设想中,顾炎武十分强调"江湖通达":"江湖通达,然后田野丰登。田野丰登,然后仓廪盈溢。仓廪盈溢,然后府库充足,盗贼可息,词讼可简,教化可行,礼乐可作,上下各安其分,神人各正其所,尚何灾患之足忧哉!"[1]在此,他描述了通过"江湖通达"实现环境安居与和居的过程,江湖通达则可以五谷丰登,而五谷丰登则人们仓廪充实,每个家庭仓廪充实就可以上交更多的赋税,官府的仓库就充足。当家庭仓廪与官府仓库充足之后,才能实现"盗贼可息,词讼可简"的安居环境,进而通过"教化可行,礼乐可作",最后达成"上下各安其分,神人各正其所"的和谐环境。当然,顾炎武此处强调的"江河通达"更多的指的是江河沿岸优良的自然生态环境,只有对江河自然生态环境进行合理的保护,才能真正实现江河通达。基于此,他考察了东南地区自然生态环境的破坏情况,他在《日知录》卷十《治地》中提到宋政和以后围湖占江对于东南地区环境破坏的历史事实:"宋政和以后,围湖占江,而东南之水利亦塞。于是十年之中,荒恒六七,而较其所得,反不及于前人。"[2]围湖占江,造成东南水利设施的堵塞,进而造成江河的不通达,其结果只会是"十年之中,荒恒六七",最终造成不适宜于生存的自然与社会环境。

顾炎武充分地意识到经济发展与环境保护的内在辩证关系,并将对这种辩证关系的理解深入地贯彻到和谐环境的建构之中,警示人们不能在破坏自然环境的前提下获得一时的小利,从而强调经济发展与尊重自然规律应当并重。这不仅对于当代如何正确处理经济发展与环境保护之间的关系、实现经济的可持续发展、建构和谐社会有重要的启示,而且,对于中国当代环境美学的发展也同样具有重要的理论价值。

四、却喜对山川,壮怀稍开豁

顾炎武十分重视自然世界的美能够陶冶人的心灵,提升人的精神境

---

[1] 〔清〕顾炎武撰,黄汝成集释:《天下郡国利病书(一)》,《顾炎武全集》12 册,第 436 页。
[2] 〔清〕顾炎武撰,黄汝成集释:《日知录》卷十,《日知录集释》(上),第 583 页。

界。他在《寄弟纾及友人江南(三首)》中提出"却喜对山川,壮怀稍开豁"①的见解,认为自然山川能开阔人们的胸怀,激发内心的雄心壮志。

顾炎武于顺治十四年秋开始其北方之游。在顺治十四年之前,他大多生活江南一域,深谙小桥流水、杏花春雨式的江南风光,但极度期盼体验北方的雄阔山川,同时,他更为期盼在北方能看到一个梦想的中原盛景:"出门多蛇虎,局促守一隅。梦想在中原,河山不崎岖。"②在这首诗中,他表达了对于其北方远游的憧憬,在检讨自身固守江南一域的同时,勾勒出"河山不崎岖"的中原美境。当顾炎武初涉中原时,他看到了破败不堪的社会环境:"岳里生秋草,牛山见夕烽。蛇游宫内道,鸟啄殿前松。失国非奔莒,亡王不住共。雍门今有叹,流涕一相逢。"③在此诗中,顾炎武通过衡王府的景象表达一种黍离之悲,王府中到处可见蛇鸟,而衡王已经沦为清军的阶下之囚,昔日轰轰烈烈的抗清活动已然烟消云散。在沧州城中,"落日空城内,停骖问路岐。曾经看百战,唯有一狻猊"。④ 顾炎武只看到空城落日,一只石狻猊孤独地独守着空城,而曾经的战争硝烟已经消弭在空中。这一切都在一步步破碎着他的中原梦想。

由于中原梦想的破灭,顾炎武有一种深沉的"神州陆沉"的颓废感:"遥望天寿山,犹在浮云间。长叹未及往,尘沙没中原。神州已陆沉,菽水难为计。"⑤在此诗中,他表达了这种深沉的颓废感,真实的天寿山,就像在一片浮云之中,现实如虚幻之境;虽然经常感慨没有亲临中原,而当亲历时,中原淹没在尘沙,神州已陆沉。家园不再,情归何处。"流转吴会间,何地为吾土?登高望九州,极目皆榛莽。"⑥登高尽望九州,只见触目之处皆是榛莽,而家园无处可觅,只余心灵的四处流浪。正是由于对社会现实环境的失望,顾炎武将其对环境的审美转向了自然山川,力图

① 〔清〕顾炎武撰,华忱之点校:《寄弟纾及友人江南(三首)》其三,《顾亭林诗文集》,第339页。
② 〔清〕顾炎武撰,华忱之点校:《将远行作》,《顾亭林诗文集》,第286页。
③ 〔清〕顾炎武撰,华忱之点校:《衡王府》,《顾亭林诗文集》,第334页。
④ 〔清〕顾炎武撰,华忱之点校:《旧沧州》,《顾亭林诗文集》,第346页。
⑤ 〔清〕顾炎武撰,华忱之点校:《吴兴行赠归高士祚明》,《顾亭林诗文集》,第279页。
⑥ 〔清〕顾炎武撰,华忱之点校:《流转》,《顾亭林诗文集》,第294页。

在自然环境的熏陶中重振内心的雄心壮志。具体而言,自然山川对于顾炎武心灵的陶冶体现在以下三个方面:

首先,自然山川的游观改变着顾炎武的人生态度。在南方的山水观览中,顾虑炎特别注重将自然山川与怀古之情有机结合,从山水景物中求索历史意象,从而在山水意象与历史意象的融合中释放对现实的深沉焦虑,寻求一种更加积极的人生态度。"江月悬孤影,还窥李白楼。诗人长不作,千载尚风流。坞壁三山古,池台六代幽。长安佳丽日,梦绕帝王州。"①此诗的写作背景是南明破灭之前,当时金陵城处于一片危机之中,在此时节,顾炎武描述金陵山水盛景,在写景之中寓历史的追怀,一方面深切地表达了他对于金陵山水的无限喜爱,另一方面也表达了他对于当时局势一种积极乐观的态度。此诗主要描写作者登览李白楼见到的自然山水,并抒发对金陵城的热爱之情。李白楼本名孙楚楼,位于金陵城西莫愁湖的东面,因唐代李白曾经在此楼对月当歌而得名。江月、三山、池台是顾炎武登临时所见的自然美景,孤悬的江月,映照出一派梦幻之景,古老的三山就像坞壁一样守卫着金陵城,阅尽历史沧桑的池台在月光下显得幽静深远。作者将自然山水的描述置于历史的回顾之中,更加突显出自然山水对于其心灵的慰藉。在北方名山大川的漫游过程中,中原的自然山川慰藉了顾炎武由于"神州陆沉"而产生的颓废感,从而让他在自然世界中重新寻找自己的家园。"神州陆沉"的社会环境让他产生了家园不再的漂泊感,现实的挫败感令他感到生无依托。但是当他将目光投向北方的自然山川时,他才真正地意识到山河仍存,"燕中旧日都,风景犹自好",自然的美景缓解了他的漂泊感与颓废感。在自然美景的寻觅中,他在自然中重新找到了人生的家园;同时,他也在河山依旧的体验中,感知到虽然北方经历了战争灾难与改朝换代,但人们仍然顽强地生存于这片壮丽的自然山水之中,"神州陆沉"的颓废感在自然山川中的游赏中得到了一定程度的缓解。更为重要的是,在自然山水的漫游中,

---

① 〔清〕顾炎武撰,华忱之点校:《金陵杂诗(五首)》其一,《顾亭林诗文集》,第 264 页。

顾炎武确认了一种以游为隐的人生态度,这种人生态度不仅使他超脱于世俗世界的一切烦忧,而且又使他保持着精神世界的不同凡俗,体现出一种以退为进的人生态度。

其次,自然山川的游观开拓了顾炎武的人生格局。顾炎武在北游中原之后,其人生格局在北方自然山川的奇险开阔中得到了极大的开拓。清代潘德舆在《养一斋诗话》卷三提到顾炎武的诗歌风格:"诚意之诗苍深,亭林之诗坚实,皆非以诗为诗者,而其诗境直黄河、太华之高阔也。"[①]在此,潘德舆认为刘基的诗歌苍深,而顾炎武的诗歌坚实,其共同的特点是诗境直逼大河高山的高阔之境。诗境的生成来源于人生格局的高远开阔,顾炎武领略了北方雄阔山川之后,诗歌境界大为提升,其人生格局大为开拓。《山海关》《潼关》《居庸关》《华山》等诗,都是顾炎武领略了北方的雄关险隘、高山大川而作的境界开阔之作。"极目危峦望八荒,浮云夕日遍山黄。""居庸突兀倚青天,一涧泉流鸟道悬。终古戍兵烦下口,本朝陵寝托雄边。车穿褊峡鸣禽里,烽点重冈落雁前。燕代经过多感慨,不关游子思风烟。"[②]此《居庸关》二首是顾炎武出居庸关考察当地地理情况而作,其诗作充分地展现了他在自然山川的游观中人生格局的开拓。居庸关位于北京昌平的西北,因地势险要而成为守卫京师的门户。前一首诗展现了居庸关的全景,作者在险峰远眺,八荒尽收眼底,尽染夕照,人生格局狭隘者不足以展现此自然盛景。而后一首诗细描居庸关的险要,诗歌开篇以远望为视点,描写居庸关总体的地势险要突兀,倚靠青天,气势雄浑;而其峡谷中间涧泉奔泻,两边的峭壁鸟道高悬空,险要之处令人心惊。接下来,诗歌近写入峡的情形,从细节上更为具体真实地展现居庸关之雄阔险峻。狭窄的山谷中,车在鸣禽的啼叫声中踽踽前行,抬头仰望,只见长城游走在崇山峻岭之间,其上烽火点点,就像雁行呈现于天际。诗歌结尾处追忆感慨前代匈奴入侵燕代之往事,虽内蕴破

---

① 〔清〕潘德舆撰:《养一斋诗话》卷三,见郭绍虞:《清诗话续编》第四册,上海:上海古籍出版社1983年版,第2008页。

② 〔清〕顾炎武撰,华忱之点校:《居庸关(二首)》,《顾亭林诗文集》,第343—344页。

国之慨,但不沉溺于其中,诗中隐现复明的太多期盼。如果说《居庸关》对雄阔山川的描述只是隐现其人生格局的开拓,那么写于康熙二年(1663)的《华山》更加清晰地呈现这种格局的开拓。该诗前半部分尽绘华山的雄阔险峻之景,而诗的后半部分追述历史,尽现诗人人生格局在开拓中的宏大之态。

最后,自然山川的游观提升了顾炎武的人生境界。"中国山水实即中国文化之具体表现。虽一自然,备见人文。以为我民族大生命所寄。"①钱穆在此揭示了中国古代文人沉迷于自然山水之间的原因,因为中国山水其实是中国文化的具体表现,虽是自然之物,但在其中文化精神毕现。由于文化精神在自然山河中的积蓄,自先秦儒家的"仁者乐山,智者乐水"开始,自然山水就成了中国文人心灵寄托之处。在自然山水之间游走,顾炎武的人生境界得到了极大的提升,当他将心灵的触角向古代文化精神延展时,他深刻地意识到文化精神的泽被天下与永存不朽,更重要的是,他逐步地认识到文化价值的超越性,从而在其心灵的追求中突出了文化精神与文化价值的地位。当顾炎武初到北方时,他在山东停留了一段时间,在此期间,他并不是在山东单纯地游山玩水,而是在齐鲁大地的山水中寻找以孔孟为代表的儒家礼乐文化精神,因此,他登临泰山、拜谒孔庙,痴迷于齐鲁大地的自然风情,其实质是一种对文化精神与文化价值的迷恋。基于此,顾炎武对于各地地理与地形的考察,都深深地内蕴着其对于文化精神与价值的求索,其《山东考古录》《京东考古录》《营平二州地名记》《昌平山水记》《历代宅京记》等地理考古之作均是这种文化精神与价值求索的鲜明表征。正是在这种求索中,顾炎武对于中国古代文化精神的坚守之心愈加牢固,其对于文化价值超越性的理解更加深入,从而促成其人生境界的提升。

由此可见,顾炎武在"喜对山川"的过程中,实现了人生态度的改变、人生格局的拓展、人生境界的提升,在自然山川的陶冶中真正实现了"壮

---

① 钱穆:《晚学盲言》,桂林:广西师范大学出版社 2004 年版,第 65 页。

怀开豁"的游历目的。

第三节　黄宗羲

黄宗羲(1610—1695),字太冲,号南雷,别号梨洲老人,世称梨洲先生,浙江余姚人。他与顾炎武、王夫之并称为"明末清初三大思想家"。其环境美学思想不仅探讨了人与环境之间的辩证关系,而且也重点关注了环境安居与利居的问题,此外,他还关注环境科学知识与环境审美之间的内在关系。其环境美学思想主要体现在《明儒学案》《宋元学案》《明夷待访录》《四明山志》《匡庐游录》《台雁笔记》等文献中。

一、"盈天地间皆气"与"盈天地间皆心"

在对心学与理学进行批评整合的过程中,黄宗羲提出了"盈天地间皆气"与"盈天地间皆心"的命题。"盈天地间皆气"更多寻求人与自然在本源上的同一性,从而为人与自然的和谐与统一奠定了坚实的理论基础,而"盈天地间皆心"更多地强调人在天地之中的价值与意义,人在环境的生存中应当发挥其主观能动性。在对这两个命题辩证关系的合理讨论中,黄宗羲不仅关注了人与自然的和谐统一,而且也对人在自然环境中的能动作用进行了深入地思考,从而从更高的层面为人与自然关系的探讨提供了新的学术视野。

在继承与发展张载、罗钦顺、王廷相、刘宗周等思想家以气为本思想的基础上,黄宗羲提出了"盈天地间皆气"的气本体论思想。当然,其老师刘宗周的思想对黄宗羲气本体思想的影响更为重要。刘宗周在继承张载"虚空即气"的前提下,提出了"盈天地间,一气而已"的观点,而黄宗羲"盈天地间皆气"的命题就是对刘宗周观点的忠实继承。但在继承的基础上,黄宗羲对于"盈天地间皆气"命题的解读更加重视对气与理关系的探讨,并且使这种探讨超越了前人,达到了一种更深层次的理论阐发。因此,黄宗羲关于"盈天地间皆气"命题的探讨表现在以下两个方面:

一方面,黄宗羲重点阐述了其气本体论的思想。黄宗羲认为:

> 通天地,亘古今,无非一气而已。①

> 四时行,百物生,其间主宰谓之天。所谓主宰者,纯是一团虚灵之气,流行于人物。②

> 天地间只有一气充周,生人生物。③

在黄宗羲看来,气是通天地、亘古今的存在,气是人类四时百物的主宰,由于虚灵之气的大化流行,人与自然万物才会产生。由此可见,他认为人与天地万物的产生都源于气,并且都由气所构成,因而人与自然万物的和谐具有本体论上的基础。

在气本论的基础上,黄宗羲认为,由于气的往来、阖辟、升降等的运动,宇宙才会处于不断的变动与流转之中,而由于气的往来、阖辟、升降的区别,才会形成气的动静,既然有动静,就会有阴阳。由此可见,在黄宗羲看来,阴阳是气运动时呈现出的两种情状,阳为气的上升,主要表现为发散,而阴为气的下降,主要表现为收敛。阴阳二气的动静变化千条万绪,才会形成"一气之变,杂然流行"的气象万千的生动局面,从而表现为天地万物变化万千。

从气一本万殊的基础出发,黄宗羲虽然认为天地万物都来源于气,但并没有否认宇宙万物的多样化存在。他认为,在天地万物生成的过程中,由于所禀之气有精与粗、灵与钝、智与愚及清与浊的分野,从而形成了人与动物之间的区别。在黄宗羲看来,人与动物所禀之气并不相同,动物由粗浊之气所化育,其所知所觉无法脱离身体的本能;而人由"灵明之气"所化育,拥有与动物相异的五常之性,及其"恻隐羞恶辞让是非"之性,正因为如此,人才可以成为万物之灵。

---

① 〔清〕黄宗羲:《明儒学案》卷四十七,《黄宗羲全集》第八册,杭州:浙江古籍出版社 1992 年版,第 408 页。
② 〔清〕黄宗羲:《黄宗羲全集》第一册,杭州:浙江古籍出版社 1985 年版,第 123 页
③ 〔清〕黄宗羲:《黄宗羲全集》第一册,第 60 页。

黄宗羲认为气一本万殊,在气的大化流行过程中,气会有过有不及,会有一时的衍阳伏阴,但我们不能依此就怀疑万古之中气的存在。"盖天地之气,有过有不及,而有衍阳伏阴,岂可遂疑天地之气有不善乎?夫其一时虽有过不及,而万古之中气自如也,此即理之不易者。人之气禀,虽有清浊强弱之不齐,而满腔恻隐之心,触之发露者,则人人所同也。此所谓性,即在清浊强弱之中,岂可谓之不善乎?若执清浊强弱遂谓性有善有不善,是但见一时之衍阳伏阴,不识万古常存之中气也。"①在阴阳动静的变化中,人与物所禀之气必然会有所区别,从而形成气之清浊强弱的区别,人物气质虽然不能无偏,但万古之中气依然存在。"夫气之流行,不能无过不及,故人所禀之气,不能无偏。气质虽偏,而中正者未尝不在也。"②假如我们过度地执着于禀气之清浊强弱而去区分性善与性不善,必然会以偏概全,纠结于一时的衍阳伏阴,而忽略了万古之中气之长存。由此可见,黄宗羲虽然认识到气有不同的表现形态,但由于万古之中气的存在,人与自然万物之间必然会呈现出一种同一性,从而为人与自然的和谐统一奠定了坚实的理论基础。

黄宗羲的"盈天地间皆心"的命题,主要着眼于探讨心与气的关系。基于"盈天地间皆气"的命题,他认可气为心的本原,但气的大化流行离不开人心灵明的发挥,因此,黄宗羲在探讨心气内在关系时提出了"心即气也"。他在《孟子师说·卷二》中认为:"天地间只有一气充周,生人生物。人禀是气以生,心即气之灵处……理不可见,见之于气,性不可见,见之于心;心即气也。"③在此,"心即气也"的见解一方面认为人心也是源于气的,也是由气所化育而成,另一方面,黄宗羲从心体流行的不失其序类比天地四时之气流行的不失其序,心体有条理地流动表现为性,但性是不可见的,只能见之于心之运动,而与此相类似的是,四时之气以春

---

① 〔清〕黄宗羲:《黄宗羲全集》第八册,第 487 页。
② 〔清〕黄宗羲:《黄宗羲全集》第八册,第 182 页。
③ 〔清〕黄宗羲:《孟子师说》卷二,《黄宗羲全集》第一册,第 60 页。

夏秋冬的序列进行流变表现为万物之理,但理不可见,只能见之于气之运动。在"心即气也"的基础上,黄宗羲在《明儒学案》序中提出了"盈天地间皆心"的命题:"盈天地皆心也,变化不测,不能不万殊。"①黄宗羲的"盈天地间皆心"命题是建基于"盈天地间皆气"命题之上的,天地皆气表现于人心的一气流通,人心之所以存在是因为它受天地之气而生,而且,心是气之灵动的具体表现,"心即气之灵处"。由"心即气之灵处"入手,黄宗羲强调人与万物之间的区别,他认为:"天以气化流行而生人生物,纯是一团和气。人物禀之即为知觉,知觉之精者灵明而为人,知觉之粗者昏浊而为物。人之灵明,恻隐羞恶辞让是非,合下具足,不囿于形气之内;禽兽之昏浊,所知所觉,不出于饮食牡牝之间,为形气所锢,原是截然分别,非如佛氏浑人物为一途,共一轮回托舍也。"②在此,他指出,天因为气化流行而化育人与物,虽然人与物皆为和气所生,人与物以此和气而成就其知觉,但知觉之精者至于灵明而为人,正由于人的灵明,才有恻隐羞恶辞让是非之心,从而不为形气所限。而知觉之粗者沦为浑浊而为物,这种知觉仅限于饮食牡牝之间,因而为形气所禁锢。黄宗羲意图指出气有精气与浊气之分,人源于精气,因而知觉灵明,而物源于浊气,因而知觉浑浊。基于此,他区分了人性与物性,人由于知觉灵明,超脱于形气之外,从而以仁义礼智为性,而物由于知觉浑浊,禁锢于形气之中,不得不以饮食牡牝为性,与仁义礼智之性无缘。

在黄宗羲看来,正因为人知觉灵明,人与天地万物虽为气之本源同出,但天地万物无心,只能以人的灵明之心为其心,因之,人由于灵明之心可以体察与沟通天地万物,黄宗羲经因人之灵明之心肯定了人在宇宙之中的独特地位与存在价值。基于上述认知,黄宗羲从气的一本万殊入手,合理地辨析了人与物的区分,肯定了人心的灵明之处,进而认为人之所以为天下贵,主要是因为天地万物以人心为其心,从而最终确认了人

---

① 〔清〕黄宗羲:《明儒学案·自序》,《黄宗羲全集》第七册,杭州:浙江古籍出版社 1992 年版,第3页。
② 〔清〕黄宗羲:《孟子师说》卷四,《黄宗羲全集》第一册,第 111 页。

由于人心而在天地之间具有一种极其重要的地位与作用。

人的地位与作用不仅仅体现于沟通天地万物上,更为重要的是人心可以穷天地万物之理。为了达成人心穷万物之理的使命,黄宗羲强调穷心的必要性,其内在的理论逻辑即穷心等同于穷万物,为何如此呢?因为万物无心以人心为其心,万物流行有其内在的规律,寻求万物内在规律性也是探求人之灵明之心的本体。在如何寻求万物规律性的道路上,黄宗羲认为:"心无本体,功夫所至,即是本体。"在此,他一方面强调人只有在认识宇宙万物的活动中,表现出人心对于宇宙万物的探索精神、对于事物规律性的求索能力,人才能真正地表现出自己在人与万物关系中的中心地位;另一方面,他强调功夫所至即是本体,这表明人只有充分发挥其主观能动性,才能真正探求人心之灵明本体,才能真正认识宇宙万物的内在规律性,从而正确处理人与万物之间的内在关系。

二、天下之治乱在万民之忧乐

从环境安居的层面,黄宗羲合理考察了天下万民之忧乐对于天下治乱的重要性。他在《明夷待访录》中从社会环境治理的角度集中讨论了天下治乱的问题,认为:"盖天下之乱治,不在一姓之兴亡,而在万民之忧乐。"他从孟子的"天时不如地利,地利不如人和"的观点入手,集中分析了决定天下治与乱的三种因素:天时、地利、人和。他认为:"后世之所谓天时,当群雄竞起大乱之时是也;所谓地利,如唐失河北而亡,宋都临安而弱是也;至于人和,则万古不易,然如张巡、许远之死守,其下无一人叛者,未尝委而去之,亦可谓人之和矣,而天时地利皆失,不能不累及人和也。"①在此,他承续孟子提出天时地利人和的语境,从历史变化的事实分析了三者对于天下治乱的重要作用。首先,他对于天时、地利、人和的内涵进行了界定,认为天时指的群雄竞起、天下大乱之时,地利指是自然地理环境对于政治兴亡的重要作用,如唐朝失去了河北而覆灭,宋代建都

---

① 〔清〕黄宗羲撰:《孟子师说(卷二)》,《黄宗羲全集》第一册,第71—72页。

临安而国势衰弱,而人和指的是面临重大变故时人心团结一致,如唐代
的张巡、许远在内无粮草、外无援兵的绝境下抵抗叛军,死守睢阳,但其
下属官兵无一人弃城而去。其次,他辩证地分析了天时地利人和三者在
天下治乱中发挥的作用,当天时地利皆失,会影响人和作用的发挥。最
后,他重点分析了人和的突出作用,无论天时地利如何变化,但人和是万
古不易的。由此可见,在考察天时地利人和三者对于天下治乱产生的作
用时,黄宗羲认为天时地利虽然会对天下治乱产生重要的影响,但万民
之忧乐才是天下治乱的真正关键,人和才是实现环境安居最可依托的
因素。

　　正由于黄宗羲考察环境安居问题的切入点为万民,他以关注万民之
忧乐为关键点,从以下两个方面入手分析如何实现万民之乐:

　　1. 批判与抑制君权。在分析与总结明代覆亡原因的过程中,黄宗羲
在关注天下治乱问题的同时,开始批判君主专制制度下形成的君权。在
其撰写的《留书》中,他通过对明代历史的梳理,总结历史治乱之故。他
在《留书》序言中指出了其创作《留书》的主要目的:"古之君子著书,不惟
其言之,惟其行之也。仆生尘冥之中,治乱之故,观之也熟;农琐余隙,条
其大者,为书八篇。"①在此,黄宗羲自认为其对于治乱之故十分熟悉,在
农琐之余,陈述了影响天下治乱的主要因素,从而成《留书》八篇。在《留
书》中,他从明代兴亡的历史事实出发,分析了明代治乱的主要原因。他
认为,明代覆亡的两大主要原因是明代政治的腐败与夷狄乱中国,虽然
这种原因分析已然涉及君权批判的问题,但其中鲜明地表现出一种狭隘
的民族主义观点,从而不能很好地分析环境安居、天下大治的形成原因。
而随着黄宗羲思想的发展与成熟,他在《明夷待访录》中对于天下治乱的
原因进行了深入地探索,将天下治乱的主要原因归于自秦汉以来形成的
君主专制制度,从而从政治、经济、法律、军事、教育、文化等各个层面对

---

① 〔清〕黄宗羲撰:《留书·自序》,《黄宗羲全集》十一册,杭州:浙江古籍出版社 1993 年版,第
1 页。

君权进行了颠覆性的批判。

从万民之忧乐着眼,黄宗羲认为:"夫古今之变,至秦而一尽,至元而又一尽。经此二尽之后,古圣王之所恻隐爱人而经营者荡然无具,苟非为之远思深览,一一通变,以复井田、封建、学校、卒乘之旧,虽小小更革,生民之戚戚终无已时也。"①在此,黄宗羲提出,我国历史发展的过程中出现了两大变局时期,这两大变局时期分别是秦汉时期与蒙元时期,随着这两大历史变局的产生,古代圣王坚持的"恻隐爱人"的传统荡然无存,封建君主专制的程度越来越严重,君主的权力也越来越集中,万民在君权的压迫下遭受的政治压迫、经济剥削越来越突出。而且,他认为,封建君主专制愈来愈严重的历史局面不可能经由"小小更革"而实现逆转,为了实现万民之乐,必须在"远思深览"的基础上,实现"一一通变",恢复井田、封建、学校、卒乘的旧制。

为了"一一通变"的目标,黄宗羲以"远思深览"的历史视野,在《明夷待访录》中对君权专制的现状进行了深入的批判。在极其宏大的历史视野的导引下,他以封建君主专制的出现为节点,将中国历史划分为三代以下与三代以上,并将两者进行深入的比较,从而对三代以下的封建君主专制进行了严厉的批判。他认为,三代以上的君王尽力实现万民之乐,与此同时,三代以上之臣也是尽力为天下万民谋利,而不是为君王一人服务,三代以上之法是利于万民之法。而三代以下的君王"屠毒天下之肝脑,离散天下之子女,以博我一人之产业","敲剥天下之骨髓,离散天下之子女,以奉我一人之淫乐",三代以下的君王将君权作为个人谋利的手段,从而将天下视为其个人之天下。以此为基础,封建君主专制之下的大臣只为君王一人服务,三代以下之法则沦为一人服务之法。在黄宗羲看来,随着封建君主专制的出现与进一步加强,君主成了天下之大害,"为天下之大害者,君而已矣"。②

---

① 〔清〕黄宗羲撰:《明夷待访录》,《黄宗羲全集》第一册,第7页。
② 〔清〕黄宗羲撰:《明夷待访录》,《黄宗羲全集》第一册,第2—3页。

为了抑制三代以下的君权,防止其沦为个人谋利的工具,黄宗羲从天下万民的角度提出了充分发挥学校的功能,使之成为立法决策机构与舆论监督机构的统一体。在黄宗羲心目中,学校虽然是国家养士之所在,但学校并不仅仅是为养士而设置的,古之圣王设置学校只是将养士作为学校发挥其功能的一个方面。黄宗羲认为:"学校,所以养士也。然古之圣王,其意不仅此也,必使治天下之具皆出于学校,而后设学校之意始备。非谓班朝,布令,养老,恤孤,讯馘,大师旅则会将士,大狱讼则期吏民,大祭祀则享始祖,行之自辟雍也。盖使朝廷之上,间阎之细,渐摩濡染,莫不有诗书宽大之气;天子之所是未必是,天子之所非未必非,天子亦遂不敢自为非是,而公其非是于学校。是故养士为学校之一事,而学校不仅为养士而设也。"①在此,黄宗羲充分地阐述学校全方位的功能,并且充分表达了其对学校应当发挥立法决策与舆论监督的重要作用的重视。虽然黄宗羲非常清晰地意识到,现实存在的学校成为科举考试的附属物,但他坚持认为,理想的学校应当承担实现"三代之治"的崇高政治与文化使命,这种崇高的使命促使其对现实的政治与文化现状之间存在一种强大的纠偏作用,从而成为制约君权私有的中坚力量。基于此,黄宗羲认为,学校一方面要有产出"治天下之具"的能力。"治天下之具"主要指履行社会治理功能的政策法令,在封建君主专制的大前提下,这种"治天下之具"的政策法令主要由各级政府部门制定;而为了实现万民之乐,承担社会治理功能的"治天下之具"应当由学校来创立与制订。另一方面,黄宗羲认为,学校应当成为是非标准认定的机构,学校要通过"诗书宽大之气"来形成视野更加宽广的社会是非标准与社会治理思路,从而改造以君王之是非为是非的标准,促成君权在一个更加理性的监督环境中运行。

2. 提倡工商皆本。为了实现万民之乐,黄宗羲对新的历史环境进行了深入的考察,在《明夷待访录》中提出了"工商皆本"的理念。随着明清

---

① 〔清〕黄宗羲撰:《明夷待访录》,《黄宗羲全集》第一册,第10页。

时期商品经济的进一步发展,战国时期提出的"崇农抑商"的主张不仅造成了工业、商业与农业之间的内部失衡,而且也阻碍了生产力的正常发展,对于万民之乐的实现产生了十分不利的影响。基于此,黄宗羲认为:"世儒不察,以工商为末,妄议抑之。夫工固圣王之所欲来,商又使其愿出于途者,盖皆本也。"[1]黄宗羲在此提出的"世儒不察"的"不察"应从两个层面来理解。第一层面的"不察"指的是世儒无法理解工业与商业的社会作用及其工商业发展与万民之忧乐之间的内在关系,世儒认为在四民中工商应列为末等,从而在社会发展过程中加以抑制。第二层面的"不察"指的是世儒没有深入地理解"圣王崇本抑末之道",圣人在治理社会的过程中并不抑制正常的商业活动,圣王的"抑末"抑制的是不切合儒家消费理念的消费行为与经济行为;而人伦日用的常识与理性的消费方式及其经济行为并不在此列。在黄宗羲看来,他提出"工商皆本"的理念完全符合国家与社会的全面发展,因为,"工固圣王之所欲来",工业是圣王希望发展的重要产业,它是国富民强的根本之一;"商又使其愿出于途者",商业在工农业产品的流通过程中起着极其重要的作用,因而"工商皆本也"。黄守羲提倡"工商皆本"的理念不仅有利于纠正传统观念对工商业的偏见,而且也契合了明清时期工商业发展迅速的时代趋势,更为重要的,这种"工商皆本"的理念有利于推进国家经济发展的动态平衡,从而有效实现"万民之乐"。

三、从建都看环境利居的问题

在《明夷待访录》中,黄宗羲不仅从天下治乱、万民忧乐的角度考察了环境安居的问题,而且也从明代迁都北京的错误决定考察了环境利居的问题。

黄宗羲在《明夷待访录·建都篇》中开篇就指出:"或问:北都之亡忽焉,其故何也?曰:亡之道不一,而建都失算,所以不可救也。"在此,黄宗羲认为,明代作为都城的北京为何"亡忽",主要是因为建都失算。虽然

---

[1] 〔清〕黄宗羲撰:《明夷待访录》,《黄宗羲全集》第一册,第40—41页。

在历史上明代以前的朝代也有国家危难之时,但最终由于王朝都城地理环境的利居而成功地化险为夷。如唐代安禄山之祸,唐玄宗能快速转移到蜀地;吐蕃之难,唐代宗迁居到陕地其他地方;朱泚之乱,唐德宗移到奉天。为何唐代面临困境时能快速地移居别的地方?主要是因为建都之地交通四通八达,"就使有急而形势无所阻"。然而明代建都北京,"孤悬绝北,音尘不贯"[①]。当李闯王攻击北京时,明毅宗虽然也想南下,但事实上,由于交通不便,一时之间不得出北京,即便是出了北京,也不能安全而顺利地到达避难之地,因而明代覆亡就不可逆转了。

从北京交通不便入手,黄宗羲接下来全面考察了北京不利于居住的情况。明代在太祖时建都于南京,一直到公元 1421 年。在 1421 年以后,明成祖朱棣将国都由南京迁到了北京。关于明代将国都迁至北京,黄宗羲认为,前人以"治天下为事",而明代自迁都以来十四代帝王"日以失天下为事",为何如此呢?通过对明英宗时代的土木之变,明武宗的阳和之变,嘉庆二十八年、四十三年北京危急,崇祯年间局势危急导致北京频频戒严等事例的列举,黄宗羲论证了明代的"日以失天下为事"。为何会形成"日以失天下为事"的局面呢?黄宗羲分析了两点原因:一是由于北京在明代的地位是两位一体,既是边防重地又作为王朝的首都,从而导致整个国家时刻担心北方少数民族的入侵,耽搁了天下的治理;二是作为首都的北京日常运作需要大量的物资与财力支撑,而这种日常运作的物资基本上依靠江南提供,在物资北运的过程中消耗了国家太多的人力物力,从而导致"江南之民命竭于输挽,大府之金钱靡于河道",这为整个国家经济带来了巨大的问题。从环境安居的角度,黄宗羲分析了明朝建都北京是一个导致国家崩溃的错误决定。

从国家层面上看,黄宗羲认为明代将都城从南京北迁北京是一个战略上的错误。基于对这个战略错误的反思,黄宗羲认为,随着时代与历史的发展,理想的都城应当在南方选址,他认为南京是一个十分好的选择。这

---

① 〔清〕黄宗羲撰:《明夷待访录》,《黄宗羲全集》第一册,第 20 页。

种判断基于黄宗羲对于历代都城选址的理性考察。随着南北文化与经济的交流,中国社会经济大势的不断变化,南方尤其是江南地区经济得到了长足的发展,而北方尤其是西北地区由于自然地理环境的破坏与战乱频频,经济地位在国家的经济版图中日益衰落。这种国家经济版图的改变促成了国家的经济重心逐步由西北向东南的位移,这也意味着东南地区的环境比西北地区的环境更加利居,从而国家都城的选址也逐步向东南倾斜。从前代的建都经验来看,关中地区成了周、秦、汉、隋、唐等朝代的建都选址地,在此建都的王朝不仅完成了统一中国的大业,而且在汉唐时期出现了中国历史上少有的盛世图景。关中具有地理环境上的大优势,这对于力求承运昌隆的统治者来讲也是很有吸引力的。秦汉时期,西北的关中地区风气会聚、田野开阔、人物殷盛;从自然地理环境来看,关中地区四面有险可守,东边有函谷关、潼关和黄河作为天险,西面、北面、东南面分别有大散关、萧关、武关等诸多关隘守护,四面天险之内的是沃野千里的秦川大地,自然地理环境的利居程度无与伦比。而此时,东南地区的吴楚之地刚刚脱离蛮夷之地的称号,风气朴略,因而从都城选址来看,金陵(南京)不能与关中地区相提并论。随着时代的推移,到了明代,关中的风气、环境、人物不如江南地区已经很久了,而且关中地区长年经受流寇之乱,战争频仍,其整体环境不利于居住。而东南地区随着风气人物的兴盛,其地经济发展迅速,成了国家最为重要的经济强盛之地,其地粟帛灌输天下,天下拥有了东南的三吴之地就好像富有之家拥有了物资充盈的仓库。拥有巨大财富的家庭对于其仓库必然会亲自守护,"身亲守之",而离仓库较远的门庭位置由仆妾守护。与此相类似的是,东南的三吴之地作为富庶之地,从国家层面来考量,必然会在三吴之地附近设置都城,以守护国家财富的仓库;而明代朱棣将都城由南京迁往北京,是将自己的仓库让仆妾守护,而自己则守护门庭。[1]

---

[1] 〔清〕黄宗羲撰:《明夷待访录》,《黄宗羲全集》第一册,杭州:浙江古籍出版社 1985 年版,第 20—21 页。

由此可见，黄宗羲从中国历史发展大势考察入手，清晰地意识到中国经济重心由西北向东南的位移；从而认为，随着时代的发展，从环境利居的角度看，南京应当成为理想的都城选址地。曾经理想的都城选址地已然在历史中逐步衰落，而南京与关中相比，其经济更加富庶，其交通更加便利，以此为基础，必然会形成稳定的政治格局与发达的文化。多种条件的综合效应促成南京成为国都的理想选址地，从国家发展的层面来看，以南京为国都的整个国家会促成利居环境的生成。

四、关注环境科学知识与环境审美的关系

黄宗羲不仅对于自然的科学知识（当时称为"绝学"）持积极的倡导态度，而且他认为合理而准确地把握有关环境的科学知识能使自然与环境审美更为深入与丰富。这种见解与当代环境美学家卡尔松（Allen Carlson）的"科学认知主义"理论有内在的相通之处。在卡尔松看来，为了实现环境审美的严肃性与丰富性，对有关环境的科学知识的把握是必不可少的条件。正因为如此，黄宗羲在游历山水的过程中，对于有关环境的科学知识十分重视，并且对于环境的"绝学"有相当深入的研究与探讨。

黄宗羲对于环境科学知识与环境审美内在关系的思考主要体现在《四明山志》《匡庐游录》《台雁笔记》等文献中。

《四明山志》①作为黄宗羲唯一的方志著述，是关于浙东名山四明山的一部专志，前三卷主要记述了四明山基本的自然地理情况与主要名胜之地，而对于四明山自然地理环境科学知识的考论主要体现在其卷一《名胜》中。《名胜》卷的开篇就说明了四明山的由来，以便于人们在欣赏四明山时形成整体的审美意象："余姚南有山二百八十峰，西连上虞，东

---

① 黄宗羲所著的《四明山志》总共十万余字，分为九卷：第一卷，名胜；第二卷，伽蓝；第三卷，灵迹；第四卷，九题考；第五卷，丹山图咏；第六卷，石田山房诗；第七卷，诗括；第八卷，文括；第九卷，摄残。

合慈溪,南接天台,北连翠竭,中峰最高,上有四穴,若开户牖以通日月之光,故号四明。"①在此,黄宗羲指出四明山的得名由于余姚南二百八十峰之最高的中峰上有四个山穴,就像开在中峰上的窗户一样,能通日月之光,因而人们以"四明"命名之。接下来,他就"石窗岩"进行具体的介绍。从大俞村沿鸟道度索上山,可见山南有石室"高五丈,深倍之,广如深六之",此石室内中有界石三块,从而将石室一分为四。而为何称之为"石窗"呢? 在此四个石室中俯看风景,其视野极佳,而自下视此四室,则就像高楼之窗户。因而称之为"石窗"。隐居于此的谢遗尘曾经提及:"有峰最高,四穴在峰上,每天地澄霁,望之如牖户,相传谓之石窗,既四明之目也。"谢灵运的《山居赋》是记载了四明山的一部著作,他将天台山与四明山进行了区分,并且详细地记载了此四窗岩,"四明方石,四面自然开窗"。但黄宗羲认为,谢灵运的这种描述是不准确的,因为谢灵运据传闻介绍四明山,并没有亲自登临此岩在黄宗羲看来,的确有四个窗户一样的石室,但在岩下视之,其四个石室只能在一面,不可能呈现四面分布的态势。② 为了更好地导引人们对四明山具体景观的欣赏,黄宗羲在《名胜》卷中对四明山的具体景观进行了科学的考证。小兰山(又名伏虎山、升仙山)传说中是汉代刘纲、樊夫人弃官在此学道,道成后飞升于此,其遗履坠地化为卧虎,因而名之伏虎山。其实际情况是此山山顶平广,可以走马,其山体整体形态与伏虎相似而得名。③ 三女山的得名在民间传说中有如下记载:"三女浴于水滨,为雷所击,化为三峰,亭亭相见。"但黄宗羲认为这只是臆测说而已,其得名的真正原因是此三山形态妩媚,因而以"三女"命名之。④

---

① 〔清〕黄宗羲撰:《四明山志》,《黄宗羲全集》第二册,杭州:浙江古籍出版社1986年版,第285页。
② 〔清〕黄宗羲撰:《四明山志》,《黄宗羲全集》第二册,第288页。
③ 〔清〕黄宗羲撰:《四明山志》,《黄宗羲全集》第二册,第289页。
④ 〔清〕黄宗羲撰:《四明山志》,《黄宗羲全集》第二册,第330页。

　　《台雁笔记》(又名《台宕纪游》)①收录于浙江古籍出版社 2005 年版《黄宗羲全集(增订版)》之中,其主要记录了黄宗羲游雁荡山的相关情况。关于黄宗羲缘何游雁荡山,黄炳垕编写的《黄梨洲先生年谱》中记录十分清楚:"十三年庚辰,公三十一岁……岁大祲,邑中点解南粮,充是役者家覆,诸叔皆相向泣。公告籴黄岩,遏禁綦严,谋于倪鸿宝元璐、祁世培彪佳、王峨云三先生,而其事得集。过临海,访陈木叔先生函辉。过剡溪,邓使君云中锡蕃馆之于圆超寺,卧雪者数日。公有'大雪封山城寂寞,老僧刺血字模糊'之句。公往来台、越间,以其暇游天台、雁宕诸名胜,作《台宕纪游》。"②也就是说,黄宗羲来雁荡山,是因为给朝廷和官府征集粮食,到黄岩找朋友倪元璐等人帮忙,事情完了,然后顺便冒大雨雪,出游天台山和雁荡山。在该文的开始,黄宗羲就通过一个小序表达了其缘何游雁荡山、游历感受及其写作的主要意图:"庚辰度岁台城,入春为雁山之游。其时余以事往,挥霍不暇自主,既限之以役;疡生股上,破面沾衣,真地支床,又限之以疾;两度山行,皆大雨雪,恶溪峻岭,仆僵马仆,天复限之以时。余犹然披荒搜讨,以畅幽抱,竟忘贯刺之苦,若是者岂非愚人耶? 前人言凡游山水,苦无卷轴,复无幽人携手,一何异飞鸟一翼,行车只轮。若余之游而书之为记,不重可羞哉! 然或次之日记里程,可不遗参验。自念屈辱风尘,服饵寻道,未能一决,则所行不啻如茹退之迹,又何堪把玩哉? 第以闻质见,有抵触不合者,稍用笔之,将以补所未备也。"由于当时他处在艰难的处境中,所以在《台雁笔记》的小序中说到自己"破面沾衣","屈辱风尘",内心颇为激愤。从文中可以了解到,当时他是一个人来到雁荡山的,岁寒大雨雪,大腿上还生了一个疖疽之类的东西,为游山还刺破了挤出脓汁,十分疼痛。关于黄宗羲"把玩"山水的过程,这卷笔记共有 46 小节,涉及雁荡山的有 16 小节。从这些笔

---

① 《台雁笔记》由吴光搜集整理,最早发表于《浙江学刊》1997 年第 2 期,后收录于浙江古籍出版社 2005 年版《黄宗羲全集》。

② 〔清〕黄炳垕:《黄梨洲先生年谱》,见黄宗羲:《黄宗羲全集(增订版)》第十二集,杭州:浙江古籍出版社 2005 年版,第 28 页。

记的内容看,他当时游玩了雁荡山的蔷薇洞、清风岭、瀑布山、灵峰、灵岩、大龙湫、罗汉洞、龙鼻洞等景点,还重点记述了方竹、雁茶等当地特有的物种。在此过程中,对于雁荡山各处地名的由来、水流的源头、寺庙的历史、竹木的特性,他都在《台雁笔记》中进行了相对简洁的记述与考证。在《方竹》中,他写道:"戴凯之《竹谱》不列方竹,元刘美之《续谱》云:'方竹生岭外,大者如巾筒,小者如界方。'然不云为吴越之产也。詹同对高祖曰:'吴越山中有方竹者,四棱直上,弗偏弗颇,若有廉隅不可犯之色。以故士大夫爱之,往往采而为筇。'今雁山能仁寺多方竹,其在黄岩五峙寺者,皆从能仁移植。第非深山穷谷,竹性不全,则变而之圆,犹夫人磨礲以世事,得遂其方性者鲜矣!"[1]在此,黄宗羲分析了方竹形成的自然地理原因,更加增加了人们对于方竹的审美体验。

《匡庐游录》是黄宗羲游赏江西庐山时所作的游记,其中既记录了其游历途中所见闻的山川、飞瀑、流泉、石滩、峭崖、怪雨、奇云等自然山水事物,而且也对自然地理现象进行了成因分析,尤其对于庐山五老峰、瀑布等形成的原因、"佛学"现象形成的光学原因、石钟山"声如洪钟"的声学原因进行了深入的探析。由此可见,《匡庐游录》具有较高的科学价值,并且通过对自然现象成因的科学分析,合理地引导人们对于庐山的自然审美,从而丰富了人们对于庐山自然山水的审美体验。关于庐山五老峰的成因,黄宗羲在《匡庐游录》中进行了详细的探讨,他指出:"五峰原出一山,断而南际,始各自为峰。其相距或半里、一里。游者皆自其断处南出,以临其顶,一峰既尽,则北行返于断处,西行其相距之路,又复南出,以临一峰。峰峰异状,江矶海礁之变略备,望远之奇,不足道也。"[2]五老峰位于江西访庐山的东南部,有五座并列的山峰,在山下向上仰望如席地而坐的五位老人,故人称为"五老峰"。在上段记述中,黄宗羲一方面简洁地勾勒出五座山峰的形态外貌、具体方位与相互之间的间隔,另

---

① 吴光撰:《关于发表〈台雁笔记〉等三种黄宗羲遗著的说明》,载《浙江学刊》1997年第2期。
② 〔清〕黄宗羲:《匡庐游录》,《黄宗羲全集》第二册,第484页。

一方面,他从科学的层面分析了五老峰的形成原因。他从五座山峰之间存在十分明显的断处进行推论,指出五峰最初应为一山,山体断裂之后而各自成峰;而且五座山峰独特形状的形成就像江矶海礁的形成一样,都是由水的长期侵蚀造成的。此外,他在《匡庐游录》中也分析了五老峰顶独特景色的成因:由于山顶气候寒冷、风势强劲,因而其"顶上多野棠,枝干覆地而生,结实殊大,食之如蔗糖。杜鹃根老不著土;松亦不多,而特怪丑。其他草木,则寒苦不能生矣"。①

关于"佛光",前人也有称之为"丹光""宝光",而关于"佛光"形成的原因,前人一般都对其进行神秘的解释。黄宗羲认为,前人对于"佛光"形成原因的解释是大谬不然的,由此,他对于"佛光"进行了科学的解释:"然予家姚江,凰山之上,每交春、夏,物候勃郁无风,下视平野,灯火匝地,闪烁往来,钟声一动,则忽然敛灭,风土谓之神灯。问之习于庐山者,圣灯之见,亦多得于勃郁之时。而考朱子之见在四月,益公、廷珪皆在十月,则颇与姚江异候。盖草木水土皆有光华,非勃郁则气不聚。目光与众光高下相等,则为众光所夺,亦不可见,故须凭高视之。圣灯岩下,群山包裹如深井,其气易聚,故为游者之所常遇,昼则为野马,夜则为圣灯,同此物也。"②在此,黄宗羲分析了"佛光"形成的原因。从自然地理环境而言,"佛光"的形成必须有一个相对封闭四周环绕的环境,庐山圣灯岩下为何有"佛光"的出现,主要的原因是圣灯岩下群山包围如同一个深井,从而容易形成聚气之所;从自然气候来看,"佛光"并不是一年四季都会出现,就姚江地区来说,"佛光"一般在春夏之交、物候勃郁之时出现最多,春夏之交,自然界的气温升高,从而容易形成水汽蒸腾聚集;从人的观察视角来看,"佛光"的出现必须"凭高视之",如果平视则不可得见,"目光与众光高下相等,则为众光所夺,亦不可见"。

关于石钟山的得名,据苏轼在《石钟山记》中记载,郦道元在《水经

① 〔清〕黄宗羲撰:《匡庐游录》,《黄宗羲全集》第二册,第484页。
② 〔清〕黄宗羲撰:《匡庐游录》,《黄宗羲全集》第二册,第486—487页。

注》中认为,是由于石钟山下临深潭,当微风鼓浪时水石相击而发生洪钟之声而得名。而苏轼对此说心存质疑,当苏轼亲临石钟山时,他发现此山下多石穴,微波入石穴之中而发出钟鼓之声,并加上在两山之间有山石中空而多窍,当其与风水互相吞吐时也会发出钟鼓之声。而黄宗羲在《匡庐游录》中则对苏轼这种说法加以进一步修正,这就涉及石钟山独特的形状与自然构造。他指出,石钟山实际上由两座山体组成,上钟山或南钟山在湖口县南,下钟山或北钟山在湖北县北。基于此,他对苏轼的观点进行合理地修正,他指出,苏轼所得到的体验是在南钟山,而且,如果只有山体中的石穴并不足以形成"声若洪钟"的审美体验,因为山体中虽有石穴,但由于"诸石之下,面虚而背实,有声则浊"。要形成"声若洪钟"的效果,必须两石"突然特出于水中,中空而下虚,故其音如洪钟"。①由此可见,黄宗羲对于石钟山形成"声若洪钟"原因的深入分析,有利于欣赏者在石钟山获得更为丰富的审美体验。

① 〔清〕黄宗羲撰:《匡庐游录》,《黄宗羲全集》第二册,第 501—502 页。

第三章　清代中晚期思想家的环境美学思想

与清代初期环境美学的总结形态相区分,清代中晚期环境美学思想在新的历史背景下呈现出一种转型的特质。这种环境美学思想的转型特质一方面表现为环境观的改变。随着西方地理学知识的传入与西方文明的入侵,清代中晚期思想家逐步形成了世界意识与国家意识,从而促成了环境观的巨大改变。另一方面,表现为工商业城市环境审美观的形成。随着晚清工商业城市的出现与发展,在环境观巨大改变的推动下,环境审美出现了从乡村环境审美向城市环境审美与从农业环境审美向工商业环境审美的转型,从而促成了工商业城市环境审美观的产生与发展。

第一节　环境观的改变——开眼看世界

在《中国近三百年学术史》中,梁启超探讨了自晚明以来我国地理学的发展历程。他认为,清儒的一切学问倾向于考古,地理学也是如此,以严格的学术眼光去考量,清代道光中叶以前的地理学只是历史学的附庸,只能称之为"历史地理学",这种"历史地理学"导致人们知古而不知今。与此同时,这种"历史地理学"也造成了人们言内不言外的不良倾向。自晚明开始,介绍世界地理知识的著作有利玛窦的《坤舆万国全图》、艾儒略的《职方外纪》、南怀仁与蒋友仁等的《坤舆全图》,但在清道光中叶以前,人们对这些著作"视同邹衍谈天,目笑存之"。当时的人们对西方介绍世界地理知识的书籍极度不信任,连当时的知识分子对于世界的地理格局也知之甚少,甚至到了乾嘉时期,大地理学家也只是以地理考古作为其专长。这种局面直到道光中叶以后才逐步改变,我国地理学的重心"由古而趋今,由内而趋外",边徼或域外地理学才成为显学,但这种显学着眼的范围仍在我国的境内和与我国接壤的周边地域,而时人对于整个世界的地理形势依然不太了解。这种由内而趋外的"外"真正意指整个世界,在梁启超看来,是从林则徐开始的:"则徐督两广,命人译四洲志,实为新地志之嚆矢。"在林则徐的首倡之下,随着魏源《海国图志》与徐继畬《瀛寰志略》的出现,我国的知识分子才稍微具备一些世界地理知识。

由上知之,林则徐作为"开眼看世界"思潮的引领者,成功地开启了晚清环境观的转型。1839 年,林则徐奉命赴广州处理查禁鸦片的事宜,在抵达广州之后,他接受了一些西方的先进文明与理念,开始将目光投向世界,从环境安居的视野开始有意识地了解与考察当时的世界形势。这种了解与考察的活动从林则徐组织翻译《四洲志》作为开始的标志。《四洲志》的翻译以英国人慕瑞所著的《世界地理大全》为底本,《世界地理大全》最初在伦敦出版,出版后产生了很大的影响,以后再版多次。《四洲志》只是《世界地理大全》的部分翻译,它简明地介绍了亚洲、欧洲、非洲、美洲等世界四大洲的 30 多个国家有关的地理、历史和政治情况,其中叙述英吉利和弥利坚的内容最多也最为详尽,尤其具体地介绍了英吉利的议会制度。作为晚清时期翻译的首部世界地理著作,《四洲志》是中国第一部介绍世界地理大势相对完备的作品,极大地推动了"开眼看世界"思潮的发展,也为晚清环境观的转型奠定了坚实的基础。

作为"开眼看世界"的第一人,林则徐除了组织翻译《四洲志》,还组织翻译了《各国律例》和《华事夷言》。尤其是《华事夷言》的翻译,让当时的中国知识分子了解到国外是如何看待中国的,《华事夷言》以东印度公司驻广州大班德庇时所著的《中国人》为底本,《中国人》1836 年首次出版于伦敦,该书中介绍了当时英国对于中国问题的一些看法,林则徐对此进行了重点翻译。与此同时,为了更多更好地知晓英国对于我国禁烟的立场与态度,林则徐将当时能收集到的有关英文报纸(如《广州周报》《广州记事报》《新加坡自由报》《孟买新闻报》)中涉及我国的有关报道与评论有重点进行了翻译。

　　林则徐的《四洲志》的出版,具有十分重要的意义。《四洲志》不仅为中国了解世界的地理与政治格局提供了一个窗口,而且也导引一个"开眼看世界"的时代思潮,更重要的是它为晚清的思想开放提供了一个极好的契机。在此之后,我国的开明知识分子纷纷投身于"开眼看世界"的思潮,深入地介绍西方的各种历史地理情况,如 1841 年出版的汪文泰的《红毛番英吉利考略》、1841 年出版的陈逢衡的《英吉利纪略》、1841 年出版的夏燮的《中西纪事》、1843 年出版的何秋涛的《朔方备乘》、1846 年出版的梁廷枏的《海国四说》、1848 年出版的徐继畬的《瀛寰志略》,这些著作的问世形成了一种崭新的时代风气。据费正清主编的《剑桥中国晚清史》下卷中统计,从林则徐组织人翻译《四洲志》起到 1861 年洋务运动兴起止,短短 20 年间,中国人写成的有关介绍世界历史地理的书籍至少就有 22 种之多。①

　　在这一批至少 22 种介绍全球历史地理的图书中,就影响力而言,魏源的《海国图志》和徐继畬的《瀛寰志略》最为突出,在"开眼看世界"思潮发展的过程中起到了十分重要的作用。王韬在《瀛寰志略跋》中指出:"近来谈海外掌故者,当以徐松龛中丞之瀛寰志略、魏默深司马之海国图志为嚆矢,后有作者弗可及也。"②在《中国近三百年学术史》中,梁启超也仍推崇这两本书:"中国士大夫之稍有世界地理知识",实自《海国图志》

---

① (美)费正清、刘广京撰,中国社会科学院历史研究编印室译:《剑桥中国晚清史(1800—1911年)》下卷,第 146 页。

② 〔清〕王韬撰,楚流等注:《瀛寰志略跋》,《弢园文录外编》卷九,第 363 页。

和《瀛寰志略》两书始。①

《海国图志》为湖南人魏源编写。在林则徐《四洲志》的影响下，该书以《四洲志》作为基础，具体地介绍了世界各地和各国的地理情况、科学技术、历史政治、风土人情等相关情况，并且提出了"师夷长技以制夷"的见解。《海国图志》的出版引起了徐继畬的极大关注，徐继畬正是在阅读了《海国图志》关于东南洋的介绍后，对东南洋的相关情况有了深入的了解。在此基础上，他编著了《瀛寰志略》一书并于 1848 年出版。在《瀛寰志略》中，徐继畬以图文并茂的方式，十分具体地介绍了地球形状及其经纬度划分等全球的自然地理情况，而且也介绍了将近 80 个国家和地区的地理情况与风土人情等相关情况，从而为晚清时期的中国人勾勒出一幅崭新的世界图景。与此同时，在《瀛寰志略》中，徐继畬展现了西方多姿多彩的城市文明，从而在真正的意义上开启了晚清时期对于工商业城市环境的审美关注。

由林则徐开启的"开眼看世界"思潮，为晚清环境观的转型突破传统环境观提供了思想引领作用。这种思想引领作用一方面体现在"开眼看世界"思潮对传统夷夏观形成了巨大的思想冲击。传统夷夏观认为华夏文明在我国文明居于中心地位，而与华夏文明相比较而存在的四夷文明处于相对边缘的地位，从而形成了夏尊夷卑的传统观念。而随着西方文明的传入，晚清时期的人们将这种传统的夷夏观运用在处理与西方的事务过程中，从而将西方国家所在的民族也视为四夷。但在"开眼看世界"思潮的影响下，魏源在《海国图志》中指出西夷在武器与练兵方面有"长技"，在与西方的交往过程中首先要做到的是"师夷长技"；徐继畬在《瀛寰志略》中也认为应当承认我国与西方国家的平等地位，不能以"西夷"视之。另一方面体现在"开眼看世界"思潮对传统天下观形成了巨大的思想冲击。徐继畬对于地球形状的介绍在某种程度上颠覆了传统"天圆地方"的观念，"开眼看世界"思潮告诉当时的人们，天下没有所谓的中心

---

① 梁启超：《中国近三百年学术史》，《饮冰室合集（第十册）·专集七十五》，第 324 页。

与边缘之分,我国不是天下的中心,西方国家也不是边缘,我国并不在占据地球的中央位置,而是在亚洲的东南。"开眼看世界"思潮有效地促成了晚清时期世界意识的萌芽与生成。

第二节　林则徐与魏源

清代中晚期环境美学思想的转型特质从环境观的改变开始形成,而环境观改变的动力来自林则徐、魏源、徐继畬与龚自珍的开眼看世界。清代中晚期的"开眼看世界"思潮的形成一方面来自外部世界的压力,随着 1840 年鸦片战争的爆发,迫于西方国家的战争压力,思想家们开始寻求对于世界的了解;另一方面,"开眼看世界"思潮的形成也与西方地理学的引入有很大的关系,随着西方地理学知识的进一步获得,域外地理学成为人们认识世界的一个有效途径。随着魏源《海国图志》与徐继畬《瀛寰志略》的出现,清代中晚期在"开眼看世界"思潮的推动下逐步形成了世界意识,并进而促成了环境观的改变。

一、林则徐

林则徐作为"开眼看世界"第一人,他的思想具有新旧交替的内在特质,因而他的环境美学思想不仅带有新时代的特征,同时也从传统安居的视野去思考环境审美的问题。林则徐的环境美学思想一方面主要体现在世界意识的萌芽,另一方面主要体现在他从环境安居的角度去关注民生疾苦。

1. 世界意识的萌芽

由于深受传统天下观与传统夷夏观的影响,林则徐在到广州之前和鸦片战争发生初期还是深受当时流行的华夷观念的牵绊。这种传统观念的牵绊主要表现在两个方面:一方面,从传统夷夏观出发,他对西方人带有文化上的偏见,将西方人视为夷狄,带有强烈的蔑视之意。1832 年,当时有两艘英国商船违反清朝贸易规定而沿海北上,引发了清朝政府的强烈反应。林则徐就此事呈上奏折,在奏折中他称"夷情狡诈",应当"严加防范"①。而对于英国人的不守信用,林则徐义愤填膺,斥责英国人为犬羊,认为"犬羊之性无常"②。1839 年,当林则徐初到广东查禁鸦片的时候,英国人义律呈上的请示帖使用了"使两国彼此相安"的表达,此处的两国意指英国与中国,然而林则徐从传统观念出发进行了严厉地批驳:"即如'两国'二字,不知何解?我天朝臣服万邦。大皇帝如天之仁,无所不覆。"他认为两国二字不知何意,因为从传统观念出发,林则徐认为我天朝君临万邦,英国只是一个夷国,不可以与我国并列;基于此,他故意误解两国所指的内涵,认为这两国指的是英吉利、米利坚两国,"该国与咪唎坚等来广贸易多年,是于列服之中,沾恩尤厚,想是英吉利、咪唎坚合称两国,而文义殊属不明。"③另一方面,他对于西方的认知十分有限,他认为土耳其属于美国的一部分,以为当时中西贸易过程中涉及的一些中国物资是西方人必不可少,甚至是关系西方人的生命安危的,如他认为茶叶和大黄实为外夷所必需,"外夷若不得此,即无以为命"④。由此可见,林则徐初到广州时由于受到传统观念的影响,对于西方带有一种文化上的鄙视之意,从而阻碍了他对于西方的深入了解。

但是随着鸦片战争的爆发,国家的安危使他意识到必须要抛弃传统的华夷观念,增强对当时世界形势的了解。在这种思想的推动下,林则徐真正地开眼看世界,并在这过程中促成了其世界意识的萌芽。

林则徐世界意识的萌芽主要体现在以下三个方面:

第一,形成崭新的世界地理观念。通过精心编译《四洲志》,林则徐对世界的地理大势及当时世界各国的自然地理情况有了比较系统的了解。从《四洲志》的内容来看,它将当时五大洲三十多个国家的自然地理状况包括在内,因此,《四洲志》书名中的"四洲"其实指称当时的全世界;

① 〔清〕林则徐撰:《林则徐全集》第一册,福州:海峡文艺出版社 2002 年版,第 84 页。
② 〔清〕林则徐撰:《林则徐全集》第三册,第 183 页。
③ 〔清〕林则徐撰:《林则徐全集》第五册,第 121 页。
④ 〔清〕林则徐撰:《林则徐全集》第五册,第 116 页。

而且,从《四洲志》的编排体例来看,它是以世界各个地区与国家为单元,分别叙述各个单元的自然地理情况、民俗风情及其他情况。在编译《四洲志》的过程中,林则徐才真正知道他对于当时世界情况了解得太少,如果不编译《四洲志》,他根本不能了解欧洲、非洲和南北美洲的相关自然地理状况。通过最近才发现的林则徐的札记《洋事杂录》,我们还可以知道,他除了知晓世界包括亚非欧美四大洲外,还知晓南极洲的存在。正由于对当时世界各个国家与地区自然地理情形的了解,他认识到经由海洋的通道可以抵达各国,"华夷虽有分界,而海道处处可通,即如闽省各洋,南与粤界相连,北即距粤甚远"①;而且他也认识到当时海外国家林立的现实状况,"海外岛夷之国,不知名者不啻盈千累百"②。

第二,形成了关注世界的理念。林则徐到广州主持查禁鸦片,为了更好地了解当时英国与全世界的情况,他亲自组织翻译外国的相关书刊与报纸,除了组织翻译《四洲志》外,他还"购其新闻纸"。当时西方人刊印的"新闻纸",主要是将广东当时的情况传递到西方,同时将西方国家的情况传递到广东,本来是不给中国人看的,而且当时大多数的中国人不识外文,也无法阅读,从而无法了解西方对于我国查禁鸦片的立场。为了知晓英国对于我国查禁鸦片的态度,他经由各种途径购求当时的新闻纸,其中主要包括《澳门月报》《澳门新闻纸》《华事夷言》《华达尔各国律例》等报纸,并进行了翻译与编辑,这不仅了解了西方对于当时中国查禁鸦片的态度,而且也更加深入地了解世界各个地区与国家的历史、政治、经济等相关情况。德庇时(鸦片战争之后曾经担任过驻华公使、香港总督兼总司令)对林则徐关注西方世界的有关情况深有体会。他曾经提到过,林则徐不仅关注当时教会出版的小书册、中国时事月报及事关商业的论文,只要有提及英美等国的相关叙述,他都会加以摘要译出,而且林则徐也十分重视有关西方地理与西方船炮制造的资料,同样会加以选

① 〔清〕林则徐:《林则徐全集》第三册,第 143 页。
② 〔清〕林则徐:《林则徐全集》第三册,第 144 页。

择删节并译出。① 宾汉（在鸦片战争中参与作战的英国海军上尉）也曾提及，在虎门时，林则徐曾经命令幕僚、随员等人全力搜集英国的情报，如英方商业政策、英方各部门详情，都进行详细地记录。当林则徐离开广州时，这些资料已经搜集了很多。②

与此同时，林则徐亲自调查，从而了解西方的具体情况。他到广州以后，经常传讯商人了解当时的贸易情况，积极向当地的知识分子了解鸦片交易的情况，并且向在广东的外国人咨询商业的情况与英国的相关动态。根据陈德培编辑的《洋事杂录》③中的内容，为了更好地了解西方的情况，林则徐随时都会向西方人或者到过西方的中国人尽力地打听，并且进行详细的记录。在《洋事杂录》的现存内容中，接受过林则徐访问或询问的人包括来自国外的医生史济泰，曾经去过国外的中国人容林、袁德辉、温文伯，当时广东香山县官员彭邦晦，甚至还包括英军俘虏士丹顿和因为遇难而获救的英国医生喜尔等等。当林则徐到达广东后，他认识到了澳门作为外国商人聚集之地，"华夷杂处"，其地位十分重要。于是，他于1839年9月3日到澳门进行视察，调查了西方人聚居之地，从而获得了对西方风俗人情的亲身体会，同时，暗中派遣精干稳重的人员打听与了解西方的情况。④。

第三，形成了师法世界的意识。正由于获得了关于当时西方世界的许多情况，林则徐逐步克服了对西方人的蔑视，意识到西方人的坚船利炮在战争中的优势地位，并开始形成向西方人学习的观念。在《道光洋艘征抚记》中，魏源将林则徐学习西方先进制造技术的理念归纳为"师敌

---

① 林永俣：《论林则徐组织的迻译工作》，《林则徐与鸦片战争研究论文集》，福州：福建人民出版社1985年版，第130页。
② （英）宾汉撰：《英军在华作战记》，中国史学会编，《中国近代史研究资料丛刊·鸦片战争（5）》，神州国光社1954年版，第36页。
③ 在广东期间，林则徐收集了很多当时世界情况的资料，其中大多数已经佚失，有一小部分资料由于其幕僚陈德培曾经在甘肃见过而摘录成《洋事杂录》。后来，摘录的《洋事杂录》被林永俣、孟彭兴精心校点发表于《中山大学学报》1986年第3期，将近2万字。
④ 〔清〕林则徐：《林则徐全集》第三册，第195—196页。

之长技以制敌"①。林则徐在《四洲志》中介绍了越南学习西方先进技术的事例："光中王既感欧罗巴之扶佐，又慕欧罗巴之兵法，遂仿造兵船火器，训练国兵。……在阿细亚洲诸国罕与匹敌。"②在此，林则徐叙述了越南的光中王对西方兵船、火器、兵法十分羡慕，并进而效仿，从而取得了良好的效果，促成了国力的强大。虽然林则徐是在叙述越南，但他内心深有感触，对于西方的坚船利炮心向往之，他在"剿夷八字要言"中重点强调了"器良"的重要性。"剿夷八字要言"是在《致姚椿和王柏心》中提出的，在这封书信中，他首先提到，与西方进行战争如果没有船炮的精良、水军的强大，就是自取其败，然后，他提出了"剿夷八字要言"："徐尝谓剿夷有八字要言，器良、技熟、胆壮、心齐是已。第一要大炮得用，今此一物置之不讲，直令岳、韩束手。"③由此可见，林则徐结合自身与西方国家进行战争的经验，极为强调武器的精良，主张向西方学习先进的制造技术。

　　林则徐世界意识的萌芽是建立在他突破传统华夷观念的基础之上的。这种世界意识不仅表现在其对世界自然地理情况的了解，而且也表现在他对于世界形势的深入关注，更为重要的，林则徐的世界意识也表现在对于世界先进技术的学习与借鉴。林则徐世界意识的萌芽为后来世界意识的形成与发展提供了十分坚实的基础。

　　2. 民瘼攸关，惟当瘝寐以之

　　作为"开眼看世界"的第一人，林则徐关注国外（尤其是西方）的情况，但他也十分关注国内的情况，他对于国内安居环境的建构投入了太多的关注。为了实现国家的安定，人们有一个安居的环境，林则徐将环境安居与民生问题结合起来进行思考，因此，他认为："民瘼攸关，惟当瘝寐以之。"④"瘼"本义为传染病或流行病，后用来形容严重影响人民生活

①〔清〕魏源：《魏源集（上）》，第 177 页。
②〔清〕林则徐：《林则徐全集》第十册，第 2 页。
③〔清〕林则徐：《林则徐全集》第七册，第 306 页。
④〔清〕林则徐：《林则徐全集》第七册，第 31 页。

的灾荒或灾难。林则徐指出,民瘼是关系国家安定的大事,他应当用全力去解决民瘼。

在民生问题上,林则徐重点关注了当天下出现灾荒时的局势,并力图解决这种灾荒。从历史的事实来看,当灾荒这种民瘼出现的时候,天下的安定就会受到影响,甚至可能成为农民起义的直接诱因。因为当灾荒出现的时候,农民在灾害的打击下经济处于破产的境地,从而不得不流亡以求生存,严重影响了农民的安居状态。林则徐认为,在灾荒出现时,国家应当采取一系列措施寻求灾难的平息。灾荒出现之时正是民生凋敝之时,人民更为期盼当地的官员给予有效的措施解决他们的生存问题,而作为官员应当极为关注这种诉求,在处理民瘼时就当做到措施得力,稳定民心。

在传统"民本"思想的影响下,林则徐在处理民瘼时强调以民为本。道光三年(1823年),江苏遭受洪灾,三十多个州县受到严重的水灾,房屋毁损,农田淹没,而松江的灾民聚集在一起,形势十分紧急。当时,作为江苏按察使的林则徐措施得力,有效地解决了这次灾荒。他对巡抚韩文绮调兵镇压的措施进行了坚决反对,同时,亲自赶到松江开仓救灾,安抚灾民,积极发放赈灾资金,并承诺减免赋税。经过他的积极救灾,江苏的灾民得到了有力的救助,从而稳定了江苏的整体局势。

当灾荒出现后,林则徐以得当的措施进行施救,体现出他以民为本的施政思路;但更为重要的是,林则徐认为:"与其补救于事后,莫若筹备于未然。"①他十分清醒地认识到,防灾比救灾更为重要,"与其遇荒而补苴,何如未荒而筹备"。②

从环境安居的角度,基于以农为本的认知,林则徐在如何防灾的问题上特别关注农田开发与水利修缮。在传统的农业社会里,农业生产的重要性不言而喻,尤其是当遭受灾荒时,救灾粮食是否充盈成为救灾是

---

① 〔清〕林则徐:《林则徐全集》第三册,第23页。
② 〔清〕林则徐:《林则徐全集》第五册,第389页。

否成功的关键性因素,因此,可以种植粮食的农田开发能保持国家的稳定。而为了保证农田开发的保有量,林则徐十分关注农业水利工程的建设,"赋出于田,田资于水,故水利为农田之本,不可失修"。① 而且他也认为,对于农田水利的重视,事关重农务本与养民之道,历代有为之士通过修缮水利设施达到预防水旱灾难。他引用了"乾隆二年七月谕"中的内容来说明其重要性:"自古致治,以养民为本,而养民之道,必使兴利防患,水旱无虞,方能盖藏充裕,缓急有资,是以川泽、坡塘、沟渠、堤岸,凡有关农事,预筹画于平时,斯蓄泄得宜,潦则有疏导之方,旱则资灌溉之利,非可委之天时丰歉之适然,而以临时赈恤为可塞责。"②在此,他首先充分强调了水利的重要性,然后重点分析了水利兴修应当"筹画于平时",从而使农田的丰欠由人自己掌握,不可委之于天时。这种平时的水利筹划其重要作用体现在"蓄泄得宜",水涝则利用水利的泄水功能将多余之水加以疏导,而天旱则利用水利的蓄水功能将水灌溉到农田中。基于对农田水利重要性的认识,他每到一处为官,都十分重视兴修水利,其修建水利的范围包括长江、淮河、汉水和黄河等流域的广大区域。在北京为官期间,林则徐利用北京的书籍与档案资料,并辅之以实地调查与考察,撰写了有关水利的《北直水书》,后在冯桂芬等人的帮助下,将之进一步完善成《畿辅水利议》。在《畿辅水利议》中,他不仅具体地表达其对于京畿周边兴修水利的意见,而且充分地论述了农田水利兴修的重要性。他认为:"上裨国计者,不独为仓储之富,而兼通于屯政、防河;下益民生者,不独在收获之丰,而并及于化邪弭盗,洵经国之远图,尤救时之切务也。"③上述论述充分表达其对水利重视的理由,水利不仅能"上裨国计","上裨国计"一方面体现在可以仓储丰富,另一方面体现在有利于屯政与防河;而且,水利能"下益民生","下益民生"一方面体现于能使人们粮食增产,另一方面体现于能化邪弭盗。

---

① 〔清〕林则徐:《林则徐全集》第二册,第 117 页。
② 〔清〕林则徐:《畿辅水利议》,《林则徐全集》第五册,第 4 页。
③ 〔清〕林则徐:《林则徐全集》第五册,第 8 页。

与此同时,从环境安居的角度,他表达了对江河水患治理的独到见解。这些独到的见解主要体现在他的《畿辅水利议》中。林则徐认为,畿辅,尤其是直隶地区,十分适宜种植水稻,但为何畿辅地区水稻种植面积不广? 主要是因为农业水利的修建不力,只要有良好的水利系统,即使遭遇灾害天气,也可以通过兴修的水利工程加以补救,因此,原来只能依靠天时来决定丰歉的田地一旦有坚固的陂、塘、闸、堰等农业设施,就会成为丰产的良田。① 由此可见,在江河水患的治理过程中,林则徐十分强调发挥人的主动能动作用。他认为,元明以来畿辅地区的水田面积一直没有太多的增加,主要的原因在于开治水田的过程中没有采用正确的技术与方法。他认为,开治水田,主要在于多开沟渠,沟渠成而田制成,沟渠不仅有利于陂塘的蓄水,而且也有利于农田灌溉。但多开沟渠会导致农田的侵占,因此,林则徐指出,沟渠侵占的田地应当计亩补偿给农民。与此同时,林则徐认为,不能侵占有利于排水的淤地,淤地可以在洪水泛滥之时成为洪水宣泄之所,这是舍弃了尺寸之利,但可以远离洪水泛滥之灾。

二、魏源

魏源酷爱山水,平生游历的足迹遍布祖国的名山大川,在此过程中,他结合自身对名山的审美体验,提出了较为系统的"游山学"。"游山学"这一术语初见于魏源《游山吟八首》诗中的第二首:"人知游山乐,不知游山学。"在这首诗中,魏源基本勾勒出"游山学"的理论框架,以此为基础,他又在《游山吟八首》中的其他七首与《游山后吟》《岱岳游》《华岳游》《衡岳游》等中进行了理论的补充与完善,从而使"游山学"形成了相对完备的理论体系,其中蕴含着丰富的环境美学思想。与此同时,在《海国图志》中,魏源提出了"海国"的概念,在世界意识萌芽过程中,"海国"意识的形成代表了清代环境观的转型,并导引出工业文明审美观的生成。

---

① 〔清〕林则徐:《林则徐全集》第五册,第33—34页。

1. 人与环境的内在同一性

魏源的游山学强调人与环境相关性："人生天地间,息息宜通天地篇。"(《游山吟八首》诗中的第二首)"人生天地间"是人与天地息息相通的坚实基础。

"人生天地间"是人与环境相关性形成的基础,魏源在此辩证地认识到人与天(环境)的关系。从相对意义上看,天地(环境)作为人的肉体与精神的实践对象而存在,是外在于人的;从相关意义上看,人与天地(环境)处于一种相互生成的关系之中。我国传统的"环境"内涵虽然也意识到人与环境的相关性,但这种相关性是建基于人与环境的截然区分之上的,没有意识到人与环境的同一性。因此,环境内涵的考察没能理性地审视人与环境的内在关系,始终将人置于环境之外,导致环境的内涵突出了人与环境的相对性维度,从而"在某种程度上保留了这一设想——对象及其所处的环境在不同程度上密切结合,但是它们最终还是不同且相互分离的"①。魏源对"环境"内涵的理解不仅没有将人与环境进行截然的区分,而且他认为人与环境相关性的基础在于人与环境都由自然的进化而生成:我亦造化所铸之一物,本与山水同自出。"人生天地间"与马克思主义提出的自然向人生成的思想有内在的相通之处。费尔巴哈明确地提出:"人不是导源于天,而是导源于地,不是导源于神,而是导源于自然界;人必须从自然界开始他的生活和思维。"②在此,费尔巴哈将人的起源归于自然界,作为自然界的产物,人应当是自然的一个有机组成部分,人类的存在与思维只能以自然界作为出发点。马克思主义以此为基础,从而提出了"自然向人生成"的思想,深入地阐述了人与自然(环境)的同一性与不可分离性。在《1844年经济学哲学手稿》中,马克思提出了自然向人生成的思想,十分明确地指出:"整个所谓世界历史不外

---

① (美)阿诺德·伯林特撰,陈盼译:《生活在景观中——走向一种环境美学》,长沙:湖南科学技术出版社2006年版,第23页。
② (德)费尔巴哈撰,荣震华等译:《费尔巴哈哲学著作选集》下卷,北京:商务印书馆1984年版,第677页。

是人通过人的劳动而诞生的过程,是自然界对人来说的生成过程。"①因此,人与自然的关系从根源上说是不可分割的,抽象意义理解的自在自为的自然对于人类而言不仅是不存在的,而且也是没有意义的。在此基础上,马克思进一步指出,人是自然界的一个有机组成部分。

"人生天地间"内蕴思想消解了将人类置于自然之外或凌驾于自然之上的思维模式,而是认为,人不仅置身于自然中,而且也是自然的一部分。在自然向人生成的过程中,自然可视为一种与人融合并相互生成的整体性存在,不存在与人无关的自然,更不存在置身于自然之外的人,这有利于形成一种将人兼容在内的环境观。

既然人生天地间,人与天地(环境)应当息息相通:"息息宜通天地籥"。"籥"字本义为古代一种形状像箫的乐器,在此的意义为"元气"。魏源的这种理解来自吴澄对于老子"天地之间,其犹橐籥乎"中"橐籥"的解读:"橐象太虚,包含周遍之体,籥像元气,絪缊流行之用。"②吴澄认为"籥"就像元气一样,而魏源借用了此种意义化用于此句诗中。在此,此句可以解释为人类源于天地的造化,应当与天地的元气息息相通。魏源强调人与天地的元气贯通与伯林特提出的大环境观有内在的相通之处,伯林特认为:"大环境观认为不与我们所谓的人类相分离,我们同环境结为一体,构成其发展中不可或缺的一部分。传统美学无法完全领会这一点,因为它宣称审美时主体必须有敏锐的感知力和静观的态度。这种态度有益于观赏者,却不被自然承认,因为自然之外并无一物,一切都包含其中。"③基于这种息息相通,魏源强调人对环境景观存在的重要性,环境景观并不是一个独立存在而被人们客观认知的对象,而是一种体验的结合体。

---

① (德)马克思:《1844年经济学哲学手稿》,中共中央马克思、恩格斯、列宁、斯大林著作编译局译,北京:人民出版社2000年版,第92页。
② 陈鼓应:《老子注译及评介》,北京:中华书局1984年版,第81页。
③ (美)阿诺德·伯林特撰,张敏、周雨译:《环境美学》,长沙:湖南科学技术出版社2006年版,第12页。

魏源主张超越人与环境的两分对立,回归于人与环境浑然一体的状态,主张在万物一体化的状态中保持整体环境的和谐美。但这并不意味着人与环境的区别与差异已经消泯,而是说比区别与差异更为本源的是人与环境亲密无间的一体化关系。这让我们清醒地认识到人类在环境中的扮演的多重角色:"人们在环境体系中扮演着多重的角色。我们既是环境中的一员,同时又是它的观察者。"①作为观察者,它使我们在处理环境问题时能合理地从人类自身的角度出发,不至于从人类中心主义的极端滑向生态中心主义的另一个极端。

2. 人与环境的合一

为了获得更好的游山体验,魏源的游山学提出游山深与浅的理论,他认为:"游山浅,见山肤泽。游山深,见山魂魄。"②为了发现山之魂魄,探求山的内在之美,他主张游山深,游山不厌深,山深见幽静,寻山之魂魄不应顾虑山深路远,只有在深山中才能真正发现山之真美:"好奇好险信幽僻,此中况趣谁知之。不深不幽不奥旷,苦极斯乐险斯夷。"③

为了达到游山深的目的,魏源认为经由虚静的心境而实现的审美态度最为关键,"与山为一始知山"④。而虚静的心境则是"与山为一"的关键因素,"池中太古天,受此众林影。风来一时动,不改虚明静。……诸念皆寂时,始觉人天近"⑤。"尘心劳后息,天籁静中听。"⑥只有排除世俗的诸念、尘心之后,审美态度才会自然地生成,只有心灵处于虚静的状态中,山水的天籁之音才能于空静之境中得以体验:"人静深山外,心空万籁前。"⑦为了实现这种虚静的审美态度,魏源有其独特的游山方式,他认

① (美)彼得·S.温茨撰,朱丹琼、宋玉波译:《环境正义论·前言》,上海:上海人民出版社2007年版,第1页。
② 〔清〕魏源:《游山吟》其二,《魏源集》,第684页。
③ 〔清〕魏源:《游山吟》其五,《魏源集》,第685页。
④ 〔清〕魏源:《游山吟》其二,《魏源集》,第684页。
⑤ 〔清〕魏源:《村居杂兴十四首呈筠谷从兄》,《魏源集》,第572页。
⑥ 〔清〕魏源:《九华山化成寺》其二,《魏源集》,第780页。
⑦ 〔清〕魏源:《扬州洁园闲咏》其三,《魏源集》,第784页。

为游山之谷方可真正窥见山的奥妙,才能体验其深层的美感。"世人游山不游谷,何异升堂遗奥曲。奥曲全在两山间,登高一览何由足。"在此,他认为一般的游山者钟情于登高览山,对于山谷是不重视的,但山之奥曲全在两山之间的山谷之中,游山不游谷无法真正实现对山的深层审美。与此同时,这种游谷的方式能有效地促成虚静心境的生成:"四岳妙在峡中溪,嵩衡到已少,岱谷更罕窥。华山西谷水帘下,亘古屐齿谁知之。"① 虽然"四岳妙在峡中溪",但由于一般的游客很少深入到山谷之中进行游赏,故而对这种妙处知之甚少。而且,正由于游客罕至,在山谷中,"山禽不敢啼,草树若屏息,悄然万虑澄,何独红尘隔",真正的游者可以"不辨峡西东,但随溪转侧。到此顿忘归,今古空明积"②,在山谷中,人就像处于红尘之外,所有的世俗的考量与杂念得以澄清,只余万古空明的虚静之境。

经由游山及山之谷,魏源实现了一种虚静的游山心境,在游山览胜时由虚静进入一种澄明之境,从而催生一种对于山岳的合理的审美态度,而这种合理的审美态度生成内在地促成其游山审美体验由浅层向深层的蜕变,从而发现山岳的内在魂魄。

3. 海国观念的形成

魏源在编撰《海国图志》过程中逐步形成了海国观念,这种海国观念是建基于其对宇宙与地球的了解之上的。为了确认地球在宇宙与太阳系中的地位,魏源在吸取西方天文科学的基础上,在《海国图志》"地球天文合论"中理论阐述的基础上,结合星系图,分析了太阳系的内部构造,从而确定地球在太阳系的位置。在确定了地球在宇宙中的位置之后,他在《海国图志》"国地总论"中,结合"地球正背面全图"勾勒出地球的基本地理情况。在介绍地球地理情况的过程中,他将地球地理分为文、质、政三类,"文"指的是地球的"南北两极,南北两带,南圆北圆二线,平行上午

---

① 〔清〕魏源:《游山后吟》其三,《魏源集》,第 687 页。
② 〔清〕魏源:《岱麓诸谷诗·岱谷西溪一》,《魏源集》,第 607 页。

二线,赤寒温热四道,直经横纬各度"等天文地理知识,"质"指的是地球上的江河湖海、山川田土等相关知识,而"政"指的是"各邦各国省府州县村镇乡里政事制度,丁口数目,其君何爵,所奉何教"等相关知识。① 我们可以看出魏源在《海国图志》中建构"海国观念"的内在逻辑:宇宙(太阳系)—地球—海国。在这种逻辑中,海国观念的形成有赖于对地球整体的了解,而对地球整体的了解又依赖于对宇宙(太阳系)天文知识的了解。

关于海国的概念,魏源在《海国图志》中将海岸之国与海岛之国统称为海国,海岸之国指的是与我国在地域上连接在一起的国家,而海岛之国指的就是海外之国。而从当时的历史情况来看,魏源所提出的海国概念是作为中国的他者与对手而产生的,由此可见,海国观念形成的主要着眼点并不在于对西方文明的学习,而主要是从我国整体环境安全的角度出发。

魏源海国观念的形成标志着我国海洋意识的初步觉醒,通过《海国图志》对于世界地理与国家大势的描述,当时的人们已经清楚地意识到人类已经进入了海洋时代。因此,在某种意识上言,魏源编撰《海国图志》是为了顺应当时世界发展的历史大势,通过《海国图志》人们可以了解到当时世界各国的历史地理情况,"于是以古不通中国之地,披其山川,如阅《一统志》之图;览其风土,如读中国十七省之志"。② 在《海国图志·后叙》中,魏源指出,由于历史与地域的原因,西方海国与我国基本上处于隔绝的状态,正因为如此,我国对于西方海国基本上一无所知。但在《海国图志》编成之后,我国的人们就可以深入地了解西方海国的自然地理情况,就像人们通过《一统志》之图去了解我国的自然地理情况一样方便,了解西方海国的风土人情就像通过中国十七省志去了解我国的山土人情一样方便。而随着海洋时代的到来,魏源清楚地意识到将出现

---

① 〔清〕魏源撰,陈华等点校注释:《海国图志》,第 2188 页。
② 〔清〕魏源撰,陈华等点校注释:《海国图志·后叙》,第 8 页。

"中外一家"①的世界格局。他认为,圣人以天下为一家,四海之内都是兄弟,对远方之人施以怀柔政策,对外国之人施以宾客之礼,这才体现出王者之风,作为时代的智者,应当"旁咨风俗,广览地球",而不应井龟蜗国的见识一样,固守一隅,不知墙外有天,舟外有地。②

在这种中外一家的时代格局中,人们必须破除"天圆地方"的传统观念,并在此基础上开始消解传统的"中国中心论"观念。美国人培端指出,他在考察中国古代有关著作后发现,中国的传统观念多言地方而静者,少言地圆而动者,但是从航海的实际情况来看,地球是圆形的而且是不断运动的。③ 在接受培端的地圆论之后,魏源在《利玛窦地图说》中指出,地与海本是圆形,两者合而为一球体,居于所有天球之中心,就像蛋黄居于蛋清之内一样。而且,他在《艾儒略五大洲总图略度解》中表达了其对于地心说的接受,他指出,天体就是一个大圆,而地球则为大圆中正中心的一点,永不移动。基于这种观念,他认为,我们通常所说的"地为方者",并不是指地球的形状为方形,而是指其"定而不移"的独特性质。④而在多元中心论的认同与夷夏之辨的消解过程中,"中国中心论"得到了有效的初步化解。

在《海国图志》中,魏源对于我国文明的源远流长、人口物产的繁荣状况表现出一种充分的自信,而且,他也通过自然地理上的昆仑中心论来表达我国自然地理情况的优越性。当然这种自信与优越感的表现并不是盲目自信,而是在海国体系的烛照下对中国身份与地位的自我表达,其中透露出我国作为一个国家的主体意识表达。但是,从当时的时代大势来看,中国虽然与世界各国并存于地球,但其实际的情况十分危险,随着西洋海国的步步紧逼,我国的生存空间被大幅度地压缩,而且在战争中,我国已然败于作为海国的英国。通过提出海国观念,魏源已然

① 〔清〕魏源撰,陈华等点校注释:《海国图志·后叙》,第8页。
② 〔清〕魏源撰,陈华等点校注释:《海国图志》,第1889页。
③ 〔清〕魏源撰,陈华等点校注释:《海国图志》,第1891页。
④ 〔清〕魏源撰,陈华等点校注释:《海国图志》,第1865—1868页。

深知,随着海洋时代的到来,海国尤其是西洋海国必然会越来越强大,而我国将长期与这些强大的海国在世界范围内共处。因此可见,在海国观念的催生下,中国作为国家的身份意识已然初步显露。

第三节　康有为与梁启超

康有为与梁启超作为晚清时期的维新思想家,在新的环境观的影响下,他们的环境美学思想呈现出新的时代特质,康有为在达尔文进化论思想的影响下,提出了大同社会的审美构想,并且重视环境的审美教育功能。而梁启超则十分关注国家观念的建构,强调文化地理学与文学地理学的理论建构。

一、康有为

康有为(1858—1927),广东南海人,晚清时期重要的政治家、思想家、教育家。其环境美学思想一方面强调乐居环境的审美建构与仙居的审美构想,另一方面,从大同社会的审美构想入手,重点强调环境的审美教育作用。

1. 乐居—仙居的审美构想

关于乐居—仙居的审美构想,康有为在《大同书》中进行了相对详尽的描述。这种审美构想以乐居作为基础,以仙居作为理想。由此也可以看出,康有为的仙居理想是对古人关于理想居住状态的继承与总结,虽然古人对于仙居的理想更多执着于对神仙生活的审美幻想,在很大程度上有超越现实生活的幻想成分在其中,但康有为通过大同社会的审美建构,强调乐居对于仙居的基础性作用,从而将这种充满幻想色彩的审美理想建基于现实生活环境之上,有效地纠正了传统仙居理想的虚幻性。

康有为关于大同社会思想的建构是以其社会历史进化论思想为基础的。清代晚期,随着西方自然科学理论的传入,康有为接受了达尔文的进化论思想,并在我国古代哲学发展观的烛照下,形成了独具特色的社会历史进化论思想。通过对今文经学经典《春秋公羊传》思想的合理解读,他深入地阐述了其社会历史进化论的理论见解。他在《春秋例第二·三世》中认为,《春秋》的所见世、所闻世、所传闻世等三世说是孔子的"非常大义",是孔子借《春秋》而阐明之。"所传闻世"作为"乱世"的存在,是"文教未明"的时代;"所闻世"作为"升平之世"的存在,是"渐有文教"的"小康"时代;而"所见世"作为"太平之世"的存在,是"文教全备"的"大同"时代。① 而在《大同书》中,康有为集中地论述了太平之世的大同理想。在康有为看来,"大同"理想的提出是基于人性的基本需求,因为人性的基本需求就是"求乐免苦而已,无他道矣"。② 康有为指出,无论古今中外都充满了各种苦难,既然要去苦,那么苦从何来呢? 康有为指出:"总诸苦之根源,皆因九界而已。"③因此,要达到去苦的目的,人类就必须破除九界,破"国界"以合大地,破"级界"以平民族,破"种界"以同人类,破"形界"以保独立,破"家界"以为天民,破"业界"以公生业,破"乱界"以太平,破"类界"以爱众生,破"苦界"以至极乐。既然要破"九界",人类就必须寻求其破界的内在动力,在康有为看来,人类的求乐之心正是破除九界的强大驱动力。他从进化论的角度思考人类为何会有"求乐"之心:"其乐之益进无量,其苦之益觉亦无量,二者交觉而日益思为求乐免苦之计,是为进化。"④人类为何能够进化,就在于在"乐之益进无量,其苦之益觉亦无量"的过程中,在苦乐的辩证法中,更加追求注重追求快乐。人类在追求快乐的过程中,在美的求索中实现了一种乐居的状态。因此,在康有为的视野中,求乐的过程其实就是人类进行审美追求、实现审美理想的过程。最初的人类以饥为苦,以风雨雾露之犯肌体为苦,而在人类的进化过程中,智者在饮食、服饰、居室等方面进行审美的改造,从而让

---

① 康有为:《春秋董氏学(卷2)》,《康有为全集》第二集,北京:中国人民大学出版社2007年版,第324页。

② 康有为撰,邝柏林选注:《大同书》,沈阳:辽宁人民出版社1991年版,第9页。

③ 康有为撰,邝柏林选注:《大同书》,第66页。"九界"即"国界""级界""种界""形界""家界""业界""乱界""类界""苦界"。

④ 康有为撰,邝柏林选注:《大同书》,第340—341页。

人类增加生活的快乐感受:"食则为之烹饪、炮炙、调和则益乐,服则为之衣丝、加彩、五色、六章、衣裳、冠屦则益乐;居则为之堂室、楼阁、园囿、亭沼、雕墙、画栋杂以花鸟则益乐。"①

而为了进一步促成人类的乐居状态,他在《大同书》的《辛部:去乱界治太平》这一部分中,提出了"竞美"的方略。他认为,在大同之世,所有的一切都是公有的财产,为了促进人类社会的进化,人类应当通过"竞美"的方式促成养人十院增强以美育人的功能,公屋更加"精美伟丽",公园更加"新趣乐心",音乐院、美术馆、动植园、博物馆更加"美妙博异"②。由此可见,在康有为看来,"竞美"方略也是人类进一步获得乐居感受的必要方式。

而在乐居的基础上,康有为在《人间世》的《癸部:去苦界至极乐》篇中详细地描述了大同之世的各种快乐。这些快乐包括了居住之乐、舟车之乐、饮食之乐、衣服之乐、器具之乐、净香之乐、沐浴之乐、医视疾病之乐、炼形神仙之乐、灵魂之乐。而且在康有为的描述中,这些快乐具有一种仙化的内在趋势,从而以审美的方式勾勒出一种仙居的理想状态。但是这种仙居不是一种传统意义上的审美幻想,而是建立在高度发达的物质文明与精神文明的基础之上的。在居处之乐中,他提到,居室的下层"珠矶金碧,光彩陆离,花草虫鱼,点缀幽雅",而居室的上层则有人间天堂之感,"腾天架空,吞云吸气,五色晶璃,云窗雾槛,贝阙珠宫,玉楼瑶殿,诡形殊式,不可形容",甚至有些居住的房子能游作空中,让人能够"从容眺咏,俯视下界"③。这种居住的环境在某种意义上就是一种仙居之境,在这种仙化的理想境界中,人类就可以实现仙居的审美理想。

2. 环境美育的重视

康有为特别重视教育对人的塑造功能。梁启超在谈到康有为的教

---

① 康有为撰,邝柏林选注:《大同书》,第340页。
② 康有为撰,邝柏林选注:《大同书》,第315页。
③ 康有为撰,邝柏林选注:《大同书》,第341—342页。

育思想时指出:"其为教也,德育居十之七,智育居十之三,而体育亦特重焉。"①由梁启超对康有为教育思想的评价可以看出,康有为认为教育应以德育为先,智育次之,但对于体育他又尤其重视。由此,我们可以看出,康有为的教育理念十分注重德、智、体的全面发展。但从梁启超的这种总结中,我们无法看出其对美育(尤其是环境美育)的突出与重视,因此,为了合理而全面地探讨康有为的教育思想,我们必须剖析其美育思想,并重点探讨他对自然社会环境在美育中所起的重要作用的关注与重视。

康有为在《大同书》中集中论述了环境美育的重要性及其具体的实施要求。康有为十分重视道德教育,但他又强调在进行道德教育之前,必须培养人的气质,良好的气质会有效地增强道德教育的效果。人的气质的培养并不能通过"义理"的说教来达成,而必须在优美的自然环境与和谐的社会环境中通过潜移默化的方式,在美的感化与熏陶中才能实现。从气质形成的时间来看,康有为认为,人的气质在出生之前就已经开始形成,这种环境美育的进行从时间上来说,必须从胎儿教育开始。他认为,人在胎儿时期的大脑就处于一种"天脑"的状态,这种状态下,人就像一张白纸,"天下之至善"都可以聚集于此,一旦与外物进行感应,就会终生不会忘记,而当"遇事逢时",这种在胎儿时期形成的气质就会"萌芽发扬"。据此,他批判了欧美学堂中的教育模式,他认为,在欧美学堂中,儿童的教育主要是传授技艺,而不是培养德性,在教育方式上"章程精密"。而且,欧美学堂的这种教育主要是在人的儿童时期进行,而人在儿童时期"气质已成,见闻已入,知识已开",因而无法很好地进行气质的培养与熏陶。基于对欧美学堂教育模式的思考,康有为一方面强调胎教的重要性。他指出,孔子十分明白气质对人的重要性,也深入思考了胎教对于人的气质形成的重要性,因此,孔子"反本溯源,立胎教之义,教之于未成形质以前"。这种教育方式开始于"受气之先,魂灵之始",从而使

---

① 梁启超:《南海康先生传》,《饮冰室合集(第一册)·文集六》,第65页。

得人从源头就无法沾染恶浊之气质，就像水的源头清澈，则水流就不会混浊了。这种教育理念不仅促成个体之性达到至善，而且也可以使普天下的人都达于至善，从而达到天下太平的状态。并且，康有为引用了《大戴礼记·保傅》中关于胎教的相关内容来说明古人对于胎教的重视："古者胎教，王后腹之七月而就宴室，太史持铜而御户左，太宰持斗而御户右。比及三月者。王后所求声音非礼乐，则太师缊瑟而称不习，所求滋味非正味，则太宰倚斗而言曰：'不敢以待王太子'。"①此段引述十分详细地描述了古人进行胎教的具体过程，王后怀孕七月之后，就必须进入保养之室，而太史与太宰负责进行胎教，保证王后所听的音乐必须符合"礼乐"，所吃的东西必须是符合"正味"，如果王后违反这些原则，负责胎教的太史与太宰有责任进行规劝。由此可以看出，康有为强调胎教主要是经由母亲的影响而达成，因此，孕妇在怀孕期间的自然环境与社会环境会直接影响胎教的质量。另一方面，康有为也十分强调人在儿童时期的教育。他通过引用贾谊的论述来说明这种重视，儿童如果经常与正人君子居住在一起，则会有良好的习惯，就像生长在齐国就会讲齐语一样；而儿童如果经常与不正之人居住在一起，则会形成不好的习惯，就像生长在楚国就会讲楚语一样。因此，他认为，儿童如果生长在"恶浊乱世人相食之时"，经常看到这种社会的丑恶现象，就会习以为常，"种此恶核而欲果之良美"②，这是不可能实现的事情。

正因为如此，康有为在《大同书》中从胎教开始，对人的各个阶段的环境审美教育进行了合理而详细地规划。

在康有为设想的大同社会中，为了使胎教能够正常进行，他提出应当设置人本院这种教育机构。为了合理地选择建立人本院的自然环境，康有为深入地考察了胎孕与地气之间的内在关系，他认为，"胎孕多感地气"，自然环境的好坏，能够十分显著地影响人外在的长相与内在气质品

---

① 〔清〕康有为撰，邝柏林选注：《大同书》，第 230 页。
② 〔清〕康有为撰，邝柏林选注：《大同书》，第 229—230 页。

性。因此,他一方面考察了自然环境的地理条件,山谷崎岖深阻之地、水泽沮洳之地、岩石荦确之地、原陵衍隰之地都不是良好气质品性生成的自然地理环境,只有都邑之地与广原厚土之地才是最佳的自然地理环境;另一方面他也考察了自然环境的气候条件,认为非洲之地、南洋诸岛、印度之地由于地处热带,故人外貌多黝黑,而欧洲各国地近寒带,故多白。因此,康有为认为,从自然环境的气候条件来说,人本院作为胎教之地,应当建于"温冷带间",这种地方的气候条件可以使人种"得红白而去蓝黑",从而达到人种改良的目的。①

基于此,从自然环境的地理条件来看,康有为认为,人本院应当建于"平原广野、丘阜特出、泉水环绕之所,或岛屿广平、临海受风之所,或近海广平之地"②,在这种人本院进行胎教,则人能形成中正和平、广大高明、活泼开朗的气质与品性。除了对人本院的自然环境进行考察,康有为对于人本院的人文环境也提出了自己的设想与见解。人本院内应当有"女师"为孕妇讲授"人道之公理,仁爱慈惠之故事,高妙精微之新理"③,从而培育其仁爱之心。孕妇在人本院中所读的书籍、所欣赏的绘画,凡是讲述异形、怪事、争杀等内容的不能藏于人本院中,人本院中的书籍必须"皆当别编",可号为"胎教丛编",必须选表现"高明、超妙、广大、精微、中和、纯粹、仁慈、慈惠、吉祥、顺正以及嘉言懿行"④的内容,从而促使孕妇及胎儿孕蓄德性与理性,培养其仁爱之心。人本院中每日应当有"琴乐歌管",因为音乐通过声音动荡,感人入魂最为容易,而且音乐要取最中正平和之声。音乐的熏陶,一方面可以使孕妇"养其耳",另一方面可以使孕妇"养性情而发神智"。⑤

在康有为看来,胎儿出生之后,就必须要进入育婴院进行养育。婴

---

① 康有为撰,邝柏林选注:《大同书》,第 229—232 页。
② 康有为撰,邝柏林选注:《大同书》,第 232 页。
③ 康有为撰,邝柏林选注:《大同书》,第 235 页。
④ 康有为撰,邝柏林选注:《大同书》,第 238 页。
⑤ 康有为撰,邝柏林选注:《大同书》,第 239 页。

儿阶段的培养与教育也十分重要,婴儿在育婴院中所受的教育是人接受的最早教育。因此,育婴院中的自然环境必须经过精心地设计,从而通过环境的熏陶促成儿童良好气质的形成。育婴院的选址应当和人本院的选址一样,进行精心地考察,其选址不能在"山谷狭隘倾压、粗石荦确、水土旱湿之地",而且也不能靠近"市场、制造厂及污秽之处",其选址地的环境必须"楼居少而草地多,务令爽垲而通风,日临池水而得清气,多植花木,多蓄鱼鸟,画图雏形之事物,皆用仁爱慈祥之事以养婴儿之仁心"。①

关于小学院的选址,康有为认为,其选址不得在"林暗谷幽、岩洞崎岖、水泽沮洳之处",其址的自然环境应当在山水极佳之处,"爽垲广源之地",这样不仅有利于学生的卫生,而且也有利于启发学生的悟性。与此同时,其选址也应当远离"阛阓"之地,这"阛阓"之地包括戏馆、声伎、酒宴之地,坟墓葬所之地,作厂、车场、市场喧哗之地,这样就可使"非礼不祥之事"不得进入学生的视野,也可防止"诪嚣杂乱之物"扰乱其神思,从而可以保持学生的"静正之原",为获得更多的知识提供合适的自然环境。而学生的学习之室,"务便养身,多其容率以得气,慎其光射以宜目,酌其户牖以通风,多植花木以娱游"。② 关于小学院的人文环境,康有为认为,小学院的体操场、游步场应当十分宽广,秋千、跳木、沿竿,图画雏形之器,古今事物必须齐全,这不仅能广博其知识,也能通过仁爱之事感动其内心。小学生喜好唱歌,应当编古今仁智之事作为歌诗,从而促成其心性的成长。小学院的教师全部都是女性,这些女教师必须选择"德性仁慈、威仪端正、学问通达、诲诱不倦者"③担任,在教学中合理地对学生进行熏陶,从而促使学生纯正和平气质的形成。

关于中学院的选址,康有为认为,其选址应当在"广原爽垲近海近沙之地",要远离"剧场声伎之所,葬墓、市场、作场、车场、不净诪器之地"。

---

① 康有为撰,邝柏林选注:《大同书》,第246页。
② 康有为撰,邝柏林选注:《大同书》,第249—250页。
③ 康有为撰,邝柏林选注:《大同书》,第249页。

从康有为对中学院选址的取向来看,他十分重视对中学生的感性教育,因为中学生这个群体"血气未定,易于感染",其院舍远离不净喧嚣之地,可以合理地控制对学生的感性教育,从而达到"绝邪缘而正思感"的教育目的。①

关于大学院的设计,康有为更是有自己独到的见解。他认为,大学院舍不能统一地设置在某一地方,农学设于田野,商学设于市肆,工学设于作场,矿学设于山巅,渔学设于水滨,政学设于官府,医学设于病院,植物学设于植物院,动物学设于动物院,文学设于藏书楼。② 由此可见,康有为对大学院的规划不仅有利于不同的专业进行课外的实习,而且也可以为学生提供更多接触自然的机会,通过自然环境的熏陶来促进学生气质与品性的成长。"盖大学专为世界有用之学而设预备之方,考求之用,故其学舍不在内而在外,不统一而分居,乃所以亲切而有用,征实而可信也。"③为了方便学生进行社会实习,大学院应当在方便实习的场所进行建构,这一方面有利于学生在社会实习中进行专门的科学研究,另一方面也能让学生有机会体验各种研究对象。

由上可见,康有为在教育理念上虽然认为人的教育应当以德育优先,但在教育实践中他又强调在进行德育之先应进行审美的教育,在美的教育中培养人的气质,尤其强调环境美育对于人的整体教育的作用,由此可见,在德、智、体全面发展的教育理念的指导下,康有为在具体的教育实践中并没有忽略美育的作用,强调德、智、体、美四者的互相融合。而且,更为重要的是,康有为在认识到美育价值的前提下,重点强调了良好的自然环境与社会环境对于人的教育的显著作用,体现出对于环境美育的重视。

---

① 康有为撰,邝柏林选注:《大同书》,第252—253页。
② 康有为撰,邝柏林选注:《大同书》,第255页。
③ 康有为撰,邝柏林选注:《大同书》,第255—256页。

二、梁启超

梁启超(1873—1929),字卓如,号任公,又号饮冰室主人等,广东新会人,晚清时期重要的思想家、政治家、教育家、史学家、文学家。其环境美学思想一方面表现为在新的环境的导引下寻求国家观念的确立,另一方面表现为对于环境与文化和文学的内在关系的考察。

1. 崭新的环境观——国家观念的确立

在中国中心论思想的影响下,我国在 1840 年以前国家观念处于一种缺失的状态,而这种国家观念的缺失基于传统思想对于世界的理解。杨度在《金铁主义说》中指出,我国自尧舜进入国家社会以来一直到 1840 年以前,与之进行交流的多为东洋各民族。而就文明之发达程度、历史之悠久程度,东洋各民族都无法与中华民族相提并论,正因为如此,东洋各民族没有一个民族有资格建立国家。基于此,中国作为东方唯一的国家,中国这个名称在东洋也没有一个国名与之相提并论,即使有国名与之对等,这些国家最终或者成为其吞并的领土,或者成为臣服朝贡的属国,因此,从实力而言,没有一个国家在东洋与中国相颉颃。基于此,在我国数千年历史上,根本就没有"国际"这种名词,而我国之人民只有世界观念,而没有国家观念。为何如此呢? 因为我国在传统思想的影响下认为既没有世界也没有国家,中国就是世界,世界就是中国:"故中国数千年历史上,无国际之名词,而中国之人民,亦惟有世界观念,而无国家观念。此无他,以为中国以外,无所谓世界,中国以外亦无所谓国家。盖中国即世界,世界即中国,一而二二而一者也。"[①]虽然《金铁主义说》在当时的《中国新报》连载发表后遭到了当时革命派的猛烈抨击,但其中对于我国国家观念缺失的观点是符合历史实际的。杨度在此指出,由于传统世界观的影响,我国人们对于世界的理解是存在缺陷的,这种缺陷导致了国家观念的缺席。

---

① 杨度:《杨度集》,长沙:湖南人民出版社 1986 年版,第 214 页。

随着对全球大势的进一步了解,梁启超在 20 世纪初相继发表了《中国地理大势论》《地理与文明之关系》《亚洲地理大势论》《欧洲地理大势论》,并在这些论著中从地理学的角度深入探析中国在世界版图中的位置与地位,将对异域空间的了解纳入到对中国中心论的传统世界观的批驳之中,从而建构了一种崭新的世界观与环境观。梁启超在 20 世纪初对中外地理大势的分析,既不是司马迁在《史记·货殖列传》中对我国地理形势的自我审视,也不是魏源在《海国图志》中、徐继畲在《瀛寰志略》中对于外国纯粹地理意义上的空间建构。梁启超对于世界大势的分析从文化地理学的角度对世界地理空间进行文化性的空间分割,从而认为"世界"的格局是由互不相同的文化地理空间组合而形成的,因而这种对于世界的认知不仅具有地理的、文化的意义,更是具有政治的意义。

在新的世界观的引领下,梁启超寻求对国家观念的建构。为了扫除国家观念建立的障碍,梁启超对于我国缺乏国家观念的情况进行了描述,并且认为国家观念的缺乏是中华民族性格中的重大缺陷。梁启超在《爱国论》中以"哀时客"的身份表达了我国传统缺乏国家观念而带来的严重后果,他指出,在西洋人的心目中,我国国民无爱国之性质,因而整个民族人心涣散,处于一盘散沙的局面,从而任何国家、任何人种都可以掠夺我们的土地,奴役我们的人民,示之以威压,则俯首听命,示之以小利,则趋之若鹜。正因为我们不知爱国的原因,西洋人视我们四万万国民如无一人,因而西洋之国时时讨论如何瓜分我国,视我国人民如同他们可以任意控制的奴隶,视我国财产如同他们的囊中之物,视我国土地如同他们的版图之地。但是梁启超指出,我国国民并不是没有爱国的性质,其不知爱国,只是因为他们没有国家的观念:"自古一统,环列皆小蛮夷,无有文物,无有政体,不成其为国,吾民亦不以平等之国视之,故吾国数千年来,常处于独立之势。吾民之称禹域也,谓之为天下,而不谓之为国,既无国矣,何爱之可云?"[1]在此,梁启超分析了我国传统缺乏国家观

---

[1] 梁启超:《爱国论》,《饮冰室合集(第一册)·文集三》,第 66 页。

念的原因,他认为,我国自先秦建立国家以来,周边全是弱小的蛮夷民族,这些民族既没有发达的文明,也没有成形的政体,不能建立完整的国家,因而中国之民不能以平等之国来看待这些蛮夷民族。因此,中国在数千年内处于"独立之势",我国之民视之为禹域、天下,而不将之视为国家,既然没有国家的观念,爱国就无从谈起。而在《中国积弱溯源论》中,梁启超指出,爱国之心薄弱,是我国积弱的最大根源,而爱国之心薄弱的原因在于以下在三个方面:第一,不知国家与天下的差别,我国人从来就不知道我国作为一个国家而存在。第二,不知朝廷与国家的界限,这就导致了一件最为奇怪的事情,数百兆人立国于世界数千年,而数千年以来无法为自己的国家进行命名,虽然我国也有支那、震旦、钗拿等名字,但这些名字并不是中国人自己的命名,而是外国人对于我国的称呼。我国人对于自己国家的称呼一般以朝代的名字进行命名,如夏商周秦汉、唐宋元明清等,但这些都是不同朝代的指称,而不是严格意义上的国家名称,而这也成为国家观念缺失的最明显表征。因此,数千年以来,"不闻有国家,但闻有朝廷",朝代的兴亡也就意味着国家名称的存亡,这可以看出我国国民之大患在于将朝廷与国家混为一谈,将国家视为朝廷的所有物,在梁启超看来,这是文明国民不可想象的。第三,不知国家与国民的内在关系,我国国民无法接受国家是由国民所组成的观念,更无法接受一国之民才是国家之主人的观念。① 从上述三个方面立论,梁启超说明了我国国家观念的缺失。

而对于国家观念的建构,梁启超从国民与国家的关系层面切入到国家思想的分析。关于国民与国家的关系,他认为,作为初级人类,有部民而没有国民,所谓的"部民",他们能够群族而居,自成风俗;而所谓的"国民",他们具有国家思想,并且能够"自布政治",而由部民进化为国民,不仅是一个民族文明发展的标志,而且是一个民族出现国家的标志,因为天下没有任何一个国家的形成可以没有国民的产生。接下来,梁启超从

① 梁启超:《中国积弱溯源论》,《饮冰室合集(第一册)·文集五》,第 14—16 页。

四个方面对国家思想进行了深入地论述:第一,"对于一身而知有国家",每一个人的力量是有限的,急难之时,必须发挥群策群力的作用,于是国家就慢慢地出现了,由此可见,国家的出现是兼爱主义思想的进一步发展。第二,"对于朝廷而知有国家",我国人民应当树立国家即公司、即村市的观念,国家就是公司,而朝廷就是公司的事务所,掌握朝廷权力的机构就是公司事务所的总办。第三,"对于外族而知有国家",国家是对于外族而使用的名词,假如全世界只有一个国家,则国家之名就不能成立,"身与身相并而有我身,家与家相接而有我家,国与国相峙而有我国"。第四,"对于世界而知有国家",梁启超认为博爱主义与世界主义是一种理想而不移之于现实,国家的出现就是各民族竞争的结果,他指出,竞争可视之为文明之母,人类一旦停止竞争,人类文明就会停止进步,一人之竞争出现了家庭,一个种族之竞争就促成了国家的出现。①

由上可见,梁启超从四个方面对国家观念进行了建构,在这种建构中,他辩证地处理了个体主义与世界主义之间的冲突,并以国家的观念调和了两者之间的矛盾。而且这种国家观念以当时流行的社会达尔文主义作为思想基础,以竞争作为当时世界环境的主旋律,这种国家观念蕴含的竞争意识促使我国在当时的历史环境中自强自立。

2. 环境与文化和文学的内在关系考察

在"开眼看世界"思潮的影响下,清末梁启超对于人地关系进行了总结性的思考,并提出了一些新的思想与观点。在《中国史叙论》《地理与文明之关系》《亚洲地理大势论》《中国地理大势论》《欧洲地理大势论》《近代学风之地理分布》等专题论文中,梁启超重点阐述了人与环境之间的内在关系。概而述之,他认为,人类文明与社会的发展与其所生存的自然地理环境存在内在的依存关系,不同的自然地理环境造就不同的区域文明发展态势,但他也强调了人地关系中人的主观能动性。

---

① 梁启超:《新民说》,《饮冰室合集(第四册)·专集四》,第16—18页。

在具体的思想阐述中,在《中国史绪论》的第四节《地势》中介绍了我国大山大川的相关情况后,梁启超就提出,地理与历史之间有最为紧切之关系,因此,"高原适于牧业,平原适于农业,海滨河渠适于商业;寒带之民,擅长战争,温带之民,能生文明。凡此皆地理历史之公例也"。而就我国的自然地理环境而言,我国的版图内包含有温带、热带、寒带,而且高山、长河、平原、海岸、沙漠各种自然地理环境都具备,因此,我国既适宜于耕牧渔猎,也适宜于工商。在梁启超看来,我国之所以能成为世界文明五祖之一,主要是因为黄河、扬子江横贯于温带灌溉广袤的平原;而我国文明之所以不能与小亚细亚、印度之文明互相融合而成就"一繁质之文明",主要是因为喜马拉雅山这个天然的障碍阻碍了文明的融合;我国数千年以来之所以形成南北分峙的态势,主要是因为黄河、长江天堑的存在;自明代以来,我国北方民族势力强盛,而南方民族势力屡弱,这种势力格局的形成主要是因为北方处于寒带,寒带之民族性格十分悍烈,而南方处于温带,而温带之人常文弱;东北的少数民族之所以相继入主中原,主要的原因在于他们生长于寒冷之地与猎牧之地,为了生存不得不经常与天气和野兽进行搏斗,久而久之,形成了骁勇善战的民族特质,而中原民族由于生活地域的自然地理环境不同,形成了与之相反的民族特质;我国之所以不能"伸权力于国外",主要是由于我国在自然地理环境有膏腴的平原,从而可以自给自足,不必依赖于外国的资源,不像古希腊的腓尼基与近代的英国必须与国外进行交流才能生存,因此,我国之国民没有形成冒险远行的民族特质。在上述相关论述的基础上,他最后点出了人类文明与地理环境总的依存关系:"地理与人民二者常相待,然后文明以起,历史以成。若二者相离,则无文明,无历史。其相关之要,恰如肉体与灵魂相待以成人也。"[①]由此可见,梁启超强调了人民与自然地理环境的关系就像是人的肉体与灵魂的关系,在人与环境的相互依存中,人类的文明与历史相继产生与发展,如果二者分离的话,则人类

---

① 梁启超:《中国史叙论》,《饮冰室合集(第一册)·文集六》,第3—4页。

的文明与历史成为无源之水。

其次,他重点探讨了地理环境对于人类文明发展的重要作用,他认为:"环境对于'当时此地'之支配力,其伟大乃不可思议。"①他已经深刻地意识到,自然地理环境的差异会促成不同地区与民族生存方式的不同,并进而造就不同的文化与文明。在分析和比较高原、平原与海滨地区文明发展情况时,梁启超指出,高原环境由于草木茂盛,因而适合畜牧,人们主要的生存方式是逐水草而居,正是由于人们生活的流动性,因而其凝聚性与向心力不够,形成制度严密的国家很难;平原环境沃野千里,水源充足,适合农业耕作,因而人们更趋于一种定居的生存方式,这种生存方式更加注重血缘关系与地域特质,从而容易形成稳定的国家形态;而滨海环境由于人们临海生存,更具有开阔的生存视野,因而临海区域文明发展较快。正因为如此,他在文化与文学比较分析时注重从自然地理环境的角度切入,从而形成一些耳目一新的理论见解。在《论中国学术思想变迁之大势》中,基于我国先秦时期南北地理环境的不同,他深入地分析了当时南学精神与北学精神的内在差异:"北地苦寒硗瘠,谋生不易,其民族销磨精神日力以奔走衣食维持社会,犹恐不给,无余裕以驰骛于玄妙之哲理。故其学术思想,常务实际、切人事、贵力行、重经验,而修身齐家治国利群之道术,最发达焉。……此北学之精神也。南地则反是,其气候和,其土地饶,其谋生易,其民族不惟一身一家之饱暖是忧。故常达观于世界以外,初而轻世,既而玩世,既而厌世,不屑屑于实际。故不重礼法,不拘拘于经验。……此南学之精神也。"②这段论述集中分析了先秦时代南北自然地理环境的差异从而导致学术精神内质的不同,他认为,北方气候寒冷,土地贫瘠,人们生存环境恶劣,其主要精力放在衣食等物质资源的获得上,只有在短暂的空闲时间才会进行玄妙哲理的求索,因而其学术思想更务实际,重经验,修身齐家治国利群的学术精神

① 梁启超:《近代学风之地理的分布》,《饮冰室合集(第三册)·文集四十一》,第50页。
② 梁启超:《论中国学术思想变迁之大势》,《饮冰室合集(第一册)·文集七》,第18页。

更为发达。而南方与北方则截然不同,南方气候温和,沃野千里,谋生容易,不执着于物质资源的获得;其主要的精力更偏于实际生存之外,不重礼法,不拘泥于经验,形成了一种浪漫主义的学术精神。

最后,他更为具体地分析了文学与地理之间的内在关系,寻求一种文学地理学的建构。在《中国地理大势论》中,他以北方的黄河流域与南方的长江流域进行南北比较,先从宏观的视野集中分析了自然地理环境与政治、风俗、军事、艺术、文学之间的关系,并得出自然地理环境与上述文化的各个组成部分有一种密切的关系:"大而经济心性伦理之精,小而金石刻画游戏之末,几无一不与地理有密切之关系。"在此基础上,他更为具体地对文学与地理之间的关系进行了深入的探讨,他认为,南北地域的不同,造就了南北文化的不同特质,与此相类似的是,南北文学也深受南北地理环境的影响,从而形成了南北文学的不同特质,并且,文学受地域环境的影响更为突出。接下来,他从地理环境的角度重点分析了这种南北文学之间的差异:"燕赵多慷慨悲歌之士,吴楚多放诞纤丽之文,自古然矣。自唐以前,于诗于文于赋,皆南北各为家数。长城饮马,河梁携手,北人之气概也;江南草长,洞庭始波,南人之情怀也。散文之长江大河一泻千里者,北人为优;骈文之镂云刻月善移我情者,南人为优。盖文章根于性灵,其受四围社会之影响特甚焉。"①由于南北地理环境的差异,南北文学"各为家数",北方文学有金戈铁马之气概,而南方文学有杏花春雨之情怀,北方的散文如长江大河有一泻千里的气势,南方骈文巧夺天工,善移人情。

虽然,梁启超十分重视自然地理环境对于文化与文学的影响,但他并没有走向一种环境决定论的极端观点。因此,他一方面重点强调自然地理环境对社会文化与历史发展的重要作用,另一方面,他也辩证地看到了地理环境并不是社会历史发展的唯一决定因素。在《近代学风之地理的分布》一文中,在探讨自然地理环境对我国古代政治制度、意识形态

---

① 梁启超:《中国地理大势论》,《饮冰室合集(第一册)·文集十》,第 86—87 页。

的影响的同时,梁启超也指出,在文化形成的过程中,物质环境并不是万能的,物质环境只是影响文化形成的主要因素中的一种,"专从此(地理环境)方面观察,遂可解答一切问题耶? 又大不然。使物质上环境果为文化唯一之原动力,则吾侪良可以委心任运,听其自然变化;而在环境状态无大变异之际,其所产获者亦宜一成而不变。然而事实上决不尔尔。……人类之所以秀于万物,能以心力改造环境,而非僩然悉听环境宰制"。① 由此,我们可以看出,梁启超并不认为自然地理环境是文化差异形成的唯一原动力,在自然环境状态没有太大变化的时候,文化在不同的历史时期也会存在重大的差异性,五百年前美洲的地形气候与今天并无巨大的差异,但其文化则有天渊之别,其原因在于人类有其独特的主观能动性,并非完全受制于环境,能够以其心力改造自然环境,并且,他认为,越是古代,自然地理环境规定人类历史的程度越强,而随着文化的发展,地理环境规定人类历史的程度越弱。②

总之,通过对环境与文化和文学的内在关系的考察,梁启超从人地相关论思想出发,已经充分地考虑到地理环境在社会历史文化发展中的意义。

---

① 梁启超:《近代学风之地理的分布》,《饮冰室合集(第三册)·文集四十一》,第 50—51 页。
② 梁启超:《地理与文明之关系》,《饮冰室合集(第二册)·文集十》,第 114—116 页。

第四章　顾祖禹的环境美学思想

　　顾祖禹(1631—1692),江苏无锡人,明末清初著名历史地理学家。《读史方舆纪要》是其最为重要的历史地理学名著,全书 130 卷,附《舆图要览》4 卷。该书在内容上极为广博地采纳各种相关历史地理文献,"远追《禹贡》《职方》之纪,近考春秋历代之文,旁及稗官野乘之说,参订百家之志"①,同时极为注重实地考察成果的纳入,"舟车所经,亦必览城郭,按山川,稽里道,问关津,以及商旅之子,征戍之夫,或与从容谈论,考核异同"②。在探讨江河湖海等自然地理环境的变迁与民生的过程中,《读史方舆纪要》不仅体现出朴素的生态观,而且也探讨了人与环境的内在关系。更为重要的是,它在人与环境内在关系的分析中,一方面关注了环境安居对于人们的重要性,另一方面,它也提供了在具体环境中如何实现环境安居的相关对策与方法。

---

① 〔清〕顾祖禹撰,贺次君、施和金点校:《读史方舆纪要·总叙一》,北京:中华书局 2005 年版,第 13 页。
② 〔清〕顾祖禹撰,贺次君、施和金点校:《读史方舆纪要·总叙二》,第 14 页。

第一节 朴素的自然生态观

在人与环境关系的历史考察中,《读史方舆纪要》呈现出一种朴素的自然生态观。这一方面体现在,顾祖禹以《川渎》六卷为核心,重点考察了河道水利等自然地理环境的变化态势,尤其是对黄河易致水患的位置进行了深入的探究;另一方面,他对人类活动与自然环境变化的内在关系进行了积极的反思。

一方面,顾祖禹从人与自然内在关系的角度考察了河道的历史变迁。自古以来,人们对江河的因革变迁和国计民生两者的关系十分关注,而在顾祖禹生活的时代,江河水患导致的自然灾难变本加厉,因此,顾祖禹十分重视河道的水利情况。在我国古代,农业是国家最为重要的产业,而水利则是决定着农业生产是否能够顺利进行的最重要的因素,同时也决定着国家经济的发展水平。在《读史方舆纪要》中,顾祖禹为了表达对水利的重视,他专门单列了《川渎》这一部分,在这一部分使用了六卷的篇幅重点关注了我国境内多条关系到国计民生的主要江河,对其不同时代河道的变迁、不同时代水利的修建进行了专门的论述。而在《川渎》六卷中,顾祖禹从自然环境保护的角度,重点分析了黄河水患的相关情况。

黄河作为中华文明的重要发生之所,不仅为历代统治者重点关注,而且也为历代的自然地理研究学者所重视。基于黄河水患对历朝历代民生的破坏,顾祖禹更是认为黄河应为中国境内各种河系的最为重要者,对我国的国计民生全局有极其重要的影响:"《传》有言:'微禹之功,吾其鱼乎?'夫自禹治河之后,千百余年,中国不被河患。河之患萌于周季而浸淫于汉,横溃于宋,自宋以来淮、济南北数千里间,岌岌乎皆有其鱼之惧也。神禹不生,河患未已,国计民生,靡所止定矣。次大河源流,而参互以古今之变为此纪也,其有忧患乎?"[1]为了分析黄河水患的成因,

---

[1] 〔清〕顾祖禹撰,贺次君、施和金点校:《读史方舆纪要》卷一百二十五,第 5380 页。

顾祖禹详细地分析黄河水系的发源、水系的具体走向、历代的河道变迁及其历代水患的处理方式,并在此基础上,详细地统计了黄河易生水灾的重点地域,从而深入地分析其形成的原因。从朴素的自然生态观入手,他重点关注了黄河水患多发之地孟津的自然地理环境,古代孟津位于黄河中游与下游的分界之处,黄河之患多发于此。顾祖禹重点从黄河水患的历史对此地进行了深入地考察,他在《读史方舆纪要》中着重统计了孟津自宋代之后发生的重大水患:"《宋史》:'乾德二年孟州水涨,坏中潬桥。《金史》:大定十一年河决王村,南京、孟、卫州界多被其害。'明嘉靖十七年河涨,孟津县圮于水。"①由上述的统计可以看出,孟津之地在宋代、金代、明代都曾发生过重大的水灾。接下来,他从孟津当地的自然地理形势与土壤特点深入地分析了其易发水患的原因。从孟津处于黄河两岸的自然地理形势来看,由于两岸平阔,当河床逐步抬升时,会酿成河水横流之祸。从孟津以下地区的土壤特点来说,土质松疏,易为黄河水冲决从而到处移动,这冲决出来的松疏之土一方面极易造成河道的堵塞而使黄河水流不畅导致水患,另一方面,更为严重的是,它将造成黄河河床的抬升,从而导致河水倒灌与横溢。正由于意识到孟津地区自然生态环境的特殊性,顾祖禹对黄河中下游的水患问题提出了一种前瞻性的担忧:"孟、巩而东,曾无崇山巨陵为之防,重陂大泽为之节,惟恃河身深阔,庶几顺流无阻,安可不察其湮障,急为荡涤?"②在此,他指出,孟津以东的黄河下游地区既没有崇山峻岭防护黄河之洪水,也没有重陂大泽节制黄河之洪水,黄河下游惟有依靠河道深阔来容纳黄河上游之水,顾祖禹心存巨大的担忧,随着自然生态环境的破坏,不能够维持多久。因此,他认为,应当随时了解其"湮障"之处并清除之,才能确保河道通畅。这种前瞻性的担忧表现出顾祖禹对于黄河下游地区河防的一种潜在性的危机意识,而且这种担忧到了近代没有引起人们的高度重视,从而导

① 〔清〕顾祖禹撰,贺次君、施和金点校:《读史方舆纪要》卷一百二十五,第5388页。
② 〔清〕顾祖禹撰,贺次君、施和金点校:《读史方舆纪要》卷一百二十六,第5429页。

致黄河下游的"湮障"之处越来越多,黄河的洪水给人们带来了巨大的灾难。

另一方面强调人类活动应当尊重自然规律。顾祖禹从重视人类活动对自然地理环境的影响出发,着眼于历史事实,充分地强调了人类的各种活动应当在尊重自然地理环境规律的基础上进行。其一,他从历代对于河运与漕运关系处理的历史事实入手,强调人们应当充分地尊重自然的内在规律性。从历史事实看,自从隋代以来,历代统治者对于物资的转运更多依赖于漕运,因而,从隋代开始,为了实现南北漕运的通畅,人工运河的开凿越来越受到重视,而在漕运路线的不断调整中,历代人工运河在不断开凿中不断变换线路,从而造成运河河道的不断改变,并进而造成自然河流河道的不断堵塞,导致水患频发。当历史发展到明代时,这种情况变本加厉,明代为了保证南方物资顺利北上,更为重视南北漕运的通畅,从而不顾自然的内在规律,在积极保漕运的前提下自然河流的治理得不到有效的保障。有的人甚至认为"别穿漕渠,无藉于河,河必无如我何。"而顾祖禹认为,纵然漕渠"无藉于河",难道自然的河流就可以任其洪水泛滥吗?淮济地区各州县的人们何罪之有,统治者可以安心地让他们在洪水中挣扎。而且,顾祖禹认为,从历史的事实进行考察,自先秦以来至今,自然的大江大河也在历代的物资转运中起着重要的作用,而如今朝廷因为自然的大江大河的水患难以治理,过分地重视漕运而忽视自然的大江大河的作用,这就相当于"因噎而废食"[①]。因此,在顾祖禹的视野中,只要尊重自然河流的内在规律,合理地加以治理,自然河流也可以成为物资转运的重要通道。其二,从自然河流治理的历史事实出发,顾祖禹指出,自然河流的治理也应当充分地尊重其内在的规律。顾祖禹认为:"大河之日徙而南也,济溧之遂至于绝也,不可谓非天也。开凿之迹,莫盛于隋,次则莫盛于元,其间陂陀埂障,易东西之旧道,为南

---

① 〔清〕顾祖禹撰,贺次君、施和金点校:《读史方舆纪要》卷一百二十六,第 5428 页。

北之新流,几几乎变天地之常矣。""其间盖有天事焉,有人事焉。"①在此,他从黄河水道变迁的事实出发,非常辩证地指出,黄河水道不合理的变迁虽然有自然环境变化因素的影响,但其不合理变迁的形成更多的是人类不尊重自然规律所致。黄河水道随着历史的发展而逐步南移,人们在治理黄河的过程中日益穷于应对,这中间必然有"不可谓非天也"的自然因素。但不可忽略的是,随着隋、元时期运河开凿的愈演愈烈,在运河开凿的过程中,人们没有尊重自然的内在规律性,导致"坡迤湮障",改变了自然形成的水流通道,"易东西之旧道,为南北之新流"。基于此,顾祖禹深入地抨击了五代后梁王朝为了"苟且目前"而不顾自然规律擅自人为地改变黄河自然水道的行为。五代时期,后梁与后唐在夹河一带进行战争,为了阻击晋兵,"梁段凝于卫、滑间决河引水",并称之为"护驾水",从而人为地改变了黄河的自然流势。这种人为的错误造成了五代之后"溃决之患"的形成,这种"溃决之患"从宋代开始严重威胁到沿岸百姓的生存。他指出,由于上述的错误决定,黄河水患"延及宋季,横决无已……金、元河患,皆与国为终始。至于晚近,且谓御河如御敌",南北两宋时期黄河水流四处横溢,金元期间,黄河水患贯穿朝代始终,而到了明清,治河黄河水患如同抵御外敌入侵。在顾祖禹看来,治理黄河的过程中,"庙堂无百年之算,闾阎有旦夕之忧"②。这里的"百年之算"其实就是不能着眼于一时一地之利,而应尊重自然规律,从长远的角度考虑黄河的治理。

顾祖禹在《读史方舆纪要》中从朴素的自然生态观入手,深入地探讨了我国境内河道水利等自然地理环境的动态变化,在此基础上,他也深入地剖析了这种动态变化形成的原因,强调人类活动应当充分考虑与尊重自然的内在规律。

---

① 〔清〕顾祖禹撰,贺次君、施和金点校:《读史方舆纪要》卷一百二十四,第 5355—5356 页。
② 〔清〕顾祖禹撰,贺次君、施和金点校:《读史方舆纪要》卷一百二十五,第 5405 页。

第二节 都城以形胜为先

　　魏禧在为《读史方舆纪要》作序时指出,书中"最伟且笃者"体现在以下两个方面,"一以为天下之形势,视乎建都,故边与腹无定所,有在此为要害而彼为散地,此为散地而彼为要害者;一以为有根本之地,有起事之地,立本者必审天下之势,而起事者不择地。"①在此,魏禧认为,《读史方舆纪要》十分重视建都,建都能左右天下大局;同时,国家必须有根本之地,而这根本之地即国之都城,而立都必须审天下之大势。从《读史方舆纪要》的具体内容来看,魏禧此论的确十分精辟地把握住了书中的精髓之处。在《读史方舆纪要》中,顾祖禹十分重视都城,这种重视一方面体现在他十分详细地收录了历代都城的相关情况,另一方面,他强调立都应以形胜为先,并且以都城为核心展开其军事与政治地理的相关论述。

　　顾祖禹从天下形势入手,强调都城的重要性,"天下之形势,视乎山川;山川之绚络,关乎都邑"。②正因为如此,在《读史方舆纪要》中,他在历史与舆地的关系论述中,十分注意与都城相关内容的具体考察,这不仅体现于对历史上历代都城的直接描述,而且许多重要的考察内容与都城有内在的关联性。在九卷《历代州域形势》中分析历代州域形势时,顾祖禹专门采用"都邑考"这种论述体式,在《历代州域形势》各卷中分叙自远古一直到明代的都城设立状况。如在《历代州域形势一》"都邑考"中记述了远古都城的设置情况:"夏都安邑,其后帝相都帝丘,少康中兴,复还安邑。又曰:昔伏羲都陈,神农亦都陈,又营曲阜。黄帝邑于涿鹿之阿。少昊自穷桑登位,后徙曲阜。颛帝自穷桑徙帝丘。帝喾都亳。至尧始都平阳。舜都蒲阪,禹都安邑。尧、舜、禹之都,相去不过二百里,皆在冀州之内。"③在《历代州域形势九》中记述了明代都城的设立情况:"太祖

① 〔清〕顾祖禹撰,贺次君、施和金点校:《读史方舆纪要·魏禧叙》,第1页。
② 〔清〕顾祖禹撰,贺次君、施和金点校:《读史方舆纪要·凡例》,第1页。
③ 〔清〕顾祖禹撰,贺次君、施和金点校:《读史方舆纪要》卷一,第2页。

初入京陵,改曰应天府。洪武元年,诏以开封府为北京,应天府为南京。二年,以临濠府为中都。太宗永乐元年,建北京于北平府。正统以后遂以北京为京师,而南京为陪都。"①与此同时,在考察各省的历史地理情况时,顾祖禹重点探讨了历代建都的省份,并在其序文中集中分析了该省建都的历史沿革和自然地理,专论其地成为都城的历史地理原因。在对各省府历史上历代国都的详细论述中,他对都城形成的各种因素、都城的建设及其布局进行了深入的探讨:《陕西方舆纪要序》与《陕西二·西安府》中深入地研究了西安成为国都的诸多原因,并考察了都城历史布局的变迁情况;《北直方舆纪要序》与《北直二·顺天府》中深入地考察了北京成为都城的各种因素,及其北京作为都城的建设与布局情况。

基于上述对都城设置的历史考察,着眼于都城安居的维度,顾祖禹提出了他对于建都的见解——"都城以形胜为先"。在顾祖禹看来,都城的选址应结合天下形势而定,都城地理区位与具体地点的选择应优先考虑自然地理形势,而这种自然地理的优势可以从以下两个方面来进行考量:

第一,自然地理环境有易守难攻之险要形势。从都城的地理区位来看,"陕西据天下之上游,制天下之命者也。是故以陕西而发难,虽微必大,虽弱必强,虽不能为天下雄,亦必浸淫横决,酿成天下之大祸"。"盖陕西之在天下也,犹人之有头项然,患在头项,其势必至于死,而或不死者,则必所患之非真患也。"②顾祖禹认为,从安居来看,陕西占据天下的上游,从而能够控制天下的命脉;而从发难考量,从陕西起事,"虽微必大,虽弱必强",可以席卷天下,进而他以天下喻人,陕西当为人之头项。由此,综览天下自然地理形势,他认为陕西,尤其是关中地区的地理形势有控制天下之利,这种地理区位当为建都的适宜之所,而从历史来看,周、秦、汉、唐等多个王朝建都均钟情此地,也很好地证明了这一点。落

① 〔清〕顾祖禹撰,贺次君、施和金点校:《读史方舆纪要》卷九,第 377 页。
② 〔清〕顾祖禹撰,贺次君、施和金点校:《读史方舆纪要》卷五十二,第 2449 页。

实到都城的具体选址上,顾祖禹认为,西安府"名山耸峙,大川环流,凭高据深,雄于天下",并且列举汉初为何建都于此,考虑更多的还是自然地理之优势,"汉初,娄敬说高祖曰:'秦地被山带河,四塞为固,卒然有警,百万之众可立具。入关而都之,此搤天下之亢而抚其背也。'"并且,他还考察了为何宋太祖仍然有建都关中的想法,在于此地"盖贵形胜也"。在考察了西安建都的历史沿革及其自然地理情况之后,顾祖禹十分肯定地提出:"夫关中形胜,自古建都极选也。"①这也是关中成为许多王朝建都首选之地的重要原因。

基于"都城以形胜为先"的理念,他考察了南京成为六朝古都的原因,并且据此从反面考量了北京成为都城的不利之处。南京"府前据大江,南连重岭,凭高据深,形势独胜",其地十分适宜作为建都之所。宋代李纲曾言:"万乘所居,必择形势以为驻跸之所。举天下形势而言,关中为上;以东南形势而言,则当以建康为便。"②从地理形势而言,南京虽然不如关中,但当我国的经济重心由西北向东南转移之后,南京成为富庶之地,其经济水平远远高于关中之地,而且从我国东南的整体地理形势来看,南京可以作为都城的首选之地。

第二,自然地理环境有物资供给便利的优势。这种自然地理环境"形胜"的考量,成为顾祖禹分析都城选址为何从西北向东南位移的主要因素。关中地区险要的地理形势虽然成为历代王朝建都于此的首要原因,但不是唯一的原因。顾祖禹引用汉代张良的论述来说明关中具有物资供给便利的优势,他认为,关中不仅东南西北四面具有天然的天险地形作为安全的屏障,自然地理环境易守难攻,可称之为"金城千里",而且有沃野千里,农业十分发达,物产十分丰富,可称为"天府之国"。此外,关中地区不仅物产丰富,而且在隋唐以前建都于此的王朝为了保证都城物质的供应,十分重视漕运,"都关中者以漕运为重",漕运十分发达,从

---

① 〔清〕顾祖禹撰,贺次君、施和金点校:《读史方舆纪要》卷五十三,第 2508 页。
② 〔清〕顾祖禹撰,贺次君、施和金点校:《读史方舆纪要》卷二十,第 921—922 页。

而将全国各地的物资源源不断地输入都城,"河、渭漕挽天下,西给京师"。但随着时代的变化,关中的自然地理环境有了很大的改变,尤其隋唐在建都选址上逐步向中原转移,造成了关中农业生产能力的下降与渭河漕运功能的减弱。顾祖禹指出:"盖自秦、汉以来皆因八川之流,环绕畿辅,用以便漕利屯。隋建新都,八川之流,渐移其旧。唐人踵之,而渠堰之制益备,然灌溉之利,去秦、汉时远甚。宋以西夏之扰,关中多故,屯田足食之计,乍修乍辍。今且陵谷迁改,川原非故矣。"①在此,顾祖禹具体分析了关中农业生产与漕运能力下降的主要原因,隋代之前,灞、浐、泾、渭、酆、镐、潦、潏等八川环绕关中之地,为漕运与屯田提供极大的便利,

由此可见,随着时代的变迁,关中农业发展处于一种衰退的状态,导致农业生产的规模逐步缩小,再加上八川之流的河道变化,使得关中漕运能力整体呈现下降的趋势。虽有易守难攻的天险地形,但由于在时代变迁中逐步丧失了物资供给便利的优势,因此,在唐代以后,人们在建都选址的地域考量中逐步向中原与东南地区转移。

第三节　人地关系的辩证思考

顾祖禹的《读史方舆纪要》中体现了一种历史视野中人与环境辩证关系的考察。从《读史方舆纪要》的书名与编纂看,他将读史与方舆结合在一起。"方舆"一词最早源于宋玉的《大言赋》:"方地为舆,圆天为盖。"在此,方地与圆天表现出一种传统的天地观——天圆地方,因之,此外的"方地为舆"的意思就是方形的大地承载万物,大地就像是马车一样。后来,"方舆"在我国传统文化的发展过程中逐渐演变为地理学的代名词。在《读史方舆纪要》中,顾祖禹秉承这种传统地理学的内涵对于"方舆"进行了内涵界定:"地道静而有恒,故曰方;博而职载,故曰舆。"②由此可见,

---

① 〔清〕顾祖禹撰,贺次君、施和金点校:《读史方舆纪要》卷五十三,第 2508 页。
② 〔清〕顾祖禹撰,贺次君、施和金点校:《读史方舆纪要·凡例》,第 1 页。

在顾祖禹的视野中,"方舆"就是对于地理环境的考察与研究。在此基础上,顾祖禹在《读史方舆纪要》的编纂过程中,将地理环境与人类历史结合起来,从而体现出一种人与环境统一的思想。而在顾祖禹之前,人们在处理历史与地理环境的关系时,总是将二者割裂分立,"学者以史为史,而不能按之于舆图;以舆图为舆图,而不能稽之于史"①。学者研究历史总是囿于历史的范围,不能将之与地理环境结合起来,研究地理环境也是囿于地理的范围,不能结合历史来进行查考。但顾祖禹为了避免陷入此种研究的困境,有意识地将人类历史与地理环境结合起来,"以古今之方舆,衷之于史;即以古今之史,质之于方舆"②。在此基础上,他将历史的变化作为了解自然地理环境的有效向导,同时,也将地理环境的演变作为了解历史的有效手段,从而实现历史与方舆的有效结合,这种结合有利于在历史中合理考察与处理人与环境的内在关系。

在人与环境关系的合理考察中,顾祖禹对两者的辩证关系有充分而深入的认识,并将之归纳为"人胜险为上,险胜人为下"。在这种上与下的区分中,他从军事战争的角度表达了其对地利与人主观能动性的发挥之间内在辩证关系的认识。梁启超在深入研究《读史方舆纪要》之后,认为该书是一部极其有特点的军事地理学著作。这种判断的确在一定程度上符合顾祖禹的创作旨归,而且也表现出该书的内容特色。顾祖禹在探讨人与环境关系时确实更多地是从军事战争的角度切入的。

在地理环境与人的主观能动性两者辩证关系的考察中,顾祖禹一方面从地利的层面考察了自然地理环境对于战争胜负的重要作用。他十分重视"地利"在各种军事战争中的重要作用,认为地利对于军事战争的重要性来说,就相当于饮食对于养生者的重要性、舟车对于远行者的重要性,"地利之于兵,如养生者必藉于饮食,远行者必资于舟车也"③。在《读史方舆纪要》全书中,对于全国各地重要的战略要地,顾祖禹从历史

---

① 〔清〕顾祖禹撰,贺次君、施和金点校:《读史方舆纪要·吴兴祚原序二》,第9页。
② 〔清〕顾祖禹撰,贺次君、施和金点校:《读史方舆纪要·凡例》,第1页。
③ 〔清〕顾祖禹撰,贺次君、施和金点校:《读史方舆纪要·凡例》,第7页。

发展的角度对其自然地理情况（包括地理位置、山川形势）、在全国的交通地位、经济发展状况进行了深入的考察，从而有理有据地总结出地理环境对于战争的重要作用。关于直隶地区的自然地理环境，他做了如下考察："直隶雄峙东北，关山险阻，所以隔阂奚、戎，藩屏中夏。说者曰：沧海环其东，太行拥其右，漳、卫襟带于南，居庸锁钥于北，幽燕形胜，实甲天下。又曰：文皇起自幽燕，奠涿鹿而抚轩辕之阪，勒擒胡而空老上之庭。前襟漕河，北枕大漠。……此真抚御六合之宏规也。然而居庸当陵寝之旁，古北在肘腋之下，渝关一线为辽海之噤喉，紫荆片垒系燕、云之保障。近在百里之间，远不过二三百里之外，藩篱疏薄，肩背单寒，老成谋国者，早已切切忧之。"[1]在此，顾祖禹指出，以往关于直隶自然地理形势的论述，更多偏于对其地理位置重要性的考察，而很少指摘其地理位置的缺陷。的确如此，直隶地区在自然地理位置方面有其独到的优势所在，直隶雄踞于我国东北地域，关山险阻，能够隔绝与屏蔽少数民族对于该地区的威胁，而从历史的具体论述来看，直隶地区东有渤海环绕，西边坐拥险峻的太行山，南边有漳卫之河作为襟带，北边不仅枕靠大漠，更有居庸关紧锁，其形势可以说"实甲天下"，有抚御六合的宏大气象，其地理条件可以说是得天独厚。而且从该地的交通地位来说，直隶地处全国交通枢纽之所，漕运十分发达，能将全国各地的物资源源不断地输送到该地。顾祖禹承认直隶地区的这些自然地理优势，但他并没有拘泥于古人的论述，而是以敏锐的眼光指出直隶地区在军事地理方面存在的安全隐患，这表现出他宏大而辩证的历史视野。他指出，直隶地区过于靠近东北边关之地，对此，他进行了形象地描述：居庸关在其陵寝旁边，古北口在其肘腋之下，渝关、紫荆关作为辽海与燕云的保障太过于单薄。正由于该地区过于靠近居庸关、古北口、渝关、紫荆关等关隘要塞之地，十分容易受到少数民族政权的侵犯，"藩篱疏薄，肩背单寒"表明了其地对于军事防御的不利局面，因此他建议，如果于此处建都一定要注意附近关

---

[1] 〔清〕顾祖禹撰，贺次君、施和金点校：《读史方舆纪要》卷十，第 436 页。

隘要塞的防守。

山东的地理位置虽然无险峻的山川环绕,但由于其地域中有漕渠贯穿,江淮地区的各种物资输往北京都需要借道于此,可以说占据南粮北运的中心枢纽位置,因此,山东的地理位置对于北京来说是至关重要的。① 山西的自然地理形势可以称得上除关中以外最为完固之地,东有太行山作为自然的屏障,西边有黄河作为其襟带,北边有大漠、阴山作为"外蔽",南过既有首阳、王屋诸山,又有孟津、潼关等险要之门户,其整体地势险要,有易守难攻之势,从历史来看,经常成为割据起事的合适地区,历史上的唐代、后唐、后汉都从此起事。但是顾祖禹也充分地意识到,山西过于险要的地理形势会造成其与全国各地的交通不便,从而影响其经济的发展,因此,可以成为割据起事之地,但不可成为建都立业之地,历代王朝很少建都于此。② 四川不仅在长江的上游,而且有作为自然天险的巴蜀可以据守,因而,为了谋求天下,古今战略家们"莫不切切于用蜀"。西魏太师宇文泰在建立北周的过程中首先攻取蜀地,然后才最终消灭梁国,隋朝在统一的过程中也以巴蜀之资作为平定陈国之本,宋朝建立过程中也是先灭蜀地。由此可见,四川在全国大局中占据了十分重要的地理位置。但顾祖禹也指出,四川虽然为志在天下者必取之所,但并不是"坐守之地",由于过于险要的自然地势,坐守此地容易产生懈怠心理。顾祖禹指出:"往者纷纭之际,桀黠者窥巴、蜀之险,则从而窃据之。当其始也,气盛力强,智勇交奋,勃然有并吞四方之势,故足以创起一隅。其后处堂自足,意计衰歇,妄思闭境息民,乃叩关而至者已在户外矣。"③

江南地区不仅有"田畴沃衍之利",而且有"山川薮泽之富"④。因而从历史事实考察,建都于江南的政权能长期与北方强大的少数民族政权

---

① 〔清〕顾祖禹撰,贺次君、施和金点校:《读史方舆纪要》卷三十,第1434页。
② 〔清〕顾祖禹撰,贺次君、施和金点校:《读史方舆纪要》卷三十九,第1774页。
③ 〔清〕顾祖禹撰,贺次君、施和金点校:《读史方舆纪要》卷六十六,第3094页。
④ 〔清〕顾祖禹撰,贺次君、施和金点校:《读史方舆纪要》卷一十九,第870页。

形成割据之势,主要的原因在于江南地区的自然地理优势与经济优势。
而对于江南地区的江淮之险,顾祖禹更是从具体的军事战争来分析与说
明此地的重要性,他认为,"江南以江淮为险,而守江莫如守淮"。江淮之
险作为自古兵家必争之地,是江南地区极其重要的自然防线。就南北对
峙的历史事实而言,为了保证江南地区的安全,必须十分注重淮河的防
守,因为从江南地区的自然地理情况来看,淮河是长江的屏障,如果失去
了淮河之险的保护,长江之险也不足以固守江南之地。为了说明这种见
解的正确性,顾祖禹以历史上重要的战争案例来进行论证。三国时期魏
蜀吴鼎立局面的形成,主要是由于各自凭借其地理优势而出现的均衡之
态,蜀国有四川的崇山峻岭作为保障,而吴国的主要地域位于长江以南,
魏国的主要地域位于长江以北,因此,吴魏两国都以江淮之险作为其重
要的战略防线,"吴不敢涉淮以取魏,而魏不敢绝江以取吴",正由于江淮
之险的存在,从而吴魏两国以长江为界自成割据之势。东晋时期的淝水
战役与五代时期的清口战役中为何东晋与淮南杨行密能够以少胜多,虽
然其中有人心向背的问题,但江淮之险在其中也起到了重要的作用。顾
祖禹认为,东晋与淮南杨行密能够获胜的一个主要原因在于他们充分利
用了淮河的自然地理优势,扼守淮河之险进行拒敌,坚决狙击敌人进入
淮河流域,因而虽然军事力量对比悬殊,但最终以少胜多,成就了历史上
有名的战役。①

  由上可知,顾祖禹十分重视自然天险的重要作用,但他并不是对于
自然天险进行孤立静止的分析,而是将之置于我国的历史发展大势之
中,通过影响我国历史发展大势的著名军事战役,深入分析"地利"对于
战争胜负关系的重要影响,指出"地利"在战争中的重要作用。

  另一方面,顾祖禹强调人的主观能动性的发挥不仅应当成为人地辩
证关系中的主导性因素,而且也应当成为战争胜负的决定性因素。虽然
在《读史方舆纪要》中,顾祖禹十分重视天险地利的研究,但他十分明确

---

① 〔清〕顾祖禹撰,贺次君、施和金点校:《读史方舆纪要》卷一十九,第916—917页。

地指出，天险地利只是战争成败、国家兴亡的次要条件，而正确地发挥人的作用才是战争成败、国家兴亡的关键。

在《读史方舆纪要》的总叙中，顾祖禹通过对人与环境辩证关系的思考，十分明确地阐明了人的主观能动性在战争成败、国家兴亡中所起的决定性作用。他提到："夫地利亦何常之有哉？函关、剑阁，天下之险也。秦人用函关，却六国而有余，迨其末也，拒群盗而不足。诸葛武侯出剑阁，震秦、陇，规三辅，刘禅有剑阁，而成都不能保也。故金城汤池，不得其人以守之，曾不及培楼之邱、泛滥之水，得其人即枯木朽株，皆可以为敌难。是故九折之阪，羊肠之径，不在邛崃之道，太行之山；无景之谿，千寻之壑，不在泯江之峡，洞庭之津。及肩之墙，有时百仞之城不能过也；渐车之洀，有时天堑之险不能及也。知求地利于崇山深谷，名城大都，而不知地利即在指掌之际，乌足与言地利哉？……故曰不变之体，而为至变之用；一定之形，而为无定之准。阴阳无常位，寒暑无常时，险易无常处。知此义者而后可与论方舆。"[1]在此，顾祖禹首先指出，自然地理的优势并不是固定不变的，函谷关、剑阁的确是天下极为险要之地，先秦时期秦国利用函谷关的险峻之势击退六国的攻势绰绰有余，可到了秦国末期，函谷关的险要之势不足以抵御四方群盗之势；诸葛武侯利用剑阁之险，足以威震秦陇，谋取汉中之地，但到刘禅时期，剑阁之险不足以保证成都的安全。自然地理环境之险依然存在，但为何形成完全不同的局面呢？接下来，顾祖禹就解释了为何自然地理环境之险从历史的角度来看并不是固定不变的。一座城市纵然有金属铸造的坚固城墙、沸腾的护城河水，但是如果没有合适的人来防守它，这些坚固城墙与护城河水比不上低矮的小山、地面的水洼；而有合适的人来合理地利用自然地理环境，即使是枯木朽株，也可以成为敌人难以逾的鸿沟。只要发挥人的主观能动性，在邛崃道、太行山之外，也能找到弯曲的坡道与狭窄的羊肠小路；在岷江峡谷、洞庭湖滨之外，也能找到日照不至的深谷，悬崖千丈的深

---

[1] 〔清〕顾祖禹撰，贺次君、施和金点校：《读史方舆纪要·总叙二》，第 14—15 页。

沟。只要充分展现人的创造性,够肩的矮墙可以超越百丈城墙的作用,仅能浸渐车轮的小水沟,也可以有超越深广险恶的江河的作用。如果一味地在高山深谷、名城大都中寻求险要的地势,而没有意识到真正的地利在于人十分熟悉地形且能充分利用地形,这样的人是无法理解地利真正所在的。因此可以说,不变的本体就是千变万化的根源,一定的形状就是各种形状产生的内在准则,就连阴阳寒暑都无常位常时,险易之势也就在人的主观能动性的发挥中不断变化。由此可见,自然的地理形势作为不变之"体",其在战争中形成地利的优势产生各种各样的变化,主要取决于具有战略眼光的指挥者对于自然地理形势的充分了解与利用,有了人的主观能动的参与,方舆之术才能真正具有内在的灵魂,充满了灵性。最后,顾祖禹指出,虽然《读史方舆纪要》主要探讨地利的问题,但如果没有发挥自身的主观能动性,照本宣科在书中寻求地利,无异于刻舟求剑,只有充分发挥人的主观能动性,在不断地增长见识中了解地利的真正内涵,才能充分地利用地利的优势。

与此同时,顾祖禹在《南直一》中引用古人的论述,并在对古人论述的取舍中提出了自己的观点:"胡氏宏曰:'昔人谓大江天所以限南北。而陆抗乃曰此守国末务,非智者所先,何也?'"在此,顾祖禹通过引用胡宏的论述来说明人与险的内在关系,胡宏认为,以前之人认为长江天险足以形成南北对峙之局面,但陆抗则认为,这种凭借自然天险守国不是智者首选的方式。胡宏通过反问的方式承认陆抗说法的正确性。而顾祖禹引用胡宏的论述指出人、智、险之间的内在关系:"设险以得人为本,保险以智计为先。人胜险为上,险胜人为下,人与险均,才得中策。"在此,通过对军事战争的深入分析,他指出决定战争胜负的三个因素——人、智、险,三者的内在关系是凭险为利、得人为本,智计为先。从顾祖禹对三者内在关系的认识来看,得人为本与智计为先是强调人的主观能动性的发挥,二者是决定战争胜负的关键所在,而凭险为利是外在于人的因素,在战争胜负中只是起到次要的作用。在战争中,为了进行更好的防御,当然必须选择有利的地形,但设险守险必须以人为本,必须使用优秀的将领带军防守,并在防守的过程中充分发挥其战争的谋略,合理地制定具体的战争方案,才能真正地赢得战争。在此,他充分地阐述了人与环境之间的内在辩证关系,地理环境之险要固然重要,但如果虽然有得天独厚的地理环境,而没有人很好地发挥主观能动性去驾驭这种地理环境,环境之险也就无法展现其应有的作用。长江虽为天险,但历代名将通过合理的战争策略,也是可以突破天险的,"胡奋尝入夏口,贺若弼尝济广陵,曹彬尝渡采石"①。这并不是长江的天险不固,而只是防守长江天险之人没有制定正确的防守方案,从而导致天险难以固守。

综上所述,顾祖禹虽然重视地理环境在人类历史发展过程中的重要作用,但他并不迷信地利的作用,因此,他并不相信自然地理环境能够决定历史的内在发展趋势。自然地理环境重要作用的发挥在于人,只有充分发挥人的聪明才智,"地利"才能被真正地把握与利用,这充分地体现他对于人地关系的辩证理解。

第四节 环境安居的关注与实现

《读史方舆纪要》研究天下地理大势的着眼点在于治国安邦,因此,它对于环境安居十分关注,并就如何实现环境安居有深入的分析与具体的对策。顾祖禹对环境安居的关注体现在他对"民生"问题的高度关注中。他指出:"自古未有不事民生而可以立国者。"②由此,他认为:"天子内抚万国,外莅四夷,枝干强弱之分,边腹重轻之势,不可以不知也;宰相佐天子以经邦,凡边方利病之处,兵戎措置之宜,皆不可以不知也;百司庶府,为天子综理民物,则财赋之所出,军国之所资,皆不可以不知也;监司守令,受天子民社之寄,则疆域之盘错、山泽之薮慝,与夫畎桑水泉之利,民情风俗之理,皆不可以不知也;四民行役往来,凡水陆之所经,险夷趋避之实,皆不可以不知也。世乱则由此而佐折冲,锄强暴;时平则以此

---

① 〔清〕顾祖禹撰,贺次君、施和金点校:《读史方舆纪要》卷一十九,第 917—918 页。
② 〔清〕顾祖禹撰,贺次君、施和金点校:《读史方舆纪要·南直方舆纪要序》,第 870 页。

而经邦国,理人民;皆将于吾书有取焉耳。"①在此,顾祖禹指出,为了使民生问题得到有效的保障,从中央到地方的各级管理部门必须从民生问题入手,以民生问题的解决为治理国家的最终目的。为了达到环境安居的目的,就君王而言,君王为了安抚治下的诸侯国和管理各少数民族,应充分了解其治理区域内的"枝干强弱之分,边腹重轻之势",应从民生的角度思考中央和地方强弱的不同、内地和边疆轻重的不同;就宰相而言,宰相应从辅佐君王经邦的角度,了解国家边防的各种利病,从而适宜地安排军队;而地方的各级管理者,不仅要熟悉各地的财赋情况,而且对各地的自然地理、农业耕作、民情风俗等情况有深入的把握。当中央到地方的各级管理部门了解这些情况之后,顾祖禹认为,当国家动乱的时候,这些情况的掌握有助于平定纷乱的环境,达到"佐折冲,锄强暴"的目的;当国家安定时,这些情况的熟悉有助于经略邦国,治理人民。

与此同时,顾祖禹也十分关注某些特定的自然环境对于环境安居的重要性。他认为,河流的因势改道、湖泊的因时变迁,都与民生问题密切相关,与环境安居息息相通。因此,他在《读史方舆纪要》中对各省区河流湖泊与民生的关系进行了分别论述,尤为重要的是,他还专门用两卷的篇幅(《川渎》卷一二五、一二六)深入地分析了黄河水道的变迁与河患等相关情况,并且针对明代的实际情况,严厉地批评了明代统治者为了保证南粮北运偏重于治理运河,而忽视黄河的治理,忽视了黄河下游普通民众的民生问题。

在这种环境安居意识的导引下,顾祖禹从以下几个方面集中思考如何解决民生问题,实现安居环境的建构:

1. 重视农业。我国古代的历代王朝都是以农立国,农业成为国家经济的产柱产业,因之,顾祖禹在《读史方舆纪要》中对农业的发展情况十分关注。他集中而深入地分析我国各个地区的农业发展态势,简要地归纳各个地区农业经济的发展特点,并进而分析各个地区在不同历史时期

①〔清〕顾祖禹撰,贺次君、施和金点校:《读史方舆纪要·总叙三》,第18页。

的农业状况及其在我国农业经济版图中的地位。就江南扬州而言,他指出,自从唐代安史之乱之后,北方的经济地位逐渐下降,而长江流域的经济地位逐步上升,扬州、成都成为经济极为发达之地,俗有"扬一益二"的说法,由此可见,扬州从安史之乱以后,其富庶程度甲于天下,而延至清代,"鱼盐谷粟布帛丝絮"十分丰饶,"商贾百工技艺"从事人口众多,有十分适宜农业耕作的各种设施,"陂塘堤堰畎屯种植之宜"①。对于两湖地区,他指出,随着荆州地区农业耕作土地的逐步开辟,沃野千里,其再熟之稻顺江东下,可以为三吴地区提供充足的粮食供应,"吴会之间,引领待食"②。而对于四川,他指出,四川史称蜀川之地,其地土地肥沃,人民生活殷实,货币充溢,自秦汉到南宋年间,"赋税皆为天下最"③。由此可见,顾祖禹从各地经济发展的情况及其在全国的地位分析了各地农业发展对于其经济发展与经济地位形成的重要作用。

2. 重视经济地理。由于对国计民生问题的关注,顾祖禹十分重视各地的经济地理形势。在《读史方舆纪要》中,顾祖禹关注各省区经济形势,并能十分准确地把握各地的经济特征。如他论述江苏府的经济情况时,重点强调其对于全国经济的重要性:"府枕江而倚湖,食海王之饶,拥土膏之利,民殷物繁,田赋所出,吴郡常书上上。说者曰:吴郡之于天下,如家之有府库,人之有胸腹也。门户多虞,而府库无患,不可谓之穷;四肢多病,而胸腹犹充,未可谓之困。盖三代以后,东南之财力,西北之甲兵,并能争雄于天下。"④江苏府民殷物繁,其经济地位之于天下就像"家之有府库,人之有胸腹",握有其雄厚的经济基础,并辅之以西北之雄兵,就能安居于天下,可以为国家创造一个安居的环境。在论述扬州的经济情况时,突出其富甲天下,农业、商业、渔业、手工业等各种行业齐头并进:"扬州富庶常甲天下,自唐朝及五季称为'扬一益二'。今鱼盐谷粟布

---

① 〔清〕顾祖禹撰,贺次君、施和金点校:《读史方舆纪要》卷一十九,第 870 页。
② 〔清〕顾祖禹撰,贺次君、施和金点校:《读史方舆纪要》卷七十五,第 3518 页。
③ 〔清〕顾祖禹撰,贺次君、施和金点校:《读史方舆纪要》卷六十六,第 3129 页。
④ 〔清〕顾祖禹撰,贺次君、施和金点校:《读史方舆纪要》卷二十四,第 1156 页。

帛丝絮之饶,商贾百工技艺之众,及陂塘堤堰畎屯种植之宜,于古未有改也"①。在论述两湖的经济形势时,他重点强调富足之势:"(荆土)虽江自夷陵以下时有横溢之虞,汉自襄阳以南亦多溃决之患,然而富强之迹居然未改矣。"②由于"荆土日辟",形成沃野千里之势,其粮食生产的总量日益增加,生产的粮食供给江南一带,其地虽然有溃决横溢之水患,但依然十分富足。在论述四川的经济情况时,他指出其地物产之丰富多样:"(蜀川)地多盐井,朱提出银,严道、邛都出铜,武阳、南安、临邛、江阳,皆出铁。"③从上可知,顾祖禹在分析各地经济地理时十分关注其在全国经济形势中的地位与作用。除此之外,顾祖禹还从全国总体的政治与军事形势入手,探讨经济地理在政治与军事中的重要作用,他在分析元代历史时说:"元并江南,海道挽输,平江最为繁富。及张士诚窃之,而运路中绝,大都尝有匮乏之虞。士诚富强一时,为群雄冠。然则元之覆亡,未始非士诚先据平江,竭彼资储之力也。"④在此,顾祖禹将江南平江的经济地理与政治、军事地理联系起来,张士诚占据了平江,不仅其自身实力"为群雄冠",而且造成了元大都物资匮乏的局面,平江的经济地理成了元代生死存亡的重要因素。

由上可见,在论述各地的经济地理形势时,顾祖禹总是着眼于全国总的经济、政治与军事形势,总是将其置于国计民生的大命题之中,从而思考各地经济地理对于安居环境建构的作用与价值。

3. 重视江河湖海治理。从重视农业出发,顾祖禹在《读史方舆纪要》中十分重视江河湖海的治理。在顾祖禹看来,江河湖海的治理与农业生产的发展有十分密切的关系,太湖流域自南朝以来由于地域的原因就成为经济发展态势良好的地区,成为自南朝以后历代王朝重要的产粮区。与此同时,顾祖禹深刻地认识到,"夫三江之通塞,系太湖之利病,太湖之

---

① 〔清〕顾祖禹撰,贺次君、施和金点校:《读史方舆纪要》卷一十九,第 870 页。
② 〔清〕顾祖禹撰,贺次君、施和金点校:《读史方舆纪要》卷七十五,第 3518 页。
③ 〔清〕顾祖禹撰,贺次君、施和金点校:《读史方舆纪要》卷六十六,第 3129 页。
④ 〔清〕顾祖禹撰,贺次君、施和金点校:《读史方舆纪要》卷二十四,第 1157 页。

利病,系浙西之丰歉,浙西之丰歉,系国计之盈缩,未可置之度外也"①。
在此,他认为,松江、娄江、东江的通畅与堵塞,关系到太湖流域的利与
病,而太湖流域的利与病,牵系着整个浙西农业的收成情况,进而他意识
到,浙西农业的收成情况又与国家财政的盈缩有内在的紧密的关系,因
而,他强调松江、娄江、东江等三江水利的治理要从国家层面上进行重点
的关注。而且,江河湖海的治理也关系到人们的生活状况与各个地区的
经济发展。因此,在《读史方舆纪要》中,顾祖禹不仅重点考察了我国境
内大江大河的历史变迁及其内在的变迁规律;而且他也收录与考察了前
人治理江河湖海的相关对策与经验,从而以黄河为重点考察对象,提出
了相关的治理方法。

关于黄河水患的治理,自先秦的三代以来,历代有识之士进行过太
多的探讨,并提出过相关的治理方法,其中也不乏真知灼见。在《读史方
舆纪要》中,顾祖禹重点介绍了历代以来有名的治理黄河的见解。汉代
贾让、北魏郑偕讨论过入海口的巨大作用,贾让认为,应当迁徙"冀州之
民当水冲者",让黄河水顺利入海,从而实现河定民安;北宋欧阳修从水
之本性的角度讨论过废弃的河道难以复原的问题;苏辙、任伯雨都讨论
过如何"防河"的问题,苏辙认为"防河"应当了解黄河水流"急则通流,缓
则淤淀"的规律,而任伯雨则认为"防河"应当顺应黄河水流的流向,"宽
立堤防,约拦水势",从而防止其大段慢流导致河道淤塞;元代欧阳元认
为治理黄河有疏、浚、塞三种方法,但必须要因地制宜地使用;明代的徐
有贞认为,治理黄河在于合理处理天时、地利与人和三者的内在关系,在
此基础上,他认为,从水性而言,治水应顺流加以疏导,而不应逆流加以
埋塞;明代潘季驯认为治理黄河应当与时变通地应用疏、浚、塞等方式,
并进一步讨论了河防与漕运的内在关系。②

虽然上述黄河治理方法没有从根本上解决黄河水患的问题,但顾祖

① 〔清〕顾祖禹撰,贺次君、施和金点校:《读史方舆纪要》卷一十九,第 905 页。
② 参见〔清〕顾祖禹撰,贺次君、施和金点校:《读史方舆纪要》卷一百二十六,第 5424—5428 页。

禹深入考察这些方法后,提出了一些黄河治理过程中有规律性的见解:

(1)顺应黄河水流的自然本性。在顾祖禹看来,为了更好地取得治理效果,治河方策一方面必须顺应黄河水流的自然态势。水流的自然态势首先表现为"水由地中,沙随水去",而想要顺应这种态势,必须合理地修缮河堤,使其水流无所旁决,因此,治堤可为治理黄河的合理方策,通过缕堤合理约束其水流,通过遥堤"以宽其势",再加上修建滚坝以疏泄其洪水。水流的自然态势其次表现为"河之性宜合不宜分,宜急不宜缓",在治理黄河的过程中,应当充分考虑水流应合流而不应使之分流,水合流则水流湍急,湍急的水流冲刷河道,河道深广从而有利于水流的通畅,水分流则水流平缓,平缓的水流导致流沙淤积河道,造成河道堵塞。水流的自然态势最后表现为既有源又有流,既有主流也有支流,为了适应这种水流的自然态势,顾祖禹认为,治理过程中必须先固源头,才去考虑疏通下游河道,必须先防主流,再去考虑遏制旁支。另一方面,治河方策必须顺应黄河水流的自然走势。在《读史方舆纪要》中,顾祖禹从历史的教训出发,认为治河应当强调尊重水流的自然走向,不可因为一时之利而私自改变黄河水道。在黄河治理的历史中,曾有朝代因为一时之利而人为堵塞黄河,迫使其改变水流的自然走向,从而导致黄河出现"北流"与"东流"并存的人为局面。顾祖禹引用苏辙的论述表达了对这种局面形成的批判:"黄河之性,急则通流,缓则淤淀。既无东西皆急之势,安有两河并行之理?"[①]在此,顾祖禹认为,黄河水流的自然本性就是急则通畅,缓则堵塞,既然没有东流与北流皆急的态势,那么"北流"与"东流"并存的局面就不符合黄河水流的自然本性。而到了北宋后期,这种人为堵塞河道违反水流自然本性的局面变本加厉,在已经形成"北流"和"东流"双流并存的现实条件下,北宋朝廷强行三次人为堵塞北流,强迫黄河水流全部从东流入海,其治理的依据一方面出于当时的政治局势,可以以黄河天险抵御北方少数民族的入侵,另一方面出于当时的经

---

① 〔清〕顾祖禹撰,贺次君、施和金点校:《读史方舆纪要》卷一百二十六,第 5425 页。

济形势，可以发展东部的农业生产。这种违反自然规律的治河策略最终失败，并且在当时导致了严重的黄河水患。顾祖禹在《读史方舆纪要》中对宋代的这种做法进行了严厉地批评，而且警醒清代统治者不要重蹈覆辙："宋人回河而东，为千古之诮。今遽欲回河而北，不复蹈其前辙乎？"[①]

（2）因时因地采用合理的方法治河。顾祖禹认为，治理黄河不可拘泥于古法，也不可希求用一种方法治河而一劳永逸。治理黄河应当"与时变通，因端顺应"，应当因时因地采用正确的方法。顾祖禹在《读史方舆纪要》中提供了四种可以使用的方法：疏、浚、堤、塞。关于疏的运用，他认为，"上流利用疏，暴涨利用疏"，也即黄河上游应用疏的方式，河水暴涨时也应用疏的方式；关于浚的运用，他认为，"归流宜用浚，农隙水涸时宜用浚"，也即将支流拢归一处应当采用浚的方式，河水干涸时也应当深挖河道；关于堤的运用，他认为，"河流散漫宜用堤，地势卑薄宜用堤"，河水四处漫溢应用河堤加以约束，地势低下之处也应用河堤加以保护，并且顾祖禹认为，堤有遥、直、逼、曲之分，应因时因地合理运用；关于塞的运用，他认为，"道当因则新口宜塞，正流欲利则旁支宜塞"[②]，河道最好是沿用旧道，新的河道应当堵塞，为了保证主流，支流应当合理堵塞。在顾祖禹看来，如果因时因地合理地采用疏、浚、堤、塞等方式，黄河也是可以进行有效治理的。

此外，为了更好地打造安居的环境，顾祖禹在《读史方舆纪要》中十分重视漕运与海运，并且强调漕与河之间的内在关系。

关于漕运，顾祖禹认为："《禹贡》九州贡道皆会于河。河即漕也。"在此，他强调了漕与河之间的内在关系，《禹贡》中指出"九州贡道"皆与河交汇，由此可见，"河即漕也"。延至秦、汉、唐、宋，历代都有漕河的开拓，元代虽也有漕河，但东南之粟都是经由海运送到大都，漕河的作用没有充分地体现。只有到了明代，明代继承了前朝的漕河的旧制，并且加以

---

① 〔清〕顾祖禹撰，贺次君、施和金点校：《读史方舆纪要》卷一百二十六，第 5428 页。
② 〔清〕顾祖禹撰，贺次君、施和金点校：《读史方舆纪要》卷一百二十六，第 5428 页。

合理地修缮,从而"岁漕数百万,皆取道于此"。明代初期建都南京,漕河不仅为西北运输粮食提供了便利,而且也将两浙的物资输送到南京。因此,顾祖禹认为,漕河关系到明代王朝的兴衰,"天下大命实系于此矣"①。基于此,在《川渎异同》中,顾祖禹在重要的州县条目下十分详尽地梳理了漕河沿线的闸、坝、堤和有助于漕运的自然河流。同时,他也重点介绍了苏州、松江、扬州和淮安等在漕运周转中的枢纽地位。而且,在漕与河关系的论述上,他体现出一种漕与河兼顾的宏观视野,在保漕的基础上必须要关注自然河流的治理,漕与河互相兼顾的视野表现了他意识到保漕与治河都应当是环境安居的重要基础。

关于海运,他在《读史方舆纪要》中引用梁梦龙的论述来表达其对海运的关注。他认为,《元史》中记载,元人由于重视海运,而实现了"民无挽输之劳,国有储蓄之富"②;清代定都北京,国家的财赋来源于东南地区,而财赋的运转仅仅依靠河漕,有识之士应当意识到这种机制的内在隐忧。因此,为了弥补南粮北运过度依靠河漕的局面,国家可以考虑重拾元人的海运之道,形成河漕与海运互相补充的转运机制。当这种互相补充的机制形成时,江西、湖广、江东之粟可以依照旧例采用漕运,而浙江濒海地区的粮食可以经由海运进行转运。正由于意识到海运对于完善国家转运机制的重要性,他极力主张促进海运的发展,并且,他在《读史方舆纪要》中绘制有详细的海运图。

---

① 〔清〕顾祖禹撰,贺次君、施和金点校:《读史方舆纪要》卷一百二十九,第 5464 页。
② 〔清〕顾祖禹撰,贺次君、施和金点校:《读史方舆纪要》卷一百二十九,第 5505 页。

第五章　李渔《闲情偶寄》的环境美学思想

李渔(1610—1680),明末清初人,祖籍浙江金华兰溪。他不仅是著名的小说家、戏剧家、园林艺术家,而且也是十分杰出的戏曲导演和造园实践家。李渔的环境美学思想主要体现在《闲情偶寄》中。《闲情偶寄》分为词曲、演习、声容、居室、器玩、饮馔、种植、颐养等八个部分,在其中,李渔以"闲居"为旨归形成了极其丰富的环境美学思想。李渔《闲情偶寄》中的环境美学思想形成既与明清时期对自然山水欣赏的风尚是分不开的,同时也与明清时期日常生活审美化思潮有着千丝万缕的内在关联性。

第一节　闲居的审美追求

张潮在《幽梦影》中提到:"人莫乐于闲,非无所事事之谓也。闲则能读书,闲则能游名胜,闲则能交益友,闲则能饮酒,闲则能著书。天下之乐,莫大于是。"①在此,张潮指出,闲居是天下最大的快乐,但这种闲居并不是无所事事,而是在闲居中体会闲适的审美意趣。李渔《闲情偶寄》中

---

① 〔清〕张潮撰,王峰评注:《幽梦影》,北京:中华书局 2008 年版,第 104—105 页。

审美地呈现了这种闲居的生活状态,他通过对自然世界与生活世界的审美关注,形成了一种闲居的审美追求,闲居不仅成为其环境美学思想的切入点,也是其环境美学思想的最终旨归。

闲居的审美追求不仅体现在《闲情偶寄》的书名中,也体现在《闲情偶寄》的具体内容中。从《闲情偶寄》的书名看,闲适的心态就鲜明地体现出来。"闲情"就表达了他对生活世俗性的摆脱,呈现出一种功利之心消隐的闲散的审美状态;"偶寄"则表达了内心在审美情性的引导下呈现出一种自由的心境。而从《闲情偶寄》的具体内容来看,全书的八个部分都是力图在世俗生活中寻求审美的闲适之趣,尤其是在居室、器玩、饮馔、种植、颐养等五个部分中极力打造一种闲居之境,从而在其中获取一种审美的快乐。而这种闲适的心态建立在他人生态度的基础之上,他的人生追求就是以审美的态度来面对他的生活世界。正如林语堂在《人生的乐趣》中所提到的一样,在李渔的全部著作中,生活的乐趣是其关注的重要对象,人们的住宅和庭园、屋内的装饰与分隔、妇女的梳妆打扮、烹调与美食品的艺术、富人穷人寻求乐趣的方法、一年四季消愁解闷的途径,都成为其审美关注的主要对象。因此,在林语堂看来,这种对于生活的审美态度涉及生活的各个方面,不仅包括了人们的衣食住行,也包括了人们的行卧坐立,这一切就构成了中国人生活艺术的袖珍指南。①

的确如此,在《闲情偶寄》中,李渔指出,只要内心保持一种闲适的审美心态,自然世界与社会生活中无处不成乐境,无时不成乐境。在《闲情偶寄·随时即景就事行乐之法》中,李渔不仅列举了沐浴之乐、听琴观棋之乐、看花听鸟之乐、蓄养禽鱼之乐、浇灌竹木之乐,而且也生动地勾勒出睡、坐、行、立、饮、谈之乐,尤其是他在勾勒睡、坐、行、立这些日常生活中的行为时,体现出一种悠然自得的审美快乐。

关于"睡",李渔以一种闲适的笔触描述得最为详尽。他一方面认为,睡对于养生十分重要,善睡当为养生的首要秘诀,睡能够恢复人的精

---

① 林语堂:《人生的乐趣》,《林语堂经典散文全集》,北京:北京出版社 2007 年版,第 314 页。

神,能够养气,能够健脾益胃,能够坚骨壮筋。另一方面,他认为,"睡有睡之时,睡有睡之地,睡有可睡可不睡之人"。"睡之时"应当有讲究,人最好在戌时到卯时睡觉,也就是晚上 7 点到 9 点之间开始睡觉,早上 5 点到 7 点必须起床。如果先于戌时睡觉,就是早睡,晚于卯时睡觉,就是晚睡,而早睡者不祥,和有疾病者思睡没有差异,而晚睡者犯忌,与长夜不醒者没有差别。由此可见,对于睡觉的时间,应当以闲适的心态顺应身体的自然需求。在此,李渔以诗意的笔触描述了午睡之快乐:"午睡之乐,倍于黄昏,三时皆所不宜,而独宜于长夏。"夏天白天的时间可抵冬天两个白天的时间,而夏天夜晚的时间不及冬天半夜的时间,因此,从养生计,必须进行午睡。而午睡如何得以诗意化呢? 李渔认为,"手倦抛书午梦长"的状态最有诗意,"睡中三昧,惟此得之"。何为"睡之地"呢? 李渔指出,睡觉必先选择睡觉之地,静凉之地当为"地之善者",不静之地,只能睡目不能睡耳,不凉之地,只能睡魂不能睡身,而只有闲适的心态才能促使人选择静凉之地。而何谓"可睡可不睡之人"呢? 李渔指出,可睡可不睡在于忙与闲的区别,就常理而言,忙人当为可睡之人,而闲人当为可不睡之人。但事实上是,忙人有太多的事情萦绕于心,只能睡眼不能睡心,实为可不睡之人;而闲人则"眼未阖而心先阖,心已开而眼未开;已睡较未睡为乐,已醒较未醒为乐"①,这就是闲人为可睡之人的原因。

关于"坐",他引用了《论语·乡党》中的"寝不尸,居不容"来说明孔子的养生秘诀,并且认为古往今来,孔子是最善于养生之人。所谓的"寝不尸,居不容",指的是孔子睡觉时不像死尸一样笔直躺着,平时坐着,也不像接见客人或自己做客人一样跪坐在席上。由此可见,在日常生活中,李渔主张以一种悠闲的姿态来舒展人的五官四体,因此,他指出,假如有"好饰观瞻,务修边幅"之人,每时每刻都要求自己像君子一样,任何地方都以圣人的标准要求自己,则其寝居的状态就是"不求尸而自尸,不

---

① 〔清〕李渔:《闲情偶寄》,《李渔全集》第三卷,杭州:浙江古籍出版社 1991 年版,第 322—324 页。

求容而自容"①。而与此相对照的是,孔子作为君子与圣人,其寝居不尸不容,而"不尸""不容"四字,勾勒出一种圣人平时的闲适心态。

关于"行",李渔认为,贵人出行,必乘车马,"逸则逸矣,然于造物赋形之义,略欠周全",因为人有足而不用,和人无足无异,这反而不如安步当车之人。接下来,他又指出,贵人步行可以为乐,在步行中,可以领略山水之胜,可以览花柳之姿,可以偶遇在田间耕作的朋友,可以邂逅负薪之高士,何乐而不为呢?而对于贫士而言,步行之乐不在于"有足能行",而在于行走缓急可以随事而定,事情紧急,则疾行当马,事情可缓,则安步当车,也在于结伴可行,无伴亦可行,不像富贵之人必须假足于人,行走之间有一种悠闲意趣。

关于"立",李渔一方面从养生的角度认为,人不可久立,如每日久立则"筋骨皆悬,而脚跟如砥,有血脉胶凝之患"②;另一方面,"立"又可得诸多审美情趣,倚长松而立,凭怪石而立,靠危栏而立,扶瘦竹而立,既可以像伏羲以前的古人体验无忧无虑、生活闲适之情趣,也可以与所倚立之物成绝美风景,这是一种何等的审美快乐。

而在《闲情偶寄·种植部》中,通过李渔的赏梅弄柳、种植翠竹,我们也可以看到他的这种闲居的审美追求。

李渔认为,观梅有两种方法,第一种针对山游之人,山游之人赏梅"必带帐房",这种"帐房""实三面而虚其前",在其中一般设有炭炉,既可用来取暖,也可用来温酒;而第二种方法针对园居之人,园居之人可以设置纸屏数扇,纸屏上以平顶覆盖,四周开设可以开闭的窗户,"随花所在,撑而就之",可在纸屏前设一小匾,称之为"就花居"③。这种纸屏自由随意,可以随地放置,而且其用途不止于用来观梅,也可用于观赏各种花卉。而关于新柳的欣赏,李渔指出,柳树的审美姿态主要在于垂枝随风摇曳,柳枝的审美意趣在于其有袅娜之致的长条。而且柳树不仅是纳蝉

---

① 〔清〕李渔:《闲情偶寄》,《李渔全集》第三卷,第 37 页。
② 〔清〕李渔:《闲情偶寄》,《李渔全集》第三卷,第 326 页。
③ 〔清〕李渔:《闲情偶寄》,《李渔全集》第三卷,第 262 页。

之所,也是诸鸟聚集的地方,正因为如此,蝉鸟鸣叫之声可使长夏充满了生机与活力。在李渔看来,柳树不仅可以娱目,也可以悦耳,耳则无时不悦。鸟声之最可爱者,不在人之坐时,而偏在睡时。①而在对李渔种植翠竹的体验过程中,我们能充分地感受到其闲居生活的审美韵味。在李渔看来,翠竹移入庭中,不多时就成高树,"能令俗人之舍",转眼之间就成"高士之庐",令人俗虑皆忘。而"种竹之方,旧传有诀云:'种竹无时,雨过便移,多留宿土,多取南枝'",为了验证这种古诀,李渔一一进行试验,最终他得出结论,古诀中只有"多留宿土"这一条可以遵循。我们可以想象,没有闲适的审美心境与闲居的审美追求,这种精心的种竹试验是无法实现的。

第二节　设计结合自然

关于环境的审美设计,李渔十分强调设计结合自然。这种设计结合自然的审美设计思想来源于他对自然山水的挚爱。他在"道途行乐之法"中提到,他游绝塞归来之时,有同乡之人问他,"边塞之游乐乎",他十分肯定地回答说"乐"。在李渔看来,绝塞之游可谓是逆旅,逆旅之乐在于山川云物可以纵览,途经一地可以饱览一地的胜景,自然山水之游可以说是人生最快乐的事情。② 而且,李渔意识到他不可能每时每刻在自然之中遨游,但是又对自然山水游之不足,因此他在园林设计中移自然之石入园,引自然水流入元。他认为,在宅园中叠石成山、理水成池是情非得已,既然不能"致身岩下,与木石居",那就只能"一卷代山,一勺代水"③,聊解对自然山水的思慕之情。由此可见,李渔对于自然山水有一种异乎寻常的挚爱之情,这也成为其园林设计理念生成的审美动因。

李渔的审美设计理论更多表现在他对园林的设计实践之中,我国古

---

① 〔清〕李渔:《闲情偶寄》,《李渔全集》第三卷,第 304 页。
② 〔清〕李渔:《闲情偶寄》,《李渔全集》第三卷,第 316 页。
③ 〔清〕李渔:《闲情偶寄》,《李渔全集》第三卷,第 195 页。

代园林艺术作为一种综合型的艺术表现形式,它包括山水的处理、建筑的组合、花草树木的排列等等。在园林审美要素的排列组合中,李渔强调简洁自然,"宜简不宜繁,宜自然不宜雕斫。凡事物之理,简斯可继,繁则难久,顺其性者必坚,戕其体者易坏"。① 在此,他通过窗棂与栏杆制作的要求来表达对园林建造的审美理念,他认为,园林整体规划与局部设计都以简洁为宜,以繁复为不宜,以自然而然为宜,以雕斫为不宜,而如何达到简洁自然的审美目的,就在于把握事物的内在自然之理,事物的自然之理在于其简洁就可持续,繁复则很难持久,而顺应事物的自然之性则坚固耐用,而破坏其自然之性则容易损坏。在此,他虽然以窗棂与栏杆制作为例来说明事物自然本性的重要性,但我们可以清晰地体会到李渔对于自然之美的重视。在园林设计中,李渔合理地继承了我国古代园林的设计精髓,并在自然造化之美的指引下,以自然之美为最佳蓝本,形成了其设计结合自然的环境设计理念。

　　设计结合自然的审美理念生成于李渔对自然美的审美体验之中,由于他对于自然美之自然天成性的深入体验,他力图将这种天成之美在园林这种人工物中完美地展现出来。在将自然物之美与人工物之美进行对比的基础上,李渔在园林设计中强调自然天性之美,反对繁复雕琢之美。基于此,李渔审美视野中的"自然"一方面指"人工渐去,天巧自呈"。"人工渐去,天巧自呈"的命题是李渔在论述窗格制造时所提出的,他认为,窗格样式中的纵横格既雅且坚,而他提倡的纵横格是从陈腐中新变而成,但这种新变必须取其"简者、坚者、自然者"而变之②,而且在这种新变中必须做到宜简不宜繁、宜自然不宜雕斫,从而达成"人工渐去,天巧自呈"的审美境界。虽然在此李渔以此命题论述窗格的制作,但这个命题对于整个园林设计也是同样适用的,而且,李渔在进行园林设计时时刻遵循这种审美的理念,力图使园林具有自然天成之美,催生一种自然

---

① 〔清〕李渔:《闲情偶寄》,《李渔全集》第三卷,第 165 页。
② 〔清〕李渔:《闲情偶寄》,《李渔全集》第三卷,第 166 页。

而然的审美体验。另一方面,"自然"的内涵也指人与自然之间的内在关系处于一种和谐共处、心物融合的自然状态。

由上可见,设计结合自然的审美设计理念建立在观照自然、顺应自然、尊重自然、师法自然的基础之上,而如何合理地处理人与自然的内在关系,并达到人与自然的审美融合,成为李渔园林设计与建造的最终审美旨归。在李渔的审美视野中,自然应当成为园林设计的最佳蓝本,充分挖掘自然的审美潜质,表现自然的无限生机,在顺应自然的过程中充分地点化自然,而不是片面地征服自然、肆意地破坏自然,从而实现人与自然的审美互动。

设计结合自然的审美设计理念不仅体现在李渔对于园林的整体规划中,而且也体现在李渔对于园林的局部设计之中。就园林的整体规划而言,李渔强调园林的选址与自然环境融为一体,也强调园林的审美意境呈现出自然而然之态。据麟庆的《鸿雪因缘图记·记半亩营园》中记载,半亩园位于紫禁城东北角的弓弦胡同内,原本是清初贾汉复的住宅,李渔在担任贾汉复幕僚时,在贾汉复的授意下为其在住宅之地修建新园,"垒石成山,引水作沼,平台曲室,奥如旷如"。①而结合保存在《鸿雪因缘图记》中的半亩园图来看,李渔在半亩园的整体规划中,叠石为山,引水为池,尽得自然山水之妙通过平台曲室之开旷幽深,表现出自然之开旷幽深的气势。

芥子园是李渔在南京居住时所修建的,芥子园位于南京南郊的秦淮河畔,此园是李渔园林构建中十分具有代表性的作品。他在《芥子园杂联序》中提到:芥子园为其金陵别业,"地止一丘",因此,取名为"芥子",表现其占地很小,但来往的朋友认为其园宅有自然丘壑之气势,有芥子纳须弥之审美意蕴。② 在《闲情偶寄》《芥子园杂联》中,李渔对芥子园中人与自然的审美融合进行了十分诗意的表述。芥子园中的书屋名叫"浮

---

① 〔清〕麟庆:《鸿雪因缘图论》,陈从周、蒋启霆选编:《园综》,上海:同济大学出版社,第23页。
② 〔清〕李渔:《芥子园杂联序》,《李渔全集》第一卷,第242页。

白轩",在浮白轩后面有一坐小山,"高不逾丈,宽止及寻,而其中则有丹崖碧水、茂林修竹、鸣禽响瀑、茅屋板桥,凡山居所有之物,无一不备"。在书室中,他可以在雨天观看瀑布,在晴天观看清月。李渔在浮白轩靠山一面开窗将自然山居之景全部引入轩中,而且在轩中,李渔别具匠心地请善塑者"肖予一像",并达到了"神气宛然"[1]的境界,此塑像坐于石矶之上,手持纶竿在自然山水中临水垂钓,人与自然的融合之情溢于轩内。在"月榭"上,无论春夏秋冬,只要能见月就可登台赏月,东南西北之风皆入榭中。而在"栖云谷"中,李渔不仅可以体验在万山中穿行的壮阔之美,也可以形成似舟行三峡里的审美体验。

伊园建立在李渔家乡伊山的山脚下,据《卖山券》记载,伊山"舆志不载,邑乘不登",高不过三十余丈,周围的面积不到百亩,而且其景观与名山也相去甚远,既没有"寿松美箭",也没有"诡石飞湍"[2]。但在此山之中,李渔以审美的眼光发现了其自然之美景,并在伊园的设计中很好地将伊山的自然风光融入其中。他在《拟构伊山别业未遂》中表达了其伊园设计结合自然的审美理念:"拟向先人墟墓边,构间茅屋住苍烟。门开绿水桥通野,灶近清流竹引泉。"[3]在此,李渔简要地表达了其以自然为本的设计规划,在山林的苍烟中建茅屋一间,筑桥以通山野,茅屋开门即见溪流绿水,可用竹引清泉入屋,自然山野与茅屋融为一体,自然风致随时入屋。由此可见,李渔力图将伊园打造成一个颇具山野美趣的自然家园,并在其中体验一种温馨的家园感。他在《伊园十二宜》《伊园十便》中提到的"便"与"宜"都是涉及伊园如何有利于体验自然美景的。李渔在《〈伊园十便〉序》中提到,当他在伊山山麓结庐而居时,有客经过时就问他:"子离群索居,静则静矣,其如取给未便何?"他十分自豪地回答说,虽然有若遗世独立,但"其便实多,未能悉数"。这种不能悉数之"便"体现

① 〔清〕李渔:《闲情偶寄》,《李渔全集》第三卷,第171页。
② 〔清〕李渔:《卖山券》,《李渔全集》第一卷,第129页
③ 〔清〕李渔:《拟构伊山别业未遂》,《李渔全集》第二卷,第310-311页。

在他不仅受山水自然之利,而且也享花鸟殷勤之奉。①

在《闲情偶居·颐养部》中,李渔深情地追忆了这一段他与自然审美融合而得到的审美快乐。当明末清初天地剧变之时,他在伊园中隐居自然山水之中,在这种审美的生活中,他不仅不戴头巾,而且也不穿衫履,或者裸身于荷叶之中,家人都寻之不得,或者仰卧在长松之下,猿鹤经过而不知晓,或者在飞泉中清洗砚石,"欲食瓜而瓜生户外,思啖果而果落树头"。这种在自然山水中沉醉的生活不仅是人世中的奇闻,而且也是人生之至乐。在这种自然的审美快乐的反观中,他表达了对于城市生活的反感,在离开伊园后,他回到了城市之中,在城市中的生活,"酬应日纷",虽然不觉得"利欲熏人",但也受到"浮名致累"②,这就使得李渔无比怀念其在伊园的乡居生活。

就园林的局部设计来看,李渔依然坚持设计结合自然的审美理念,在园林的局部创造出肖似自然的审美景观,从而获得人与自然融合的审美体验。园林中"梅窗"的设计就是这种审美精神的完美体现。"梅窗"是李渔对传统门窗的创新性改造。在李渔看来,"梅窗"是他生平设计制作出来的最好窗户。"梅窗"是他用几根枯木制作而成的"天然之牖",他在《闲情偶寄》中的"取景在借"这一部分记述了其制作的过程:有一年夏天,倾盆大雨淹死了他书房前的石榴树与橙树,他本来想将它们砍碎当作柴火,但它们过于坚硬而无法实行;后来,他发现它们的树枝很像古梅弯弯曲曲的树枝,于是他取最直的树干作为窗户的框架,并取两枝弯曲的树枝,放于窗户的中间部位,利用枝柯盘曲的自然之势,形成其酷似梅枝的审美形状;接下来,他"剪彩作花,分红梅、绿萼二种"③,点缀在疏枝细梗之中,形成了似古梅刚刚开花的自然景致。而在床帐的设计中,李渔更是匠心独具,他提出了"床令生花""账使有骨""帐宜加锁""床要着裙"等四种创意,而"床令生花"的审美创意更是表达其人与自然融合的

---

① 〔清〕李渔:《〈伊园十便〉序》,《李渔全集》第二卷,第148页。
② 〔清〕李渔:《闲情偶寄》,《李渔全集》第三卷,第318—319页。
③ 〔清〕李渔:《闲情偶寄》,《李渔全集》第三卷,第172页。

审美理念。他认为,瓶花盆卉一般都置于案头,白天可时刻亲近,但夜晚就不得不与之分离。为了解决这种矛盾,他在床帐之内创设托板,将之作为"坐花之具",但托板又不能露出床沿,于是,睡觉之时"鼻受花香,俨若身眠树下"①。而对于园林中花鸟虫鱼、山石草木的处理,李渔也力图展现它们的自然本性,虽然他很喜爱它们陪伴在身边,但不会扼杀它们自由的本性——"予性最癖,不喜盆内之花,笼中之鸟,缸内之鱼,及案上有座之石,以其局促不舒,令人作囚鸾絷凤之想。"②在此,他指出,相比常人而言,他的性情有点怪异,他不喜欢盆中的花、笼内的鸟、缸里的鱼,以及书案上有底座的石头,受到约束而导致其本性无法自然舒展,从而造成一种"囚鸾絷凤"的感觉。因此,在盆花之中,除了幽兰与水仙外,他都一概不观。虽然画眉他十分喜爱,但必须按他自己的设计制作鸟笼,一定不能给人带来一种拘束画眉的感觉。

第三节　因地制宜

因地制宜作为我国古代园林设计的基本美学原则,它主要强调园林设计应当根据园林所在区域的自然地理环境进行合理的规划。计成在《园冶》中从园林相地立基的角度对因地制宜进行了相对深入的理论论述。李渔在继承前人因地制宜的设计思想的基础上,对因地制宜的美学原则不仅从理论上进行了拓展,而且也在实践上进行了多元化的创新。从李渔的园林设计实践来看,李渔对于因地制宜进行了广义的理解,因地制宜不仅像计成在相地立基时所提出的因山制宜、因水制宜,而且他在实践中也提出了因时制宜与因材制宜。

在园林的选址上,李渔十分强调因地制宜,顺应当地自然地理大势。关于园林选址,一般来说,建造园林之处必须有高下之势,从而有利于园内审美景观的打造与园外景观的引入。但如果没有这样的高下之势,园

① 〔清〕李渔:《闲情偶寄》,《李渔全集》第三卷,第208页。
② 〔清〕李渔:《闲情偶寄》,《李渔全集》第三卷,第172页。

167

林应当如何进行整体规划呢？李渔在《闲情偶寄·居室部》的"高下"这一部分进行了深入的论述："房舍忌似平原，须有高下之势，不独园圃为然，居宅亦应如是。前卑后高，理之常也。然地不如是，而强欲如是，亦病其拘。总有因地制宜之法：高者造屋，卑者建楼，一法也；卑处叠石为山，高处浚水为池，二法也。又有因其高而愈高之，竖阁磊峰于峻坡之上；因其卑而愈卑之，穿塘凿井于下湿之区。总无一定之法，神而明之，存乎其人，此非可以遥授方略者矣。"[①]在此，李渔认为，房屋建造不能没有高下之分，必须在高下之分中形成高低起伏的整体气势，这不仅对园林来说应当如此，而且住宅建筑也应当如此。其实，通过这种表述，李渔隐在地表达了园林选址的最佳地方应当有高下之别。但是如果实际的自然地理形势不具备这种高下之分，建造者就应当采用因地制宜的设计方式，从而达到高低起伏的内在气势。李渔提供了三种因地制宜的方法：第一种，在地势稍高之处造屋，而在地势稍低之处建楼；第二种，在地势低的地方利用叠石建成假山，在地势高的地方理水建造水池；第三种，在地势较高的地方加以精心设计，从而使之显得更高，如在山坡或高处建亭造阁，对于较低的地方则挖掘塘开凿水井，从而使之更低。但李渔又强调，因地制宜之法没有固定的法则可以遵循，全靠个人的心领神会。李渔指出，他之所以能够十分巧妙地运用因地制宜之法，全部在于他不拘泥于前人所使用的旧模式，园林中的每一个环节都是在心领神会中亲自设计，从而能够在因地制宜手法的运用中做到每一个部位都自己亲手设计别出心裁。由上面的引述，我们可以看出，李渔认为园林的总体格局不能像平原一样平坦，必须有高低错落的审美情致，这符合园林设计的一般规律，但当自然地理形势无法达成这种目的时，园林设计者就必须灵活地运用因地制宜的美学原则，在适应自然地理形势的基础上，结合居住者的审美需求，从而形成错落有致的园林整体格局。

具体到每一幢园林建筑而言，李渔认为，从传统的建筑朝向惯例来

①〔清〕李渔：《闲情偶寄》，《李渔全集》第三卷，第158页。

看,房屋的最佳坐向应当为坐北朝南,但如果建筑所处的地理环境无法达成这种最佳朝向,建筑设计者必须采用因地制宜的方式进行合理的处理。他指出:"屋以面南为正向。然不可必得,则面北者宜虚其后,以受南薰;面东者虚右,面西者虚左,亦犹是也。如东、西、北皆无余地,则开窗借天以补之。牖之大者,可抵小门二扇;穴之高者,可敌低窗二扇,不可不知也。"①当建筑由于地理形势的原因只能坐南朝北时,建筑的后面必须要保留空地,从而使其可以顺利地导入南风。以此类推,正面朝东的建筑必须在右边保留空地,正面朝西的建筑必须在左边保留空地,也都是为了更好地引南风入室。但是假如囿于地理形势,东面、西面、北面都无法保留空地,建筑就必须多多设置高敞的窗户,一个敞大的窗户,完全可以顶得上两扇小门的通风效果,而一个开口很高的窗户比开口低的窗户的通风效果要强很多,这也是园林设计在因地制宜的过程中应当把握的。

　　上述关于因地制宜的理论表述与实际操作,更多是从因地制宜的本义出发。但李渔对于因地制宜之法的运用并不仅仅局限于其本义,他更是极具创造性地对因地制宜进行广义的解读。这种因地制宜的广义解读一方面体现在李渔对因物制宜的推崇中。关于因物制宜,李渔认为,堆砌园林小山时应当注意石与土之间的正确比例关系,小山的堆积必须以石头为主,再辅之以土壤,但也不能完全无土。土石之间的这种比例关系的形成主要是因为石头比土更容易竖立起来,过多的土会造成小山无法成形,即使成形也容易崩塌,因此必须依赖土的保护,一般的做法就是小山外层用石而在里面填土,这样小山就容易成形且十分坚固。而叠石成山对于石头的选择应当注意两个问题,一个问题就是必须合理选择石头的形状,一般说来,假山石之美主要体现在"透、漏、瘦"三个字上。"透"就是"彼通于此,若有道路可行","漏"就是石头上孔眼,有"四面玲珑"之美感,至于"瘦"则是指石头的整体形状呈现出"壁立当空,孤峭无

─────────

① 〔清〕李渔:《闲情偶寄》,《李渔全集》第三卷,第175—176页。

倚"的美感。但"漏"不能过分追求,如果石头处处有眼,就与窑里烧成的瓦器一样,不符合石头的本性,偶然看见一个孔眼,这才符合石头的自然本性。而且,石眼不能太圆,就算是天生圆形的石眼,也要在旁边加以碎石,使石眼显得有棱有角,从而避免其过于圆滑而形成人工雕琢之感。另一个问题就是应当注意石头的纹理与颜色,因物制宜地使用各种石头。李渔认为:"石纹、石色取其相同,如粗纹与粗纹当并一处,细纹与细纹宜在一方,紫碧青红,各以类聚是也。然分别太甚,至其相悬接壤处,反觉异同,不若随取随得,变化从心之为便。至于石性,则不可不依;拂其性而用之,非止不耐观,且难持久。石性维何? 斜正纵横之理路是也。"①在此,李渔指出,假山的叠石最好将石纹石色相同的叠放在一起,如粗纹的石头应归在一起,细纹的石头应置于一处,而且各种颜色的石头也应当各自归总在一起。但要注意,这种归类不能太过于细致,否则不同颜色转换的过程中容易产生过度的色差。如果这样的话,就反而不如随取随放、变化由心了。总而言之,叠石成山的过程中必须顺应石头内在的自然本性,这种自然本性就是石头正斜纵横的纹理,如果没有正确地处理石头的纹理,堆砌出来的假山不仅不具有美感,而且也不能持久地存在。

另一方面,这种因地制宜的广义解读体现在李渔的因时制宜巧妙设计之中。关于因时制宜,李渔在《闲情偶寄·居室部》的开篇就提到:"人之不能无屋,犹体之不能无衣。衣贵夏凉冬燠,房舍亦然。堂高数仞,榱题数尺。壮则壮矣,然宜于夏而不宜于冬。"②在此,李渔通过房屋与衣服之间的比较,认为房屋应当与衣服一样因时而异。人类为了安居,不可能没有房屋,同样如此,人类为了取暖,身上不可能不穿衣服。人类的衣服必须具备夏凉冬暖的功能,而为了安居,房屋必须具有夏凉冬暖的功能。房屋的厅堂高达数丈,其屋檐也显得十分舒展,这种房屋虽然十分

---

① 〔清〕李渔:《闲情偶寄》,《李渔全集》第三卷,第198页。
② 〔清〕李渔:《闲情偶寄》,《李渔全集》第三卷,第155页。

壮观,通风效果良好,但它只适宜于人类夏天居住,而不适宜于冬天居住。这就充分说明了李渔认为房屋的设计应当具有因时制宜性。因此,他在房屋设计中,非常注意采用因时制宜的设计原则。在对屋檐的灵活处理中,李渔就充分地使用这种因时制宜的原则,使得屋檐具有与时俱宜的功能。在李渔看来,不论是精美的房屋还是粗陋的房屋,其最重要的功能就是能够遮风避雨,经常有一些画栋雕梁的琼楼玉栏,只适宜于晴天揽胜,而不宜于雨天观景,其弊病不是太过于宽敞,就是太过于高大。因此,房屋的柱子不宜太高,太高的屋柱会使房屋不具有避雨的功能;房屋的窗户也不宜太多,太多的窗户会使得房屋不具有避寒的功能。而对于贫寒的家庭而言,"欲作深檐以障风雨,则苦于暗;欲置长牖以受光明,则虑在阴",李渔认为,只有添置"活檐"才能解决这种两难的困境。"何为活檐? 法于瓦檐之下,另设板棚一扇,置转轴于两头,可撑可下。晴则反撑,使正面向下,以当檐外顶格;雨则正撑,使正面向上,以承檐溜。"①李渔所谓的"活檐",就是在瓦檐的下部安置一扇板棚,并在两边安置转轴,从而使得房檐既可以自由地撑开也可以自由地放下。当天气晴朗的时候,将板棚反过来撑开,正面朝下,将之作为房檐外的顶格;而当天气下雨的时候,就可以撑开板棚,将正面朝上以便承接屋檐滴下的雨水。这种因时制宜的设计方法,有效地解决了普通窗栏的两难困境。

第四节　取景在借

"借景"是我国古代园林中组织与扩大审美空间的设计技巧。它采用巧妙的艺术手法,一方面力图突破园林空间的局限,将园林范围之外的自然人文景观合理地与园内景观结合在一起,形成整体的审美景观;另一方面,通过园内景观的精巧规划与设计,使得园内景观融为一体,相互借取,从而在园林内部形成和谐的审美整体。关于借景,计成《园治》

---

① 〔清〕李渔:《闲情偶寄》,《李渔全集》第三卷,第 159 页。

中进行了相对深入的理论总结。他认为,借景可以说是园林设计与建造最为重要的技巧,尤其是借用园外之景必须有所依据,不仅可以因四时而借,也可以因地而借,因此,他提出了远借、邻借、仰借、俯借、应时而借。而李渔在《闲情偶寄》中的"取景在借"这一部分以开窗借景为重点,对借景理论进行新的拓展与深化。

李渔在《闲情偶寄·居室部》将"窗栏第二"的标题直截了当地确定为"取景在借",从而表达出他对园林设计中借景手法的重视。在"取景在借"这一部分,他开篇就十分自豪地宣称,借景手法的运用,他是能够得其真谛的,并且以"开窗"为例,提出了"开窗莫妙于借景"的审美见解,并以此为中心话题,对于开窗借景进行了详细的论述。在具体的论述中,他以便面窗、尺幅窗、山水图窗的设计来说明借景的技巧。在对便面窗的审美设计中,他匠心独运地提出了因借"活景"的设计技巧。一般来说,我国古代园林中的借景手法中所借之景均为静态之景,而李渔所谓的"活景"也并不是所借之景可以四处移动,而是指通过巧妙的审美设计让所借之景通过舟车等动态载体形成动态之感,从而达到审美者可以运用活动的视角体验动态之景的审美韵味。通过湖舫式便面窗的设计技巧,李渔形象地说明了这种"活景"的因借。湖舫式便面窗四面都是实的,只有中间部位是虚空的,而这虚空的部位做成"扇面"的形状,窗户四面实的地方使用木板制作,并且蒙上一层灰布,从而做到完全不透露一丝光亮;而虚空的部位使用木料做成一个框架,这个框架的上下使用两根弯木做成弯曲状,而左右两边则用直木,从而形成一个"扇面",在"扇面"内必须全部是空的,不能用任何多余的东西加以遮挡。这种扇面窗可以在船的左右两边各设一个。制成扇面窗之后应如何因借活景呢?李渔对此进行了极富诗意地表达:"坐于其中,则两岸之湖光山色、寺观浮屠、云烟竹树,以及往来之樵人牧竖、醉翁游女,连人带马尽入便面之中,作我天然图画。且又时时变幻,不为一定之形。非特舟行之际,摇一橹,变一象,撑一篙,换一景,即系缆时,风摇水动,亦刻刻异形。是一日之内,现出百千万幅佳山佳水，总以便面收之。"①在此，通过船在湖中的不断移动，人在船中可以动览两岸的湖光山色、寺观宝塔、云烟竹树，同时，来来往往的樵夫牧童、醉翁游女全部以动态的方式进入扇面窗中，成为欣赏者的天然画图。而且这种动态的景观并不是固定的景观画面，它依时而变，时刻以变动不居的审美形态扑面而来。这种景观的变动与连续性不仅体现在船在江中游走时的一橹一象、一篙一景，而且即使船在系缆泊岸时，欣赏者只看风摇水动，其景观也变动不居。基于这种运态景观的不断变幻，审美者在一天之内即可尽览多种多样的山水美景。这种以内视外是一种借景，而在视角转换中，以外视内亦是一种借景："以外视内，亦是一幅扇头人物。譬如拉妓邀僧，呼朋聚友，与之弹棋观画，分韵拈毫，或饮或歌，任眠任起，自外观之，无一不同绘事。"②以外视内，两岸之人透过扇面窗，便可见扇头人物画，在其中可见船内之人呼朋聚友、弹棋观画、吟风弄月、歌饮坦然、谈笑自若。

由上可知，李渔所说的"便面窗"，其实质就是两个制作十分简单但审美效果十分显著的扇形船窗，通过这两个扇形船窗，可以由内视外，也可以由外视内，从而产生动静结合的审美体验，形成多种多样的天然画图。当人坐于舟中采用由内视外的审美视角时，审美者可以看见岸边车水马龙的热闹市景、两岸的风土人情，湖中的湖光山色，都成为动感十足的审美景观。而当人于岸边采用自外视内的审美视角时，审美者便可见人物在扇形船窗中以扇形人物画的景致荡漾于碧波之中。李渔所设计的湖舫式便面窗通过合理处理隔与不隔的辩证关系，形成了一种动态的、可以双向互借的借景方式，从而实现借景手法的创新与发展。

而在具体的园林设计实践中，李渔也充分地发挥了借景对于园林景观生成的重要作用。在芥子园中，为了达到借景的目的，李渔别出心裁地制作了观赏山景的虚窗，并将其命名为"尺幅窗"或"无心画"。芥子园

---

① 〔清〕李渔：《闲情偶寄》，《李渔全集》第三卷，第170页。
② 〔清〕李渔：《闲情偶寄》，《李渔全集》第三卷，第171页。

中浮白轩的后面有一座小山，高仅一丈，其宽也仅仅八尺。此山虽然很小，但其中景观令人赏心悦目，既有绮丽的岩壁与清碧的溪水，又有茂密的树林与修长的翠竹，飞鸟在其中鸣叫，瀑布在其中轰然作响，其中的景观足以满足山居的所有条件。按照李渔最初的想法，此山可以用来放置自己垂钓的雕塑，而且也没有将之作为浮白轩临山窗户的一部分的想法。但当他坐在窗前观看山景时，发现此山虽小，但小中见大，有"芥子须弥"之义。有一天，李渔突然意识到"是山也，而可以作画；是画也，而可以为窗"，也就是说，这座小山可以当画视之，而这幅由山而形成的画可以成为窗户的一个部分。李渔于是吩咐书童"裁纸数幅"，作为"无心画"头尾与左右的镶边，而将头尾贴在窗户的上下位置，将左右的镶边贴在窗户的两旁，"俨然堂画一幅"，但这幅画的中间部位是空的，这中空的部位就用书屋后的小山完美地进行填充。于是，窗户就不是纯粹的窗户，而是画图，屋后的小山就是画中之山了。当后面的山景通过中空部位进入窗中时，就好像一幅山水画悬于室内。通过"无心画"或"尺幅窗"的精心设计，李渔将书屋后面的自然景观完美地借入屋内，并形成一个完整的审美景观。① 除了利用自然山景的借景形成"无心画"或"尺幅窗"外，李渔还指出，如果没有自然的景观可以因借，便可设一便面形状的空窗，并在窗外放置一块木板，摆放用来观赏的"盆花笼鸟、蟠松怪石"，而且这些景物可以每日交替摆放，将吐花的盆兰移于窗外，就是一幅"便面幽兰"图，而将开放的菊花置于窗外，则又是一幅"扇面佳菊"图。② 而为了借景的需要，李渔在园林墙体的修建方面十分推崇采用女墙，他采用《古今注》中对女墙的界定："女墙者，城上小墙。一名睥睨，言于城上窥人也。"女墙就是城上的矮墙，又可称之为"睥睨"，通过此墙可以从城中往外张望。根据李渔个人的理解，"女墙"或"睥睨"这个名字是十分美，但就其所指内容而言，它并不一定专指城墙，它可以指称所有大门以内

---

① 〔清〕李渔：《闲情偶寄》，《李渔全集》第三卷，第 171 页。
② 〔清〕李渔：《闲情偶寄》，《李渔全集》第三卷，第 175 页。

及肩高的矮墙。而至于在园林中,在园墙上嵌花或是打孔,使内外景观互借,这种园墙就更是可以称为"女墙"了。李渔之所以推崇女墙,因为他认为墙体过分地镂空会使其不够坚固,容易造成墙体倒塌伤人,而过分严实的墙体又缺乏美感,无法达到借景的目的。而女墙可以避免上述这两种墙体的弊病,女墙的下半部分大多采用严实的砌制方式,从而达到坚固安全的目的;而上半部分则在接近人体头部高度的位置采用嵌花或打孔的方式达到镂空的目的,这不仅可以使园内之人巧借园外之景,而且园外之人也可看见园内的美景,并感受家园之美好。①

在层园的整体规划与设计中,李渔从层园的选址就考虑到了借景的方便,层园所处的地理位置离市区有一定的距离,其位置的对面是西子湖,背面是钱塘江,而且地势较高,具有很好的审美视野。而在具体的园林内部设计中,我们可以通过丁澎在《〈笠翁诗集〉序》中的一段记述来了解李渔的全部设计过程与理念:"高其甍,有堂坳然,危楼居其巅,四面而涵虚。……凡江涛之汹涌,巉峰之嵬屼,西湖之襟带,与夫奇禽嘉树之所颉颃,寒暑惨舒,星辰摇荡,风霆雨瀑之所磅礴,举骇于目而动于心者,靡不环拱而收之几案之间。"②其整体的设计依托山势的层层向上而进行,各种建筑也在呈现出层层向上的整体趋势,显得高低错落有致,不仅有山间平地上建的房子,也有在峰顶上建的高楼,可以四面借景。当欣赏者从山麓朝上仰望时,园林石径弯曲盘旋而上,各种建筑在绿树丛中显出高下之势,错落有致的空间感十分清晰地呈现在欣赏者的眼前。层园中的建筑大多比较高大,而且建筑的四周一般都有悬挑的长廊,站在长廊中,欣赏者可以从不同的审美角度与审美位置将园外远处的景观尽收眼底,从而很好地达到借景的目的。波涛汹涌的江水、高大骏险的山峰,围绕西子湖的山川如襟似带,西子湖的碧波千顷、烟波浩渺的山川盛景全都收入层园之中。

---

① 〔清〕李渔:《闲情偶寄》,《李渔全集》第三卷,第 183 页。
② 〔清〕丁澎:《笠翁诗集序》,见《李渔全集》第二卷,第 3 页。

综上可见,与前人的借景理论和实践相比较,在理论上,李渔对借景之说有所创新,丰富了借景的内容;在实践上,他使得借景理论在实际处理中更具可操作性。

第五节　日常生活的美学审视

李渔的苦乐观是促成其对日常生活进行美学审视的重要理论前提。在李渔看来,去苦行乐当以养心为主,强调内在心性的修养对于环境审美的重要性。在《颐养部》中,他从内心与环境之间的辩证关系探讨了苦乐之间的内在关系:"心以为乐,则是境皆乐,心以为苦,则无境不苦。"①在此,他指出,当内心是快乐的,则处在任何环境都是快乐的;而当内心是悲苦的,则没有哪一种环境不是悲苦的。由此可见,李渔认为,境由心生,境以心乐,境以心美,因而人生之乐不在外而在心,环境之美也就不在外而在心。在此,李渔主要强调审美心境的生成对于去苦行乐的重要性:"昔人云'会心处正不在远',若能实具一段闲情、一双慧眼,则过目之物尽是图画,入耳之声无非诗料。"②"会心处正不在远"表达了行乐、审美并不遥远,其实人生的审美快乐就在身边的日常生活之中,人的内心有闲情,则眼中就有绝美风景,因此,闲情之中孕育的审美心灵一旦形成,则所有眼中之物,都是图画,而所有听到的声音,都是诗的素材。当"实具一段闲情、一双慧眼",帝王公卿则能以帝王、公卿之境为乐境,虽然帝王公卿在日常生活中"万几在念,百务萦心",但如果在日常生活中保持一种闲适之心情,审美情怀就会自然而生,日常生活之中的世俗之念经由闲适之情的荡涤而自然消解。而对于穷人而言,这种世俗之念的抛弃更是其行乐的保障,为了实现世俗之念的抛弃,穷人必须正确处理进退之间的辩证关系,一方面可以将自身与他人进行比较,"我以为贫,更有贫于我者;我以为贱,更有贱于我者",在这种比较中进行心灵的退守,自

①〔清〕李渔:《闲情偶寄》,《李渔全集》第三卷,第310页。
②〔清〕李渔:《闲情偶寄》,《李渔全集》第三卷,第177页。

身虽然贫贱,但要意识到有比自身更贫贱者;另一方面,将自身的今昔进行比较,"以昔较今,是以但见其乐,不知其苦",①在这种今昔对比中,人能够体会到人生之乐,而忘记了人生之苦。

李渔不仅从理论上对人生如何行乐与审美进行探讨,而且更为难能可贵的是,他在自己的人生中进行着审美实践。"譬如我坐窗内,人行窗外,无论见少年女子是一幅美人图,即见老妪白叟扶杖而来,亦是名人画幅中必不可无之物;见婴儿群戏是一幅百子图,即见牛羊并牧、鸡犬交哗,亦是词客文情内未尝偶缺之资。"②正由于李渔在日常生活中就能体验到"会心之处",保持一段闲情、一双慧眼,因此他在目视耳听之中能体验到日常生活环境的审美魅力,上述引文就生动地描述这种审美的情境:我闲坐在家中从窗口向外张望,不仅视少年女子为一幅古代美人图,而且就是看见扶杖的"老妪白叟"都成为名人画幅中的必有之具;不仅视婴儿群戏为一幅生动的百子图,而且就是看见"牛羊并牧、鸡犬交哗",这都是词人骚客文情中的必有之资。由此可见,即使在家中闲坐,李渔也能从窗外的日常生活环境中审美地发现诗情画意。

在《闲情偶寄》的《种植部》《器玩部》《饮馔部》中,李渔将日常生活环境视为审美对象,并对之进行审美的描述和体验。

在《闲情偶寄·种植部》中,李渔不仅表达其对种花养草的兴趣,而且将花草视之为有生命的存在,欣赏花草就是一个生命情感交流的过程。正由于如此,《种植部》中对于花卉的描述并不是一种完全客观的自然科学式的陈述,而是一种将审美情趣融入其中的诗意表达。李渔一生对水仙情有独钟,"水仙一花,予之命也"。而水仙之花,以南京为最佳,每年冬春之交,水仙花开之时,李渔都要前往南京欣赏水仙。李渔对水仙如此痴迷的原因,主要在于他对水仙之内在气质的审美体验。虽然,李渔认为水仙的色香、水仙的茎叶与其他鲜花相较有独到之处,但这不

---

① 〔清〕李渔:《闲情偶寄》,《李渔全集》第三卷,第 312 页。
② 〔清〕李渔:《闲情偶寄》,《李渔全集》第三卷,第 177—178 页。

是其主要欣赏的层面。其对水仙之美的欣赏主要体现在对水仙之态与水仙之姿的审美关注："妇人中之面似桃,腰似柳,丰如牡丹、芍药,而瘦比秋菊、海棠者,在在有之;若如水仙之淡而多姿,不动不摇,而能作态者,吾实未之见也。"①在此,他将水仙以美人喻之,并将之与桃花、牡丹、芍药、秋菊、海棠等花进行比较,妇人多见粉面如桃花,腰肢纤细如弱柳,体态丰腴如牡丹、芍药,体态纤瘦如秋菊、海棠,但妇人鲜见如水仙一样淡雅多姿,静若处子却仪态万千。

在《闲情偶寄·器玩部》中,李渔提出其对古玩(如骨董)的见解。他指出,富贵之家多崇尚古玩之风,古玩之风习自汉代以来就十分流行,而时至他所生活的时代,这种风习更有愈演愈烈之趋势。但是"古物原有可嗜,但宜崇尚于富贵之家"②,贫困家庭是不可以随意效仿的,不过这并不意味着贫困之家就无可以把玩之器物。在李渔看来,无论是富贵之家还是贫贱之家,都可以有"玩好之物",只不过是贫贱之家的"玩好之物"偏于"粗用之物",其实"粗用之物"③只要制作精巧,也可以和古玩一样成为把玩之器物。因此他在《闲情偶寄》中专设《器玩部》,而不是"古玩部",来表明自己作为贫贱之家也有器物把玩之审美情趣。

李渔在《器玩部》所描写之器具不同于一般文人或富贵之家所把玩的器物。他所描写的器具包括桌椅、几案、床帐、碗碟等,但在其极具性灵的文笔中,这些日常生活中的"粗用之物",为日常生活环境的审美建构提供了太多的审美质素,从而使日常生活呈现出一种诗意的氛围。李渔对于日常生活器物的把玩表现在以下两个方面:一方面,他强调对玩器的合理陈设。这种陈设的合理性表现在器玩陈设应体现出一定的审美规律,应表达出一定的审美情趣。他将器玩的陈设与人才的使用进行对比,认为两者有内在的相通之处,"位置器玩与位置人才同一理也。设官授职者,期于人地相宜;安器置物者,务在纵横得当"。在此,他指出

---

① 〔清〕李渔:《闲情偶寄》,《李渔全集》第三卷,第 286 页。
② 〔清〕李渔:《闲情偶寄》,《李渔全集》第三卷,第 215—216 页。
③ 〔清〕李渔:《闲情偶寄》,《李渔全集》第三卷,第 201 页。

"位置器玩"与"位置人才"的内在道理是一致的,对于人才的"设官授职"应当希望"人地相宜",而对于器物的安置,必须注意"纵横得当"。① 而论及如何达到"纵横得当",李渔认为,为了保持人们对于日常生活环境的审美兴趣,器物安置不应采用排偶的方式,而应采用活变的处理方式。其实,"忌排偶"与"贵活变"的器物安置方式来源于其园林设计的审美理念,我国古代的文人园林最忌讳规则排列,力图通过山水的合理搭配实现移步换景的审美灵活性。因此,"忌排偶"与"贵活变"之间有一种内在的关系,"忌排偶"是达成"活变"的基础,而"活变"是"忌排偶"的最终目标。为了抛弃排偶的安置方式,李渔提出了多种能够达到"活变"审美目的的安放方式,如"似排非排,非偶是偶"式,"排偶其名,而不排其实"式,品形式、前一后二、一后二前式、左一右二、右一左二式、心字式、火字式等②,这些安放方式最终的目的就是达到"活变"的审美效果。在李渔看来,"人欲活泼其心,先宜活泼其眼"③,由此可见,他对于审美体验生成的规律有深入的认识,人在审美过程中的审美体验一般都是由眼及心的。通过上述新奇多变的安放方式,日常生活环境就在"活变"中充满了审美的意味。另一方面,李渔在器玩设计过程中强调功能性与审美性的统一。在器物把玩过程中,李渔不仅注重器物在使用过程中的舒适性,而且也强调使用过程中审美体验的产生。在《器玩部》中,他通过自己设计制造的暖椅来十分生动地说明这种功能性与审美性的统一。暖椅的设计匠心独运,不仅可坐可卧,而且也可全纳周身,其使用功能具有多样性:"是身也,事也,床也,案也,轿也,炉也,薰笼也,定省晨昏之孝子也,送饭寒之贤妇也,总之一物焉代之。"④其设计的最巧之处就是有抽屉安置于脚栅的下面,这可以让暖气顺利地透出来温暖全身。与此同时,暖椅可以让人体验炭薰之乐。将木炭置于暖椅之中,在炭上加灰,并在灰上放置

---

① 〔清〕李渔:《闲情偶寄》,《李渔全集》第三卷,第 230 页。
② 〔清〕李渔:《闲情偶寄》,《李渔全集》第三卷,第 231 页。
③ 〔清〕李渔:《闲情偶寄》,《李渔全集》第三卷,第 232 页。
④ 〔清〕李渔:《闲情偶寄》,《李渔全集》第三卷,第 207 页。

香料,当人坐在暖椅之上,香气扑面而来,"自下而升者能使氤氲透骨","只觉芬芳竟日"①,这种香薰之乐就是暖椅给人带来的审美体验。

在《饮馔部》中,通过饮食与音乐之间的比较,李渔提出了自己的饮食之道。他认为,就音乐而言,丝弦弹拨而产生的乐曲不如竹木吹出的乐曲,而竹木吹出的乐曲又不如人通过喉咙唱出的乐曲,因为人通过喉咙唱出的乐曲更加接近自然。与此相类比,他认为,饮食之道"脍不如肉,肉不如蔬,亦以其渐进自然也"。②由此饮食之道可以看出,李渔对于饮食追求一种自然之美。从食材来看,他认为蔬菜是排在第一位的,蔬菜之美不仅在于其清、洁、芳馥、松脆,而且也在于"鲜"。在所有的蔬菜中,他十分钟情于竹笋,并且认为其是蔬菜中最优者,将竹笋与肉类搭配一起,"肉之肥者能甘,甘味入笋,则不见其甘,但觉其鲜之至也"③,肥肉有甘甜味,这种甘甜味渗入竹笋之中,就使得竹笋鲜美无比。他认为,《本草》中记载的所有食物之中,有助于身体健康的不一定美味可口,美味可口的不一定有利于身体健康,而只有竹笋将两者完美地结合起来了。虽然在饮食之道的表述中,他认为,肉不如蔬,但他十分偏爱蟹肉之美味,他指出:"螃蟹终身一日皆不能忘之,至其可嗜、可甘与不可忘之故,则绝口不能形容之。"正因为如此,他在每年蟹还没有上市之时,就会储蓄购蟹之钱,其家人笑他以蟹为命,因之,他将购蟹之钱号之为"买命钱"④。为体验吃蟹之乐,"蟹秋""蟹槽""蟹酿""蟹奴"都成为其获取审美体验的美称。李渔认为,一般人吃蟹,对于其美味都不求甚解,有的做法将蟹煮熟之后再将蟹黄取出并以鲜汤搭配,有的做法将蟹从中一分为二,然后以油盐混和煎制。在李渔看来,上述的这些做法会导致自然的蟹之色、蟹之香、蟹之真味全部流失。他指出,蟹从自然的味道来看,"鲜而肥,甘而腻",而从自然的色泽来看,其蟹肉白似玉,而其蟹黄似金,蟹

---

① 〔清〕李渔:《闲情偶寄》,《李渔全集》第三卷,第 205 页。
② 〔清〕李渔:《闲情偶寄》,《李渔全集》第三卷,第 235 页。
③ 〔清〕李渔:《闲情偶寄》,《李渔全集》第三卷,第 235—236 页。
④ 〔清〕李渔:《闲情偶寄》,《李渔全集》第三卷,第 255 页。

之自然的味道与色泽融合在一起，促成了其色香味都达到了极致，没有一种食材能够超越它。这种自然的精美食材在制作过程中最好不要与其他食材和佐料搭配在一起，否则会失去其自然的本味。因此，李渔推荐了他吃蟹的制作方式：整只蒸熟，并以冰盘贮之。这种做法可以使蟹之气与味丝毫不失。①

以"闲居"为审美追求，李渔形成了其独具特色的环境审美理论。其环境审美思想不仅内涵丰富，而且极具审美个性。深入研究李渔的环境审美思想，不仅有利于我们深入了解明清时期环境审美的时代态势，而且也能为环境美学的中国建构提供更多的理论启发。

①〔清〕李渔：《闲情偶寄》，《李渔全集》第三卷，第 265 页。

第六章　沈复《浮生六记》的环境美学思想

沈复的《浮生六记》主要记载沈复与其妻子芸娘的日常生活,在山水激赏、评诗品画中展现了极具审美韵味的生活世界。关于其文体特色,学术界存在一定的争论:"《浮生六记》既像日记,又不像日记,既像自传,又不像自传,既像生活杂记,又不像生活杂记,既像游记,又不像游记,既像随笔,又不像随笔,既像历史,又不像历史,它的确是一种新小说,类乎散记型的自传体小说。"①基于《浮生六记》中对日常生活的审美描述,民国时期赵苕狂在《影梅庵忆语考》中将其归于忆语体散文。作为明清时期忆语体文学的代表作之一,《浮生六记》将生命自由的旨趣透过日常生活中的审美片断进行了生动的展示,通过对个人生活内容的记录,表达了文人自我意识的觉醒,呈现出日常生活的审美意味,是一种充满性灵的生命表达。在其中,它有对环境审美价值的深入体悟,也有从园林的打造来审视环境的审美设计,更有对当时风俗民情的审美表达与居游观的诗意描述,从而呈现出丰富的环境美学思想。

---

① 张蕊青:《浮生六记的创造性》,载《明清小说研究》,1995 年第 5 期。

第一节 风俗民情的审美表达

《浮生六记》不仅是沈复个人情感的诗意记述,而且也是当时生活世界的审美呈现。从明末冒襄的《影梅庵忆语》开始,一直到沈复的《浮生六记》、陈裴之的《香畹楼忆语》、蒋坦的《秋灯琐忆》等,这一系列作品的出现,代表了明清时代忆语体文学的盛行。这类忆语体文学真实地表达了作者个体的情感世界,并且在当时风俗民情审美表达的过程中,这种个体情感世界呈现为一个极具诗意的生活世界。

《浮生六记》对于风俗民情的审美表达源于当时苏州风俗民情内具的审美气息。顾禄的《清嘉录》与袁景澜的《吴郡岁华纪丽》都是以月令为记述时序,以各种节令民谚为主题,按月、日详细地记载了苏州的风俗习惯,而且记载的这些风俗习惯都是针对当时普通人而言的,其中不仅包括了士人、商人、手工业者的风俗民情,而且也涉及农业习俗。而在《浮生六记》中经常提及的沈复夫妇的园林揽胜,在上述两书中都有极具诗意的描述。在清代,清明时节,当时有名的私家园林都会对普通民众开放,供人游赏。顾禄《清嘉录》里记述道:"春暖,园林百花竞放,阍人索扫花钱少许,纵人浏览。士女杂遝,罗绮如云。园中畜养珍禽异卉。静院明轩,挂名贤书画,陈设彝鼎图书。又或添种名花,布幕芦帘,隄防雨临日炙。亭、观、台、榭,妆点一新。寻芳讨胜之子,极意留连。随处各有买卖赶趁,香糖、果饼,皆可入口。"[1]在此,顾禄十分详细地记载了当时人们的游园胜景,在春天,当天气转暖时,园林百花争妍,园林的主人只收取一些扫花的费用,任人在园林中游赏。此时,园林中"妆点一新",如织的游人在春日美景中流连忘返。而且,在《春日游吴郡诸家园林记》中,袁景澜也审美地记述了当时的游园胜况:"春时纵人游赏,车骑

---

[1]〔清〕顾禄:《桐桥倚棹录·清嘉录》,中华书局 2008 年版,第 89 页。

填巷陌,罗绮照城郭,恒弥月不止焉。"①春天园林纵人游赏,可以说是游人如织,街道上满是车骑,城郭上到处都是游人,而且这种游园胜况会持续一月有余。由上述的记载中,我们可以十分深切地体会到当时苏州市民游园时的审美盛况。基于当时苏州风俗习惯的审美内质,沈复在《浮生六记》中不仅对当时的风俗民情进行了自己的审美表达,而且也对日常生活中的审美情趣进行了诗意的描述。

从风俗民情的审美表达来看,沈复对其参与的主要节日进行了详细的审美描述。七夕节,沈复与妻子芸娘设香烛瓜果,同拜织女星于沧浪亭的我取轩中,其时月色甚佳,他与妻子摇轻罗小扇,并坐于临水的窗户边上,俯身可见河水中波光如练,仰望可见流云飞天、气象万千。七月半,沈复与妻子于河边邀月畅饮,可见对岸流萤在柳堤蓼渚之间明灭万点,突然觉得妻子芸娘鬓边的茉莉花浓香扑鼻,并对此进行了一番审美的议论。其实,据《清嘉录》"珠兰茉莉花市"中记载,在苏州,茉莉花中花蕊连蒂者,专门是供妇女簪戴用的,当时虎丘的花农以马头篮装盛并沿门叫鬻,称之为"戴花"②。在《浮生六记》中,沈复在七月半的习俗描述中附带对此戴花习俗进行了审美的呈现。八月的中秋夜,根据当时吴地的习俗,大家小户的妇女都可以出门结队而游戏,称之为"走月亮",而沈复也与妻子芸娘同游于隔壁的沧浪亭,他们沿着石桥进了园门,向东转弯沿曲径小路而行。沧浪亭里面叠石成山,林木葱绿。沧浪亭位于山顶之上,在亭内举目四望,只见数里之内炊烟四起,晚霞灿然。过了一会,明月升上林梢,慢慢地感觉到"风生袖底,月到波心"③,胸中的世俗之虑、尘俗之心都荡然无存。中秋之夜的习俗在诗意的描述中焕发出灿烂的审美风貌。

而就日常生活中的审美情趣而言,沈复也在《浮生六记》中对平凡的

---

① 〔清〕袁景澜:《春日游吴郡渚家园林论》,《苏州园林历代文钞》,上海三联书店 2008 年版,第288 页。

② 〔清〕顾禄:《桐桥倚棹录·清嘉录》,第 136 页。

③ 〔清〕沈复撰,俞平伯校点:《浮生六记》,北京:人民文学出版社 1980 年版,第 7 页。

日常生活进行了诗意的描述。日常生活中的泡茶琐事都能让其体验到其中的审美快乐,当夏日荷花初开之时,晚含而晓放,芸娘将茶叶用小纱囊包好,晚上放置于荷花的花心之处,第二天清早将之取出,并用自然泉水泡之,其"香韵尤绝"①。这种泡茶的方式与《清嘉录》五月"梅水"中的记载极其神似。《清嘉录》记载,当地的居民于梅雨季节时,准备缸瓮收蓄雨水,用来烹茶,名曰"梅水"。② 由此可见,芸娘借用了"梅水"的方式,但其中更富于审美的韵味。

　　妻子芸娘在日常生活中表现出来的秀雅和灵感使得其更容易触及日常生活中的诗意与美感。日常生活中经常使用的食盒,在芸娘充满灵感的设计中极富美感。沈复喜欢小酌几杯,但不喜多菜,芸娘为其设计一种梅花盒,食盒上以油漆涂成梅花的形状,在盖子上设计把手如同花蒂,置于案上就像一朵梅花覆盖其上。而在食盒里使用二寸大小的白瓷碟六个,中间放置一个,周围放置五个。打开食盒,就如同菜肴盛放于花瓣之中。食盒再配上一个矮圆盘,用来摆放杯子、筷子与酒壶,不仅移动十分方便,而且收拾起来也十分方便。使用此梅花盒小酌几杯,其中的审美愉悦不言而喻。

　　而"活屏风"的制作体现出芸娘对生活的审美创造。沈复与芸娘寄居锡山华氏的时候,芸娘教华氏两个女儿制作"活屏风"。"活屏风"的制作技巧绝妙:每扇屏风使用长约四五寸的两支木梢,并将之制作成矮脚长条凳子的样式,其中间是虚空的;再在横向使用宽一尺左右的四根木档,在其四个角上凿上圆洞,然后用插竹子编制成方孔;成形的屏风高六至七尺,可以随意自由地移动。屏风做好之后,再在砂盆中种植扁豆并将之放于屏风之下,让它自由攀附上爬。多个屏风组合在一起,可以随意自由地遮拦太阳,从而达到"绿荫满窗"的效果,在迂回曲折中透风遮日,而且随时可以移动更换,因此称之为"活屏风"。通过这种处理方式,

---

① 〔清〕沈复撰,俞平伯校点:《浮生六记》,第 24 页。
② 〔清〕顾禄:《桐桥倚棹录·清嘉录》,第 125 页。

一切藤本香草等植物都可成为审美景观。①

在风俗民情的审美表达中，沈复与妻子芸娘在日常生活中获得了一种诗意的审美体验，并在这种体验中成就了其人生的自由状态。

第二节　诗意栖居的居游观

在《浮生六记》中，沈复表达了他诗意栖居的居游观，而这种诗意栖居的审美追求主要是通过雅致之境与朴野之境的境界诉求而实现的。

一、雅致之境

雅致之境的追求指的是沈复在环境审美中追求高雅的审美意趣，追求一种不落俗套的别致之美。在《闲情记趣》中，沈复提及，自长大以后，"爱花成癖"，而且在所有花中，他最为喜爱兰花，因为兰花有其"幽香韵致"。论及木本花果插瓶，其剪裁之法应当执枝于手于横斜处观其内在气势，于反侧处观其姿态气韵，观定之后，剪去杂枝，求其疏瘦古怪之致，假如做不到这一点，就会造成"既难取态更无韵致矣"②。至于如何具体形成这种雅致之境，沈复认为，可以用绿竹一竿再搭配数粒枸杞，或者以细草几茎再辅之以两支荆棘，在位置得宜之中就可以成就雅致之态。

而关于环境审美中的雅致之境，沈复认为，应当于探僻寻幽中生成。在《浪游快记》中，沈复提到，一般人对于环境中山水的审美就像云烟过眼一样，自然山水的怡情悦目，其中蕴含的审美情趣就像云烟一般在眼前快速地消逝，因此，这种环境审美只能领略环境美感的浅层，不能体验到在探僻寻幽中的雅致之境。而对于其自身而言，环境审美不能人云亦云，必须独出己见。因此，对于环境审美来说，贵在心有所得，有些久负盛名的雅致之地，在他看来，并不见得其中有雅致之观，而不是名胜之地

---

① 〔清〕沈复撰，俞平伯校点：《浮生六记》，第 20—21 页。
② 〔清〕沈复撰，俞平伯校点：《浮生六记》，第 16—18 页。

的景观,也可极具雅致之韵。他对于西湖景观的审美评价就充分地体现了其对于雅致之境的追求。在西湖胜景中,结构的精妙当以龙井最佳,天园有小巧玲珑之妙,天竺山的飞来峰和城隍山的瑞石古洞以其山石奇妙见长,玉泉因其水清多鱼而以水为妙,湖心亭、六一泉等各种景致都有其内在的妙处,但这些景观脂粉气都太浓,不如小静室的幽雅僻静,其审美情趣内蕴天然之趣。① 而对于苏州虎丘的景观,他认为,除了虎丘后山的千顷云与剑池值得一观外,其余的景观都是半借人工,而且"为脂粉所污",已经失去了自然山林内在的审美气象。如新建的白公塔、塔影桥,在他看来只不过是其名雅而已,其内质也离雅致甚远,而冶坊滨更加不堪,不过是"脂乡粉队,徒形其妖冶而已"。②

在沈复看来,游赏者能体清幽之趣,然后才能得雅致之境。在《浮生六记》中,沈复对于园林景观的描写,经常使用"幽静""幽雅""幽致""幽趣"等词语来表达这种清幽之趣、雅致之境。描写西湖小静室时,他认为其幽深僻静,幽雅之趣近乎自然天成;描写平山堂一带园林中的九峰园,他认为其位于南门幽静之处,别有天趣之美;描写济南大明湖中的历下亭、水香亭等景观时,他认为夏日于柳荫深处闻荷花芬芳,于湖上载酒泛舟,十分具有幽雅之趣;描写萧爽楼时,由于其地理位置十分幽静,月色正好之时,可见兰花之影爬上粉墙,清淡的粉墙与稀疏的兰影互相映衬,幽静之境中别有一番幽致之趣;描写中峰寺时,"寺藏深树,山门寂静,地僻僧闲"③,在寂静幽深之处可体验悠然自得之境;描写虞山书院时,"丛树交花,娇红稚绿,傍水依山,极饶幽趣"④,在依山傍水的丛林中体验娇红稚绿,幽趣横生。上述种种描写都突出地表达了沈复对于雅致之境的审美追求。

---

① 〔清〕沈复撰,俞平伯校点:《浮生六记》,第 40 页。
② 〔清〕沈复撰,俞平伯校点:《浮生六记》,第 58 页。
③ 〔清〕沈复撰,俞平伯校点:《浮生六记》,第 42 页。
④ 〔清〕沈复撰,俞平伯校点:《浮生六记》,第 57 页。

二、朴野之境

朴野之境的追求指的是沈复在环境审美中追求朴素天然之美,追求一种野逸之趣的审美意趣。在《浮生六记》中,沈复笔下所描述的江南园林中往往呈现出一种质朴野逸的审美情趣。他对朴野之境追求的描述首先体现在他在西湖胜景中偏爱小静室,其次也体现在他激赏徐俟斋隐居住的朴素幽野,再次体现在他对于海宁安澜园之乡野朴素之美的喜好,甚至于在以精美人工而著称的扬州平山堂一带的园林之中,他十分欣赏在南门幽静处的九峰园,因为九峰园别有一番天趣盎然的审美情味。

在游览明末徐俟斋隐居之所的园林时,沈复就十分清晰地表现了对朴野之境的喜好:"村在两山夹道中。园依山而无石,老树多极纡回盘郁之势,亭榭窗栏尽从朴素,竹篱茆舍,不愧隐者之居。中有皂荚亭,树大可两抱。余所历园亭,此为第一。园左有山,俗呼鸡笼山,山峰直竖,上加大石,如杭城之瑞石古洞,而不及其玲珑。"[1]在此,沈复描述了徐俟斋隐居之地所处村落的朴素乡野之趣,因为徐俟斋隐居的上沙村位于两山之间的夹道之中,呈现了一种天然的乡野风味;而且,就其园林内部的景观来说,园林因为依山而建,园中没有堆叠假山,从而显得天趣无限;园中老树大多极富有纡回盘郁之内在气韵;园林中的亭台窗栏以素朴的风格为主,作为隐居之所,没有精美的建筑,尽目之处都是竹篱茅舍;园中的一座皂荚亭,亭外的树其树围大得可以让两人相抱,这种古树尽显古朴之意;此外,在园林的左边有一座山,村民称之为鸡笼山,此山的山峰挺直,在山顶上有自然形成的巨石叠加,其整体的形状如同杭州的瑞石古洞,只不过不如瑞石古洞的玲珑秀美,但位于此处适其所,从而使得整体园林充满了朴野的审美韵味。

在游赏海宁安澜园的过程中,沈复得到的是一种朴素野逸的审美情

---

[1] 〔清〕沈复撰,俞平伯校点:《浮生六记》,第 42—43 页。

趣:"游陈氏安澜园,……池甚广,桥作六曲形;石满藤萝,凿痕全掩;古木千章,皆有参天之势;鸟啼花落,如入深山。此人工而归于天然者。余所历平地之假石园亭,此为第一。"①海宁安澜园为清代东南望族海宁陈家所拥有的园林,此园林从修建开始就以"朴素野逸"作为其审美追求,从明代陈与郊建园之初的园名"隅园"的命名缘由来看,"特无古藤高树,命曰隅园,以在城一隅故也"②,这种园林的命名之意表现了该园林的朴素之境。而随着该园在 1762 年被乾隆赐名为"安澜园",园林中虽然增加了许多的古藤高树、名花奇石,但其基本的园林品质没有发生变化。当时的园主人陈瑑卿在《安澜园记》中就提到,园林的形制崇尚简古,不以刻镂为主要追求,而以朴素为其主要的审美特质。③ 而沈复在此描述的就是这种朴素野逸之趣,其描述的园内之景都充满了一种古朴之意。园内之池占地甚广,其上之桥呈现为六曲的形状,根据陈从周的考证,这种六曲桥的格局为明代园林之桥的主要形式,这种六曲桥转折自然从容,低平有古朴之意,因其桥贴近水面,游人在其上行走,有凌波飞步之感。④园内有参天之势的古树成林,尽显园林之古。而在园林中可体验鸟啼花落,有如入深山之自然之感,在深山的园林中,古朴野逸的美感油然而生。此外,园内的假山多为黄石所叠,这与太湖石的涡卷夺人相比较,更具有一种朴素之感。由此可见,沈复所描述的安澜园景观,均具有古朴野逸之美感,这反映出他对朴野之境的追求。

在《闺房记乐》中,沈复提到"张士诚王府废基"所呈现的审美境界就是一种朴野之境。"张士诚王府废基"是一个旧日王府的废园,位于金母桥之东,其园内绕屋都是菜圃,以竹篱为园门。竹篱门外有一个一亩左右的池塘,"花光树影,错杂篱边",在房屋的西边,有瓦砾堆成土山,登土山之巅可远眺四方,"地旷人稀,颇具野趣"。由此可见,这虽然是一个废

---

① 〔清〕沈复撰,俞平伯校点:《浮生六记》,第 45 页。
② 此处参见张镇西:《失落的安澜园》,北京:科学出版社 2008 年版,第 53 页。
③ 〔清〕陈瑑卿:《安澜园记》,参见张镇西:《失落的安澜园》,第 207 页。
④ 此处参见张镇西:《失落的安澜园》,第 55 页。

弃的园林,人烟稀少,昔日的繁华也不再,但充满了自然的勃勃生机,呈现出一种朴素野逸之趣。当别人偶一提及此地时,其妻子芸娘神往之,于是他们就前往此地租房而居。时方七月,在绿树的浓荫深处,既可以体验水面的微风拂面,树上的鸣蝉唱歌,也可以垂钓于浓荫深处,体验野翁之乐。日落时可以登上土山观晚霞灿然,吟诗感怀,夜晚可见月印池中,周围虫声不绝,在竹篱下设置竹榻,在月光下对饮,洗浴后着凉鞋扇蕉扇,坐卧自由,"听邻老谈因果报应事"①,几乎忘记了其身处城市之中。由此可见,"张士诚王府废基"虽然没有昔日的园林盛景,但显得质朴自然,野趣横生,在这种简朴的田园中生活,其审美的心态自由放任。沈复与其妻子在充满野趣的自由空间里,可以自由地种植菊花、垂钓池鱼、观赏晚霞、吟咏诗句,充分地享受着田园空间的自然美景,其身心在率情任性中得到了最为充分的自由舒展。这里展现的是一种真正质朴的、野趣盎然的生活状态,其中体现的就是朴野之境。

沈复对于雅致之境的审美追求,表现了他对于韵味别致之美的欣赏,表达出独树一帜的山水审美情怀。而对于朴野之境的审美追求,表现出他对世俗社会的疏离感,表达了他力图在朴野的山水之中寻求精神的自由。雅致之境展现他对细腻精雅的山水文化的求索,朴野之境展现出他于自然淡泊中对精神自由的求索,两境合一最终达成了诗意居游的审美理想。

第三节　多元的环境审美设计理念

为了在环境中获得更为丰富的审美体验,沈复在《浮生六记》中表达了他多元而丰富的环境审美设计理念,这些关于环境的审美设计理念主要体现在以下三个方面:

第一,大小互见,虚实相生。沈复在《浮生六记》中主要从江南园林

---

① 〔清〕沈复撰,俞平伯校点:《浮生六记》,第10—11页。

的结构处理入手,提出了"大小互见,虚实相生"的设计理念。在《闲情记趣》中,沈复提到:"若夫园亭楼阁,套室回廊,叠石成山,栽花取势,又在大中见小,小中见大,虚中有实,实中有虚,或藏或露,或浅或深,不仅在周回曲折四字,又不在地广石多徒烦工费。"①在此,沈复认为,从园林的整体布局而言,合理布置园亭楼阁与套室回廊的园林景观既可以通过叠石成山和栽花取势来实现,也可以通过大小互见、虚实互生、藏露结合、深浅搭配来实现。大小互见指的是整体的景观可以通过合适的分割形成不同的局部景观,小的景观通过合理处理达成以芥子纳须弥的审美效果;虚实相生指的是在看似无景之处却蕴含实景,从而达到虚中有实的境界,在实景中又内含无限丰富审美空间,从而实现实中有虚的审美境界;藏露结合指的是景观的布置或藏或露;深浅搭配指的是景观的审美空间层次有深有浅,既有近景又有远景。因此,园林景观的丰富性就不仅仅是通过周回曲折的处理就能实现的。而且园林景观的好坏完全不在于园林地广石多,也不在于其建造费时的多少,而在于其整体规划与局部设计的构思巧妙。就园林山景的打造而言,园林设计者可以掘地堆土成山,在山上巧妙地放置一些别致的石块,将花草巧妙地种植于山上,以梅树之枝作为篱笆墙,并在篱笆墙上附上藤蔓,山景就在巧妙的布置中完美地呈现。

接下来,沈复通过自己对园林的审美实践,对大小互见与虚实相生进行了具体的说明。"大中见小者,散漫处植易长之竹,编易茂之梅以屏之。"为了实现大中见小的审美境界,设计者可以在园林空阔之处植梅竹以屏障之,从而形成大中见小的审美意境。"小中见大"一般指文人绘画中以有限的空间来表达无限的空间意蕴,后来这种手法被运用于园林设计之中。沈复对"小中见大"的解释为:"小中见大者,窄院之墙宜凹凸其形,饰以绿色,引以藤蔓,嵌大石,凿字作碑记形。推窗如临石壁,便觉峻峭无穷。"为了达到"小中见大"的审美效果,窄小之院的院墙通过凹凸变

---

① 〔清〕沈复撰,俞平伯校点:《浮生六记》,第 19 页。

形的处理方式,形成极具动感的曲线美;同时,围墙上镶嵌大石,在大石上凿字使之成为碑记的形状,并引藤蔓对石块加以局部覆盖,这样的设计会使欣赏者推开窗户就如同面对自然的石壁,有峻峭之感。由此可见,通过小中见大的处理手法,小小的院落既显得婉约多姿,又有险峻高峭之美感。这种小中见大的方法也被沈复运用于盆景设计之中,从而使得盆景有自然山水之势。"用宜兴窑长方盆叠起一峰,偏于左而凸于右,背作横方纹,如云林石法,逸岩凹凸,若临江石矶状。虚一角,用河泥种千瓣白萍。石上植茑萝,俗呼云松。"①沈复在宜兴窑长方盆内叠一假山,在假山上运用凹凸结合的处理方式,从而使得它就像临江石矶一样;并在假山上空一角,使用河泥种植白萍,在假山石上种植茑萝使之满山青翠。由于小中见大的处理方式,这种盆景中的山峰就极具自然山水之美。

而就虚实相生而言,"虚中有实者,或山穷水尽处,一折而豁然开朗;或轩阁设厨处,一开而可通别院。实中有虚者,开门于不通之院,映以竹石,如有实无也;设矮栏于墙头,如上有月台,而实虚也"。在此,沈复指出,所谓的"虚中有实"就是看似山穷水尽、风景全无,但是在欣赏者移步换景中一拐弯就是一片灿烂的风景,如在轩阁中设置后门一扇,推门可赏别院风光。而所谓的"实中有虚",在四周闭合的院落里设置假门,并在假门处种上竹子且叠石成山,在互相映照中让人产生后园依然有引人入胜的花园美景的错觉;或者在墙头设置低矮的栏杆,让人产生上有月台之感。沈复为何在《浪游记快》中激赏皖城(今安徽潜山市北)王氏园,就在于它是完美地运用虚实相生的技巧而营造的园林。"南城外又有王氏园,其地长于东西,短于南北,盖北紧背城、南则临湖故也。既限于地,颇难位置,而观其结构,作重台叠馆之法。重台者,屋上作月台为庭院,叠石栽花于上,使游人不知脚下有屋。盖上叠石者则下实,上庭院者则下虚,故花木仍得地气而生也。叠馆者,楼上作轩,轩上再作平台。上下

---

① 〔清〕沈复撰,俞平伯校点:《浮生六记》,第20页。

盘折,重叠四层,且有小池,水不漏泄,竟莫测其何虚何实。其立脚全用砖石为之,承重处仿照西洋立柱法。幸面对南湖,目无所阻,骋怀游览,胜于平园。真人工之奇绝者也。"[1]在沈复看来,这座园林背面紧靠城墙,南面抵临湖水,而且城墙到湖水中间的距离很短,宅基地形成了东西十分狭长、南北十分短促的整体空间格局,这使得园林的整体设计布局十分困难,设计者如果不能因地制宜地采用虚实相生的设计技巧,则会造成园内景观一览无余、审美韵味全无。从沈复的审美视野看来,他最为感兴趣的就是园林设计者采用"重台叠馆"的独特设计。所谓"重台"就是在屋上筑月台作为庭院,在庭院中叠石种花,并且庭院中叠石种花处的下面为实,从而花木可以得地气而生,庭院其他部分的下部则为虚,这就使得游赏者不知脚下有屋。所谓"重馆"就是楼上建轩,轩上再建平台,形成上下盘旋曲折、重重叠加的审美效果,并且在平台上建有水池,水池之水不漏泄,在这种立体景观的组合中形成了虚实相生的审美体验。而且这种虚实相生的重台叠馆的设计更加有利于借景,在高处的庭院与平台上,游赏者可以将南面浩渺的湖水纳入其审美视野,实现游目骋怀的审美目的。这种重台叠馆的设计方式有力地规避了平地园的审美缺陷,将原本平铺直叙的景观打造成立体化的审美存在,因此,本来只能在平台纵横排布的虚实景观通过立体的空间布局成了上下交错、虚实相生的审美组合体。

第二,因地制宜。前文提及,沈复十分欣赏幽雅之境、朴逸之境,但这些审美偏好是建立在因地制宜的审美理念的基础之上的。关于因地制宜,我们可以通过沈复对徐俟斋隐居之所外的鸡笼山与山阴吼山旱园中的假山作出的不同审美评价来进行说明。其实,徐俟斋隐居之所外的鸡笼山与山阴吼山旱园中的假山,两者在整体形态上十分相似。在欣赏明末徐俟斋隐居之所时,沈复认为,"园依山无石"[2]。这就是说,园林依

---

[1]〔清〕沈复撰,俞平伯校点:《浮生六记》,第 59 页。
[2]〔清〕沈复撰,俞平伯校点:《浮生六记》,第 42 页。

山而建,则园林中不宜叠石。因为此园左边有鸡笼山,其山峰直立高耸,上有大石叠加,其整体形制与杭州的瑞石古洞有相似之处,但不及其玲珑有致。而在欣赏山阴吼山旱园时,他对其园中假山形状的描述与鸡笼山有惊人的相似之处,"在柱石平其顶而上加大石者"。虽然两者在形态上有相似之处,但沈复对于二者的评价却是相去甚远。他认为,徐俟斋隐居之所是他所游历园林中最为突出的一个,这就在无形中肯定了鸡笼山的审美价值,而对山阴吼山旱园中假山的评价则是"凿痕犹在,一无可取"①。为何在两者的评价上会形成如此巨大的反差呢?这就需要我们从沈复对因地制宜的理解入手,因为山阴吼山旱园作为游人如织的风景名胜之地,其园林中假山更应具有玲珑圆润之态,不宜以一种粗犷朴野的审美形态出现;而与之相反的是,徐俟斋隐居之所作为隐居之地,虽然有幽雅之致,但游人不多,因而园左鸡笼山的朴素野逸之致完全契合当地的山村乡野,从而更加体现出隐者的审美风范。由上可知,沈复从因地制宜的角度入手,充分肯定了鸡笼山的审美价值,而与之相对的是,对于山阴吼山旱园,沈复给予了一无可取的批判性评价。为何一无可取呢?山阴吼山旱园假山的失败之处既不在其整体形态的失败,也不在于其凿痕犹在的失败,而是在于其没有进行因地制宜的设计。

沈复对扬州平山堂一带园林的评价也充分体现了其因地制宜的环境设计理念。平山堂位于扬州城外,离城直线距离三四里,在途中行走达到八九里,沿途的景物虽然全部都是人工造景,却体现出设计者的奇思妙想,并以天然景观加以点缀,就像天上的瑶池阆苑、琼楼玉宇。这一带园林的绝妙之处主要在于十余家园亭有其内在的整体气势,从而能够合为一体,而且作为整体的园林群一直曼延到自然山体,与自然山体的气势融为一体。对于平山堂这一带的园林,沈复的整体评价是:"其工巧处,精美处,不能尽述。大约宜以艳妆美人目之,不可作浣纱溪上观也。"由此可见,沈复认为平山堂一带的园林整体风格胜在人工精巧,而且他

---

① 〔清〕沈复撰,俞平伯校点:《浮生六记》,第39页。

也认为,这种精巧的园林也是其人生难遇的审美风景。前文我们提到过,沈复对于园林的审美更偏向于古朴野逸之美,为何对平山堂一带的"艳妆美人"式的园林也十分激赏呢?其中主要的原因在于,在沈复看来,平山堂一带的园林能够因地制宜地进行整体的布局与安排。沈复认为,平山堂靠近城墙,最难处理的就是紧挨城墙的入景之处,这入景之处必须引领整个园林景观的序列,使之呈现出自然连贯的内在气势。因此,为了形成出城入景的审美体验,城脚并没有设置长堤春柳,而是通过设置虹园对城脚景观进行合理的处理,并将此园林作为整体园林序列的开端。虹园依城而建,以扬州城作为审美背景,完美地协调了园林与城市之间的审美关系,长堤春柳不与城脚相连,而位于虹桥西岸,可见其因地制宜的布局之妙。这种因地制宜的处理方式不仅促成了吴家别墅与城市之间的内在协调,而且也合理地引领出虹园之后的审美景观。"垒土立庙"形成的小金山成为景观的遮掩,从而使得各种景观更显气势紧凑。而在将要靠近自然山体的时候,河面渐渐收紧,在此垒土种植竹林树木,沿着自然的河道而形成四五道弯曲的景观,在这种弯曲的景观中,于山穷水尽处可得豁然开朗的审美体验,弯曲的尽头,平山的万松林就呈现于眼前。[1] 由于因地制宜方式的合理运用,游赏者从任何的角度观赏平山园一带的园林,园林中的亭台、山墙、石头、竹林、碧树都呈现出一种半隐半露的朦胧之美,体现出设计者的匠心独运。

第三,以势取胜。关于何为"势"的问题,沈复在其插花剪树的实践中进行了形象的描述。沈复在《闲情记趣》中提到,他爱花成癖,而且喜剪盆树,但是只有当他认识了张兰坡之后,他才精通剪枝养节之诀窍,并通过这种诀窍悟得园林之接花叠石之法。关于盆中花木之势,沈复认为,此势来源于盆中花木之内蓄的"动态",假若是新栽的花木可以以歪斜之态取势,任其枝叶侧向生长,一年后枝叶就能自然向上,但如果每棵树一开始都直接向上,就无法取其内在的成长的态势,无法呈现出自然

---

[1] 〔清〕沈复撰,俞平伯校点:《浮生六记》,第 43—44 页。

之态。为了达到花木之势的内在统一,每瓶花的颜色最好为一种,从而体现出颜色的统一性。而且不管是五七枝还是三四十枝,为了实现内在气势的统一性,必须在瓶口处"一丛怒起",以不散漫、不挤轧、不紧靠瓶口最为适宜。为了达到"瓶口宜清"的目的,插花者必须做到花取参差、叶取不乱、梗取不强。此外,盆花的摆设也当以势取胜,根据桌子的大小,可以摆设三瓶到七瓶,太多的话就会形成"市井之菊屏",案几的高低可以从三四尺到二尺五六寸为宜,但必须形成参差高下之势,从而形成互相照应、气势联络之态,必须避免中间高两边低、后面高前面低、成排对列的整体格局,至于摆放的疏密、进出,则必须以山水画意作为根据,从而实现写意的山水态势。

根据上述对"势"的理解,沈复在具体的园林审美中,认为园林当以势取胜。以此为核心,他分析比较了狮子林与安澜园的假山叠石。在对安澜园中假山的描述中,沈复充满了赞美之辞,假山石上爬满了绿色的藤萝,人工的凿痕都被掩盖了,认为这种做法是人工的技巧达到了自然而然的境界,并且认为安澜园是他所游历的平地园中假山堆叠最为突出的园林。而对于狮子林,沈复认为,狮子林虽然采用了倪云林绘画的创作手法,太湖石的石质也玲珑有致,而且在形制上与安澜园有相似之处,园中假山通过苔藓来掩盖人工的痕迹,但从园中假山的大势考察,其完全没有自然山林的内在气势,就如同乱堆煤渣一样。① 钱泳在《履园丛话·艺能》中提到,假山堆叠在清初当以张南垣最为杰出,而他所生活的时代以戈裕良最为有名,他的堆叠之法尤胜于清代其他叠石家。戈裕良曾经评论过狮子林的叠石,他认为,狮子林的石洞都以条石为界,不能称之为名家之作。那么在戈裕良眼中,何为名家之作呢? 他指出,真正的名家之作必须将大小石头进行互相钩带联络,就像环桥的造法一样,有真山洞壑的内在自然气势才能称为叠石杰作。在此,钱泳通过戈裕良的论

---

① 〔清〕沈复撰,俞平伯校点:《浮生六记》,第58页。

述说明了狮子林气势全无的原因。① 而童寯在《江南园林志》中也指出："狮林各洞,壁虽玲珑,其顶则平。"②童寯在此认为,狮子林各洞壁虽然玲珑有致,但其顶是平的,这就缺少了自然山体的精神气韵,由此也就不具备自然山体的内在气势。当然,沈复为何对狮子林中的假山有此恶评,除了上述提到的原因外,在沈复看来,太湖石堆砌而成的假山很难形成自然山林的内在气势。而与此相比较而言,安澜园中假山则由黄石堆叠而成,黄石比起太湖石更具有古朴的审美气质,因而更加能够体现出自然山林的内在气势。

第四节 环境审美价值的关注

在沈复看来,优美的环境具有极其重要的审美价值,环境的审美欣赏能够使人远离世俗之心,有效地摆脱尘世的利害纠葛,从而使人抛弃名利之心,恢复人的自然天性,在自我的超越中达到人生的审美境界。在《闺房记乐》中,沈复通过游赏沧浪亭的审美体验来具体说明环境的这种审美价值:"一轮明月已上林梢,渐觉风生袖底,月到波心,俗虑尘怀,爽然顿释。"③当一轮明月挂上树梢,逐渐地感觉到清风生自袖底,月亮倒映在湖波的中心,这种优美的环境使得沈复所有的俗虑尘怀,都在审美的快感中冰释瓦解。在环境的审美中,沈复的内心得到审美的超越与自由的舒展。

这种审美的超越与自由的舒展必须依存于环境审美过程中空灵之境的生成。而这种空灵审美之境的形成又必须以沈复的自然山水情怀作为基础。沈复自幼时就对自然山水拥有一种审美的情怀,他在《闲情记趣》中的开篇记述了他在幼时的儿童游戏中就有对自然的审美体验。他幼年时能在直射的阳光下瞪起眼睛,因而能明察秋毫地观看自然中的

---

① 〔清〕钱泳:《履园丛话·艺能》,北京:中华书局1979年版,第330页。
② 童寯:《江南园林志》,北京:中国工业出版社1963年版,第18页。
③ 〔清〕沈复撰,俞平伯校点:《浮生六记》,第7页。

一切事物,即便是微小的事物,他都能详细地考察其内在的纹理,因而经常能够收获一些物外之趣。在夏天的夜晚,蚊子成群飞舞,他将群飞的蚊子想象成群鹤在天空飞舞,由于对这种审美的比拟十分感兴趣,所以在蚊子群飞中就能体验到千万只仙鹤在空中翻飞的审美感觉。后来,他又将蚊子关在蚊帐内,并慢慢地向它们喷射烟雾,仔细地观察蚊子在烟雾中飞鸣冲撞,将之视为白鹤腾云驾雾的审美景观,并从中得到审美的愉悦。而且,他也时常蹲在土墙凹凸处和花台杂草丛中,仔细地观察其中的细微之处,将小草丛视为树林,将小虫蚁视作树林中的各种野兽,将瓦砾突凸处看作丘陵,将凹陷处视作沟壑,这种审美的比附让他沉浸于丛林的审美景观之中,从而在这种景观中怡然自得地进行审美的神游。

他长大后,对于自然更是痴迷,他在《浮生六记》中所描绘的诗情画意的自然景观,展现了自然生命在四季中的审美律动,并深情地沉醉于这种动人心魄的自然美景之中。在春天里,他在与梅花的交流中愉悦心情,在与动物的交流中自得其乐,体现了自然中的诗情画意。他将其表现在自己的诗画创作中,虽然绘画的技巧不是十分娴熟,但自视之为佳作,虽然诗词创作十分辛苦,但自以为乐,正是在这种与自然的交流中,沈复虽然生活十分艰难,但依然能体验到生活的诗情画意。正因为如此,他对于春天的描述总是令人神往:"是时,风和日丽,遍地黄金,青衫红袖,越阡度陌,蝶蜂乱飞,令人不饮自醉。"①美妙的春天里,清新的春风扑面吹来,温暖的阳光令人心醉;在田野里四处张望,看到的是生机勃勃的春天景象,金灿灿的油菜花遍布田野,人们走在田园小路上快乐地欣赏醉人的春光;蜜蜂和蝴蝶在田野与花丛中翩翩飞舞;这迷人的春天,让人不由自主地痴迷其中。在这里,我们可以看到,在万物复苏的春天里,人在自然的内在律动中审美地体验到自然激荡澎湃的勃勃生机。在夏天,沈复不仅在济南的大明湖中泛舟体验自然的变化:"柳阴浓处,菡萏

---

① 〔清〕沈复撰,俞平伯校点:《浮生六记》,第23页。

香来,载酒泛舟,极有幽趣。"①在柳树的浓荫深处,荷花的清香随风飘来,
沈复在湖中泛舟饮酒,其中的幽趣令人神往。在此,沈复体验到与春天
不同的生命色彩和审美韵律,自然的色彩体现为绿色的热烈,自然的节
奏也呈现出一种闲适的舒缓。而且他也在西湖中体验盛夏之美:"时值
长夏,……旭日将升,朝霞映于柳外,尽态极妍;白莲香里,清风徐来,令
人心骨皆清。……余亦兴发,奋勇登其巅,觉西湖如镜,杭城如丸,钱塘
江如带,极目可数百里。此生平第一大观也。"②沈复坐在断桥的石栏上,
此时,旭日将升,柳树在朝霞的映照下,柳枝的各种形态充分地展现在眼
前;在一阵阵徐徐的清风中,白莲花的幽香令人"心骨皆清"。而登上高
旷的朝阳台,极目远望,如明镜一样的西湖、如弹丸一样的杭州城、如练
带一样的钱塘江,都呈现于眼前。到了秋天,沈复在自制的盆景中体验
秋天的美景:"至深秋,茑萝蔓延满山,如藤萝之悬石壁。花开正红色,白
萍亦透水大放。红白相间,神游其中,如登蓬岛。"到了深秋,茑萝蔓满假
山,就像自然的藤蔓悬挂在石壁上;红色的茑萝开得十分灿烂,盆景中的
白萍也冒出水面,人神游盆景之中,有登蓬莱仙阁之感。沈复将这盆景
放置于屋檐下,与妻子芸娘一起进行审美品评:何处可设置水阁,何处应
设置茅亭,何处可以凿上"落花流水之间"的题词。在自由的审美神游
中,盆景可以居住,可以垂钓,可以登高远眺。③在冬天,沈复登上神奇的
邓尉山体验梅花与古柏之傲雪美姿:"居人种梅为业,花开数十里,一望
如积雪,故名'香雪海'。"山之左有古柏四树,名之曰"清、奇、古、怪"。④
在邓尉山上,沈复不仅体验了花开无际的"香雪海",而且也体验了"清、
奇、古、怪"的苍松翠柏,在冬天的自然律动中,他感受到了自然在沉寂中
体现出来的昂扬的生命力。

　　沈复不仅有很浓厚的山水情怀,而且更具有纯粹的审美心境,这促

---

① 〔清〕沈复撰,俞平伯校点:《浮生六记》,第62页。
② 〔清〕沈复撰,俞平伯校点:《浮生六记》,第40页。
③ 〔清〕沈复撰,俞平伯校点:《浮生六记》,第20页。
④ 〔清〕沈复撰,俞平伯校点:《浮生六记》,第59页。

使他能沉浸于优美的环境景观之中,并能以诗意映照出山水景观的无限情趣,从而在情景交融中体验环境的空灵之境。沈复在《浮生六记》中多处描述了他所游赏的空灵之境,在其笔下,空明灵动的环境美感不仅体现于自然山水景观之中,而且也呈现于园林景观之中。在《浪游记快》中,沈复记述了他与吴云客、毛忆香、王星烂、竹逸和尚等五人夜游西山的场景,当晚月色甚佳,四人一起前往放鹤亭登高揽月,沈复以充满诗意的笔触描述了当时的西山空明灵动的夜景:"但见木樨香里,一路霜林,月下长空,万籁俱寂。"①西山的空气中充满了若有若无的木樨花香,一路上林木染霜,月色下的天空空明澄澈,万物都处于一片静寂之中。而为加强环境的空明灵动之感,王星烂弹奏起《梅花三弄》,而毛忆香也持笛吹奏起来了,在琴声笛韵中,西山夜景更具空灵之韵味。园林在沈复诗意的审美体验中也经常呈现出一种空灵的审美境界,在他笔下,沧浪亭的每一处在他的诗意观照下都蕴含空明灵动之境。沧浪亭中叠石成山,林木葱翠,其亭在以土砌成的山顶上,循着石径来到亭心,极目四望视野极佳,其时"炊烟四起,晚霞灿然",过了一段时间,晚霞消失,明月已然慢慢地爬上树梢,"渐觉风生袖底,月到波心",这是何等的空明之境。而沧浪亭中的我取轩,这种空灵之境在《浮生六记》中也跃然纸上。我取轩面临溪流,"檐前老树一株,浓荫覆窗,人面俱绿,隔岸游人往来不绝"。② 我取轩的四周景色优美,尤其每当月夜,月色正佳之时,他与妻子芸娘并坐于水窗之前,慢摇轻罗小扇,此时俯视河中,只见河中的水波在月光的映衬下好像一条白色的丝绢,仰视天空,只见"飞云过天,变态万状"。③ 由此可见,沧浪亭中的所有景物都内蕴灵动之美,在空明中,不仅有摇曳的花影,也有暗香在空中浮动,更有波光在月色中荡漾,飞云在月空中变动不居,空明之中充满了灵动之美感。有时候,这种空灵之境又以通透的空间感来展现。沈复在《浪游记快》中对海宁烟雨楼的审美体验就是这

---

① 〔清〕沈复撰,俞平伯校点:《浮生六记》,第 54 页。
② 〔清〕沈复撰,俞平伯校点:《浮生六记》,第 4 页。
③ 〔清〕沈复撰,俞平伯校点:《浮生六记》,第 6 页。

样的一种空灵之境。烟雨楼位于镜湖之中,镜湖四岸以绿杨围合,可惜竹林不多,站在烟雨楼的平台上远眺,"渔舟星列,漠漠平波,似宜月夜"。在这种空灵的画面中,当沈复站在烟雨楼中,从楼中远眺,镜湖的景色尽归楼中,渔舟星罗棋布,湖面平波漠漠,这种景观在沈复看来更适宜于月夜欣赏,在月夜可以更显其景观的空灵之境。在黄鹤楼上,沈复在自然山水的审美体验中"名利之心至此一冷":"武昌黄鹤楼在黄鹄矶上,……余与琢堂冒雪登焉,仰视长空,琼花飞舞,遥指银山玉树,恍如身在瑶台。江中往来小艇,纵横掀播,如浪卷残叶,名利之心至此一冷。"[①]在漫天风雨中,沈复登上了武昌黄鹤楼,仰视长空,可以看见洁白的雪花在空中自由飞舞;远眺四周,山峦与树木银装素裹,直指天穹。于是,楼中人有了一种浸透着白色的恍惚感,飘然欲仙,如登临纯净而美妙的瑶池仙境。当江中往来的小艇在"纵横掀播"的波浪中若隐若现时,人便会产生一种"浪卷残叶"的审美体验,并形成一种"名利之心至此一冷"的心灵感悟。

在环境审美欣赏中,沈复摆脱了尘世间的功利之心,在超凡脱俗中荡涤了他的胸襟,各种现实中的人生困境在审美心胸的映照下荡然无存,达到了一种诗意栖居的人生状态。

---

① 〔清〕沈复撰,俞平伯校点:《浮生六记》,第 60 页。

第七章　袁枚的环境美学思想

袁枚(1716—1798),字子才,号简斋,一号存斋,世称随园先生、随园老人、仓山叟等,浙江钱塘(今杭州)人。在人性与物性的内在关系探讨中,他表达了随顺自然的环境观;在日常生活的审美体验中,他表现出对日常生活环境的审美关注;在随园的设计实践中,他实现了弃取辩证统一的环境设计理念;在随园的乐居乐游中,他践行了环境作为家园的审美理念。

第一节　随顺自然的环境观

环境美学以人为原点与中心研究环境问题,从而寻求合理的解决方案与途径,但最后促成了对人类中心主义的怀疑与否定,这表面上看起来是一个"悖论"。但如果我们将"以人为中心"理解成以人的"问题"为中心,不是以人的"利益"为中心,就能合理地消解这个表层的"悖论",这一学术探索的过程就变得顺理成章了。因此,环境美学寻求环境问题的解决实质上是为了寻求人的问题的解决,而这个问题的核心就是如何实现物性与人性的审美和谐。中国传统自然审美集中关注的问题是如何正确认识和处理人性与物性的内在关系,从而实现人性与物性的审美和谐。袁枚力图在探讨人性与物性内在关系的过程中,经由随顺自然的审美理念实现人性与物性的审美和谐。

袁枚曾在多处对"随"字进行阐释。他在诗中写道:"幽花随春开,好香随风传。有月便归去,无雨且盘桓。问我饮不饮,存杯听自然。所以主人翁,自号称随园。"①他在《随园记》中提到,听闻苏东坡说君子仕与不仕应当因时而动,而对于他来说,仕与不仕、在随园居住的久与不久都因时而变。② 因此可见,"随"之于人,便是顺应自然,顺应天性,顺势而为。袁枚在《随园六记》中对于"随"的内涵进行了解读:"尝读《晋书》……方知随之时义,不止向晦入宴息而已也。""'随'之时义通乎死生昼夜,推恩锡类,则亦可谓大矣,备矣,尽之矣。"③在此,他借用《周易》中关于随卦的论述来说明他对于"随"的理解。在《周易》中,随卦的《彖辞》中指出,随卦乘阳刚而来但随之以阴柔,在自然的迁徙跃动中感到愉悦,所以名之"随",天下万事万物的内在之理都在于随时而动,因此可见,"随时"的作用是何其重大。而随卦的《象辞》中认为:"泽中有雷,随。君子以向晦入宴息。"雷陷于大泽之中,雷顺应时势而伏,此为藏伏之象。君子法此藏伏之象,不应动作,而应宴息,雷之伏藏之时在寒冬,人之宴息之时在向晦,人与自然应各随其时。此处所言之"时"指的是自然而然的自然规律。基于此,袁枚强调"随"的内涵应当在遵循自然规律的过程中"随时""随势""随物",因此,他认为,"随"的内涵不只是人在向晦之时宴息,更是与人的生死昼夜息息相通。"随"应当顺应于天,取法于天,因时而用,随时而行。但更为重要的是,对于"随"的内涵,袁枚不仅进行了深入的剖析,而且进行了创造性的拓展。袁枚坚持"人之为善率性之谓道"④,而"善率性"就是"随性",顺性而为。袁枚将"随"的内涵由随天延伸至随

---

① 〔清〕袁枚撰,王英志主编:《小仓山房诗集》卷六,《袁枚全集》第一册,南京:江苏古籍出版社1993年版,第94页。
② 〔清〕袁枚撰,王英志主编:《小仓山房文集》卷十二,《袁枚全集》第二册,第205页。
③ 〔清〕袁枚撰,王英志主编:《小仓山房文集》卷十二,《袁枚全集》第二册,第209页。
④ 〔清〕袁枚撰,王英志主编:《牍外余言》,《袁枚全集》第五册,第4页。

性,由随外在的规则深入到随内在的性灵。这是一种理论品格的提升,也与袁枚的自然情感论和个性论是内在一致的。

出于顺应自然的观点,在实际的人生历程中,袁枚一生"任天而动",不伪装自己,不委屈自己,也决不扭曲自己。因此,"随"对于袁枚的人生而言表现为对适我、自在的人生方式的自觉意义上的选择,追求自由的意志。袁枚在出仕与园居之间最终选择了后者,正是自由意志的具体体现。既是"听自然",顺应天性,那么,首先是对自然的肯定,承认万物存在的合理性。"凡物各有先天,如人各有资禀。"①由"物性即人性"生发开去,对于人类来说,那就是对人之天性的肯定,也就是对人性、人欲的肯定。

所以从根本上说,"随"是对自由精神的执着追求。他在诗中反复表现这种自由的精神和境界:"白云游空天,来去亦无故。"②它驱使袁枚超越了中国传统文化中强调群体人格的趋同倾向,转向了"自我",转向了个性,转向了人的自由意志,表现出鲜明的生命自主意识。当然,这种自由精神的生成,源于袁枚对自然人性论的继承与发展,在这种继承与发展中,他在随顺自然的过程中实现了人性与物性的审美互动。

王阳明在心本体的建构过程中,将人的良知与现实的日常生活紧密联系,从而其"致良知"在"一念发动"中具备向现实渗透的理论穿透力。这种向现实渗透的理论穿透力使得人的良知一步步向天赋的自然心理靠拢,在这种靠拢的过程中,王阳明的心学为人的自然情感的张扬与感性生命的觉醒提供了新的理论契机。王阳明指出,"七情顺其自然之流行,皆是良知之用"③,自然情感与良知形成了内在的紧密关系,从而开启了良知内化为自然人性的时代趋势。而这种趋势最终在泰州学派与李贽等"心学异端"的理论中得以完成。因此,"阳明心学"尽管没有将物性与人性统一起来的理论自觉,但实实在在地为这个解放思潮作了最初的

---

① 〔清〕袁枚撰,王英志主编:《随园食单·须知单》,《袁枚全集》第五册,第1页。
② 〔清〕袁枚撰,王英志主编:《小仓山房诗集》卷六,《袁枚全集》第一册,第95页。
③ 〔明〕王守仁:《传习录》下,《王阳明全集》上册,上海:上海古籍出版社1992年版,第111页。

逻辑准备，而真正汹涌澎湃地掀起自然人性论这种解放思潮的，则是泰州学派与李贽等"心学异端"。王阳明虽然也谈心身统一，但他的理论重点依然是"心"，强调"心"对"身"的统帅作用。而泰州学派沿着王阳明心身统一的方向前进，但将其理论的重心位移到"身"。王艮认为："格物，知本也；立本，安身也。安身以安家而家齐，安身以安国而国治，安身以安天下而天下平也。……不知安身，便去干天下国家者，是之为失本。"①在此，王艮认为，安身才能家齐国治天下平，如果连安身都不知晓，而妄论治国安天下，这就是本末倒置。在此基础上，王艮对王阳明的心本体进行理论置换，悄悄地进行了重要的理论改变，强调"安身"才能"安心"，将"心之本"置换为"身之本"。同时，王艮又谈到"爱身"，谈到自然安适的身心之乐，他认为，圣人之道就在平民百姓的日常生活之中，平民百姓体会天然自有之理就是体会道，平民百姓能够与鸢飞鱼跃"同一活泼泼地"，则知晓人性与物性的同一性和互动性。实际上，王艮已背离王阳明心学崇尚道德理性修养的主旨而走向了自然人性论。由此可见，随着泰州学派对自然人性的推崇，王阳明的良知说在泰州学派的异端理论中被自然人性论替代，在心本体向身本体的发展过程中，泰州学派重视身体的自然感性欲望，从而彰显出人性就是自然人性的理论观点。而李贽也在泰州学派思想的影响下，强调人的自然生命本性，强调人的生命的感性内容与自然欲求，从而提出了自己的自然人性论观点。②

在此基础上，袁枚对自然人性论进行了新的理论拓展，他"常谓物性即人性也"。③ 人是自然的一部分，在袁枚那里，许多的观点表现出人与自然的互为观照。他特别强调"自然""天籁"，认为"万般物是天然好，野

---

① 〔清〕黄宗羲：《明儒学案》卷三十二，《黄宗羲全集》第七册，杭州：浙江古籍出版社 1985 年版，第833页。

② 关于自然人性论的理论发展线索与对于美学的意义的详细论述，可参阅陈望衡先生的《中国古典美学史》（中）第三十九章第四节"自然人性"。陈望衡：《中国古典美学史》（中），武汉：武汉大学出版社 2007 年版，第 21—27 页。

③ 〔清〕袁枚撰，王英志主编：《小仓山房尺牍》卷四，《袁枚全集》第五册，第 69 页。

卉终胜剪彩花"①,"自然"才是事物存在的最佳状态。

我国古代思想体系中通常将自然与人的关系概括为"天人关系",而在探究天人关系时强调天人之间的互相感应与和谐合一,这种形成了我国古代的"天人合一"思想。这种"天人合一"的天人观,奠定了我国古人处理人与自然内在关系的基本思路和框架。在"天人合一"的思想框架中,天与人、物与我是一体共存的,因而,人与自然的关系是一种"快乐"的邂逅,这种快乐正如陈望衡先生所言,是一种主体与客体合一、物我两忘的审美情境中的快乐,它超越了狭隘的功利,也超越了一般的认知的快乐,是一种与天地精神相往来的自由的快乐。② 如果一切都是在平等状态下交流的话,在人与自然的关系中,人凝视自然,自然同时也在"凝视"人,人赋予了自然展现美的机会,自然也给人一个全面发展的机会。因为在与自然的凝望中,心智参与了观察、领悟自然美的过程,在增加了对自然感悟能力的同时,人的感官潜能不断得到开发,而且在对自然除去遮蔽的同时,人由此产生深远的宇宙之思、生命之感,精神也得到了新的提升。可以说,自然的存在给人们对宇宙人生的感悟带来了契机。这就是人与自然的"交感",是一种"天与人合一的动态过程"。③ 随着袁枚隐居随园,生活在自然环境之中的他更加深入地体会人与自然之间的审美交感。与自然的深入融合促使袁枚在生存过程中对人与自然的关系进行了深层次的考察。在这种考察中,自然不仅融入其生命体验之中,而且也融入了其创作的视野之中。在袁枚与自然深入接触的过程中,他在与自然的情感融合中更加能够体会自然天性之美,从而能够更加敏锐地感知到自然无处不在的诗意与美。这一切都为其随顺自然的思想成形提供了条件。

由此可见,袁枚所主张的随顺自然,其中内隐着"物我合一"的思想

---

① 〔清〕袁枚撰,王英志主编:《小仓山房诗集》卷三十六,《袁枚全集》第一册,第 879 页。
② 陈望衡:《中国古典美学史》(中),第 504 页。
③ 陈望衡:《中国古典美学史》(中),第 498 页。关于"交感"的详细论述,可参阅此书的第 498—500 页。

追求,在这种思想追求中,袁枚力图在随顺自然中体现出一种对自然的爱护与同情之心,并由对物之自然而然的态度推及对人自然而然的天性的随顺与尊重,从而在人性与物性关系的认识中,实现人性与物性的审美和谐。

在袁枚的理论视域中,人性与物性的审美和谐必须要充分发扬儒家的"仁心"。只有发挥"仁心"才能肯定自然的天性,承认万物存在的合理性;只有发挥"仁心"才能关爱万物,达到物我大同的境界。袁枚在对自然与人性的互相观照中把握人性与物性的审美和谐。袁枚认为"仁心"不仅应于人的内心中求索,而且也应于对物性的关爱中达成:

> 状仁者之心,初不求诸己外也……然万物非能责我以仁者也,心则能责我以仁万物者也。于万物见心,物无尽时,心无见时;于心见万物,物有尽时,心无尽时。①
>
> 夫子不肯自欺一己,而诚心以求;不敢薄待万物,而如心以付。顿觉亿貌千形,俱归我大同而畅然无碍。②

在此,袁枚指出,"仁心"不能求之于外在万物,而应求之于人的内心。因为外在万物不能使我达到"仁"的境界,而我的"心"则能责我以"仁心"待万物。假如于外在万物中求索仁心,虽然外在之物无穷无尽,但仁心终无见时,而以"仁心"观照万事万物,事物不仅呈现出自己的天性,仁心也"无尽时"。与此同时,他指出"仁者"不能于不爱中求爱,这就强调了人只有关怀天下万物苍生情状,才会达到物性与人性"大同而畅然无碍"的审美境界。

接下来,袁枚在《能尽人之性》其一中指出,"仁心"的本质内涵就是"至诚之心":

> 因人性以及物性,一至诚之能也。夫物虽异于人,而所以尽其性者无异也。非至诚其孰能之? 今夫万物不能离诚以生,不能离人

---

① 〔清〕袁枚撰,王英志主编:《袁太史稿》,《袁枚全集》第五册,第9页。
② 〔清〕袁枚撰,王英志主编:《袁太史稿》,《袁枚全集》第五册,第6页。

以游。是万物不特至诚性中备之，即人性中亦皆备之也。……天下之一飞一跃，皆与人相通复……能尽人之性，则能尽物之性，有断然矣。……是人性中多一智，即物性中多一制；人性中多一仁，即物性中多一生……天下有天下之物，远之近之，天下安而天下之物亦安。是物性之尽与不尽，皆人性中之功过。而人性之尽与不尽，亦未尝非物性中之祸福。①

在此，袁枚指出，如何由人性推至物性，这就必须发挥至诚之心的作用，这就意味着，为了实现人性与物性的统一，至诚之心是不可或缺的。为何如此呢？因为至诚不仅于万物之性中存在，而且于人性中也存在。万物虽然与人相异，但由于其中至诚的存在，其物性才能充分地展开，既然万物不能离开至诚而存在，也不能离开人而存在，这就意味着人与万物中都是存在着至诚的。而这种至诚落实在人性之中就是至诚之心。这种至诚之心在人性中的存在使得人应当关爱万物，因为"天下之一飞一跃"都是与人不可分离的，人性与物性也是不可分离的。接下来，他指出了人性中"智"与"仁"的区别，人性之"智"增加一分，则物性受到的控制则多一分，由此可见，人性之"智"是用来控制万物之性的。而人性之"仁"增加一分，则物性的自由舒展程度则多一分，由此可见，人性之"仁"在随顺自然中，可以使万物自由生存。而人性之"仁"就是至诚之心在人性中的体现，发挥人性中的至诚之心，则不仅一家安，而且天下安，而在一家安与天下安的过程中，则一家物安与天下物安也都实现了。物性的尽与不尽都与人性有内在的关系，假如人充分发挥其人性中的至诚之心，则就是物性之福；假如人性中的至诚之心消隐了，则就是物性之祸。因此，在袁枚看来，在随顺自然的过程中，人性中至诚之心得到充分地发挥，从而在物性与人性之间形成一种动态的平衡，并在动态的交流中实现人性与物性的审美和谐。

在袁枚看来，随顺自然的环境观能有效地促成人性与物性的审美和

① 〔清〕袁枚撰，王英志主编：《袁太史稿》，《袁枚全集》第五册，第54页。

谐,实现人物的内在交感,这可为环境美学视野中人与自然关系的正确处理提供历史的合理经验,从而可以有效地促成环境美学学科中的中西自然审美思想的有效交流。

第二节　日常生活的审美关注

为了实现对日常生活的审美关注,袁枚从对"道统论"的批判入手。通过对"道统"不择手段的宣扬,程朱理学神化理学,神化天理,从而达到思想专制与排斥异端的目的。思想专制与排斥异端最终造成了生活世界的分裂,遮蔽了世俗生活的审美意义。程朱理学的重要理论目标之一就在于将人的情欲与天理截然区分,并对人的欲望与情感加以严格的控制,因此它们常强调这两端的差异。程朱理学对世俗世界的极端鄙夷和对超越世界的过度推崇,使得生活在世俗中的人们变得无所适从,从而窒息人们在世俗生活中的活泼想象与审美追求。而在分离情欲与天理的过程中,"道统论"起到了重要的作用。在袁枚看来,道是开放的,是可以用来指导丰富多彩的社会生活的,而"道统说"的出现,使得"道"的作用狭隘化,变成了对日常生活的压迫与分裂。通过对"道统"的批判,袁枚极力彰显世俗生活的审美意义。

袁枚指出:

> "道统"之名,始于南宋……而道者乃空虚无形之物,曰某传统,某受统,谁见其荷于肩而担于背欤?尧、舜、禹、皋并时而生,是一时而有四统也。统不太密欤?孔、孟后直接程、朱,是千年无一统也。统不太疏欤?甚有绘旁行斜上之谱,以序道统之宗支者;倘有隐居求志之人,遁世不见知而不悔者,何以处之?或曰:以有所著述者为统也;倘有躬行君子,不肯托诸空言者,又以何处之?毋乃……废"道统"之说,而后圣人之教大欤![1]

---

[1] 〔清〕袁枚撰,王英志主编:《小仓山房文集》卷二十四,《袁枚全集》第二册,第417页。

在此,他认为,"道统"的提法,从南宋开始,而就实际情况而言,历代圣贤有"道"但是无"统","统"的说法是南宋之腐儒私自提出的。"道"本来就是空虚无形的存在,南宋腐儒自称谁传了"道统",谁受了"道统",其实是十分荒诞的,历来都不见谁将"道""荷于肩"、"担于背"。与此同时,尧、舜、禹、皋生活于同一时代,各有各的道,以道统论之,则太密了;孔孟之后一直到程朱,这中间有千年历史没有"道统",则显得太疏了。而且,那些隐居求志之人与躬行实践之人也都是各有其道,但与南宋腐儒之道统相去甚远。由此可见,南宋腐儒提出的道统说可以称得上是无中生有,因而必须废除"道统"之说,才能还历史与儒道以本来面目,才能真正使学术与思想回归生活。

在《代潘学士答雷翠庭祭酒书》中,袁枚首先认为有道无统,道就是像大路一样,尧、舜、禹、孔子、孟子终身都在路上,汉唐君臣虽然有时"轶乎其外",但基本上也在此路上。程朱理论建立在前贤的基础之上,却抹杀前贤的功劳,由此可见朱熹"道统"之说的排他性。因此,袁枚指出,朱熹的"道统"之说最大的问题在于其将道加以狭隘的理解,道就像大路一样,应当兼收并蓄。"夫人之所得者大,其所收者广;所得者狭,其所弃者多。"孔子正由于所得者大,才能有"所收者广"的胸襟,孔子"视天下才",就像登泰山后观丘陵一样,因此,他对子产、晏婴、宁武子等人的思想也持称许的态度;孟子为何不如孔子,在于他对管子、晏子的思想不太重视;而朱熹则诋毁三代以下没有完人,这就表现出他不如孟子。假如汉唐没有道的存在,那么朱熹的思想会成为无源之水、无本之木。在袁枚看来,程朱的这种抹杀前贤功劳的做法,不仅有数典忘祖的嫌疑,而且也表现出其排斥学术多元的企图。孔子提出"仁者乐山,智者乐水",就代表着孔子对学术多元局面的推崇。"然仁者之乐山,固不指智者之乐水为异端也。"[1]只有在学术多元化的局面下,道才能在不同的时代获得不断的发展,从而扩充其内涵。

---

[1] 〔清〕袁枚撰,王英志主编:《小仓山房文集》卷十七,《袁枚全集》第二册,第296页。

袁枚在确认"道"多元化、开放性的基础上，进一步以世俗化的具体内涵来改变"道"的空虚性。在《寄徐榆村》中，袁枚提及，他欲为薛雪立传，向"寿鱼征其所治医案，寿鱼答云：'先祖耻以医名，故讳之。'但寄其晚年与苏抚陈文恭公讲性理编语录来；欲自附于周、程、张、朱之后"。①对于寿鱼轻视具体技艺的观念，袁枚在《与薛寿鱼书》中深以为非，并对于具体技艺提出了自己的独到见解：

> 不知艺即道之有形者也。精求之，何艺非道？貌袭之，道艺两失。

> 夫学在躬行，不在讲也。圣学莫如仁，先生能以术仁其民，使无夭札，是即孔子老安少怀之学也。素位而行，学孰大于是！②

在此，袁枚一方面将"艺"提升至"道"的高度，由此，"道"不再是空虚之物；另一方面，他肯定"躬行"实践亦是"学"，是"道"，远胜于空讲学理。

袁枚不仅从理论上对日常生活的审美性进行确认，而且也在随园的日常生活中对这种审美性进行了现实的践履。

袁枚辞官后隐居于随园，随园被他建构得巧夺天工，不亚于人间天堂。据记载，袁枚"侨居金陵之随园，颇饶亭榭，水木清华，仿西湖为堤井，为里外湖，为花港，为六桥，为南北峰。长廊复房，琉璃施窗，琴书尊彝，玉石之属，横陈几榻。梅百枝，竹万竿，桂十余丛。小仓山色在户牖间。春秋佳丽，弹琴赋诗，烟霞供养，无以过之。当时名公卿争相投赠，莫不以一至随园为幸"。③ 而且在修建随园时，竭尽奢华之能事，"崇饰池馆，高高下下，随山结构，杂以五色云母窗，绚烂岩谷。蓄珍禽奇兽，张灯笪动游人"④。其中有所谓柳谷者，"垂柳之中，有轩三楹，面山临流，极称

① 〔清〕袁枚撰，王英志主编：《小仓山房尺牍》卷十，《袁枚全集》第五册，第215页。
② 〔清〕袁枚撰，王英志主编：《小仓山房文集》卷十九，《袁枚全集》第二册，第324页。
③ 〔清〕李富兴辑：《鹤微后录》卷八。见〔清〕袁枚撰，王英志主编：《袁枚传记资料》，《袁枚全集》第八册，第13—14页。
④ 〔清〕孙星衍：《袁枚传》，《碑传记》107卷。见〔清〕袁枚撰，王英志主编：《袁枚传记资料》，《袁枚全集》第八册，第5页。

轩爽。山上遍种牡丹,花时如一座绣锦屏风,天然照耀;夜则插烛千百支,以供赏玩。排日延宾,通宵宴客,殆无虚晷"①。又有所谓"玻璃世界"、"蔚蓝天"和"水精域","华洋未互市时,玻璃极名贵,价极昂;故人家用之者鲜。园中有'玻璃世界',为室二重,窗嵌西洋五色玻璃,光怪陆离,目迷心醉。又有'水精域',以四面之窗,皆嵌全白色玻璃故也。有'蔚蓝天',窗皆嵌全蓝色玻璃。集中有句云:'客来笑且惊,都成卢杞面。'即指此室"②。由此可见,袁枚对其生存环境进行了精心的打造,这可以反映出其关注感性身体的审美取向。而就饮食而论,他赋予饮食以很高的地位,反对轻视饮食的思想,为此,他于《随园食单》序中引经据典,竭力证明其"古之于饮食也若是重乎"的结论。③ 朱熹认为:"饮食者,天理也;要求美味,人欲也。"④朱熹主张饮食只要能维持人的生存即可,这才符合天理。但在袁枚看来,这不啻苦行僧的生活方式。他主张饮食要满足"人欲",即不断提高饮食品位,尽量品尝各种美味,尽情享受人生的乐趣。所以,他纵竭口腹之欲,"每食于某氏而饱,必使家厨往彼灶觚,执弟子之礼"。⑤

袁枚以园会友,随园成为他与志同道合者论诗、抒怀、寄情之地,成为其不可缺少的社会文化生活空间。正如姚鼐在《袁随园君墓志铭》中描述的一样:

> 四方士至江南,必造随园投诗文,几无虚日。君园馆花竹水石,幽深静丽,至棂槛、器具皆精好,所以待宾客者甚盛,与人留连不倦。⑥

---

① 〔清〕蒋敦复:《随园轶事·柳谷》,见〔清〕袁枚撰,王英志主编:《袁枚全集》第八册,第94页。
② 〔清〕蒋敦复:《随园轶事》,见〔清〕袁枚撰,王英志主编:《袁枚全集》第八册,第94—95页。
③ 关于这个结论的详细证明,可参见〔清〕袁枚撰,王英志主编:《随园食单·序》,《袁枚全集》第五册。
④ 〔宋〕黎靖德编:《朱子语类》第一册,北京:中华书局1986年版,第224页。
⑤ 〔清〕袁枚撰,王英志主编:《随园食单·序》,《袁枚全集》第五册。
⑥ 〔清〕姚鼐:《袁随园君墓志铭》,见〔清〕袁枚撰,王英志主编:《袁枚传记资料》,《袁枚全集》第八册,第7页。

由此可见，在随园建成之后，因为袁枚的诗文之名，四方之友只要到了江南，就会到随园切磋诗文。在随园中，袁枚与各地友人畅游盛景、吟诗作赋，这在《续同人集·宴集类》中有十分细致生动的描述。正由于如此，随园就成为文人雅集之地，园内的日常生活也就充满了诗情画意。而且，在袁枚因地制宜的设计中，随园没有像传统私家家园一样设置园墙，这使得其成为当地居民的公共审美空间。在《续同人集·放灯类》中，我们从随园放灯的活动中就可以看出随园这种审美空间的公共参与性。随园多次举行盛大的放灯活动，前来参与放灯活动的既包括当时有名的诗人骚客如汪廷昉、程晋芳、钱大昕、何士顺、潘瑛等，也包括袁枚的诸多门生，更包括了许多南京城内的普通居民。① 由此可见，通过公共审美空间的建构，袁枚以一种审美的方式呈现了随园中的日常生活。

"不论是中国园林还是西方园林，最初都是理想居住方式的表达，但经过不断的发展后，它们也逐步偏离了居住的本质，异化为一种文化符号。"②由于国家与权力通过对真理的垄断达到对私人生活空间与思想空间的压缩，随园的存在就成了一种文化反抗与抵制的象征，它展示的不仅仅是一个物质的空间，而且也是精神的与审美的日常生活空间。袁枚在随园的日常生活中寻求到了其生存的快乐和价值，但是这种快乐与价值并不仅仅是回归自然的隐居之乐，而更是一种能够在日常生活中体验到的审美快乐。

第三节　弃与取辩证统一的环境审美设计理念

关于园林设计中弃取的辩证统一思想，袁枚在《随园三记》中有详细的论述。他认为：

> 人之无所弃者，业之无所成也。……吾于园则然。弃其南，一

---

① 参见〔清〕袁枚编：《续同人集》，《袁枚全集》第六册，第 65—100 页。
② 陈望衡：《环境美学》，武汉：武汉大学出版社 2007 年版，第 316 页。

椽不施,让云烟居,为吾养空游所;弃其寝,陊剥不治,俾妻孥居,为吾闭目游所。山起伏不可以墙,吾露积不垣,如道州城,蒙贼哀怜而已;地隆陷不可以堂,吾平水置埶,如史公书,旁行斜上而已。……此治园法也,亦学问道也。①

在此,袁枚从治园与治学的相通性来说明弃取之间的内在辩证法。他认为,人在治学的过程中如果无所弃,就不会有所取,夔以音乐作为其毕生追求,而放弃了对礼的研究,孔子以治理国家为其人生理想,就必须放弃对"射"等具体技艺的研究,正如孟子所言,人有不为,然后才可以有为。因此,袁枚认为,他对随园的整体设计也是遵循了这种弃取的辩证法。在此,袁枚具体地表述了弃与取辩证统一的治园思想,为达到"虽由人作,宛自天开"的境界,必须懂得有弃有取。所以修园时,有些地方可以精雕细刻,有些地方则无需进行修饰。计成在《园冶·兴造论》中说过:"故凡造作,必先相地立基,然后定其间进,量其广狭,随曲合方,是在主者,能妙于得体合宜,未可拘牵。假如地基偏缺,邻嵌何必欲求其齐,其屋架何必拘三五间,为进多少? 半间一厂,自然雅称。"②他的意思就是,建筑房屋必先要考察地基而有所规划,要根据地形条件与地基大小来随曲合方地布置园林,既不拘泥于形制只顾"得体",也不能不顾法式只求合宜。如果地形偏缺,就应充分利用地形布置,不必求端正齐整,屋架不必规定三间五间,进数也不必限于定规,就是半间一披,也能合体相称、自然雅致。

袁枚的弃取观与计成的理论有异曲同工之妙,他在因地制宜中合理地处理弃取之间的辩证关系。随园的南面根本就弃用了人工的设计,呈现出一派自然风光。由于自然地势的原因,随园周边是起伏不平的山体,无法建造围墙,因而袁枚弃园墙而居,将园外的自然景致无障碍地引入园中,在这种放弃中开创了私家园林不筑园墙的先例,也使得随园成

---

① 〔清〕袁枚撰,王英志主编:《小仓山房文集》卷十二,《袁枚全集》第二册,第206—207页。
② 〔明〕计成撰,陈植注译:《园冶注释》,北京:中国建筑工业出版社1981年版,第41页。

为一个公共的审美空间。

有弃必然有取,治园同样要懂得取长补短,"善藏其拙,巧乃益露"。①以短护长,以疏彰密,窄地可以就势用长流细水,万篁修竹成景,补其不能造屋之短。建在高屋,可以装以疏窗,纳远处景色,这是以空阔的远景以补高地之短,与计成所说的"借"有相通之处。

所以巧妙借景就是善取的最佳表现。虽然"构园无格",但是"借景有因",所以袁枚认为造园时要注意巧妙借景,以达到"眺远高台,搔首青天那可问;凭虚敞阁,举杯明月自相邀"②的意境。人登高台望远,上接青天,搔首可与天公问答,在凌空的敞阁,举杯可邀明月共醉,景与境在空间上紧紧地结合起来。

袁枚造园借景,最远的借自故乡浙江。仿西湖的水色造随园,以慰藉自己的思乡之情。"我取西子湖,移在金陵看。时将双镜白,写出群花寒。前湖饶荷叶,后湖多钓竿。"③"凿得双湖似故乡,一枝柔橹泛春航。落花水上凌波立,还拟人看旧日妆。"④诗歌所说的都是移西湖景入园给他带来的强烈心理感受。园中另有一处地方临着澄碧泉造厅三楹,四周以回廊相绕,并植老桂数十株,香气扑鼻,其形与栖霞山相仿,其境与栖霞山神似,故名"小栖霞",这亦是远借他景构园的一例。此借景的特别之处还在于,他是用"小栖霞"这一匾名让人联想到自然的美,景借联现,联从景生,人文之雅与自然之美相"借"益彰,给人以无穷的美感。

袁枚深知"园林巧于因借,精在体宜,愈非匠作可为"⑤之理,他非常擅长借用地形地势来进行景观的设计,从而达到与自然山水融为一体的审美境界。随园中很多的房屋是随自然万物而进行设计的,从而体现自然天成之妙。随园"因树为屋"一景就是如此,为了表现他对此景的欣

---

① 〔清〕袁枚撰,王英志主编:《续诗品·藏拙》,《小仓山房诗集》卷二十,《袁枚全集》第一册,第420页。
② 〔明〕计成撰,陈植注译:《园冶注释》,第233页。
③ 〔清〕袁枚撰,王英志主编:《小仓山房诗集》卷十五,《袁枚全集》第一册,第300页。
④ 〔清〕袁枚撰,王英志主编:《小仓山房诗集》卷十五,《袁枚全集》第一册,第275页。
⑤ 〔明〕计成撰,陈植注译:《园冶注释》,第41页。

赏,他特意赋诗《因树为屋》来表达这种自然天成之美:"银杏四十围,叶落瓦无缝。主持小仓山,惟吾与汝共。更借屋上荫,招宿丹山凤。"[1]由此可见,"因树为屋"景观的巧妙之处就在于袁枚依托一株四十围的银杏树而建成房屋,从而可以在银杏叶落之时欣赏其覆盖屋顶的美景,也可以在银杏树叶繁茂之时,体会其树荫之阴凉、栖息之鸟鸣。还有"我家有香界,幽兰种溪边。能闻而知之,鼻在耳目先"[2]的"香界"一景,亦是随景而设的,深谷幽兰,给居住其中的主人增添了几分优雅。同时,袁枚充分地利用随园中的某一个角落,将之种上梅、竹、兰等植物而形成具有无限自然之意的景观,像"竹请客"[3]这样的景观就是如此;或者将富有自然纹理、纳天然之气的石头镶入园中的陈设品中,形成人工与天然相洽为一的效果。

其实,弃取统一的环境设计理念也包含着设计随顺自然的设计思想。随着自然季节的流逝,随园内的景色亦流转多姿,"园中花卉,四季不断,自海棠开时,天气渐暖;由是而珠藤,而牡丹,而芍药;绣球木笔,相继着花"。[4] 在此,袁枚描述了随园四季景观之流转,当天气渐暖之时,海棠花已经盛开,接下来随着节气的变化,随园中珠藤、牡丹、芍药、绣球、木笔先后开花,尽显四季不同之景观。

与此同时,弃取辩证法的运用也体现在自然与人工关系的合理处理之中。袁枚虽然强调随顺自然,强调因地制宜地利用自然地形进行设计,但是在具体的景观设计中,他更加注重人工与自然的完美融合。而为了实现这种融合,袁枚在人工设计的景观中坚持"虽由人作,宛自天开"的审美原则。他在《积水暴流命僮建闸为瀑布》一诗中表达了对这种审美原则的贯彻:"雨停树上声,水作溪中响。溪当两山凹,奔流尤莽莽。呼僮束以闸,银河随手长。虽跃一尺布,已过千人颡。势连山带飞,气挟

---

① 〔清〕袁枚撰,王英志主编:《小仓山房诗集》卷十五,《袁枚全集》第一册,第300页。
② 〔清〕袁枚撰,王英志主编:《小仓山房诗集》卷十五,《袁枚全集》第一册,第302页。
③ 〔清〕袁枚撰,王英志主编:《小仓山房诗集》卷十五,《袁枚全集》第一册,第300页。
④ 〔清〕蒋敦复:《随园轶事》,见〔清〕袁枚撰,王英志主编:《袁枚全集》第八册,第95页。

虹桥往。花落影不留,鱼去叛成党。逝者如斯夫,空存濠濮想。"①在此,我们可以看出,诗中所描写的瀑布是叫书童建闸人工束水而成,但它与周边的景观完美地融为一体,周围的静景与瀑布的动景之间动静搭配,优美中呈现出崇高之美,从而丰富了随园的景观类型,也就丰富了欣赏者的审美体验。

随园是在隋园的基础之上新建而成,袁枚在"一造三改"的过程中,贯彻了弃与取辩证统一的环境审美设计理念。经由这种设计理念,袁枚不仅将随园打造成一个开放的审美空间,而且也将随园打造成一个生意盎然的自然式园林,从而为随园的宜居与宜游提供坚实的审美基础。随园不仅是袁枚的生存与生活环境,而且在随园中,袁枚获得了精神与审美的愉悦,随园成为其诗意栖居的精神家园。从环境美学的角度来考察,人对环境的认同感,其最高层次是家园感,而随园作为袁枚的物质与精神家园,其主要意义在于他不仅能够乐居而且能够乐游,从而在其中获得一种温馨的家园感。

---

① 〔清〕袁枚撰,王英志主编:《小仓山房诗集》卷九,《袁枚全集》第一册,第164页。

第八章 《红楼梦》的环境美学思想

《红楼梦》,又名《石头记》等,为清代作家曹雪芹所著。《红楼梦》以广阔的历史画面深入地描绘了封建社会后期的社会生活。其环境美学思想主要在以下三个方面:一、园居理想的实现;二、取法自然的审美追求;三、日常生活的诗意表达。

第一节 园居理想的实现

中国古代园林体系在世界三大造园体系中是最具特色的,其独特的艺术内涵不仅创造了独一无二的园林艺术,同时,也勾画出中国传统理想的居住形式——园居。曹雪芹生活的康乾盛世,其园林艺术更是达到了十分成熟的地步。在曹雪芹生活过的南京、苏州等地,园林之盛无出其右,在耳濡目染中,他对于园林艺术有十分深入的了解。在《红楼梦》中,他通过不同的方式,系统地阐述了其对于造园理论与园林美学的见解。《红楼梦》中的大观园不仅是曹雪芹展开其情节与塑造人物的艺术空间,同时,通过对大观园的设计思想、整体布局、景点铺陈、建筑、植物搭配的深入考察,及其人物在园中的诗意活动,我们可以发现,大观园为传统理想的居住形式——园居树立了一个完美的典范。虽然在清代,皇室集中全国的财力物力修建了号称为"万园之园"的圆明园,但那不是居住的理想之所。"琴棋书画,观鱼赏月,看竹品泉,包括园居生活娱游玩赏活动的各个方面,体现了封建士大夫文人的园居生活方式、生活情趣和审美趣味。"①在此,张家骥概括地描述了文人园居理想的审美情趣。而《红楼梦》中的大观园描绘则十分符合这种审美理想的实现,诗意的园林充满了生活世界的气息,成为传统完美的乐居之地,实现了园居的审美理想。而为了实现这种园居理想,曹雪芹从以下几个方面构建大观园的优美意境。

一、因地制宜的园址选择

关于园林的选址,计成在《园冶》中认为,园林建造的第一步就是如何相地立基,"故凡造作,必先相地立基"。关于如何进行园址的选定,计成从因地制宜的角度将园林的选址地分为山林地、城市地、村庄地、郊野地、傍宅地、江湖地,等等,不同园林选址地的不同地形地貌在因地制宜的设计中形成了各具特色的园林风貌。而具体到《红楼梦》中的大观园选址,其选址的理念完全符合因地制宜的原则。可以说,大观园对园居典范的建构是从园林的选址开始的,在《红楼梦》第十六回中重点提到大观园选址的缘由。大观园主要是为元妃而建造的省亲别院,作为皇帝贵妃的游幸之所,虽然要合乎皇家风范,体现出皇贵妃的身份地位,但更为重要的是要体现出浓厚的生活气息。基于此,从因地制宜的理念出发,大观园的选址地属于傍宅地。在《红楼梦》中,曹雪芹首先通过贾蓉的表述来说明这种傍宅地的选址:"从东边一带,借着东府里花园起,转到北边,一共丈量准了,三里半大,可以盖造省亲别院了。"然后,通过贾琏对这个方案的认可,认为大观园的选址不应当在城外另外觅地造园,而应利用原有门宅前后的空地就近造园,这种因地制宜的园址选择有诸多好处。第一,大观园的选址可以将宁荣二府连接在一起,加强家族的内部

---

① 张家骥:《中国造园论》,太原:山西人民出版社 2003 年版,第 123 页。

联系。大观园在修建过程中可以拆除宁府会芳园的围墙楼阁,并且将荣府东大院中所有下人的房间拆去,经过此种处理,宁荣二宅中间原有的一小巷也纳入大观园的范围,从而实现了宁荣二府的连属。第二,在原有宅基地旁边选址,大观园的修建可以利用会芳园从北拐角引来的活水,园林内的水体无需重新打造。第三,新建的大观园可以沿用荣府旧园中的竹树山石以及亭榭栏杆,从而节省人力物力。① 由此可见,大观园的"相地"不仅可以利用原有的山水亭阁,而且也成功地将宁荣二府连接在一起,为园居理想的实现奠定了坚实的基础。

二、婉转含蓄的意境营造

婉转含蓄的意境营造也是曹雪芹打造园居理想的重要手段,在大观园的审美设计中,他在有限的实际空间中通过婉转含蓄的设计技巧营造了指向无限的审美意境。

大观园审美意境的营造,一方面体现在造景手法合理而灵活的运用。在大观园中,为了达到空间无限的审美体验,曹雪芹通过空间分割的手法重新对园林空间进行合理而巧妙的排列组合。从相地选址来看,大观园位于宁荣两府的中间地带,作为傍宅地,其园林空间必然是有其局限的,但通过矮墙、山体等对空间进行封闭、遮挡,通过孔洞、隔窗、植物等对空间进行半遮蔽,大观园内的空间实现了巧妙的切分,在精巧的空间组合中创造了无限丰富的审美景观。在《红楼梦》中,进入大观园之后的第一个场景描写就是展现山体的空间分割作用:"只见迎面一带翠嶂挡在前面。"正如贾政所述,假如没有这山体的遮挡,入园后园中之景一览无余,则少了含蓄委婉的审美情趣。此处山体不仅区分出园外与园内的空间,而且也将园内景观进行了合理的空间组织。在稻香村外,景观设计也采用了这种"青山斜阻"的方式:"倏尔青山斜阻。转过山怀中,

---

① 参见〔清〕曹雪芹:《红楼梦八十回校本(上)》,俞平伯校订,北京:人民文学出版社1958年版,第157—159页。

隐隐露出一带黄泥筑就矮墙。"此外通过山体的"斜阻",稻香村内的景观
隐隐约约,极具审美韵味。而在快要出园之际,突然看见大山阻路,有迷
路之感,但由山脚边转弯,便见平坦宽阔之处,大观园的园门就在眼前。
除了利用山体切分组织空间外,大观园内也多用隔窗、植物、园门等来形
成无限丰富的空间。精舍数楹,在千百竿翠竹中隐现,穿过由竹篱花障
编成的月洞门,突然可见"粉墙环护,绿柳周垂"①。由此可见,利用隔窗、
植物、园门等进行空间分隔,形成了空间的合理衔接与隐约延展。

　　除了采用空间分割的手法,曹雪芹还运用了借景的手法拓展大观园
的内外景观。而这种借景手法的采用,基于他对我国古典园林造园技巧
的深入理解。为了实现园林景观的有无相生、虚实相济,我国古典园林
特别注重借景手法的运用。计成在《园冶》的第六部分"借景"专门讨论
借景的重要性与相关理论问题,他认为,"夫借景,林园之最要者也",并
且列举了借景的各种方式,如远借、邻借、仰借、俯借、因时而借。在大观
园的设计中,借景无处不在,不仅借园外之景,还将园外之景合理地借入
园林之中,从而在扩大园林空间的同时扩大了园林的景观空间,拓展了
园林景观的深度与广度,丰富了园林的整体景观,从而实现了纳园林外
无限景观于园林之中的目的,展现了以有限见无限的园林审美效果与审
美境界。而且借景也可以园内景观互借,这种园内景观互借,一方面可
以增加园内景物的深度与广度,另一方面也可以增加园内景观的统一
性。从借园外景观来看,曹雪芹在创构审美意境时通过在园门向远处平
望与在假山高处眺望将园外景观收入园林之中。"出了院门,四顾一望,
并无二色,远远的是青松翠竹,自己却如装在玻璃盒内一般。于是走至
山坡之下,顺着山脚,刚转过去,已闻得一股寒香拂鼻。回头一看,却是
妙玉那边栊翠庵中有十数枝红梅,如胭脂一般,映着雪色,分外显得精
神,好不有趣。"②在此,曹雪芹将园门远处的青松翠竹、转过山脚的红梅

① 参见〔清〕曹雪芹:《红楼梦八十回校本(上)》,俞平伯校订,第162—170页。
② 〔清〕曹雪芹:《红楼梦八十回校本(下)》,俞平伯校订,第529页。

白雪,全部纳入大观园之中,远借中又有景观颜色的对比,从而使得各种景物互相映衬,相映成趣。他通过对园外景观的巧妙组合,并将之合理地纳入大观园的整体景观之中,拓展了大观园有限的景观空间,扩大了园林景观的审美界域。而就园内景观互借而言,大观园十分普遍地运用植物、楼阁、漏窗等园林要素,采用隐漏结合的设计技巧实现园内各处景观的互相配合,形成了忽隐忽现而不可一览无余、触手可及而又空灵恍惚的审美意境。

另一方面,大观园审美意境的营造体现在山骨水魂的打造。我国古典园林艺术称为叠山理水的艺术,大观园秉承园林的这种艺术传承,在大观园的构成要素中,山与水是最为重要的。山可以看成大观园的骨架,构筑了其整体框架;水可以视为大观园的灵魂,形成其独特的审美气质。在大观园中,土山与石山互相配合,相得益彰。土山就地取材,堆土而成,园中的土山山体有大主山、小主山等,山体不仅可以用来分割园内的审美空间,而且也可以自成景观。园中的石山,通过精巧的堆叠技术,峰谷错现,曲折多变,进园可见的一带翠嶂,既可避免园林景观的一览无余,也成了园林中的独特景观,翠嶂上"白石峻嶒,或如鬼怪,或如猛兽,纵横拱立",而且山上种植了各种花草树林,"藤萝掩映,其中微露羊肠小径"[1],形成了委婉含蓄之意境。大观园水体的处理,承继了我国古典园林中曲水逶迤之手法。计成在《园冶》中对"曲水"情有独钟,其"曲水"取意于"曲水流觞"的境界,并将之用于园林中溪涧水体的意境营造。大观园从东北角引入河水,曲折而成沁芳河,河水绕园流动经由东南角出园。在园中,曲水逶迤,曲水两岸曲径通幽,与两岸的垂柳桃杏相映成景,"转过山坡,穿花度柳,抚石依泉。……忽闻水声潺潺,泻出石洞,上则萝薜倒垂,下则落花浮荡"。[2] 园中水体的曲折流动,为大观园曲折含蓄的意境生成提供了最好的物质基础。

---

① 〔清〕曹雪芹:《红楼梦八十回校本(上)》,俞平伯校订,第162—163页。
② 〔清〕曹雪芹:《红楼梦八十回校本(上)》,俞平伯校订,第167页。

三、人园合一的设计理念

为了更好地实现园居的理想居住模式,曹雪芹在大观园的设计上采用人园合一的设计理念。就整体而言,大观园是一个弥漫诗情画意的美妙园林。四季自然风景各具特色,春天绿草芬芳,桃红柳绿;夏天浓荫覆地,蝉鸣悠长;秋天皓月金风,长空碧净;严冬松竹红梅,傲雪吐芳。四时美景,幽雅灵动,意境空灵,园居之趣,人与境谐。在统一的园林气质与格调中,组成大观园的各个院落又各具风情,并与居住之人的内在精神气质高度契合,从而实现人与环境的内在统一,实现人的乐居。不同院落因其特殊的布景形成独特的园林意境与环境氛围,并与园中之人的精神气质相互映衬。

关于林黛玉与潇湘馆的契合,我们先看《红楼梦》第十七回对于潇湘馆的描写:"忽抬头见前面一粉垣,里面数楹精舍,有千百竿翠竹遮映。……只见入门便是曲折游廊,阶下石子漫成甬路。上面小小两三间房舍,一明两暗,里面都是合着地步打就的床几椅案。从里间房里,又有一小门出去,则是后院,有大株梨花兼着芭蕉。又有两间小小退步。后院墙下忽开一隙,得泉一派,开沟仅尺许,灌入墙内,绕阶缘屋,至前院盘旋竹下而出。"[1]在此,曹雪芹对潇湘馆的内部与外部格局和布置进行了相对细致的描写,潇湘馆的外部首先看到的是一带粉色的矮墙,在院内千百竿翠竹的掩映下若隐若现。进入潇湘馆的大门之后,便可看见曲曲折折的游廊与石子甬路,三间小小的房屋一明两暗;从小门进入后院可见大株梨花、阔叶芭蕉;院墙下有清流一线,清流绕着石阶沿着屋脚到达前院,从竹下盘旋而出潇湘馆。潇湘馆作为林黛玉的住所是其自己选定的,当时贾元春命其入住大观园,林黛玉在选住处时因喜爱潇湘馆的一丛翠竹,更加上其中隐藏着一道曲廊,显得幽深静寂,于是就选择了潇湘馆。而从上述《红楼梦》对潇湘馆的描述中,我们可以看出,潇湘馆的整

---

[1] 〔清〕曹雪芹:《红楼梦八十回校本(上)》,俞平伯校订,第164页。

体布局与林黛玉的个性特征是高度契合的。潇湘馆中的竹子成了林黛玉的审美象征,翠竹修长摇曳的外形比拟林黛玉婀娜修长的身材及其摇曳多姿的步态;翠竹的清秀质朴、不与百花争艳的特征与她高洁儒雅的性格高度相似;翠竹不屈不挠,敢与秋霜冬雪颉颃的特征象征着她对现实礼俗的反抗精神。而从潇湘馆的内部布置来看,内部的景观设计都倾向于幽雅清静、小巧精细、曲折逶迤,如小小的三间房屋、馆内的小门、曲折的游廊、绕阶缘屋的水流,规划设计的一切细节都衬托出林黛玉性格的婉转多思、清幽淡雅。

而贾宝玉所居住的怡红院,《红楼梦》中是这样描写的:“一径引人绕着碧桃花,穿过一层竹篱花障编就的月洞门。俄见粉垣环护,绿柳周垂。……两边尽是游廊相接。院中点缀几块山石,一边种着数本芭蕉;那一边乃是一棵西府海棠,其势若伞,丝垂翠缕,葩吐丹砂。”[①]怡红院的景观设计与处理充分地体现了贾宝玉的性格特征,粉墙围合中脂红海棠与碧绿芭蕉的组合成就了宝玉的乐居家园。在贾宝玉看来,山川日月之精华只钟情于女子,而须眉男子只不过是“渣滓浊沫”,因之怡红院整体的景观设置没有突出男性的阳刚之气,而偏于阴柔之美,园中所种植的更多以开花类植物为主,形成了繁花簇拥的审美体验。而且院内建筑的色彩与风格处理,植物的选择与搭配,山水的形状与规制等,每一个景观细节都与贾宝玉的性格特征呈现出一种高度契合的状态。

这种人与景谐的设计理念不仅通过书中人物与景物的内在交流赋予了如山石、水体、植物等园林要素鲜活的生命力,使环境景观充满了丰富的内涵,而且这种理念也使得人物的生存环境变得更加典型,衬托出环境存在与故事发生之间有内在的必然性。更为重要的是这种人与景谐的方式实现了人园合一的生存状态,这种园居的环境就是一种能实现乐居的环境,人在大观园中的居住是一种乐居的状态。

---

① 〔清〕曹雪芹:《红楼梦八十回校本(上)》,俞平伯校订,第170页。

第二节 取法自然的审美追求

"有自然之理,得自然之气"体现了曹雪芹对于园林造景天然的见解,更表达了其核心的美学观点——以自然为美。

"以自然为美"之所以成为曹雪芹的核心美学思想,主要是因为这种美学思想贯穿于其各种艺术创作的全部过程之中。关于绘画的创作,曹雪芹认为:"自应无所不师,而无所必师。何以为法?万物皆宜为法。必也取法自然,方是大法。"①在此,他认为,绘画应当以何为法呢?世间万物皆可成为师法的对象,而世间万物皆取法于自然,因此,画家应当以自然为师,师法自然,这才是绘画大法。但在师法自然的基础上,创作应当合理地处理"无所不师"与"无所必师"的内在辩证关系,"无所不师"强调创作者应当师法万物,从自然万物中广泛地获得创作的法则,但获得这种法则并不是完全的模仿,而必须充分地认识到"无所必师"的重要性,也就是创作者为了使其画作达到自然天成的境界,必须进行艺术的加工。关于小说的创作,他在《红楼梦》第一回中提到,为了实现这种自然之美,不应当"拘拘于朝代年纪",必须展现"事体情理"的自然发展过程,而至于书中人物的"离合悲欢"与"兴衰际遇",应当从事件自然发展的过程中"追踪蹑迹",不能有半点穿凿附会,如果为了取悦读者而穿凿附会,就会失去小说的自然真实性。而关于园林创作,曹雪芹极力追求自然真实的"天然图画",为了达成这种"天然图画"的审美境界,他认为,园林创作必须在整体与局部的设计中做到"有自然之理,得自然之气",而不应该过分地人为穿凿以至于失去园林的自然性。在《红楼梦》的创作中,曹雪芹极力贯彻了这种"以自然为美"的美学思想,主要表现在大观园的整体设计与人物形象的塑造和对比中。

从大观园的整体设计来看,曹雪芹从园林创作的角度合理实现了这

---

① 〔清〕曹雪芹:《废艺斋集稿·岫里湖中琐艺》,转引自北大哲学系美学教研室编《中国美学史资料选编》下册,北京:中华书局 1980 年版,第 346 页。

种"以自然为美"的美学思想。"有自然之理,得自然之气"来自《红楼梦》中贾宝玉对园林规划与设计的论述。在《红楼梦》第十七回中,贾政带领众人来到了稻香村,在外面就见到一带黄泥筑就的矮墙,墙头全部采用稻茎作为装饰,进入里面时,有茅屋数间,在茅屋外采用桑、榆、槿、柘等各种树枝编成两溜青篱。在青篱外面的山坡下,土井旁边有桔槔、辘轳等各种农具,并且在整修好的田地中有各种蔬菜花草,有漫无边际之势。而路旁有一石碣,作为题字之备,众人都说此处石碣甚妙,石碣待题远比悬匾待题更能体现田舍家风。当进入稻香村的茆堂时,贾政看见茅屋里面全是纸窗木榻,富贵之气全无,而农家的自然风味皆具,极为喜欢。于是,贾政就询问贾宝玉对稻香村的观感,引出了贾宝玉的如下回答:"此处置一田庄,分明见得人力穿凿扭捏而成。远无邻村,近不负郭,背山山无脉,临水水无源,高无隐寺之塔,下无通市之桥,峭然孤出,似非大观。争似先处有自然之理,得自然之气,虽种竹引泉,亦不伤于穿凿。古人云'天然图画'四字,正畏非其地而强为地,非其山而强为山,虽百般精而终不相宜。"[1]在此,曹雪芹通过贾宝玉的论述表达了其对自然天成之美的赞成,从而显露出"以自然为美"的美学观点。

自然天成之美是中国古典园林艺术的最高追求,计成在《园冶》中的"园说"部分提出古典园林的最高境界是"虽由人作,宛自天开",曹雪芹很好地继承了这种关于园林的理论见解,并将之运用于大观园的整体与局部设计。在曹雪芹看来,园林景观的生成虽然依赖于人为的土木兴造,但其内在的审美旨归应当是造景天然,自然天成的景观之趣必然是园林艺术的审美追求,人为的景观打造只有在师法自然的基础之上,才能成就这种造景天然的自然之趣。而具体到大观园中稻香村的景观,贾宝玉指出,大观园本为皇妃省亲的别院,其整体的审美格调应为富丽堂皇,而稻香村作为一处体现农业景观的审美风景,与大观园的审美格调有点格格不入,因而他故意向贾政询问"天然"是何意,而众人的回答也

---

① 〔清〕曹雪芹:《红楼梦八十回校本(上)》,俞平伯校订,第167页。

符合贾宝玉的见解,"天然"就是"天之自然而有,非人力之所成"。既然"天然"是自然而然之义,在大观园的富丽堂皇之中强行设置一处具有农家风情的景观就与整体环境不协调,分明是人力穿凿强扭而成。因为从整体环境而言,大观园处于城市中间,周围都没有村落与稻田,也不背山临水,突然在此出现一处农业景观,虽然百般精巧但不相匹配。在贾宝玉看来,稻香村的形成是"非其地而强为地,非其山而强为山",不符合古人所言的"天然图画"之意。虽然,潇湘馆、怡红院、蘅芜苑、秋爽斋等园林景观也是由人力种竹引泉,但由于它们都与大观园的整体环境和氛围十分契合,因而这些景观的生成"得自然之理,得自然之气",从而让居住在其中的人获得一种与自然一体的审美体验。

基于"以自然为美"的审美理念,曹雪芹在大观园的景观设计中力图实现"天然图画"的审美境界。为此,在大观园的整体景观与局部景观设计中,曹雪芹极力贯彻计成在《园冶》中提出的"虽由人作,宛自天开"的园林审美设计理念。这种"虽由人作,宛自天开"的审美理念,其基本的内涵就是突出我国古代园林的天然性,虽然园林是人为创造的存在,但它必须具有天然一样的真实性,就像自然而然生成一样。而且这种人为创造的自然而然并不是对自然的纯粹模仿与抄袭,而是对自然的自然而然性的深入体验,并通过艺术的概括与提炼将其审美地表达出来。从大观园的整体规划与设计来看,荣宁二府的自然地形为相对平坦的地形,因而,为了展现这种地形的自然天成特征,曹雪芹通过对水体曲折多变的处理、道路周回蜿蜒的设计,使整个园林空间呈现"虽由人作,宛自天开"的审美效果。为了在大观园中呈现自然山水的审美风貌,园中的山水并不是对自然山水完全袖珍式的缩水,而是对自然山水精神的审美展现,将自然山水精神与园林内在地结合起来,达成宛自天开的园林山水之美。

在《红楼梦》中,曹雪芹匠心独运地运用大自然与现实社会二元对立的结构,深入地批判揭露了现实社会对人的自然本性的压抑与扭曲。他将以自由为本性的大自然作为其审美的理想境域,而将对自然自由人性压抑的现实社会视为实现其审美理想的对立存在。他将贾宝玉的前身顽石所生活的大自然界视为"幽灵真境界",而当贾宝玉来到污浊的现实社会之后,曹雪芹认为,在现实社会的污染下,贾宝玉就变成了一具污浊的臭皮囊。① 其实,《红楼梦》所提到的女娲炼石的行为内隐着人性来自自然,人性本应是自然而然的,贾宝玉在梦中游太虚幻境时的心理活动就表明他对于自然人性的追求,向往一种自由自在的自然生活状态。在太虚幻境中,贾宝玉看见,朱栏白石,绿树清溪,在幻境中人迹罕至,飞尘不到。这是一幅自然的理想境界,当贾宝玉看见此种境界时十分高兴,他认为,这个去处十分有趣,纵然离家在此生活一世也十分愿意②,由此可见,贾宝玉的内心有一种回归自然的审美冲动。关于这种回归自然本真人性的好处,曹雪芹在《红楼梦》第二十五回中通过今昔对比做出了判断。因为顽石通灵之后,便来到人间寻觅是非,而现实社会的粉渍脂痕污染了通灵宝玉的宝光,从而造成其尘缘满目,但沉酣一梦之后最终会回归到幽灵真境界中去,生活在天不拘地不羁、心中无喜亦无悲的自由和自然的状态之中。③ 而对于林黛玉来说,曹雪芹在书中给她的理想归宿也是最终回归到自然世界中去。在黛玉葬桃花的花冢处,通过林黛玉的哭诉,我们可以看出,林黛玉在现实生活中是"一年三百六十日,风刀霜剑严相逼",而她的理想是回归到自然洁净的世界中去,"质本洁来还洁去",这远比陷于现实社会的污淖中幸福,因此,她希望自己能够胁下长出双翼,随着春花飞到天的尽头,而这天的尽头就是她理想中的自然世界。④

而在人物形象的塑造和对比中,我们也可以充分地体验到曹雪芹这种"以自然为美"的美学追求。在人物形象的塑造中,他以自然作为人生的理想生存状态,并据此来批判世俗社会的非自然性。从"不拘拘于朝代年纪"的创作原则出发,曹雪芹借用了佛教的前生、今生、来生的"三

---

① 〔清〕曹雪芹:《红楼梦八十回校本(上)》,俞平伯校订,第83页。
② 〔清〕曹雪芹:《红楼梦八十回校本(上)》,俞平伯校订,第47页。
③ 〔清〕曹雪芹:《红楼梦八十回校本(上)》,俞平伯校订,第261页。
④ 〔清〕曹雪芹:《红楼梦八十回校本(上)》,俞平伯校订,第283页。

生"思想,但这种借用并不是为了宣扬传统的因果报应思想,而是为了表达他对人的自然性的理解。人产生于自然,最终又回归了自然,正是由于这种对于人的朴素唯物主义的解读,由于人的前生与来生的自然性,人的今生也具有自然性的特质。基于上述理解,对贾宝玉和林黛玉的塑造与描写,曹雪芹从他们的前生开始。《红楼梦》开篇从女娲炼石补天的故事入手,贾宝玉的前生被描述成一块女娲补天遗弃的顽石,这块顽石经女娲锻炼之后具备灵性,从而诞生了贾宝玉。而林黛玉则是西方灵河岸边三生石旁的一株绛珠草,这株绛珠草由于赤瑕宫神瑛侍者日夜以甘露浇灌,在天地精华与雨露的滋养下,诞生了林黛玉。当他们经历了世俗生活的各种磨炼之后,最终又回归于自然,贾宝玉的最终结局不是出家为僧,而是又回到了最初的青埂峰下女娲补天之处,成为一块通灵的顽石;林黛玉的结局也不是泪尽而逝,而是回归于自然,又成了一株绛珠仙草。

从上述人物塑造的前生与来生的描述中,我们可以看出,曹雪芹并没有纠缠于佛教三生说因果报应的思想之中,而是继承了我国朴素唯物主义对于人的基本看法,他没有将人视作神或者先验者的创造物,而是将之看成自然进化的必然产物。这种观点从思想内质来看并无创新之处,但曹雪芹以此为基础,运用"以自然为美"的思想去观照人与自然的内在关系,从美学的维度提出了一些新的见解。在曹雪芹看来,自然界的草木土石、花鸟虫鱼不仅具备灵性,而且情义兼备,绛珠草由于神瑛侍者的日夜浇灌而得以生存下来,修成了女体,但绛珠草由于没能报答神瑛侍者的灌溉之恩,内心郁积着缠绵不尽之意,而当绛珠草得知神瑛侍者下凡游历之后,为了报答他的甘露之惠,也随之下凡为人,将自己一生的眼泪还给他,作为补偿。由此可见,通过对绛珠草这种行动的描写,曹雪芹力图表达自然万物的有情有义。与此相反衬的是,人在世俗社会的干扰下,有可能失去有情有义的这种自然本性。

由上可见,在《红楼梦》中,曹雪芹通过大自然与现实社会的二元对比,突显出"以自然为美"的审美追求,并将之贯穿于书中人物的刻画与塑造之中。其实,曹雪芹这种对自然人性的赞美是明代中叶以来自然人性张扬思想的一种总结性形态。明代后期的李贽在《焚书》中就集中表达了对人的自然情性的推崇:"盖声色之来,发于情性,由乎自然,是可以牵合矫强而致乎?故自然发于情性,则自然止乎礼义,非情性之外复有礼义可止也。惟矫强乃失之,故以自然之为美耳,又非于情性之外复有所谓自然而然也。"在此,李贽认为,人的声色表现为情性,而情性又来自自然,不是通过封建礼制外在的牵合矫强而形成的,既然人的情性是一种自然的情性,就不可能在人的自然情性舒展之外再去寻求自然而然的理想生存状态,因此,"以自然为美"就成为其对于人的生存状态的一种审美求索。基于此,《红楼梦》中展现的这种自然世界与现实社会的对比,其实质是封建礼教与自然人性之间的内在冲突,自然世界中所体现的自然与自由的状态其实代表自然人性的内在舒展,而当时的现实社会中所体现的"浊臭"与"污淖"就成为封建礼制束缚自然人性的象征。因此,在自然世界与现实社会二元结构中生成的这种"以自然为美"的审美追求,其实质就是基于人的自然本性对封建礼制压抑人性的批判与揭露。

第三节　日常生活的诗意表达

曹雪芹在《红楼梦》中对日常生活的诗意表达源于明代中叶以来日常生活审美化的思潮。明代中叶以后,随着城市商品经济的日益发展,市民阶层日益壮大,市民阶层的世俗性特征决定了他们对于审美具有新的要求,这种新的要求促使他们在现实的日常生活中寻求审美的质素。

其实明代中叶以后出现的日常生活审美化思潮自宋代就开始萌芽,宋代城市的商品经济已经较为发达,市民阶层已经出现,宋词的出现意味着文艺已经开始关注与适应市民阶层的审美需求。而且宋代平话就有许多与日常生活有着密切联系的"烟粉""灵怪""讲史""传奇"等类型,这就说明宋代的平话创作在某种意义上内设当时的市民阶层为其欣赏对象,而且这种说唱文学已经着重从日常生活中寻找创作题材,从而使得它拥有极其广阔的题材领域。因此,它与六朝的志怪与唐人的传奇有着巨大的差异,它不以离奇的情节与华美的文笔来取悦贵族与精英阶层,而是通过俗化的处理,以真实的日常生活为其创作基础,审美地描写现实生活从而满足广大市民阶层的审美需求。虽然从传统雅文化的标准来看,它本身的文学水平不高,并带有一定的粗俗性,但从其所取得的艺术效果而言,它获得了当时市民阶层的广泛认可。

而到了元代,随着由宋词俗化而来的散曲的出现,文学对日常生活的美学参与更加明显。作为一种雅俗共赏的新的文学样式,散曲更加关注日常生活的审美质素,并通过一种通俗的方式表达出来。以俗为美的散曲的出现与繁荣,促进了元明时期文艺创作的世俗化倾向,其审美效果正如徐渭在为散曲辩护时所说的一样,就散曲而言,越是世俗的就越是高雅,越是淡薄就越具有审美的滋味,越是不扭捏动人,就越是深入人心、动人心魄。

到了明代,文学创作实践的进步推动了这种对日常生活的审美观照,《喻世明言》《警世通言》《醒世恒言》《初刻拍案惊奇》《二刻拍案惊奇》《金瓶梅》等小说的出现,形成了文艺创作世俗倾向空前活跃的状态。而就当时文学创作的思想与主张而言,李贽所提出的"童心说"、袁宏道坚持的"性灵说"、张琦主张的"情种说"都对文艺的世俗倾向进行了美学意义上的肯定。由于对日常生活的真切关注,这些世俗的文学样式,产生了极其良好的审美效果,在这种审美效应中,艺术形式上的纯粹美感让位于生活内容的审美欣赏,雅致的趣味被世俗日常生活的真实描摹所取代。与此同时,儒学思想的日常人生化为这种日常生活的审美关注提供了哲学基础,据余英时的观点,儒家的日常人生化最迟在明清时代已经开始萌芽。① 唐宋时期的儒家将"道"的实现寄托在君主的基本建制之

① 余英时:《儒家思想与日常人生》,《现代儒学的回顾与展望》,北京:生活·读书·新知三联书店2004年版,第256页。

上,而且当时的儒家,无论是"修身"的思想还是"治人"的思想都以君主与士大夫作为主要的考察对象。但到了明清时期的儒家,尤其是王阳明提出心学之后的儒家,他们不仅对道的呈现之处有新的解读,而且对道的实现也不完全将之寄托在君主的基本建制之上。王阳明提出的"致良知"于日常生活中寻找良知,而且认为良知遍及于平民百姓之内心。王阳明不仅认为先天妙道应于日常生活之中求索,而且也要将先天之妙道贯穿于日常生活之中。由王阳明导引的这种儒学日常生活化的思想动向发展到阳明后学,尤其是泰州王门时,日常生活成为其思想表达的重点关注的领域。由此可见,明代文学创作实践、文学创作思想与哲学思想都合理地导引出日常生活审美化的时代美学思潮。而这种思潮发展到曹雪芹创作《红楼梦》的时代,已经蔚为大观。

在《红楼梦》中,曹雪芹对大观园日常生活的诗意表达带有理想化的审美特质。宋淇在《论大观园》中提到,大观园绝不可能存在于现实世界之中,而是作者曹雪芹为了迁就其创作意图而虚构出来的空中楼阁。并且他进一步解释了为何大观园不具有现实性,因为大观园是一所把女性和外面世界隔绝的园子,在园子里,女性过着无忧无虑的逍遥日子,没有沾染男子的龌龊气味,正是从这种意义上来看,大观园是保护女性的堡垒,只能存在于理想之中,并无现实的根据。① 在宋淇对大观园理想性论述的基础上,余英时在《红楼梦的两个世界》中指出,曹雪芹在《红楼梦》中创造了两个对比鲜明的世界,这两个世界指的是大观园的世界与大观园之外的世界,而将大观园的世界称为乌托邦的世界,大观园以外的世界称为现实的世界,并且认为,把握了这两个世界就把握了《红楼梦》全书最主要的线索。② 宋淇认为大观园中审美化的日常生活并无现实的根据,这种论断是有点武断的,至少通过我们上面的分析,大观园的这种日常生活的审美展示与明中叶以后的日常生活审美化思潮有内在的关联

---

① 宋淇:《论大观园》,参见余英时:《红楼梦的两个世界》,《文史传统与文化重建》,北京:生活·读书·新知三联书店 2004 年版,第 316 页。
② 余英时:《红楼梦的两个世界》,《文史传统与文化重建》,第 315 页。

性,而不可否认的是,明中叶以后的日常生活审美化思潮有其坚实的日常生活作为基础。其实,余英时的认识虽然与宋淇有相似之处,但他在《红楼梦的两个世界》中从来就没有做出过大观园的生活与现实生活毫无关系这种武断的判断。相反的是,余英时认为,《红楼梦》这部小说主要的内容就是描写一个理想世界的兴起、发展与幻灭,但这个理想世界从一开始就和现实世界是分不开的。① 因此,在《红楼梦》中,我们可以区分出两种生活:大观园的生活与大观园之外的生活。大观园的生活是一种日常生活的诗意表达,大观园之外的生活则是一种充满肮脏的日常生活。林黛玉葬花这个场景的细节描写就充分说明了这两种生活的分野。当林黛玉与贾宝玉看到桃花落英缤纷时,贾宝玉提出将落花扫入水中,但林黛玉认为,当落花随水流出大观园时,有人家的地方由于脏臭就会把花糟蹋了,还不如用绢袋装起来埋在大观园中的花冢里,这样可以保持落花的干净。② 由此,我们可以看出,在黛玉的眼中,大观园与大观园之外是两个不同的世界,也是两种不同的生活。其实黛玉的这种观点就是贾雪芹的观点,在《红楼梦》中,大观园内的诗意生活与大观园外的现实生活呈现为一种对立的状态,而这种对立状态的形成与明中叶以后日常生活审美化思潮的理论惯性有内在的紧密关系。明中叶以后形成的日常生活审美化思潮其本质就是力图通过日常生活的审美观照来对抗现实生活的庸俗与单调,只不过到了《红楼梦》中,这种对立不仅是诗意与庸俗的对立,更是清与浊、干净与肮脏的对立。由此我们可以看出,《红楼梦》对日常生活进行诗意与审美的表达,其主要的目的就在于对封建社会末期肮脏的现实世界的强力反拔。

其实,通过对大观园中生活的深入考察,我们就可以看出现实世界的生活逻辑已然渗入大观园中,不仅人类普遍性的情感如亲情、友情等受到现实世界的规训,而且日常活动中的宴饮与教育也受到了现实世界

---

① 余英时:《红楼梦的两个世界》,《文史传统与文化重建》,第 340 页。
② 〔清〕曹雪芹:《红楼梦八十回校本(上)》,俞平伯校订,第 234 页。

的无形控制。而至于现实世界对大观园理想世界的控制,曹雪芹通过大观园中诗意的日常生活对此进行有力的抗争。

为了体现日常生活的审美性,大观园的日常生活不仅将读书、诗词、琴棋书画等活动融入其中,而且对民俗、饮食、娱乐等活动的审美意蕴进行充分的挖掘,从而对其进行深入的审美表达。

大观园之中的读书之乐并不体现在汲汲于功名的读书活动中,而体现在纯粹出于个体兴趣的读书活动之中。贾政总是批评贾宝玉不喜欢读书,其实贾宝玉并不是不喜欢读书,他只是不喜欢为了功名利禄而去读仕途经济之书,对于感兴趣的书,他是十分享受读书之乐的。在《红楼梦》的描述中,贾宝玉不仅有外书房,而且在怡红院中也有藏书丰富的书房,他喜爱《庄子》中的自由自在,而对于小厮们从外面买回来的书,如小说、话本,尤其是《西厢记》《牡丹亭》钟爱。与此相同的是,林黛玉也十分享受读书之乐,不过她也是出于个人兴趣而获得读书之乐的。在《红楼梦》第二十三回中,曹雪芹就描述了贾宝玉与林黛玉共读《会真记》的审美场景:"宝玉携了一套《会真记》,走到沁芳闸桥边桃花底下一块石上坐着。展开《会真记》,从头细玩。……林黛玉把花具且都放下,接书来瞧。从头看去,越看越爱。一顿饭工夫,将十六出俱已看完,自觉词藻警人,余香满口。虽看完了书,却只管出神,心内还默默记诵。"[1]在此,我们可以看出,贾宝玉与林黛玉在日常生活中十分享受这种读书之乐,贾宝玉读《会真记》时是一种细细玩味的审美状态,而林黛玉则是觉得"词藻警人,余香满口",读完之后神游书中。

诗词活动可以说是赋予大观园日常生活诗意化的重要手段。在《红楼梦》中,曹雪芹将诗词活动巧妙地融入大观园的日常生活之中,利用诗词的审美意蕴增添日常生活的审美韵味。大观园中的诗词活动不仅有诗社,诗社设有社长,每一个月都规定起社的日期,为了解除日常身份的束缚,参与诗社的每一个人都有雅号。而且也有特定的作诗词的方式,

---

① 〔清〕曹雪芹:《红楼梦八十回校本(上)》,俞平伯校订,第234页。

这些方式包括确定诗题限定韵脚、确定诗题不限韵脚、自由选择诗题作诗、联诗等,而其中以联诗最为具有审美的韵味。在《红楼梦》中,曹雪芹着重描写了两次联诗活动,一次是第四十九回、五十回中描写的芦雪庵联诗,另一次是第七十五回中描写的中秋节团圆联诗。我们通过芦雪庵联诗来体验这种青春联欢的审美快乐。此次联诗是在李纨的建议下,赏雪诗社的第一次正式活动,这种联诗从一开始就充满了审美的气氛,当时大雪初止,大观园内如同一个琉璃世界,宝玉与姐妹们穿戴着五彩缤纷的斗篷与服饰,雪景之美与人物之美相得益彰。而在联诗的过程中,这种审美的气氛在青春少男少女们的诗词活动中更加浓郁。这次联诗不仅是一次青春的大联欢,更是一次日常生活中的审美盛宴。

而大观园日常生活中的饮食活动的审美韵味不仅通过热烈的饮食气氛来实现,如芦雪庵吃鹿肉的场景,而且也通过各种精致的菜肴、美酒、糕点与餐具来达成。《红楼梦》中的饮食文化已经成为红学研究的一个重要内容,并从中整理出红楼梦菜、红楼梦酒、红楼梦糕点等,红楼梦菜肴呈现亦古亦今、亦中亦外、亦南亦北、亦满亦汉、亦官亦农的多元融合特质,这可以让我们充分地意识到《红楼梦》中饮食文化的审美韵味。而且,在《红楼梦》中,曹雪芹还通过各种不同的美酒烘托了这种饮食活动的审美性。书中提到了黄酒、烧酒、屠苏酒、桂花酒,甚至还有外国的葡萄酒,这些酒类在不同的时节、不同的场合使用,营造了大观园日常生活的整体审美氛围。此外,精美餐具的搭配使用也增添了日常饮食活动的审美情趣,在《红楼梦》中,描写了各种类型的精致餐具,这些餐具采用不同的材质,运用不同的工艺,并在不同的场合,搭配不同的菜肴,这不仅为日常饮食活动提供了多元的美学要素,而且也丰富了日常饮食活动的审美气氛。而在具体的饮食场景的描写中,曹雪芹总是将一场大型的饮食活动与游戏活动结合起来,这些游戏活动包括联诗、猜谜、击鼓传花,等等,这就更加烘托出饮食活动的审美特质。《红楼梦》第六十三回描述的"寿怡红群芳开夜宴",就充分体现了日常饮食活动的美妙绝伦、自由自在。当日,正是贾宝玉的生日,而又恰逢贾母、王夫人不在家,于是贾宝玉与各位姐妹及丫鬟们互相凑份子置办酒席,为了达到自由畅快的目的,贾宝玉叮嘱袭人一定不要拘泥各种礼节,于是丫鬟们不要轮流安席,所有的人都脱下了拘谨刻板的外衣,穿上了自由随性的衣服,主仆围坐在一起,无拘无束地游戏、喝酒,并通过花名签子掷骰行酒令,同时进行联诗活动①,这一切都使得怡红院中的夜宴充满了自由快乐的审美精神。

当然,大观园中的民俗节庆活动也是其审美韵味生成的重要来源。在《红楼梦》中,曹雪芹详尽地描述了我国各种民俗节庆活动,其中包括了元宵节、清明节、芒种节、端午节、乞巧节、中秋节、重阳节以及冬至、腊八、祭灶、除夕等民俗节日。在《红楼梦》第十七回、十八回中,曹雪芹精心地描绘了荣国府的元宵庆祝活动,这一年的元宵正逢元妃回荣国府省亲,因此,这一年的元宵庆祝活动更具有审美的氛围:"园内各处,帐舞幡龙,帘飞绣凤,金银焕彩,珠宝生辉,鼎焚百合之香,瓶插长春之蕊","清流一带,势如游龙,两边石栏上皆系水晶玻璃各色风灯,点的如银光雪浪;……诸灯上下争辉,真系玻璃世界,珠宝乾坤。船上亦系各种精致盆景诸灯"。② 这种美轮美奂的园内布置为日常的节庆活动提供了无限的审美机遇。

综上可知,通过读书、饮食、娱乐、节庆等活动的审美气氛的营造,大观园中的日常生活在很大程度上超越了实用的层面,人们在一种精美精致的追求中,在日常生活中寻求诗意的生存状态,并由此实现一种审美的人生境界。

---

① 〔清〕曹雪芹:《红楼梦八十回校本(下)》,俞平伯校订,第694—702页。
② 〔清〕曹雪芹:《红楼梦八十回校本(上)》,俞平伯校订,第175—177页。

第九章　清代绘画的环境美学思想

　　清代的山水画在处理继承与创新关系之中延续着中国山水画自身的发展，占据主导地位的是寻求笔墨情趣的文人山水画。清代画家绘画实践中所蕴含的环境美学思想，主要通过荒野小居（如吴宏的《寒泉疏树图册》）、空山结屋（如查士标的《空山结屋图轴》）、觅梦桃源（如吴伟业的《桃源图卷》）、松云仙境（如王鉴的《长松仙馆》）以及种种雅居的情趣（如王时敏的《雅宜山斋图轴》）体现出来。清代山水画论在绘画实践的基础上，呈现出总结与成熟的态势。其中比较有代表性的有王时敏的《西庐画跋》、石涛《画语录》、王原祁的《麓台画跋》、郑燮的《题画》、笪重光的《画筌》、恽格的《南田画跋》等。这些画论中具有丰富的环境美学思想，如王时敏推崇"柳汀竹屿，茅舍渔舟，种种天趣"；石涛看重山川与人的精神交流，提出"山川与予神遇而迹化也"；王原祁重登临，"揽峰峦之独秀，思湖山之佳丽"；郑燮重家园情趣，说是"十笏茅斋，一方天井，修竹数竿，石笋数尺"，这"一室小景，有情有味"。

第一节　"四王"绘画及画论中的环境美学思想

　　"四王"指的是清代初期处于画坛正统地位的四位画家——王时敏、

王鉴、王翚、王原祁,清代画家盛大士在《溪山卧游录》中提出了"四王"这一称谓。[1] 生活在清代初年的四人之间或是同一个宗族,或为师生,或为朋友,而且由于四人同时都十分推崇明末画家董其昌的绘画思想,因而在我国绘画史上,将四人的绘画思想作为一个整体进行研究。"四王"对我国古代文人山水画的笔墨、技巧、风格和样式等方面的思想进行了深入的总结与整理,并且契合了清代的文化政策与学术风气,从而在清代初期画坛占有主流的地位。"四王"在绘画实践与绘画思想方面十分注重师习古人,而且他们的绘画作品的题跋中经常出现摹、仿、拟和法等字眼,因而在绘画史上就被贴上了泥古保守的标签。"四王"在清代就受到过诸多质疑,而到了近现代,以"四王"为代表的山水画派就受到更加猛烈的攻击。陈独秀就将"四王"形成的绘画风气视为导致近代山水画日渐没落的主要原因,他认为,要想对中国文人山水画进行改良,首先就要革"王画"的命,在他看来,王翚(王石谷)的画并不是我国文人山水画的集大成者,而是倪、黄、文、沈一派中国恶画的总结束。[2] 但这种攻击是在特定的历史时代所形成的,它既没有对我国古代文人山水画作出合理的评价,也没有对"四王"在我国文人山水画发展过程中的价值与意义进行理性的评判。但以全面的历史的眼光而论,"四王"虽有师古泥古之嫌,但我国古代山水画的意境在他们的绘画实践与思想中得到了相对集中的表现,而且他们在某种程度上推进了我国山水画在清代的发展。

一、平淡天真之趣

"四王"中以王时敏与王原祁最为推崇平淡天真之趣,王时敏推崇"柳汀竹屿,茅舍渔舟,种种天趣",王原祁注重"平淡天真"。

王时敏十分推崇绘画的平淡天真之趣,他在比较清代画家王翚与宋

---

[1] 〔清〕盛大士:《溪山卧游录》,见俞剑华编:《中国画论类编》,北京:人民美术出版社 1986 年版,第 259 页。

[2] 郎绍君:《"四王"在二十世纪》,朵云编辑部编,《清初四王画派研究论文集》,上海:上海书画出版社 1993 年版,第 843—844 页。

代画家赵令穰（字大年）的绘画时提到，他们家藏有赵大年《湖乡清夏图》，此作品"柳汀竹屿，茅舍渔舟，种种天趣"，充满了平淡天真之趣，而王翚的绘画也内蕴这种平淡天真之趣，并且在"清远疏朗"方面有过之而无不及。① 他在评价黄公望的绘画时极赞其平淡天真之趣："子久论画凡破墨皆由淡入浓，平淡天真皆从巨然风韵中来。"②"灵机独诣，纵横变化，无辙迹可寻。学者能从此处深参冥悟，斯得其真。"③

王时敏一方面认为，绘画中体现的天真平淡之趣是不可学而得的。他对于黄公望的绘画极其推崇，在《题自仿子久书赠昆山董父母》中评价黄公望的绘画时提到："古来盘礴名家宗派皆有渊源，意匠各极惨淡，然其笔法位置皆可学而至，惟痴翁笔墨外别有一种淡逸之致，苍莽之气，则全出天趣，不可学而能。故学痴翁者多失其真。余自童时以迄白首，即刻意摹仿。岁月虽深，相去愈远，曾未得仿佛万一。"④在此，他以摹仿黄公望画作的亲身经验来说明平淡天真之趣不可学而得，古人绘画的笔法位置都是可以学而得的，但出自天趣的淡逸之致与苍莽之气得之不易，因而师法黄公望的后人很难习得其画作中的平淡天真之趣。同时，王时敏在《题自书长幅为沈伯叙》中提到，他自己藏有黄公望的"真迹几轴"，从壮年一直到白首都在临摹这几幅真迹，但是"曾未能仿佛毫发"，而且他发现，临摹研求黄公望的真迹愈深，却离其画作的真意愈远，于是他才知道黄公望的"灵妙出自天机，决非功力可就。"⑤王时敏在《题自仿子久浮恋暖翠图》《题自摹浮恋暖翠图》都提到，《浮恋暖翠图》作为黄公望的一生杰作，他少时在吴门见过，最近听说有人把它带到了金阊，但由于自

① 〔清〕王时敏：《西庐画跋》，见潘耀昌编著：《中国历代绘画理论评注·清代卷（上）》，武汉：湖北美术出版社 2009 年版，第 13 页。
② 〔清〕王时敏撰：《王奉常书画题跋》，见卢辅圣编：《中国书画全书》第 7 册，上海书画出版社 1994 年版，第 920 页。
③ 〔清〕王时敏：《王奉常书画题跋》，见卢辅圣编：《中国书画全书》第 7 册，上海：上海书画出版社 1994 年版，第 920 页。
④ 〔清〕王时敏：《王奉常书画题跋》，见卢辅圣编：《中国书画全书》第 7 册，第 930 页。
⑤ 〔清〕王时敏：《王奉常书画题跋》，见卢辅圣编：《中国书画全书》第 7 册，第 922 页。

己年老力衰无法前去观看真迹，心中十分遗憾。恰好家中有粉本，于是以其意而仿作。但是由于自己"天资钝劣视古人神韵而相去迥绝"，因而一动笔就"甜俗习气辄复随之"，而且"位置舛错，树石稚弱"。因而王时敏心生感慨："烟云逸致，俱从胎骨中带来，非习学所能企及。"①由此可见，王时敏从自身的经历得出结论，天真平淡之趣是后天很难学习而得的。

但另一方面，这种平淡之真之趣又是可以通过后天的刻苦训练而获得陶冶与成长的。这种见解也就可以解释为何平淡天真之趣既然来自胎骨，王时敏还要去模仿前人（尤其是董其昌与黄公望）的绘画；而且这种见解也为这种来自胎骨的平淡天真之趣去除了过于神秘的因素。对于董其昌绘画中的平淡天真之趣，他在《题董宗伯画》中进行了如下的论述："思翁鉴解既超，收藏复富，凡唐、宋、元诸名家，无不与之血战，刊肤掇髓，遂集大成。而笔无纤尘，墨具五色，别有一种逸韵，则自骨中带来，非学习功力可及，故其风格更逸成嘉间诸名公之上。"②王时敏虽然在此认为，董其昌由于运笔无尘俗之气，运墨又焦、浓、重、淡、清五色诸备，从而其绘画内蕴一种逸韵，但这种经由运笔与运墨而形成的逸韵是其先天而有的天赋，后天是不可习得的。但从整段的文意来看，王时敏认为，虽然董其昌的逸韵自骨中来，但如果没有他与古代名画家的血战，这种逸韵也无法凌驾于"成嘉间诸名公之上"。因此，他指出，董其昌对于历代绘画名家的作品收藏十分丰富，而且他对于画作的鉴解能力又十分高超，因而他在研究唐、宋、元各朝名家画作的过程中，能够做到集前代名家之所成，而这种刻苦的研求使得其先天的逸韵在后天的努力中得到了陶冶与成长，从而能够超越于历代名家之上。而且他认为，绘画需要天资，但后天的刻苦不但可以更好地发挥天资的作用，而且也可以弥补天资的不足。上面我们提到过，王时敏在临摹黄公望《浮恋暖翠图》时认

---

① 〔清〕王时敏：《王奉常书画题跋》，见卢辅圣编：《中国书画全书》第7册，第923页。
② 〔清〕王时敏：《王奉常书画题跋》，见卢辅圣编：《中国书画全书》第7册，第933页。

为,天真平淡之趣都是从胎骨中带来的,自己摹仿古人之意时,总是有尘俗之气缠于笔端;但他又在《题自仿子久浮恋暖翠图》的最后提到:"昔人所云,胸中读万卷书,足下行万里路,自然脱去尘俗,浚发灵机,洵非虚语。"①由此可见,通过读万卷书行万里路的刻苦努力,也可以得天真平淡之趣。而他在《题王石谷画》中强调天资与后天努力的结合:"石谷天资灵秀,固自胎性带来。……又馆毗陵者累年,于孔明先生所遍观名迹,磨砻浸灌,刊精竭思,窠臼尽脱。而后意动天机,神合自然,犹如禅者彻悟到家,一了百了。"②在此,他高度评价了王翚的绘画意境,在他看来,这种意境的生成不仅在于王翚的天资灵秀,而且也在于其后天的"磨砻浸灌,刊精竭思",正由于先天之资质与后天之刻苦,王翚的绘画才"窠臼尽脱","神合自然",其平淡天真之趣才达到天趣盎然之境。

王翚对于平淡天真之趣的论述从"兴"的角度切合,"凡作画遇兴到时,即运笔泼墨,顷刻间烟云变化,峰峦万重,苍茫淋漓,诸法毕具,真若有神助者,此为天真"。③ 在此,他认为,"天真"就是创作画作时突然来临的"兴",就像有神相助一样,顷刻之间运笔作画,则画作中气象万千,云山苍茫淋漓。为何"兴"会造就"天真"之趣呢?"兴"是画家创作画作过程中由创作冲动而引发的创作灵感,其表现为在绘画构思过程中高度兴奋的精神状态。而"兴"来源于人与世界的融合,当创作者运用自然的灵心妙悟与世界进行沟通时,绘画的"天真"之趣就自然而然地产生了。既然"兴"表现为一种高度兴奋的精神状态,为何绘画的天真之趣会有平淡之感呢?在王翚看来,"兴会"是与创作者内心的闲适之感结合在一起的。在仿《富春山居图》和《夏山图》的题跋中,王翚指出:"兴会所至,颇觉闲适。"④"兴会"产生于创作者与世界的交融状态之中,在这种人与自然世界的触遇中,创作者的精神处于一种兴奋的状态,但在真正下笔创

① 〔清〕王时敏:《王奉常书画题跋》,见卢辅圣编:《中国书画全书》第 7 册,第 923 页。
② 〔清〕王时敏:《王奉常书画题跋》,见卢辅圣编:《中国书画全书》第 7 册,第 923 页。
③ 〔清〕王时敏:《虚斋名画录》,见卢辅圣编:《中国书画全书》第 12 册,第 445 页。
④ 俞丰:《王翚画论译注》,北京:荣宝斋出版社 2012 年版,第 117 页。

作时,创作者的心灵应当保持一种虚静闲适的心态,才能创作出一种具有天真平淡之趣的作品。王翚还从"简淡"的层面来探讨天真平淡之趣,他在题跋中经常采用"简淡"来评价他人的画作,如"气韵简淡""简淡中有风致""萧散简淡""古雅简淡""简淡荒率"。王翚认为,"简"就是运笔要简单,"画之贵于简者,意在天外"①,运笔高简,画意气韵才能超于画外,天真之趣才能跃然纸上。而对于"淡"而言,王翚认为,它是一种至高至美的"味",在某种意义上说,"淡"是画作成为逸品的必要条件,它由于内蕴着至高的生命情趣,从而体现出一种至美的艺术魅力。他指出:"气韵生动,必在生知,非学所及,然大要以淡为主。所谓淡者,天然去骨,脱去尘俗。"②在此,他将平淡与天真结合起来论"淡",所谓"淡"就是天然脱俗,并且指出画作要想气韵生动,就必须以淡为主,由此可见,他认为,真正气韵生动之作是必具天真平淡之趣的。

而王原祁将"平淡天真"作为绘画作品风格与意境的评价标准,他认为,真正优秀的绘画作品就当具有"平淡天真"的审美风格与意境。这种理论见解的生成源于他对于黄公望绘画的推崇,《麓台画跋》共计有五十三则,全部都是王原祁为他自己所撰写的题画跋,有关他仿黄公望的题画跋达到了一半的篇幅。在这些有关于黄公望的题画跋中,他多次提到黄公望的绘画具有"平淡天真"的审美风格与意境。他在《又仿大痴设色(为轮美作)》中认为:"大痴画以平淡天真为主。"③在《仿黄子久笔(为张南荫作)》中认为黄公望得董源、巨然的绘画真意,从而得平淡天真之趣:"大痴得董、巨三味,平淡天真,不尚奇峭,意在富春、乌目间也。"④而在《仿大痴九峰雪霁意(为张朴园先生作)》中评价黄公望的画中雪景时指出:"大痴不取刻画,平淡天真,别开生面,此又一变格也。"⑤在此,王原祁

---

① 〔清〕王翚:《十百斋书画录甲卷》,见卢辅圣编:《中国书画全书》第7册,第526页。
② 中国古代书画鉴定组编:《中国古代书画图目(十一)》,北京:文物出版社1994年版,第91页。
③ 〔清〕王原祁:《麓台画跋》,见潘耀昌编著:《中国历代绘画理论评注·清代卷(上)》,第157页。
④ 〔清〕王原祁:《麓台画跋》,见潘耀昌编著:《中国历代绘画理论评注·清代卷(上)》,第143—144页。
⑤ 〔清〕王原祁:《麓台画跋》,见潘耀昌编著:《中国历代绘画理论评注·清代卷(上)》,第148页。

认为,黄公望没有对于雪景进行精细的刻画,而是别开生面地在雪景的描述中体现了一种"平淡天真"之审美意境。王原祁经由对黄公望绘画的评价而提出"平淡天真"的审美风格,其意在批判自明末以来画坛山水画创作的各种弊病:"明末画中有习气,恶派以浙派为最。至吴门、云间,大家如文、沈,宗匠如董,赝本溷淆,以讹传讹,竟成流弊。广陵、白下,其恶习与浙派无异。有志笔墨者,切须戒之。"①在此,王原祁认为,以浙江人戴进为代表的浙派山水画已经使得明末山水画在很大程度上形成了恶习;以文徵明、沈周为代表的吴派山水画和以董其昌为代表的松江山水画派由于赝本的到处流行,以讹传讹,也助长了这种恶习的形成;而扬州画派和金陵画派更是加剧了这种恶习的流传。由此可见,从对绘画宗派的批判入手,王原祁指出,绘画不能过于狭隘地拘泥于宗派,过于看重绘画的宗派之争必然会导致绘画在技法与意境上形成流弊,因为拘泥于宗派,一方面会形成绘画宗派之间的党同伐异,另一方面会造成同一宗派内部之间的互相沿袭,从而缺乏创新。为了破除这种明末以来的绘画恶习,王原祁从黄公望的绘画中拎出"平淡天真"的审美风格,并对这种风格的内涵进行了深入地解读。他在《烟峦秋爽仿荆、关(金明吉求)》中指出:"以大痴之笔,用山樵之格,便是荆、关遗意也。随机而趣生,法无一定。丘壑烟云,惟见浑厚磅礴之气。"②同时又在《仿大痴秋山》中提到:"吾谷枫林,为秋山之胜,痴翁一生笔墨最得意处,所谓'峰峦浑厚,草木华滋',于此可见古人之匠心矣。"③此外,他还在《题仿大痴笔》中指出:"古人用笔,意在笔先,然妙处在藏峰不露。元之四家,化浑厚为潇洒,变刚劲为和柔,正藏锋之意也。子久尤得其要。"④由上三段引述可知,王原祁所推崇的"平淡天真之趣"是在人与自然的契合中生成的,"平淡天真"就是就是将浑厚化为潇洒,将刚劲变为和柔,从而使得"峰峦浑厚,草木

---

① 〔清〕王原祁:《雨窗漫笔》,见潘耀昌编著:《中国历代绘画理论评注·清代卷(上)》,第140页。
② 〔清〕王原祁:《麓台画跋》,见潘耀昌编著:《中国历代绘画理论评注·清代卷(上)》,第144页。
③ 〔清〕王原祁:《麓台画跋》,见潘耀昌编著:《中国历代绘画理论评注·清代卷(上)》,第145页。
④ 〔清〕王原祁:《麓台画跋》,见潘耀昌编著:《中国历代绘画理论评注·清代卷(上)》,第149页。

华滋"之中内蕴一种磅礴之气。

由上可知,四王对于天真平淡之趣的追求与推崇,其实质是想通过绘画的平淡天真来体现自然之势,寻求自然世界的本真状态,从而在人与自然世界的融合中展现大千世界的无穷气象。

二、画中龙脉

"画中龙脉"指的是绘画中趋于动势的节奏与气势,通过它,可以形成山水画的动态布局。我国的山水画理论,将动态布局的开始称为"起"或"开",而将动态布局的结束称为"结"或"合"。"画中龙脉"术语的最早提出,见于王原祁的《雨窗漫笔》:"画中龙脉,开合起伏,古法虽备,未经标出。石谷阐明,后学知所矜式。"在此,王原祁认为,画中龙脉指的是在绘画布局的开合起伏中所表现出来的整体气势,而关于绘画布局的开合起伏,古人早就认识到了,但没有人具体地提出"画中龙脉"的说法。而他认为,"画中龙脉"的说法最初由王翚阐明,而后来的绘画者尊重此种说法并在绘画实践中进行效法。此为确论,清代沈宗骞在《芥舟学画编》中提到:"……千岩万壑,几令流览不尽,然作时只须一大开合,如行文之有起结也。"①清代王昱在《东庄论画》中对"起""结"有十分生动的描述:"一起如奔马绝尘,要勒得住,而又有住而不住之势。一结如众流归海,要收得尽,而又有尽而不尽之意。"②

由上可知,据王原祁自述,"画中龙脉"所代表的整体气势,最早由王翚进行了深入地阐明。从现存的绘画资料来看,王原祁的这种判断是有根据的,王翚的确对于绘画布局中的整体气势进行过深入地论述。王翚十分重视画面中山水呈现出的无穷气势,王翚在《仿古山水卷》中提到:"一山一水,一草一木,必相互映发,位置天然,尺幅间有千寻之势。"③在

---

① 〔清〕沈宗骞:《芥舟学画编》,见潘耀昌编著:《中国历代绘画理论评注·清代卷(下)》,第79页。
② 〔清〕王昱:《东庄论画》,俞剑华编著:《中国画论类编》,第190页。
③ 庞元济编:《虚斋名画录(卷五)》,见卢辅圣编:《中国书画全书》第12册,第445页。

《仿黄公望富春江山两意卷》中指出:"大痴画法超凡俗,咫尺山河千里遥。只有高人赵荣禄,赏伊幽意近清标。"① 此外,他在仿卢鸿《草堂图》中也提到:"杜工部有云:'尤工远势古莫比,咫尺应须论万里。'"②在上述引论中,王翚认为,绘画应当通过山水草木的画面气势,展现宇宙的无穷气象;咫尺画幅间展现的是"千寻之势""千里之遥""万里江山",将大千世界的和谐节奏完美呈现于咫尺画幅之中。

在《雨窗漫笔》中,王原祁从体用的角度对"画中龙脉"进行相对深入的理论解读:"龙脉为画中气势源头,有斜有正,有浑有碎,有断有续,有隐有现,谓之体也。开合从高至下,宾主历然,有时结聚,有时淡荡,峰回路转,云合水分,俱从此出。起伏由近及远,向背分明,有时高耸,有时平修,敧侧照应,山头、山腹、山足铢两悉称者,谓之用也。若知有龙脉,而不辨开合起伏,必至拘索失势;知有开合起伏,而不本龙脉,是谓顾子失母。故强扭龙脉则生病,开合逼塞浅露则生病,起伏呆重漏缺则生病。"③在这段论述中,王原祁以体和用对应"画中龙脉"与"开合起伏",深入论述了"画中龙脉"对于绘画整体布局的重要性。龙脉作为画中气势的源头,虽然在有斜有正、有浑有碎、有断有续、有隐有现中呈现,但依然表现的是绘画作品的整体气势,因而它是绘画之"体"。而画面布局的开合起伏的形成源于龙脉,绘画布局中的开合可以表现为高下、宾主、聚散、分合,而起伏也可以呈现为远近、向背、平耸,但这些开合起伏的画面动感全部来自画中龙脉的孕育。因而,绘画布局中的开合起伏只能是绘画之"用"。而且,他极为强调绘画体用的结合,也就是"画中龙脉"与"开合起伏"的完美结合。在探讨了"画中龙脉"与"开合起伏"体用结合的基础上,王原祁从反面的角度讨论了体用分裂的后果。他认为,绘画者意识到画中龙脉的重要性,但在具体的绘画实践中不去遵守,绘画就会失去合理的开合起伏,进而造成画面布局拘束而失去自然的气势;假如绘画

① 陆时化编:《吴越所见书画录(卷六)》,见卢辅圣编:《中国书画全书》第8册,第1149页。
② 中国古代书画鉴定组编:《中国古代书画图目(十一)》,第390页。
③〔清〕王原祁:《雨窗漫笔》,潘耀昌编著:《中国历代绘画理论评注·清代卷(上)》,第142页。

者能够在绘画中正确地处理开合起伏的关系,但没有充分地意识到这种开合起伏来源于龙脉,则会造成"顾子失母"的毛病。因此,他认为,"画中龙脉"与"开合起伏"体用分裂会造成龙脉的强扭歪曲、开合的逼塞浅露、起伏的呆重漏缺等毛病,导致画面布局气势全失。

为了获得这种"画中龙脉"的整体气势,王原祁与王翚都认为应从以下两个方面入手。一方面,绘画者应当摒弃俗念,内心空灵。王翚在绘画过程中特别重视闲适的自由心境,他认为:"凡画惟在闲适时,深参造化,乃得一种意外之趣,而后能合古人。"①在此,他指出,绘画创作者在创作时,心灵必须处于一种闲适的心境之中,只有这样,绘画者才能深刻体悟自然的造化精神,才能得到自然之趣。而且,王翚充分地意识到,为了达到这种闲适的自由心境,绘画者的心灵一方面必须洗尽尘滓,与世俗之气隔绝,达到"与天游"的境界。他认为:"得简远之趣,洗尽尘滓与天游,天骨自然,脱去尘俗。"②在此,王翚提出了一种"与天游"的审美心境,只有得自然的简远之趣,并在其中洗尽尘俗之心,心灵没有世俗沉滓的束缚与牵绊,才能达到"与天游"的自由境界。另一方面,在王翚看来,为了达成闲适之心境,绘画者必须保持一种"静"的精神状态。王翚认为,山川的内在灵趣,"惟静者可以得之"③,他强调,自然本身就蕴含着一种静的灵趣,而为了使自然山水与绘画者的心灵保持一种内在的契合状态,绘画者的内心必须契合自然本身的这种灵趣。

笪重光在《画筌》中指出,山川本身就内蕴静气,绘画者如果用笔躁动则静气不存;林泉本身内蕴幽静之姿,绘画者如果用墨精疏则幽静之姿不可得。在对笪重光《画筌》的评注中,王翚赞成笪重光的这种观点,并且进一步认为,神妙的画作中必有"静气"。而如何实现这种静气的生

① 〔清〕王翚:《听帆楼续刻书画记》,见卢辅圣编:《中国书画全书》第11册,上海书画出版社1994年版,第921页。
② 中国古代书画鉴定组编:《中国古代书画图目(二十二)》,北京:文物出版社2000年版,第91页。
③ 中国古代书画鉴定组编:《中国古代书画图目(二十二)》,第19页。

成呢？他认为，只有"扫尽纵横余气，无斧凿痕"，才能在纸墨间达成"静气凝结"的目标，虽然在他所生活的这个时代里，绘画者都不讲"静气"，但在他看来，绘画只有达到静的状态，才可谓到达登峰造极的境界。① 而王原祁在《雨窗漫笔》中提到："作画于搦管时，须要安闲恬适，扫尽俗肠，默对素幅，凝神静气，……先定气势，次分间架，次布疏密，次别浓淡。"② 在此，王原祁认为在绘画过程中画家的心灵必须做到"安闲恬适，扫尽俗肠"，才能"默对素幅，凝神静气"，进而在画中龙脉的指导下实现画面中咫尺千里之气势。而如果绘画者没有丝毫的定见，名利之心强烈，绘画只会取悦于人，则画面中的山水草木只会呈现出堆砌的状态，最终造成"扭捏满幅，意味索然"③，画中气势全无，韵味全失。

其实，王翚与王祁所言的"闲适"与老庄所言的"虚静"的心灵状态在本质上是相通的，只有人的心灵处于一种闲适的状态之中，人的精神才能不受外物的牵绊，以一种自由的状态面对大千世界的无限生动，才能营造出"咫尺山河千里遥"的无穷气势。

另一方面，绘画者应当以天地为师，师法自然。"四王"都极为推崇的黄公望与董其昌都强调过绘画应当师法天地，王原祁在《仿大痴秋山》中就记叙了黄公望从自然山水中揣摩画意的绘画经历："大痴爱佳山水。至虞山，见其颇似富春，遂侨寓二十年，湖桥酒瓶，至今犹传胜事。"④他在《画禅室随笔》中就记述了他师法自然的审美经历："朝起看云气变幻，可收入笔端，吾尝行洞庭湖推蓬旷望，俨然米家墨戏……"⑤而延至"四王"中的王时敏与王鉴，他们都认可师法天地对于绘画有十分重要的作用，王时敏为了更好地进行绘画写生，在自然风光秀丽之处修建住宅居住而寻求自然之真意；而王鉴经常前往苏州虞山为山水绘画寻求山水真意。

---

① 〔清〕笪重光：《画筌》，潘耀昌编著：《中国历代绘画理论评注·清代卷（上）》，第 39 页。
② 〔清〕王原祁：《雨窗漫笔》，潘耀昌编著：《中国历代绘画理论评注·清代卷（上）》，第 141 页。
③ 〔清〕王原祁：《雨窗漫笔》，潘耀昌编著：《中国历代绘画理论评注·清代卷（上）》，第 141 页。
④ 〔清〕王原祁：《麓台画跋》，潘耀昌编著：《中国历代绘画理论评注·清代卷（上）》，第 145 页。
⑤ 〔明〕董其昌：《画禅室随笔》，俞剑华编：《中国画论类编》，第 720 页。

而到了王翚与王原祁,他们从如何实现"画中龙脉"的层面来强调师法天地的重要性。王原祁十分重视绘画者应当深入地观察天地自然中的各种变化:"至于阴阳显晦,朝光暮霭,峦容树色,更须于平时留心。"①在此,他认为,绘画者应当在平时留心天地间阴阳显晦、朝光暮霭的变化,在峦容树色中体味自然山水的真意,这十分有利于创作灵感的发生。与此同时,他指出:"晨光晚色,诸峰隐现出没……可以揣摩成图,可以忘倦,可以忘老。"②在此,他认为,通过对晨光晚色、诸峰的隐现出没的审美体验,不仅可以体验自然内在的气势而成就绘画的灵感,而且也可以陶冶绘画者的内心性灵。而王翚则十分明确地提出绘画者应当以天地为师:"画家当以天地为师,……今困坐斗室,无惊心洞目之观,安能与古人抗衡也。"③王翚认为,画家如果只是"困坐斗室",而不愿意去天地自然中体验"心洞目之观",就无法与古人相抗衡。进而他认为,以天地造化为师并不是模仿天地自然的外观,其主要的目的是"意在神韵",深入地体味天地万物的生命精神与内在律动,绘画才能放高妙之境。④

第二节　清代画僧的画论中的环境美学思想

本节所探讨的清代画僧以清初"四画僧"为主,清初"四画僧"指的是弘仁、髡残、朱耷、石涛四位画僧,他们都主要活跃于清初的画坛,其绘画风格与清初以"四王"为代表的正统风格有极大的不同之处。清初"四画僧"的绘画作品在绘画技法上都具有十分强烈的个性特征,在绘画意蕴上具有复杂的精神内质。他们所引领的绘画风气为以复古模仿为主的清初画坛注入了一种活力与生机,同时也推动了我国绘画在清代的新发展。

---

① 〔清〕王原祁:《雨窗漫笔》,潘耀昌编著:《中国历代绘画理论评注·清代卷(上)》,第143页。
② 〔清〕王原祁:《麓台画跋》,潘耀昌编著:《中国历代绘画理论评注·清代卷(上)》,第145页。
③ 中国古代书画鉴定组编:《中国古代书画图目(二十二)》,第242页。
④ 俞丰:《王翚画论译注》,第110页。

一、山川与予神遇而迹化

石涛在《苦瓜和尚画语录·山川章第八》中提出了"山川与予神遇而迹化"的命题："此予五十年前未脱胎于山川也,亦非糟粕其山川而使山川自私也。山川使予代山川而言也。山川脱胎于予也,予脱胎于山川也。搜尽奇峰打草稿也。山川与予神遇而迹化也,所以终归于大涤也。"①这一段话内蕴着极其丰富的内涵,而要透彻地理解"山川与予神遇而迹化"命题所包含的真意,就必须深入地体悟"山川脱胎于予,予脱胎于山川"。

而从《山川章第八》整体文意来分析,"一画"是理解山川与我之间关系的根本,因为"一画"是众有之本,万象之根。而在对"一画"深入透彻理解的前提下,"山川脱胎于予"可以理解为作为主体的"我"在理解乾坤之理的基础上把握了山川之质,把握了山川的内在本性,天地之间的山川的真实本质从而就呈现在我的面前;而"予脱胎于山川"可以理解为作为主体的我在把握了山川的真实本质的同时,作为主体的我的本质也在山川之间呈现。而"山川与予神遇而迹化"就可以理解为,山川在与我的神遇中其本质被我深入地把握,在此基础上,山川的内在神韵在我绘画的笔墨中而"迹化"了。因为在石涛看来:"得乾坤之理者,山川之质也;得笔墨之法者,山川之饰也。"在此,石涛指出,山川之本质应于绘画者对乾坤之理的体悟之中呈现出来,而山川之文饰则于绘画者对笔墨之法的获取之中表现出来。而且,石涛认为,乾坤之理与笔墨之法不可分立,因而山川之质与山川之饰须臾不可离。绘画者知晓山川之文饰,而不明乾坤之理,则"理危矣";而绘画者知山川之质,而不通晓笔墨之法,则"法微矣";因此古代的绘画先贤"知其微危",十分强调山川之质与山川之饰的统一。② 在"山川与

---

① 〔清〕石涛:《苦瓜和尚画语录》,潘耀昌编著:《中国历代绘画理论评注·清代卷(上)》,第177页。
② 〔清〕石涛:《苦瓜和尚画语录》,潘耀昌编著:《中国历代绘画理论评注·清代卷(上)》,第176页。

予神遇而迹化"中,山川之本质在我与乾坤之理的神遇中得到呈现,而山川之文饰则在我对于绘画技巧的掌握中而清晰地表达出来了。因此,上述引文可以整体理解为,五十年前,我无法从绘制山川的过程中把握到"本真之我"的真切存在,完全是因为我在绘制山川时只把握了绘画的笔墨技巧,得到的只是对山川的文饰,但是我没有从乾坤之理中深切地体悟山川之质,因而导致本真之我无法从山川中脱胎而出。但这并不是故意地糟粕山川而使山川之质处于隐晦不明的状态,当我经由"一画"理解了山川之质与山川之饰的内在关系之后,山川可以通过我的绘画创作展现它自身的本质特性;在这种过程中,山川与我互相映照,山川之质与本真之我存于一体。在了解了山川之质后,天下山川的各种形势作为我的创作素材都在我的心中呈现。因此,当山川与我在神遇的过程中,山川之质与山川之饰完美地实现了统一,本真之我与迹化之我也归于一体。

由上分析可知,通过"山川与予神遇而迹化"的命题,石涛力图展现其绘画对宇宙生意、山川形势的深入把握,从而实现与天地自然融合统一的审美状态。在这种审美状态中,主体之情感由于自然山川的熏陶而呈现为一种景中之情,而自然山川的无限景观由于主体情思的浸染而呈现为一种情中之景,因而自然山川与审美主体在"神遇而迹化"中融为一体,主体之情与山川之景也实现了情景交融。

"山川与予神遇而迹化"命题的关键在于山川与我的"神遇",而如何实现这种神遇呢? 石涛认为,只有在师法造化的基础上形成一种审美的心胸,从而实现人与自然山川的融合统一。

第一,师造化而脱胎。石涛的"山川与予神遇而迹化"最终目的是通过绘画深入地把握自然山川的内在精神,从而实现人与自然的融合。而为了把握自然造化的内在精神,绘画者必须深入地体验与学习自然世界的生生不息、山川形势的内在气势、四季流转中的盎然生意。因此,石涛认为,为了创造出伟大的绘画作品,绘画者必须师法造化,在脱胎的过程中展现出自然造化的内在精神与活力,才能实现"山川脱胎于予,予脱胎于山川"的我与山川的审美融合状态。

　　师造化一方面要求绘画者必须亲身地观察与感受大自然的神奇美景，体验自然造化的神奇。据李驎《大涤子传》记载，在旅居宣城期间，石涛与朋友多次登上黄山体验其美景："既又率其缁侣游歙之黄山、攀接引松，过独木桥，观始信峰，居逾月，始于茫茫云海中得一见之，奇松怪石，千变万殊，如鬼神不可端倪，狂喜大叫，而画以益进。"①由引述可知，在黄山的游历过程中，石涛为了观始信峰，不仅攀接引松、过独木桥，而且一月之内多次登临才于云海茫茫中见之。由此可见，为了亲身体验黄山的瑰丽风景，他不辞辛劳，克服险阻，从而对黄山诸景进行了亲身地体验与深入地观察。但这种辛劳是值得的，当他看到始信峰在云气中千变万殊的奇松怪石时，他欣喜若狂。在游黄山的过程中，石涛仰观云海之诡谲，俯察碧溪之幽秘，尽得黄山的胜景奇趣，大大开拓了山水画的意境。而《黄山八景图》《搜尽奇峰打草稿》等绘画作品的问世，正是在师黄山之造化的过程中脱胎而出的。

　　另一方面，石涛认为，师造化不仅要师造化之表现，更要师造化之精神。因而，在师造化的过程中，石涛不仅强调以目遇造化，而且更加强调以神遇之。石涛探讨了以目遇自然的局限性，在《画语录·四时章第十四》中，他认为："满目云山，随时而变。"②正由于山川风景的与时变化，目遇自然无法展现自然内在的变化，因而通过绘画来展现阴晴各异、风味不同的四时之景，必须以神遇之，以细腻的审美感知和充沛的情感体验在审时度候之中去把握自然造化。在《画语录·山川章第八》中，他也认为，自然世界"广土千里，结云万里，罗峰列嶂"③，其造化美景多不胜收，仅仅以目遇之，"即飞仙恐不能周旋也"。因此，在石涛看来，为了真正地实现师造化，神遇自然是最为重要的，只有在神遇自然的过程中，绘画者

---

① 〔清〕李驎：《大涤子传》，转引自丁家桐、朱福烓撰：《扬州八怪传》，上海：上海人民出版社1993年版，第20页。
② 〔清〕石涛撰：《苦瓜和尚画语录》，潘耀昌编著：《中国历代绘画理论评注·清代卷（上）》，第180页。
③ 〔清〕石涛撰：《苦瓜和尚画语录》，潘耀昌编著：《中国历代绘画理论评注·清代卷（上）》，第177页。

审美地把握自然的内在神韵,才能体验自然的四时之变与自然的广袤无边。

第二,物蔽去则心快。在师造化的基础上,审美心胸的形成需要除物蔽,绝尘交。在《画语录·远尘章第十五》中,石涛认为:"人为物蔽,则与尘交。人为物使,则心受劳。劳心于刻画而自毁,蔽尘于笔墨而自拘。此局隘人也。但损无益,终不快其心也。"[①]在此,石涛提出的"心快"其实就是审美心胸形成的基础之一,而为了实现"心快",绘画者不能为物蔽、不能为物使,因为当人被物蔽时,人的心灵与尘俗混杂在一起,从而失去空灵之意;而当人被物所驱使时,人的心灵会陷入外物的得失利害之中而心神劳累。当绘画者的心灵处于劳心与蔽尘的状态时,自然世界的诗意与心灵世界的自由则会荡然无存,从而也无法实现心快的审美体验。因此,在石涛看来,只有解除了物蔽尘交的状态,自然世界才能焕发出诗意的光辉,人的心灵在这种自然世界诗意光辉的映照下会呈现出一种自由快意的审美状态。

第三,愚俗去则神清。在石涛看来,绘画者审美心胸的形成除了除物蔽绝尘交,还要去愚俗。石涛在《画语录·脱俗章第十六》中认为:"愚者与俗同识。愚不蒙则智,俗不溅则清。俗因愚受,愚因蒙昧。"在此,石涛认为,愚与俗在某种意义上是同义的,因此,此处的"愚"是指画家由于世俗功利的蒙昧,从而无法保持内心的澄清,所以在"愚去智生"的过程中,画家也就像"至人"一样,内心呈现出一种恬淡无为的审美状态,从而"俗除清到"[②]。

二、荒野之居

荒野之居的画境在"四王"的绘画中偶有体现,但这种境界十分鲜明

---

① 〔清〕石涛撰:《苦瓜和尚画语录》,潘耀昌编著:《中国历代绘画理论评注·清代卷(上)》,第180页。
② 〔清〕石涛撰:《苦瓜和尚画语录》,潘耀昌编著:《中国历代绘画理论评注·清代卷(上)》,第180页。

地体现在髡残、石涛与弘仁的画境之中。髡残的幽居之境与石涛的野居之境鲜明地呈现出荒野之居的内在审美体验。

当步入晚年的时候，髡残深刻地体会到复明已经成为镜花水月。于是，他彻底地放弃了对于世俗的依恋之情，幽居于自然山水之中，而自然山水也成为其心灵最后的依托。其山水画创作十分鲜明地体现了这种隐遁幽居的思想情感，他也在山水画幽居之境的审美创造中为自己寻求心灵栖居之所。《仙源图》（北京故宫博物院藏）是髡残绘于1661年的画作，其画作题诗"我今一棹归何处，万壑苍烟一泓玉"就十分清晰地呈现了这种幽居自然的情感表达。"髡残的目标是要在自然中寻得最终的庇护所，在万物的流变中寻得一个静止点，在那里没有任何东西具有威胁性，人于是得以休息，接受四周自然环境的陶养。"[1]他极力地通过其山水笔墨构建一个与世俗相隔离的居住场所，在这个居住场所中，自然景观越为幽深，其心灵就越加平和宁静。现藏于上海博物馆的《幽栖图》就十分清晰地呈现了这种幽居的生活状态，《幽栖图》表现的场景为薄雾刚散的清晨，髡残居住在掩映于苍松翠竹之中的茅草屋，茅屋前有临溪低垂的古树，在古树边髡残背面而坐，头部略略回转。而这种幽居恬静的生活场景通过其画中的题跋表达得十分鲜明："余自黄山来幽栖，随寓道人，出家的人，何所不可。残衲过白云岭，结茆于兹。坐树流泉，纵市尘之耳目，亦当此清清。此幅石道人自为写照也。"[2]与此同时，髡残的一些佛教人物画也表达了这种幽居的生活情境，他于1665年为松隐禅师创作的《达摩图卷》（现藏于日本泉屋博古馆）通过佛教人物与幽深的自然山水的完美融合，传神地表达其幽居的场景。《面壁达摩图卷》虽然可以视为其佛教人物画的力作之一，但更为重要的是，在其画作中，他对于达摩隐居修行之山林进行了精心的审美设计，从而该画也可以被视为幽居之境的审美体现。在《面壁达摩图卷》中，我们可以将画面中的达摩视为

---

① （美）高居翰：《髡残和他的题识》，《朵云》，1988年1期，第71页。
② 参阅吕晓：《髡残绘画研究》，南京艺术学院2003年博士论文，第92页。

髡残的自我写照,因为其营构的山水之境正是髡残极力追求的幽居之境。在画面营构的自然山水中,我们可以看到,山中薄雾缭绕,自然山林在薄雾中如同梦境一样优美,在这种梦境中,深山中草木葱茂,苍松在巨岩之上倒垂而下,石隙中的山泉沿山直下。达摩侧身面向石壁盘坐,其侧面显出发须的浓密,均缓的袈裟线条,衬托出内心如幽深山林一样宁静。其整体的画境鲜明地呈现出一种"幽居"的审美境界。①

为了在绘画中体现出幽居的审美境界,髡残不仅在画面中选择特定的审美题材,而且也通过深远的审美意境来刻意营造幽居之境。就其绘画的题材而言,髡残通过其内心的幽冷清孤在外在世界中寻求契合其心境的审美对象,因而他经由深山中的古寺、自然界中的飞云野鹤与幽林古潭来表达幽居的世界图景。在藏于南京博物院的《苍翠凌天图》轴中,我们可以看到,崇山叠嶂成为画作中的主体,崇山中古木茂密,山泉在画面远方高挂,而在近处,数间茅屋隐现于幽深的山谷之中。通过崇山、山谷、山泉、古木等审美意象,整个画面体现出一种深幽的审美意境。而作为髡残山水画代表作之一的《报恩寺图》,表现的是金陵南郊大报恩寺及其周边的审美景观。在整个画作中,髡残通过金陵南郊聚宝山中的断崖峭壁、幽谷深林、飞瀑涧泉,描绘出一派幽居的山林之景。而就深远的审美意境营造而言,髡残主要通过画面的整体构图来实现。在《苍翠凌天图》与《报恩寺图》中,繁密幽深的景物铺陈中呈现出前景、中景与背景的层层递进,在前景中,山溪低坡的设置为山居场景的出现奠定了审美基础,而在密林古木中隐现的房屋成为画面的中心点之一,而在房屋之后,崇山挺立,在云雾中若隐若现。这种层层递进也体现出高远的画面气势,而且缥缈灵动的云雾增强了画面的幽深空灵之感。

张庚在《国朝画征录·释髡残》中评价髡残的山水画时指出:"奥境奇辟,缅邈幽深,引人入胜,笔墨高古,设色精湛,诚元人之胜概也,此种

---

① 参阅吕晓:《髡残绘画研究》,第94—95页。

笔法不见于世久矣!"①"奥境奇辟,缥缈幽深"的确是髡残画境的最佳定位,近人林纾在《春觉斋论画》中说:"奇到济师而极,幽到石溪而极。"②张庚与林纾的评论都十分深刻地抓住了髡残作品"幽"的特色,但是这种"幽深"之境是在居住感知与体验中生成的,如果我们执着于髡残山水画作中的幽深之感,而疏忽了其通过幽深之境展现的家园感,我们就无法呈现与体验其幽居之境的审美本质。髡残山水画所营造的幽深意境通过宏大深邃的巨幅构图来体现,在画面中,我们虽然能够见到清初遗民画家们共同的自然山水意象——群峰层峦、深谷幽涧,飞泉苍松、云雾缭绕,但是那种遗民画家呈现出的自然山水的肃杀寥落、幽冷孤寂却在其画作中很难寻找。因此,髡残的画作中虽然也通过幽深之境来呈现自然山水的孤清冷寂,但这种孤清冷寂被一种勃勃生气所包裹,从而这种幽深的世外之境在缥缈灵动中呈现出一种生机盎然的状态。由此可见,髡残的幽深之境在其笔下不仅是一种可游之境,更是一种可居之境,幽深之境中呈现出一种温馨的家园感。

而石涛在山水空间建构中,将野居作为其重点打造的居住模式。"野"相对于"朝"而言,在与皇权控制的"朝"的对立中,"野"呈现出其边缘性的心理和地理特征。尤其对于传统文人来说,"野"长久以来就是一个象征性的空间,其主要的功能在于逃避,这种逃避不仅是一种实质性的空间和地理的遁逃,而且也是一种意识与心理的逃避。而石涛在野居的居住理想建构中,融合上述两种逃避的内涵,并将这种"野"的环境塑造成一种家园式的存在。这种野居的实现不仅需要一个内在自我放逐的环境主体,而且也需要一个野逸古朴的环境空间。在石涛的山水世界中,他将自身的遗民形象上升为理想的环境主体,并将南京、扬州的近郊或真正的山林经营成理想的野居空间。

高居翰在《气势撼人——十七世纪中国绘画中的自然与风格》中提

---

① 〔清〕张庚、刘瑗撰,祁晨越点校:《国朝画征录》,杭州:浙江人民美术出版社 2011 年版,第 107 页。
② 周韶华:《感悟中国画学体系》,武汉:湖北美术出版社 2014 年版,第 345 页。

到，1690 年代末期，石涛不仅抛弃了他与各绘画流派之间的关系，也抛弃了他与传统之间的关系；而在个人的生活中，石涛弃僧还俗，努力摆脱了以前坚定的明代遗民立场，并同时放弃他作为业余画家的身份。上述的种种剧烈改变，似乎发生在一瞬间的顿悟。其实，这些改变并不是他的立场发生根本性的改变，而只是他对于流派之争十分厌倦，不再愿意委身于任何一方。① 这种改变的实质其实只是他想通过以前的自己来实现一种"野居"的理想生存方式。

正因为如此，在此之后，石涛远离燕京、疏离官场、脱离佛门，以一种"野逸"的审美姿态真正地放弃尘俗，回归自然，从而在自然的"野居"中寻求自身存在的真正价值，寻求安放自己心灵的栖息之地。正因为这种野居的生存理想一直内隐于心灵，他只有在充满野逸之趣的自然中才能体会到生命的盎然生机，才能体会到诗意的精神空间。基于此，石涛十分钟情于将自己视为"野夫""野人""野老"，如："野夫心眼放形骸"②，"林下野人"③，"清湘野老眼方明"④。通过这些称谓，我们可以体验到，石涛的内心完全向自然荒野自由地开敞，并且融为一体。石涛的"野居"并不是如原始人类一样的茹毛饮血，而是一种文化意义上的与自然融合的生存状态，在这种野居的状态中，他将自然山水的一切生动融入进自身的生命之中，从而实现在自然山水中的乐居。

现藏于美国华盛顿弗瑞尔美术馆的《桃源图》是石涛的山水画代表作之一，这幅画作取意于陶渊明的《桃花源记》，整个画作十分鲜明地呈现了野居的审美情趣。在画作中，石涛以一种写意的方式生动地再现了陶渊明在《桃花源记》中的居住场景，画作通过巨大的岩石将画面分为两个部分，这两个部分分别代表两个不同的世界：俗居世界与野居世界。

① （美）高居翰：《气势撼人——十七世纪中国绘画中的自然与风格》，北京：生活·读书·新知三联书店 2009 年版，第 266 页。
② 汪世清：《石涛诗录》，石家庄：河北教育出版社 2006 年版，第 73 页。
③ 汪世清：《石涛诗录》，第 211 页。
④ 汪世清：《石涛诗录》，第 26 页。

在野居世界中,渔舟随意地停放在溪水的起源之处,有"野渡无人舟自横"的审美意境,在村口处,村中的老者正在迎接打鱼归来的渔者,村中的民居隐现于自然山水之中,充满着温馨的家园感。另一幅画作《庐山观瀑图》也清楚地表达了石涛对于野居的生存状态的审美追求。画作中山崖底部地有两个人物,一个人拿着拐杖坐于一棵树旁,另一个人则伫立在突出的岩石上注视山林间流动不居的云雾。远处的群山与飞瀑则隐现于云雾之中,画中的人物在遗世独立中与自然的山水融为一体,野居之趣在人物的寂然中得到了一种自然的审美表达。

　　为了实现这种野居的审美情趣,石涛在郭熙高远、深远、平远等"三远"的基础上,将"远"之审美意境推进至"太朴""鸿蒙""混沌""氤氲"等本源性的自然存在之中。郭熙在《林泉高致·山水训》提到:"山有三远:自山下而仰山颠谓之高远,自山前而窥山后谓之深远,自近山而望远山谓之平远。高远之色清明,深远之色重晦,平远之色有明有晦。高远之势突兀,深远之意重叠,平远之意冲融而缥缥渺渺。"①而石涛则认为郭熙的"三远"不足以表达出其对于野居的审美境界,从而他在《画语录》中对于"远"的审美追求延展到"太朴""鸿蒙"等本体性的自然。在《画语录》中,石涛多次使用"太朴""鸿蒙""混沌""氤氲"等词汇表达其对于"远"的审美求索,并且指出,"受之于远,得之最近;识之于近,役之于远"。② 在此,石涛指出,绘画者只有了解自然山水的本源,才能真切地把握眼中的真实山水,但如果只着眼于真实的自然山水,而无法顾及自然山水的本体,这种绘画者的审美创造性就无法真正地发挥出来。为了真正地触及自然山水的本体,石涛在《画语录》的"远尘"与"脱俗"两章中指出,绘画者只有远尘离垢,保持内心空明,才能真正地把握自然山水的本体。

　　在这种自然山水本体的审美求索过程中,石涛在其绘画中将山峰与丛林推至烟云缥缈之处,并在烟云缥缈中寻求自然的本源,这种从真实

---

① 〔宋〕郭熙:《林泉高致》,俞剑华编著:《中国画论类编》,第639页。
② 〔清〕石涛:《苦瓜和尚画语录》,潘耀昌编著:《中国历代绘画理论评注·清代卷(上)》,第175页。

的自然山水到自然山水本源的推进过程中,石涛以有限走向无限,并在无限中实现野居的审美追求。

第三节 "扬州八怪"的绘画及画论中的环境美学思想

随着城市工商业的发展,清朝中叶的扬州成了经济十分发达的城市,而城市经济的发展造就了城市文化艺术的繁荣,尤其是随着画家在扬州的聚集,城市的书画艺术活动呈现出十分活跃的状态。根据李斗《扬州画舫录》的不完全记载,从清初至乾隆末,扬州的知名画家多达一百几十人,其中包括了本地的画家,也包括了从全国各地聚集而来的画家。① 而在这段扬州书画艺术处于鼎盛状态的时期聚集于扬州的这些知名画家中,一部分个性独特、立意新颖的画家们由于其绘画艺术风格的独树一帜,在突破传统绘画风格和内容的基础上更加接近日常生活,体现出一种日常生活艺术化与审美化的倾向。再加上这一部分画家在日常的行为方式与生活方式也与常人迥然不同,因而在绘画史上被人称为"扬州八怪"。"据《瓯钵罗室书画过目考》载,'八怪'是指金农、黄慎、郑燮、李鱓、李方膺、汪士慎、高翔、罗聘 8 人。此后说法不同,又有将华嵒、高凤翰、陈撰、闵贞、李勉、边寿民以至杨法等,也作为'八怪'之列。据扬州人的说法,'八怪'就是奇奇怪怪,与'八'的数字关系不大。"②由于独特的画风,"扬州八怪"在我国绘画史(尤其是清代绘画史)上产生了极其深远的影响。正因为如此,中外学者一般将"扬州八怪"从整体上视为一个重要的画派,美国学者高居翰曾经指出:"十八世纪最后二十五年刚开始时,'八怪'中的七位都已去世了。仅存的罗聘是中国绘画史上最后一个重要画派的孤独硕将。"③在《中国绘画史》中,王伯敏也曾指出:"'扬州八怪'虽然都不是扬州人,但都活动于扬州地区。他们之间,有的相互往

---

① 杨新:《"扬州八怪"述评》,《扬州八怪》,文物出版社编,北京:文物出版社 1981 年版,第 3 页。
② 王伯敏:《中国绘画通史》下册,北京:三联书店 2000 年版,第 193 页。
③ (美)高居翰:《图说中国绘画史》,李渝译,北京:三联书店 2014 年版,第 223 页。

来,关系密切,在生活作风、艺术观点、绘画风格上,都有共通的地方,因此就自然地形成了一个流派。"①扬州八怪的绘画美学展现的环境美学思想主要体现在他们对日常生活的审美关注和对家园感的重视。

一、日常生活的美学审视

"扬州八怪"对于日常生活的美学审视,内隐着对传统文人绘画的反叛与革新,而这种反叛与革新的精神的生成与清初"四僧"对传统文人绘画"摹古"倾向的打破有内在的关联性。与清初"四王"对传统文人绘画名家亦步亦趋的"摹古"倾向不同的是,清初"四僧"的绘画力图体现出对传统文人画的创新与改变。在清初的画坛上,以"四王"为代表的正统派画家强调对古法的推崇,而以"四僧"为代表的创新派画家②力图以托古求变的方式对传统的文人绘画进行新的改变,因而清初的正统派画家与创新派画家由于其艺术风格与艺术追求的不同,处于一种相互对峙的状态。不过,由于清代初期文化专制的影响,以复古为追求的正统派画家更加符合清初统治者的审美趣味,因而得到了统治阶层的认可而成为画坛正宗;而创新派画家的绘画理念游离于主流文化之外而被视为绘画异端,因而处于一种野逸生长的发展状态。但以清初"四僧"为代表的创新派由于绘画风格与绘画理念的独创性,其作品更加有利于表现时代的内在需求与创作者的内心情感诉求,因而创新派画家的绘画风格对于清初以后的绘画风格产生了十分重要的影响。

由于自身经历的原因,再加上对于山水绘画独特的审美见解,"扬州八怪"内在地承续了清初创新派画家的创新精神。但是,"扬州八怪"的绘画风格与绘画理念,更加偏于对日常生活的审美关注,而这又源于他们对于传统文人绘画"尚雅贬俗"的雅俗观的反叛。我国传统的文人画,甚至也包

---

① 王伯敏:《中国绘画通史》下册,第 209 页。
② 高居翰将清初四僧视为"独创主义画家",参见(美)高居翰撰,李渝译:《图说中国绘画史》,第177—214 页。其实,独创也意味着创新,因此,创新派画家与独创主义画家两者在本质上是相通的。

括清初"四僧"的绘画,从绘画者的个人内在修养、绘画立意到笔墨技法都
是崇尚高雅情趣的,这种要求导致传统的文人画与世俗是绝缘的。因此,
传统文人画家在"扬州八怪"以前的文化史中,其身份往往是高雅审美情趣
的象征,其地位也是高蹈脱俗的,其作品更是意境幽雅、飘然尘外。而在清
初,这种传统文人画雅趣的追求达到了一种无以复加的地步,这不仅体现
在清初以"四王"为代表的正统派画家的绘画理念中,因为"四王"更多摹拟
的是宋元以来的经典文人画家,而宋元以来的经典文人画家对于山水画的
定位就是要表现一种幽雅的山水情致,因而清初正统派画家对于雅趣的追
求是情理之中的事情。而清初"四僧"虽然以一种反叛者的姿态出现于清
初画坛,但他们对于文人画精神的内在把握也是偏于高雅的,"四僧"的山
水画中总是有一种隐逸的精神潜伏于其中,而隐逸精神自陶渊明以来就与
幽雅相伴,与尘俗分离,因此,清初创新派无论以何种方式进行理念与技法
上的创新,其内在对幽雅情趣的追求是始终如一的。

　　正是由于"扬州八怪"对于传统文人画"尚雅贬俗"的反叛,他们绘画
的审美理念注重对日常生活的介入。但是从绘画史的角度来看,现当代
研究文人画和"扬州八怪"的学者们都认为,"扬州八怪"的绘画依然属于
文人画的整体范畴。在《扬州八怪的承先启后》一文中,俞剑华指出:"八
怪画风总的根源,一句话就是'文人画'。八怪的画是历代最典型的文人
画。"①而在《扬州八怪的艺术风格》一文中,陈大羽也十分明确地认为,

---

① 俞剑华:《扬州八怪的承先启后》,《光明日报》1962 年 2 月 16 日。俞剑华先生做出上述判断
　的依据在于扬州八怪的绘画符合"文人画派大系"的五个必备条件:(一)是在政治上不得志
　的知识分子,或不甘仕进,或屈居下僚,或被贬斥,或被迫害,因此多少总有一些抑郁不平之
　气,也就对于统治者多少抱有反抗情绪,尤其在民族矛盾激烈的时代,民族气节特别鲜明。
　(二)是他们所画的画,不是直接为统治者服务,终身不入仕院,不做画官。(三)是他们的作
　画总是带有一些业余性质,就是以卖画为生,既与画院的职业画家不同,与民间的职业画家
　也不同。他们高兴就画,不高兴就不画,他们看不起的人求画,就绝对不画。在创作上保持
　一定的创作自由,不受严格的限制。(四)是人格比较高尚,既不趋炎附势,也不唯利是图。
　(五)是文艺修养特别丰富,诗书画三者要兼擅并长,缺一不可。当然,以俞剑华的五个标准
　来衡量,清初正统派的山水画就不属于传统文人画的范畴。但这种衡量的标准也存在可以
　商榷的地方。

"扬州八怪"的绘画具有文人画应当具有的学问、人品、才情、思想等四个基本条件。① 因此,在某种意义上,"扬州八怪"对传统文人画的反叛又可以视为文人画在新的历史条件下的一种新的发展,而这种新的发展表现为"扬州八怪"的绘画对日常生活的审美介入。日常生活自晚明以来随着市民阶层的逐步形成而开始以一种艺术或审美的方式呈现,而当历史来到康乾盛世时,在"扬州八怪"的推动下,日常生活的审美表达就蔚然成风了。因此可以说,"扬州八怪"的艺术与绘画对日常生活的审美表达代表了特定历史时期对于审美的一种内在需求。从历史的层面看,"扬州八怪"的绘画是在以盐商为代表的市民阶层的审美需求中产生的。基于商品经济的发展而产生的艺术与审美供求关系促成了绘画作品的商品化,"扬州八怪"所引领的文人画的新发展就是在此种背景之下而发生的。康乾盛世时期的扬州,处于全国水运的枢纽中心,这就促成其成为最大的盐运中心,而盐运的兴盛带动了扬州工商业的发展,从而促进其城市经济的迅速发展,也促进了城市文化艺术活动的繁荣。在此历史背景下,扬州以盐商为代表的市民阶层新的审美需求促成了"扬州八怪"的绘画活动主动地介入日常生活层面,"扬州八怪"以敢于创新和勇于实践的精神,突破了文人画在创作和作品评价上的'雅俗'标准,把文人画从逃避现实、脱离生活,引向关心现实、注重生活"。② 因此可以说,"扬州八怪"的绘画是一种建立在文人画基础上的极具市民味的绘画,在时代审美需求的引领下,其创作活动逐步地融入市民社会与世俗世界,其艺术活动的审美对象主要是日常生活的事物,打破了传统文人画对题材方面的严格限制,通过对绘画的题材与内容的创新,"扬州八怪"将其审美的触角深入到日常生活的每一个角落。

---

① 陈大羽:《扬州八怪的艺术风格》,郑奇、黄俶成编:《扬州八怪评论集 · 当代部分》,南京:江苏美术出版社 1989 年版,第 75 页。陈大羽在此提出的文人画的四个标准来自陈师曾《文人画之价值》一文。陈师曾指出:"文人画之要素:第一人品,第二学问,第三才情,第四思想;具此四者,乃能完善。"
② 杨新:《"扬州八怪"述评》,《扬州八怪》,文物出版社编,第 26 页。

1. 就绘画题材而言,"扬州八怪"注重到日常生活中去寻找绘画素材,从而将日常生活纳入到人们的审美视野之中。"扬州八怪"能在日常生活中极其普通的事物之中寻找到他们艺术的灵感,并通过审美的方式表达出来,这表现了他们对于世俗生活的喜爱之情,从而为他们在日常生活中审美灵感的产生奠定了非常坚实的基础。随着城市商品经济的发展,市民阶层的生活逐步改善,在解决温饱问题的基础上,市民阶层开始热衷于在日常生活中寻求诗意与审美。随着市民阶层对种花养鸟的钟情,花鸟画在扬州当地开始流行,而"扬州八怪"中的一些画家也开始以市民生活中的花鸟作为其创作题材,并达到了很高的艺术水准。但传统文人画中花鸟题材的绘画,其花鸟取材并不是日常生活中常见的花鸟虫鱼,并且其寓意抑或是对自身清高品格的象征,抑或是对自身隐逸的自得其乐。而"扬州八怪"虽然以花鸟为题材,但这种花鸟的原型基本上来自日常生活,这种题材的绘画也并不是主要表达自身的清高志趣,而主要是为了表达日常生活场景中的诗意。为了在新的时代背景下实现花鸟画创作的新的审美旨趣,"扬州八怪"经常以日常生活中司空见惯的花鸟虫鱼、蔬果草木作为其主要的创作题材,从而极大地拓展了文人画中的传统花鸟题材。他们不仅将住宅墙上的蝴蝶花,与竹篱相依的牵牛花,池塘中的菱角、莲蓬,菜圃中的青葱、辣椒视为审美对象引入画中,而且,更为奇特的是,居民生活中的一些用具如草鞋、蓑衣、鱼篓、扫帚等都被他们赋予诗意,作为创作题材。通过这些日常生活中的审美题材,"扬州八怪"将日常生活的琐碎诗意化为极具美感的生活场景,其所体现的日常生活的审美情趣与普通的市民阶层形成了和谐的审美共鸣。汪士慎的《猫图》的题诗中就表达了这种日常生活中的审美情趣,"每餐先备买鱼钱,曾记携归小似拳。一自爪牙勤黠鼠,傍人安稳卧青毡。"[1]在此,"备鱼钱""小似拳"充分表达了对猫的怜爱之情,而"傍人安卧"表现了人与动物和谐相处的审美情趣。而李鱓《姜葱细鳞图》中题诗"大官葱,嫩

---

[1] 郭廉夫:《花鸟画史话》,南京:江苏美术出版社 2001 年版,第 160 页。

芽姜,巨口细鳞新鲜尝,谁与画者李复堂"①,更是通过口语化的表达方式,生动活泼地为世俗的感官享受赋予了一种诗意的情趣。由此可见,"扬州八怪"虽然也通过绘画来表达自己的人生志趣,但这种志趣的表达充满了日常生活的审美情调,通过日常生活中的题材,他们不仅将自身在世俗生活中的情感充分地表达出来,而且也为其在日常生活的物质感官享受赋予了诗情画意。因此,其绘画作品的审美情趣不带有传统文人画的超脱情怀,而是极具世俗气质的入世情怀。

2. 从绘画的内容来看,"扬州八怪"的绘画表达了对于市民生活的深切关注。而这种对市民日常生活的审美关注主要是通过对当时社会现实的揭露与讽刺而实现的,郑板桥认为其画兰画竹画石主要是为了"慰天下之劳人",而不是为了供奉"天下之安享之人"②,此处的"劳人"主要指世俗生活中的平民百姓。由此可见,郑板桥的绘画主要是为普通的平民百姓提供一种审美的快乐,以期他们在世俗生活中获得一种诗意的生存状态。为了达成上述目的,"扬州八怪"将自己的艺术活动与市民阶层的日常生活融为一体,其绘画内容更加贴近对民生疾苦的反映,郑板桥在题画诗《潍县署中画竹呈年伯包大中丞括》中提到:"衙斋卧听萧萧竹,疑是民间疾苦声,些小吾朝州县吏,一枝一叶总关情。"③在此,郑板桥从衙斋的萧萧竹声中联想到了"民间疾苦声",在传统文人画中,竹的审美内涵更多用于表达个体人格之清高,但此诗中,竹被用来表达对民间疾苦关注的审美象征。

李鱓更是经常将绘画中的形象加以拟人化,并通过题画诗来直抒胸臆表达对平民百姓的疾苦的关注,或者以嬉笑嘲讽的方式来针砭社会现实,从而体现了对世俗社会的审美关注。他在题《葵鸡秋足图》挂轴的诗歌中描述了平民生活之艰难:"正是蒸葵八月天,一年鸡黍足秋田,布袍

---

① 郭廉夫:《花鸟画史话》,第 165 页。
② 〔清〕郑燮撰,卞孝萱编:《靳秋田索画》,《郑板桥全集》,济南:齐鲁书社 1985 年版,第 218 页。
③ 〔清〕郑燮撰,卞孝萱编:《潍县署中画竹呈年伯包大中丞括》,《郑板桥全集》,第 204 页。

未典官粮纳，敢谓村愚是古仙？"①在此，他指出，为了交纳官粮，只有在丰收的情况下才不要典当家中的一切，由此可以反映出平民在世俗生活中的不易。

"扬州八怪"绘画中所体现出来的这种对日常生活的美学审视，表现出"文人画艺术由神向人、由宗教向生活、由非我向自我、由士大夫之专属向人民群众、由阳春白雪之雅向下里巴人之俗的一种值得注意的回归"。② 这种贴近日常生活的绘画实践符合郑板桥所提出的"理必归于圣贤，文必切于日用"③的艺术创作宗旨，同时，这种绘画的倾向很好地体现了清代日常生活审美的时代风气。

二、一室小景，有情有味

在郑板桥的心中，"三间茅屋，十里春风，窗里幽兰，窗外修竹"④，这就是有情有味的一室小景，这就是温馨的家园，而"安享之人"则不自知，不知这种环境的乐在何处；而"劳苦贫病之人"在对家园的渴望中才能体会茅屋的家园感。"劳苦贫病之人"得十日五日的闲暇，关闭柴扉，打扫竹径，静对芳兰，独饮清茗，看微风细雨荡漾于疏篱仄径之中，润物无声；偶有良朋到来，邀其一起品味，这就是难得的家园体验。

郑板桥在《十笏茅斋竹石图》的题识中也描述了这种有情有味的一室小景："十笏茅斋，一方天井，修竹数竿，百笋数尺，其地无多，其费亦无多也。而风中雨中有声，日中月中有影，诗中酒中有情，闲中闷中有伴，非唯我爱竹石，即竹石亦爱我也。彼千金万金造园亭，或游宦四方，终其身不能归享。而吾辈欲游名山大川，又一时不得即往，何如一室小景，有情有味，历久弥新乎！ 对此画，构此境，何难敛之而退藏于密，亦复放之

① 郭廉夫：《花鸟画史话》，第 166 页。
② 林木：《明清文人画新潮》，上海：上海人民美术出版社 1991 年版，第 113 页。
③ 〔清〕郑燮撰，卞孝萱编：《郑板桥全集》，第 241 页
④ 〔清〕郑燮撰，卞孝萱编：《郑板桥全集》，第 218 页。

可弥六合也。"①小小的茅斋、天井经过数竿修竹、数尺石笋的点缀,就可达到极其幽寂深广的境界。人与竹石两情相悦,心与境会,物我交融。"非唯我爱竹石,即竹石亦爱我",通过此题画,郑板桥表达了一种人与自然的交流化合,在人与自然化合中,自然环境成为人类栖居的家园。他在《十笏茅斋竹石图》的画中并没有安置茅屋一间,炊烟几缕,但通过题画我们可以清晰地体会到,他并不是想展示自然的竹石,这种竹石不仅是画家人格的象征,更成为画家心中家园的象征。画中虽无人烟,但此竹石不是荒野中的竹石,而是有情有味之竹石,经由情与景、心与物实现人与环境的交融互渗。而这种人与环境互渗的基础在于爱,在于人对环境的依赖与保护,环境对人的陪伴与关心,在爱的纽带中,诗人温馨的家园就形成了,环境在"风中雨中有声,日中月中有影",而人在"闲中闷中有伴"。坐在天井中,可以听到各种各样的声音,看到竹石之影,寄托内心情感,找到精神的伴侣,并且"有情有味,历久弥新",这种情感,经历越久,感受越新。他在《竹石图》的题识中说:"石虽不言,爱此新竹。竹不能言,爱此山麓。老夫满袖春风,为尔打成一局。"在此他十分生动地将这种家园感受表达出来了,他的满袖春风将山石竹联为一体,其实他更是将自己与山石竹构成的环境作为自己的家园,并将自己与之一体同化。在乾隆戊寅清和月的一天,郑板桥在画竹后畅流江景,也十分清晰地表达了对家园感的依恋之情,"昨游江上,见修竹数千株,其中有茅屋,有棋声,有茶烟飘飏而出,心窃乐之。次日过访其家,见琴书几席,净好无尘,作一片豆绿色,盖竹光相射故也。静坐许久,从竹缝中向外而窥,见青山大江,风帆渔艇,又有苇洲,有耕犁,有饷妇,有二小儿戏于沙上,犬立岸傍,如相守者,直是小李将军画意,悬挂于竹枝竹叶间也。由外望内,是一种境地。由中望外,又是一种境地。学者诚能八面玲珑,千古文章之道,不出于是,岂独画乎?"②郑板桥在此以"借景"之道来说明"由外

---

① 〔清〕郑燮撰,卞孝萱编:《郑板桥全集》,第223页。
② 〔清〕郑燮撰,卞孝萱编:《郑板桥全集》,第351页。

望内"与"由中望外"的画意,"由外望内"与"由中望外"是以茅屋为中心点,具体表现了建筑空间内外的互相借景,"由外望内",看见茂密修长的竹子数千株,竹林其间建有茅屋,隐隐有棋声,有茶香从中飘扬而出;而"由中望外"看见了青翠的山和宽阔的大江,江上飘荡着帆船和鱼艇,又有一丛丛的芦苇洲,耕作着的人,有前来送饭的妇女,还有两个在沙滩上嬉戏的小孩儿,狗则谨慎地立在岸旁,就像一个守护着的人。这种内外兼收的环境审美效果,在他的画意渲染下,都不是单纯的形和色,而是有声有色;同时,这也并不是静止的画面,而是动态的生活场景,其中有棋声、茶烟、风帆、耕犁、馌妇、童嬉,这一室小景中,在郑板桥画意的建构中,情味盎然,充满了生活气息,充满了家园的温馨感。

郑板桥在绘画中呈现的温馨家园,来源于他在现实中对家园感的审美体验,而这种审美体验的生成又与他的人居环境思想有内在紧密关系。为了营造诗意的家园感,郑板桥从以下两个方面入手:一、注重宅园与自然环境之间的内在统一性。郑板桥在《与图牧山》中就十分详细地表达了这种人与环境之间的内在统一性——"买地一大陂,筑一草茅院子",用碎石铺就曲径一条,曲径两旁种植各种花草树木,门外列种树木以造荫凉;在院落的左边营建一临河小园,可临水赏景,因地制宜地种植卉木、葛藤、萧艾、杨柳、梧桐;园内引河水建一小池,池旁建一小亭,亭内置一小几,可容两人对坐。在这种人居环境中,春夏之交,人在宅园中游息,可体验人与自然的融洽之意:花木阴翳,细草幽香,黄鹂清歌,绿漪清漾,蛙声断续,萤光明天①,人在此诗意的环境之中可深味家园之温馨美好。二、注重宅园选址的环境优美性,在《范县署中寄舍弟墨第二书》中,郑板桥表达了对宅园周边环境的重视,他弟弟的宅园北边到鹦鹉桥不足百步,而鹦鹉桥到杏花楼又不足三十步,而宅园—鹦鹉桥—杏花楼这一条直线的左右两边有很多的空地,郑板桥幼时十分喜欢其中的一片荒地,在荒地中,景色十分别致,"半堤衰柳,断桥流水,破屋丛花",他认为,

---

① 〔清〕郑燮撰,吴可校点:《与图牧山》,《郑板桥文集》,巴蜀书社1997年版,第114—115页。

这是宅园建基的佳宜之所。而且在此地居住,清晨日尚未出之时,可见东海红霞一片,而黄昏站立高处,可见"薄暮斜阳满树"、"烟水平桥"。①由此可见,为了营造温馨的家园感,郑板桥对于宅园的选址十分注重其周边环境的优美性。

① 〔清〕郑燮撰,卞孝萱编:《郑板桥全集》,第184页。

第十章　清代园林的环境美学思想

　　清代园林是我国古代园林的总结形态,明末计成创作的《园冶》从园林建设实践的角度对园林创作进行了相对系统的理论总结,这为清代园林的发展提供了理论的指导。而清代的园林创作者与理论总结者从不同的角度进一步推进了计成的园林创作理论,这主要体现在李渔的《闲情偶寄》、陈淏子的《花镜》、李斗的《扬州画舫录》、高士奇的《北墅抱瓮录》、钱泳的《履园丛话》等文献中。

　　清代园林主要可分为北方的皇家园林、江南园林与岭南园林。清代皇家园林的创建高潮奠基于康熙时期,完成于乾隆时期,其主要代表包括圆明园、畅春园、静宜园、清漪园、承德避暑山庄等。清代江南园林主要集中在扬州、苏州与杭州,而以扬州的江南园林最为突出,李斗的《扬州画舫录》就指出:"杭州以湖山胜,苏州以市肆胜,扬州以园亭胜,三者鼎峙,不可轩轾。"[1]而岭南园林在清代得到了极大的发展,现存的岭南古典园林,多为清代中期以后所建,其中主要包括广东顺德的清晖园、番禺的余荫山房、东莞的可园等。北方的皇家园林、江南园林与岭南园林,由于地域环境与地域文化的不同而呈现出不同的审美特质,而从环境美学

───────────────

① 〔清〕李斗撰,汪北平、涂雨公点校:《扬州画舫录》,北京:中华书局1960年版,第151页。

的视角来看,这些不同的审美特质中又体现了其独特的环境美学思想。

第一节　清代皇家园林

清代皇家园林的建设以康熙、乾隆时期最为突出,规模宏大的总体规划、建筑布局的互相因借、江南园林技艺的全面吸收等成为其主要的特点。清代皇家园林的环境美学思想主要体现在以下两个方面:

一、仙居理想的审美建构

清代皇家园林对于仙居理想的审美表达主要通过"一池三山"的设计格局与"移天缩地入君怀"的审美理念得到实现。

1. "一池三山"的设计格局

"一池三山"的园林设计格局,起源于我国古代的神仙思想。神仙思想源于我国先秦时期民间的不死观念,在《晏子春秋》里面就记载过景公询问晏子,古代不死之人"其乐若何"[1],《山海经·大荒南经》提到有不死之国,以甘木为食[2],而《山海经·海外南经》也提到,不死之民生活在三苗国以东,其肤色为黑色,长寿不死。[3] 这种流传于民间的不死观念,到了战国时期,逐步形成了神仙思想。随着神仙思想的产生,海外仙山的传说也产生了,据《列子·汤问》记载,海外仙山有岱舆、员峤、方壶、瀛洲、蓬莱等五座,"其山高下周旋三万里,其顶平处九千里,山之中间相去七万里",在仙山中台观皆由金玉打造,树上的果实食之可以让人不死不老,所居之人都是"仙圣之种"。后来随着历史的变化,岱舆、员峤两山流于北极,沉于大海,只剩下方壶、瀛洲、蓬莱三座仙山了。[4] 园林格局中的"一池三山"中的"一池"就古义而言指的是大海,而三山就是方壶、瀛洲、

---

① 杨伯峻编著:《春秋左传注》(四),北京:中华书局1981年版,第1420页。
② 方韬译注:《山海经》,北京:中华书局2009年版,第240页。
③ 方韬译注:《山海经》,第181页。
④ 景中译注:《列子》,北京:中华书局2007年版,第136页。

蓬莱三座仙山。据《史记·秦始皇本纪》的相关记载,齐人方士徐市等人向秦始皇上书,声称海中蓬莱、方丈、瀛洲三座仙山,上有仙人居住,于是秦始皇便派遣徐市并童男女数千人,入海求仙人。后来求仙人不得,据《三秦记》记载,秦始皇开始模仿海外仙山的格局建造园林:"始皇引渭水为长池,东西二百里,南北三十里,筑土为蓬莱山,刻石为鲸鱼,长二百丈。"①如果这种记载能够确信,那就意味着从秦代开始,皇家园林的整体格局中就开始有了"一池三山"模式的萌芽,但这种记载是否确切依然存在争论。在汉代皇家园林中,这种"一池三山"的模式据历史的确切记载已经出现并成形了,西汉汉武帝在长安营造建章宫时,就采用了这种模式,建章宫中挖掘太液池,并在池中堆筑名为"蓬莱""方丈""瀛洲"的三座岛屿,从而模仿海上仙境。在此之后,这种"一池三山"的模式成为我国古代皇家园林经常采用的规划与布局方式。清代皇家园林中,一池三山设计格局最为典型地体现在圆明园、清漪园(颐和园)与河北的承德避暑山庄中,这种设计格局也充分体现了清代皇帝对于仙居的追求。

在圆明园中,蓬岛瑶台、方壶胜境以"一池三山"的模式,表达了清代帝王对于仙居理想的企盼。蓬岛瑶台作为圆明园四十景之一,建于1725年前后,当时景点名称为蓬莱洲,到了乾隆初年,改名为蓬岛瑶台,后被沿用。在圆明园的东湖之中,雍正皇帝让叠石工匠采用嶙峋巨石堆砌出大小三座岛屿,将之象征先秦神话传说中的蓬莱、瀛洲、方丈等三座仙山,蓬岛瑶台景点中最大的岛屿象征蓬莱仙山,而在大岛的西北小岛和东南小岛则象征海外仙山"方丈"和"瀛洲"并在岛上建有楼阁殿台,据《圆明园四十景图咏》记载,乾隆御诗《蓬岛瑶台》之诗序中提到:"海中作大小三岛,仿李思训画意,为仙山楼阁之状,岩岩亭亭,望之若金堂五所、玉楼十二也。"②在此,乾隆指出,蓬岛瑶台建筑的结构与布局源于唐代画家李思训画作"仙山楼阁"的画意,而"望之若金堂五所、玉楼十二"这种

---

① 刘庆柱:《三秦记辑注·关中记辑注》,西安:三秦出版社 2006 年版,第 9 页。
② 中国圆明园学会编:《圆明园四十景图咏》,北京:中国建筑工业出版社 1985 年版,第 69 页。

金堂玉楼的设计则源于《列子·汤问》中对海外仙山建筑的复现。后来，为了取"徐福海中求仙山"的寓意，雍正将东湖改名为"福海"。由于蓬岛瑶台位于福海的中心位置，从福海周围的任何部位对之进行观察，都显得隐隐约约，尤其当早晚时分福海上薄雾升起时，蓬岛瑶台就宛如神仙居住的海外仙境。关于这种仙居的审美意境，乾隆御诗《蓬岛瑶台》中描述得十分清晰："名葩绰约草葳蕤，隐映仙家白玉墀。天上画图悬日月，水中楼阁浸琉璃。鹭拳净沼波翻雪，燕贺新巢栋有芝。海外方蓬原宇内，祖龙鞭石竟奚为？"此诗通过对福海中亭台楼阁的诗意描述，完美地展现了仙居的理想境界。此诗从景点中的花草入题，仙境中的白玉台阶隐现于风姿绰约的鲜花和茂盛葳蕤的草木之中；接下来，诗歌通过天上与水中的相互映衬来描写其优美景观，天上日月高悬如同画图一样，亭台楼阁被水环绕，琉璃瓦在水中倒映，熠熠生辉，此处的"浸"字恰如其分地表达了海外仙境的神奇之处；颈联写到了岛中的飞鸟——鹭与燕，鹭在湖水中踏浪戏水，而燕子在亭台楼阁中筑巢好似在欣赏其中的仙芝，"白雪"和"仙芝"的意象增添了景点的仙家气象。而诗歌的结尾则表达了仙境在人间的自信，人间胜景就是海上仙境，在人间胜景中居住就是仙居。

蓬岛瑶台对"一池三山"模式的运用，主要是为了营造海外仙境的虚无缥缈之意。蓬岛瑶台作为整个福海景区的核心景观，是整个景区审美的视觉中心。为了实现这种审美目的，蓬岛瑶台整体设计的审美视角立足于福海四岸，"一池三山"作为一个审美整体，呈现出由西北至东南的空间走向，这种斜向的布置可以便于从福海的任何一个位置获得很好的观景体验。象征"蓬莱""方丈"和"瀛洲"仙山的三座岛屿有大有小，有主有次，大岛"蓬莱"为主景，建筑大多建于此岛，而西北和东南的"方丈"和"瀛洲"则为小岛，为次景。这种整体的布局使得整个蓬岛瑶台景点与福海景区的搭配十分和谐，"一池三山"模式打造的仙居境界通过福海水面的距离感并配以园林景观而得到完美的实现。

方壶胜境与蓬岛瑶台同为圆明园四十景之一，大概建成于公元 1738

年(乾隆三年),其地理位置处于福海东北岸湾内,主要以神话中的海外仙山楼阁为题材而修建。但同时也表达了仙境在人间,仙居理想可以在人间实现的居住理念,乾隆在《方壶胜境》诗序中对此进行了充分地说明:"海上三神山,舟到辄风引去,徒妄语耳。要知金银为宫阙,亦何异人寰?即境即仙,自在我室,何事远求?此方壶所为寓名也。"[1]在此,乾隆认为,当舟行至海外神山时,神山总是被风引去,这大概是虚幻的传说了。在传说中海外神山中的宫阙以金银打造,这与人世间没有区别。由此可见,仙境不必远求,就在人间,这也是将此景点取名为"方壶"的原因与根据。方壶胜境的基本格局也是根据"一池三山"模式进行整体规划的,但是对于"一池三山"模式进行了创造性的解读与应用。此景点采用了"一池三山"的理念,但将"一池三山"的模式创造性地处理为三座建于高台之上的亭子呈"山"字形伸入湖中。方壶胜境的前部为一池三山的格局,但中后部则是宏伟辉煌的九座楼阁,三山通过水面与后部的建筑群形成了合理的空间距离,从而实现了景观的疏密有致。经由对"一池三山"模式的创造性应用,在方壶胜境中,层台、重楼、飞阁等体现出建筑景观,以一种繁复华丽的建筑语言描述了人间仙境的华美盛况。

在清漪园(颐和园)中,这种对于仙居理想的审美建构也体现在"一池三山"模式的合理采用。颐和园的昆明湖中,建有治镜阁、藻鉴堂、南湖岛三座岛屿,并且呈现三足鼎立的排列格局。但颐和园昆明湖的"一池三山"模式所描绘的仙境并不是海外仙境,而是月宫仙境,这也反映了清代对于仙境追求的多元性。从南湖岛的形状、建筑、题额来看,月宫仙境是其造景呈现的主要对象。南湖岛的整体形状如圆月形,沿着岛岸镶嵌环状的石块,并布置有精致的汉白玉栏杆,这一切都是对满月的审美象征;望蟾阁建造在岛北岸叠石高台之上,周围全被葱郁丛林映衬,其高大巍峨的形象濒临于昆明湖的明澈水面之上,模仿的就是月宫广寒宫的优美意境。与此同时,颐和园昆明湖十分合理而巧妙地运用了借景的手

---

[1] 中国圆明园学会编:《圆明园四十景图咏》,第63页。

法,将西山和玉泉山群峰的远景纳入审美的视野,从而实现了湖光山色的互相呼应,更加凸显出仙居的诗意。

河北承德避暑山庄整体规划分为宫殿区、湖泊区、平原区、山峦区四个区域,其湖泊区设计也采用了"一池三山"的规划模式,湖泊全部由人工开凿,湖泊区中心位置修建有如意洲、月色江声和环碧三座岛屿,象征海外三座神山,这三座岛屿以长堤"芝云堤"加以连接,使之成为一个审美的整体。长堤与三座岛屿使湖面呈现出一株世型"如意灵芝"的形状,远远望去,湖中三座岛屿组合成为一棵"如意灵芝"树。这种处理方式不仅为"一池三山"的模式增添了现实的审美风情,而且也为这种模式的审美意境增添了丰富的内涵。

2. 移天缩地在君怀

仙居理想的审美建构不仅体现在清代皇家园林在设计中采用"一池三山"的模式,而且也体现在清代皇家园林力图达成"移天缩地在君怀"[①]的审美境界。被誉为"万园之园"的圆明园中有一个核心的九州景区,这个景区在圆明园宫廷区的北面,以方圆 200 米的后湖作为中心,环绕着"九州清晏""镂月开云""天然图画""碧桐书院""慈云普护""上下天光""杏花春馆""坦坦荡荡""茹古涵今"等九座小岛,这九座小岛象征着《尚书·禹贡》中的九州:冀州、豫州、雍州、扬州、兖州、徐州、梁州、青州、荆州。整个九州景区按着我国传统"天圆地方"的宇宙观念建造而成,其整体格局呈现出外圆内方的形状。九州景区成了整个宇宙的缩影,这种设计理念不仅代表着九州统一、天下太平的政治图景,而且也体现了"移天缩地在君怀"的仙居理想。王闿运在《圆明园词》中"谁道江南风景佳,移天缩地在君怀"的表述,很好地表达了这种仙居理想的审美追求,而为了实现这种追求,清代皇家园林从以下两个方面入手,有效地支撑了人间仙境的打造。

一方面,清代皇家园林囊括了我国的名山大川、名园胜景的审美情

---

① 〔清〕王闿运撰,马积高编:《湘绮楼诗文集》,长沙:岳麓书社 1996 年版,第 1405 页。

趣和审美风貌。清朝皇家园林对我国各地的自然山水与园林景观进行了全面而广泛的吸收。乾隆年间建造的颐和园对于江南园林（尤其是杭州西湖）艺术与技术进行了大量的模仿与借鉴。乾隆先后六次巡游江南,对于江南私家园林的审美风格极为欣赏,在沿途的审美观察中,只要是他所激赏的江南园林,都指派随行的画师绘成粉本,并将之带回北京作为皇家园林建设的借鉴与参考。因而,在乾隆年间建造的皇家园林,大多融入了我国江南园林的诗情画意与造园手法,有的皇家园林甚至模仿江南园林的优美景观,将江南园林的胜景融于一园之中。在江南园林中,乾隆最为欣赏杭州西湖景区,建于此时期的颐和园就是模仿与借鉴西湖景观进行整体规划与设计的。在乾隆时期,昆明湖的整体面积虽然不如杭州西湖,但它的整体规划是以杭州西湖景区作为样本的,在颐和园的昆明湖中设有西堤,西堤由北至南横贯昆明湖,其审美意境模仿的就是西湖的苏堤;西堤上的六座桥梁模仿的是西湖的苏堤六桥;颐和园万寿山西边的岛屿取名为"小西泠",取意于杭州孤山西边的"西泠桥"。而以万寿山、西堤为界将昆明湖截分为里湖、外湖、后湖等水体,其格局模仿的是杭州西湖被孤山、苏堤分成的外西湖、西里湖、里湖等水体的整体规划。当然,颐和园虽然以杭州西湖为样本,但也借鉴了江南水乡与其他园林的审美景观与意境,如后湖借鉴江南水乡的意境建造"苏州街",位于颐和园东北角的谐趣园,由于玲珑精致,有"园中之园"的美称,其审美意境源于无锡的寄畅园。

而对于圆明园来说,这种借鉴与模仿的审美对象就不仅仅局限于江南一隅,而是着眼于全国各地的名山大川、名园盛景。圆明园全园的一百多个风景点取意于全国各地,多样的景观主题形成丰富的景观内涵。既有对自然风景、园林胜景的取意,景点"上下天光"取意于洞庭湖的自然景观;"坦坦荡荡"的景观内涵与西湖玉泉观鱼有内在的一致性;而号称"园中小庐山"的"西峰秀色"则源于以奇秀著称的庐山景致;杭州西湖十景不但在园中一一再现,而且连名字都照搬来了。也有对于江南四大名园的模仿,圆明园中的狮子林、如园、小有天园、安澜园分别模仿江南四大名园——苏州狮子林、南京瞻园、杭州小有天园、浙江海宁陈氏寓园。更有取意于著名诗人的诗文意境，"夹镜鸣琴"来源于李白《秋登宣城谢朓北楼》中"两水夹明镜，双桥落彩虹"的审美意境；"杏花春馆"的园林意境源于杜牧诗中的"杏花村"。而"武陵春色"的意境与陶渊明《桃花源记》的隐逸情怀一脉相承。

河北承德的避暑山庄也是如此。其整体规划中的山岳区呈现的是东岳泰山的审美意境，在山岳区中设置"斗姆阁"为了模仿泰山的斗姆宫，而山顶的"广元宫"为了取泰山顶部碧霞元君洞的情境；而避暑山庄的湖泊区模仿江南水乡与园林的独特风情，"烟雨楼""小金山""文园狮子林"分别模仿的是嘉兴南湖的"烟雨楼"、镇江的金山和苏州的狮子林。

另一方面，为了实现仙居理想的审美建构，清代皇家园林吸纳了西方园林艺术的精华融入其中。乾隆见到了当时在朝廷供职的意大利传教士与画家郎世宁进献的一幅西洋画，对其中展现的西方园林中的人工喷泉十分感兴趣，于是就让郎世宁推荐专家在皇家园林中建造欧式的人工喷泉，郎世宁推荐了法国耶稣会士蒋友仁，并在圆明园的长春园北侧建造了当时的第一座大型喷泉。乾隆欣赏了人工喷泉后十分高兴，于是要求郎世宁、蒋友仁和王致诚等人规划设计修建西洋楼景区。郎世宁、蒋友仁等在长春园中开始规划与建造欧式建筑，长春园中的欧式建筑的兴造就源于此，于是圆明园中就有了西洋楼景区。圆明园西洋楼景区以中国的园林建筑艺术为基础，主要借用了当时意大利巴洛克、法国洛可可和法勒诺特的园林建筑风格。西洋楼景区中，西方园林的要素如欧式建筑、喷泉、水池、迷宫、雕塑等一应俱全，其中以欧式建筑与喷泉为主体，尤其是人工喷泉构思奇特、气势恢宏。从整个西洋楼景区的平面图来看，其形状像一把丁字尺，尺子的头部位于西边，因而其整体的平面布局呈现出轴线对称的特征。这种整体布局基本上借鉴了欧洲传统园林的几何形状，但局部设计中又融合了我国传统园林的布局特点。由东而西的景区主轴线横贯整个景区，但为了避免主轴线像西方园林一样一览无余，景区同时安排了若干条与主轴线互相垂直的南北向轴线，从而使得东西向的主轴线富有节奏感。西洋楼景区的主要道路都是直线的,主要景点中的人工水体形状都是规则几何体的,主要的建筑充分地体现了巴洛克和洛可可式的风格,表现为高大宏伟的大理石建筑、错落有致的台阶、富丽堂皇的装饰。

由上可知,清代皇家园林以优美的自然环境为基础,不仅融入了我国的名山大川、名园胜景的诗情画意,而且也借鉴与采用了西方园林艺术的精粹,这种兼收并蓄的规划与设计理念很好地体现了清代皇家园林对于仙居理想的审美追求,从而有力地促进了仙居理想的审美建构。

二、农业环境的审美呈现

清代立国后,统治者深知其传统的游牧文化无法稳固其政权,因而迅速地接受并提倡农耕文化,确立以农为本的治国方略,并通过奖励农桑等措施全力贯彻这一方略。而在皇家园林建设中,清代统治者不仅注意对农耕文化的宣传,而且也对农业环境进行了审美地关注与呈现。

这种对农业环境的审美呈现,一方面体现在清漪园中乾隆创建的耕织图景区。耕织图景区的景观设置源于自宋代流传下来的《耕织图》,《耕织图》由南宋初年鄞县人楼璹所作,它系统而具体地描绘了南宋江南地区的农业生产情况及相关的生产技术,是我国古代传统男耕女织的农业生活的真实写照,被称誉为"中国最早完整地记录男耕女织的画卷",从而成为我国古代农业文明一种艺术与审美的呈现。进入清代以后,为了表达对农业生产的重视,康熙命焦秉贞以楼璹的《耕织图》为范本重新临摹,并以《御制耕织图》为名印制成书册,在全国产生了广泛的影响。而到了乾隆年间,乾隆更为匠心独运,将《耕织图》描述的画面在清漪园中修建了耕织图景区,从而使得其中所描述的农业环境得以具体化,并成为现实的审美对象。

乾隆通过耕织图景区的建造真实地描摹了男耕女织的农业生产场景,从而使农业环境得以审美地呈现出来。耕织图景区始建于清乾隆十五年(1750),乾隆在六下江南的途中,对位于水边湖畔、隐现于绿树之间的农居,农夫在星罗棋布的水田中耕作的场景产生了浓厚的审美兴趣。因此,他在建造清漪园时,在园的西部,将玉带桥西边的河湖水系、一望无际的稻田与蚕桑生产的现实场景融为一体,精心地打造了极具江南审美风情的耕织田园景观。他将其重视农桑思想与园林景观的打造进行了有机地结合,耕织图景区不仅有新绿弥漫的稻田景观,而且通过织房、染房、蚕房的建造,桑树的种植,形成了蚕桑织染的独特景观,从而充分地体现了山水村居的江南韵味。虽然耕织园景区与清漪园的整个建筑风格与审美气质不太吻合,但是由于此景区没有规划在清漪园的中心位置,其山村田野的审美韵味与偏僻的景区位置相得益彰。据《钦定日下旧闻考》等文献记载,为了更好地丰富耕织园景区的审美内涵,景区还将元代画家程棨的耕作图与蚕织图刻于玉河斋游廊的左右两侧,形成了独特的耕织文化景观;并在玉河北立石碑,上书"耕织图"三字,点明崇尚耕织的景观主旨。为了更好地促成田园景观的现实生成,乾隆皇帝指派内务府将原来处于地安门的织染局迁至玉带桥附近,使之与玉河以西的稻田隔河相望。织染局的平面布置如下:前面为织局,后面为络丝局,北边为染局,西边为蚕户居住的房间,房间周围种植有大量的桑树。每年九月间,织染局在蚕神庙进行祭祀,每年的清明时节在水村居进行祭祀。由此可见,在玉河一带,不仅有桑树成林,而且也有稻田成片,这一方面体现出男耕女织的和谐统一,另一方面这一带还配有一组建筑,从南到北由澄鲜堂、玉河斋、廷赏斋、水村居以及蚕神庙、织染局等所组成,从而也体现出自然景观与耕织人文景观的完美结合。[①]

另一方面,农业环境的审美表达体现在圆明园诸多田园风光之景的打造之中。在圆明园有名的四十景中,与田园风光及耕织文化相关的景区就包括了杏花春馆、多稼如云、鱼跃鸢飞、北远山村等。这些景区都分布在九州清晏北边的区域,互相组合形成了极具江南风情的耕织文化

---

① 〔清〕英廉等编:《钦定日下旧闻考》卷八十四,文渊阁四库全书影印本(第 498 册),上海:上海古籍出版社 1987 年版,第 27 页。

景观。

杏花春馆在雍正年间建园时被命名为"杏花村",后来才改为"杏花春馆"。雍正建圆明园时,其内设有春雨轩、杏花村等具有田园风情的景观。乾隆《圆明园四十景图咏》中"杏花春馆"诗序云:"由山亭逦迤而入,矮屋疏篱,东西参错。环植文杏,春深花发,烂然如霞。前辟小圃,杂莳蔬蓏,识野田村落景象。"①由此诗序可知,杏花春馆内既有"矮屋疏篱",又有"杂莳蔬蓏",田园景致随处可见。

多稼如云位于圆明园的北部,其周围多为稻田,园中主要的景观有芰荷香、多稼如云、湛绿室。乾隆《圆明园四十景图咏》中"多稼如云"诗序中指出:"坡有桃,沼有莲,月地花天,虹梁云栋,巍若仙居矣。隔垣一方,鳞塍参差,野风习习,袯襫蓑笠往来,又田家风味也。盖古有弄田,用知稼穑之候云。"②多稼如云是仙居与田居的统一,景区内有仙居之景,而仙居之景的隔壁则是田野参差,野风拂面而来,可见村野人家的忙碌场景。

鱼跃鸢飞景区位于多稼如云景区的东北面,景区的主要建筑"鱼跃鸢飞"横跨在水池上方,其楼"户牖四达,曲水周遭",登楼观赏可见"村舍鳞次,晨烟暮霭,翁郁平林"③等活泼泼的田园景观,这不仅可以赏山村野居之美,也可悟鱼跃鸢飞的自然之理。

北远山村是圆明园北部最具有田园情趣的景点,园中布置有课农轩、水村图、兰野等主要建筑,因此又称课农轩。景区的建筑大多矮小无奇,沿河岸自由布列,极具江南水乡的村落风情,雍正和乾隆对此景区十分喜爱。雍正在修建此景区时,取意于唐代王维"辋川别墅"的审美意境,极力表现清逸旷淡的村居境界。乾隆在《圆明园四十景图咏》之《北远山村》诗中进行了极富诗意地描述:"矮屋几楹渔舍,疏篱一带农家。独速畦边秧马,更番岸上水车。牧童牛背村笛,馌妇钗梁野花。辋川图

---

① 中国圆明园学会编:《圆明园四十景图咏》,第 23 页。
② 中国圆明园学会编:《圆明园四十景图咏》,第 53 页。
③ 中国圆明园学会编:《圆明园四十景图咏》,第 55 页。

早曾见,摩诘信不我退。"①此诗采用了江南地区极为常见的田园审美意象,描述了一幅生动鲜活的农村景象,将田园景致描写得生动如画。

杏花春馆、多稼如云、鱼跃鸢飞、北远山村等景点都位于圆明园的西北部,与圆明园外的田园景色融为一体,十分诗意地表达了清代皇家园林对于农业环境的审美关注。

第二节 江南园林

江南地区自古以来气候温和宜人,自然风景优美,再加上在清代时期此地域物产丰富,经济发达,人文底蕴十分深厚,这一切都为园林的建造提供了十分有利的自然与社会环境。清代的江南地区成为我国古典文人园林的荟萃之地,尤其是苏州园林成为江南文人园林的典型代表。江南园林十分精炼地浓缩了自然的山水,并通过写意的方式呈现为叠山理水的艺术,理水以曲水透迤为美,叠山以玲珑空灵见长,自然山水的意境充分地体现在咫尺山水之间。其独特的审美风格促使人们在江南园林的审美过程中不仅体验到诗情画意的美感,而且也能体验到小中见大的意境营造。清代江南园林的环境美学思想的形成也建基于这种独特的审美风貌之上,其环境美学思想主要体现在以下两个方面:

一、芥子纳须弥

我国古代江南园林的艺术精粹在于通过小巧而丰富的审美景观要素,形成一种自然、和谐且富于变化的空间组合关系,从而实现人与园林环境的审美统一。而到了明清时期,这种空间组合关系达到了一种十分精妙的程度,通过芥子纳须弥的方式呈现出来,从而人与园林环境在一种更为精微的韵律中达成一种和谐统一的状态。明清时期江南园林芥子纳须弥的审美追求源于中唐以来园林对于"壶中天地"审美境界的求

① 中国圆明园学会编:《圆明园四十景图咏》,第 57 页。

索,"壶中天地"的审美追求十分典型地体现在白居易的造园理念之中——"君住安邑里,左右车徒喧。竹药闭深院,琴樽开小轩。谁知市南地,转作壶中天。"①由此可见,中唐至宋代的园林格局越来越小巧玲珑,而园林中的各种景观也愈发精致秀美。"壶中天地"逐步成了江南园林的基本空间原则。"壶中天地"的审美追求使得整个江南的园林景观体系呈现出一种高度的审美和谐,其间的各种景观组合更趋于精微的审美融合。其实,在宋代,虽然"壶中天地"的园林审美境界已经出现了,但人们还是在浩瀚宇宙与"壶中天地"的关系处理上心存矛盾,辛弃疾在《水调歌头·题永丰杨少游提点"一枝堂"》中就园林"一枝堂"的整体格局表达了这种矛盾的心情:"记当年,吓腐鼠,叹冥鸿。衣冠神武门外,惊倒几儿童。休说须弥芥子,看取鹍鹏斥鷃,小大若为同。君欲论齐物,须访一枝翁。"该词由人与宇宙之间的对比过渡到园林所谓的"芥子须弥"之说,辛弃疾一方面羡慕《庄子》里提到的纵横四海的鲲鹏,表现对宽广的宇宙与须弥的追求,另一方面不得不面对现实的无奈,不得不局限于芥子之中,这种思想的矛盾性表达了其对于"壶中天地"与"芥子纳须弥"这种园林审美境界的追求。而到了明清时代,这种思想矛盾已经不再存在了,人们也不再在"壶中"与"天地"、"芥子"与"须弥"之间进行非此即彼的选择,而是真正将天地纳入壶中,将须弥纳入芥子,通过"壶中"与"芥子"来表达大千世界的无穷气象。

因而到了明代,"壶中天地"的审美追求更是达到了一种极致的状态。王世贞在自己建造的园林中置"壶公楼",王世懋建园林,构精庐,其意在为下辈建设一蜗壳,潘允端在豫园的入口处竖一"人境壶天"的小牌坊,陈察将其所建园林称之为"壶隐园",而园景园林名称如"勺水卷石""小方壶""小盘洲""小玲珑山馆""小有天"在明代比比皆是。② 而到了明代中后期,随着"壶中天地"审美追求的进一步发展,"芥子纳须弥"园林

① 〔唐〕白居易撰,顾学颉校点:《酬吴七见寄》,《白居易集》卷六,北京:中华书局 1979 年版,第 124 页。
② 参见王毅:《中国园林文化史》,上海:上海人民出版社 2014 年版,第 156 页。

境界已经慢慢地成了文人园林的审美追求。陈所蕴在《啸台记》就提到了"芥子纳须弥"的审美境界:"予家不过寻丈,所蓑石不能万一。山人一为点缀,遂成奇观,诸峰峦岩洞,岑巇溪谷,陂坡梯磴,具体而微。……山人能以芥子纳须弥,可谓个中三昧矣。"①祁彪佳在描述其园林中的"瓶隐"之景时,也提到了"芥子纳须弥"的审美意趣:"申徒有涯放旷云泉,常携一瓶,时跃身其中,号为'瓶隐',予闻而喜之,以名卧室。室方广仅丈,扩两楹以象耳,圆其肩,高出脊上,隐映于花木幽深之中,俨然瓶矣。……此真芥子纳须弥手。"②而到了清代,随着时代的变化,人们(尤其是士人)更加需要一个比"壶中天地"更为小巧精致的环境来寄托自己的诗情画意,因而,"芥子纳须弥"已然成为人们在江南园林中普遍追求的审美意趣。李渔在南京造"芥子园":"地上一丘,故名'芥子',状其微也。往来诸公见其稍具丘壑,谓取'芥子纳须弥'之义。"③李渔作为清代初期最为有名的造园家与园林理论总结者,他的这种造园实践与造园理念可以清晰地反映出清代江南园林对于"芥子纳须弥"的审美境界的追求。

在"芥子纳须弥"的审美意趣的引领下,清代江南的文人园林十分讲究以小见大,于"小"处着眼,通过精心的景观设计与组合,在咫尺之内再造乾坤,在有限的地域范围内创造出蕴含大千世界气象的无限景观,从而真正做到以小见大,以巧胜多。苏州的网师园虽然初建于宋代,但其现存的格局却是在清代乾隆年间所构筑的,在"芥子纳须弥"审美风潮的影响下,网师园十亩之地,却以布局精巧而著称,整个园林主景与次景的搭配显得层次分明而又变化多端,形成了园内有园、景外有景的园林格局。清代康熙年间的扬州名园如贺园、筱园、冶春园等,乾隆年间的扬州名园净香园、韩园、趣园、水竹居等,其设计理念都受到"芥子纳须弥"思想的影响,都是从"小"处着眼,在芥子式的园林空间内真切地表现出自

---

① 转引自陈从周:《明代上海的三个叠山家和他们的作品》,《文物》1961 年第 7 期。
② 〔明〕祁彪佳撰:《寓山注》,《祁彪佳集》卷七,北京:中华书局 1960 年版,第 274—275 页。
③ 〔清〕李渔撰:《芥子园杂联序》,《李渔全集》第一卷,第 242 页。

然的天然气象,营构出小中见大的审美意境。

为了实现"芥子纳须弥"的审美意趣,清代江南园林在美学品格上极力寻求小中见大、曲折含蓄,而为了达成这种美学品格,园林在整体布局上十分注意运用曲折多变的轴线,通过迂回曲折的造园手法,形成山水相间的整体空间布局,为了防止园林景观出现规则整齐、一览无余的倾向,园林的细部设计中注重山奇水曲、路幽廊回,形成楼阁互相掩映、山石错落有致、曲水多情逶迤的审美境界。而在重点的景观空间的设计上,为了实现欲露先藏的审美效果,景观空间总是在花木、漏窗等障碍物的若隐若现中形成柳暗花明的审美意趣。

江南园林的布局巧妙一方面体现在主景与次景的合理安排上。园林景点在空间的分布上讲究主次搭配、层次分明,从而实现一种和谐的节奏感。主景与主景之间有一定的空间间隔,而次景则呈现出相对密集的状态;这种布局的方式使得主景与次景之间显得疏密相间,张弛有度,在整体和谐中形成局部的变奏,在整体的流畅中形成相对的间歇,从而形成张弛结合、扬抑互衬的层次感与韵律感。在主次景疏密结合的基础上,园林主景与主景之间运用曲径、曲桥与曲廊进行合理地串联,形成起伏有致的审美层次,欣赏者在主景与次景的疏密转换中能够保持一种有张有弛的审美节奏。在主景转换之处,江南园林一般精心地加以打造,组织层次鲜明的各种景观。以拙政园为例,其园林的整体空间序列以园中的曲路、曲廊与曲桥进行合理地连接,而除了连接各种主景区的主干道路外,在各个主景区内,都设置有各种迂回的审美路线。当欣赏者从腰门沿着长廊绕过假山往北而行,将要步入苏州拙政园的远香堂南面景区时,这里就设置了一个主景转换之处,在这里,游客能看见以曲桥、山石与水池组合在一起的前景;而当审美视线越过前景,就会看见远香堂作为中景呈现在眼前;而透过远香堂四周的窗户,可见若隐若现的开敞的山池林木远景,其悠深的意境吸引着人们步入远香堂之中进行审美。

另一方面,江南园林的布局巧妙体现在以各种方式进行借景。计成在《园冶》中就提到,借景是园林布局最为需要的方式,有远借、邻借、仰

借、俯借、应时而借等各种方式。虽然计成对于借景的论述并不是完全
针对江南园林的,但江南园林在空间处理中十分注重借景手法的运用。
通过借景方式的巧妙运用,江南园林能突破咫尺空间的局限,从而达成
芥子纳须弥的审美意境。

　　这种借景不仅体现在对园外景观的借用,而且也体现在园内之景的
互相资借。园外景观的借用扩大了审美视野,丰富了景观层次,园内园
外、远处近处的景观组合,使得有限的园林空间有了无限的审美拓展,从
而产生园外有园、景外有景的审美体验。清代南京袁枚的随园,充分地
利用了小仓山的自然地理环境,很好地达到借园外之景的目的,将江湖
之大、云烟之变化为园内所有。"金陵自北门桥西行二里,得小仓山。山
自清凉胚胎,分两岭而下,尽桥而止。蜿蜒狭长,中有清池水田,俗号干
河沿。河未干时,清凉山为南唐避暑所,盛可想也。凡称金陵之胜者,南
曰雨花台,西南曰莫愁湖,北曰钟山,东曰冶城,东北曰孝陵,曰鸡鸣寺。
登上小仓山,诸景隆然上浮。凡江湖之大,云烟之变,非山之所有者,皆
山之所有也。"①建于小仓山上的随园,利用所处高地的便利,将六朝胜景
与远处的云烟变幻、宏阔远景和园内之景组合成景。登上园中小仓山顶
峰的天风阁,包括长干塔、雨花台、莫愁湖、冶城、钟阜等周边远近的各种
六朝胜景,都星罗棋布地浮现于阁前。无锡的寄畅园建于惠山山麓,其
借景的自然条件十分优越,它往西可以借惠山的宏大与野趣,往东南可
借锡山的小巧玲珑与建筑景观。苏州虎丘的拥翠山庄,作为一个山麓的
台地园,其视野十分开阔,可以远借、仰借、俯借各种园外景观,在远处可
以远借狮子山的自然山景,在近处可以近借虎丘塔的人文景观,俯身下
望可以借用虎丘山麓的各种景致。

　　而且借景手法的运用也体现于园内之景的互相借用,这种借景方式
实现了真正意义上的芥子纳须弥,在有限的空间内实现了大千世界的无
限审美可能性。因为苏州园林大多建于城市之中,其平地展开的格局与

①〔清〕袁枚撰,王英志主编:《小仓山房文集》卷十二,《袁枚全集》第二册,第204页。

封闭式的结构使得园外之景很难借用,因而对于这种格局的园林,借景手法的运用大多体现于园内之间的互相借用。在苏州网师园中部,以水池的空间为中心,东西南北几组隔水相望的景观可以互相借用。网师园中部水池北面的濯缨水阁,其主体伸出于水池之上,隔水相望可以看见对面的"看松读画轩",若隐若现于青翠松柏之间,与轩前的石矶曲桥一起构成优美的景观。而往东北方遥望,则可以望见集虚斋的楼面,小巧玲珑典雅高致的"竹外一枝轩",这两个景观临水而立,与其在水面的倒影相映成趣。

二、顿开尘外想,拟入画中行

计成在《园冶·借景》中认为,我国古代江南园林有"顿开尘外想,拟入画中行"①的审美特质,而清代江南园林作为我国古代文人写意园林的典型形态,这种审美特质表现得最为充分,清代江南园林一方面内蕴隐逸精神,另一方面其园林布局及内在精神与绘画有内在的相通之处。

"顿开尘外想"代表着江南园林对于隐逸精神的追求。江南园林的隐逸精神来源于陶渊明《归园田居》对于隐逸的诗意描述,在《归园田居》中,陶渊明描述了一个诗意居住的审美环境:占地十余亩的方宅,八九间草房,房屋的前后栽种有榆柳桃李,户庭之中没有尘杂。而居于其中的诗人内心洋溢着一种隐逸之后的轻松自然之感。陶渊明笔下所描述的隐逸生活,在园林式的居住环境中获得了一种历史性的认可,一直到明清时期,江南的很多园林都以陶渊明隐逸之居的审美意蕴而命名,如苏州的"归田园居"、五柳园、耕学斋,扬州的耕隐草堂、寄啸山庄等等。而到了清代,江南园林多为怀才不遇、贬官迁居的文人修建或参与立意的,即使是仕途顺利的文人,他们也需要一个私人的空间来盛放他们的诗情画意,隐逸精神成为其创造园林的内在特质,因而江南园林能引领人走入大自然,从而超脱世俗功利,精神在与自然的融合中得到净化,产生一

① 〔明〕计成撰,陈植注释:《园冶注释》,第233页。

种融身自然、拥抱天地的冲动；同时在不断的升华与超越中，在放逸江海、摒弃尘事、净化心灵中，实现返归自然、怡然自乐的乐居状态。

　　当然，陶渊明的隐逸思想集中代表了魏晋及魏晋以前文人对于隐逸内涵的质朴理解，在魏晋及魏晋以前，文人更愿意栖身于世俗之外的山林田野之中，将空寂的山林与朴素的田野作为理想的归隐之处，从而在寄情于山水的过程中躲避喧嚣纷扰的城市世俗生活环境。但是，随着时代的发展，唐代提出了"中隐隐于市"，并将之作为隐居的理想模式；而这种思想发展到了明清时期，文人更加钟情于"中隐隐于市"这种归隐模式，因而清代江南地区的城市园林得到了极大的兴盛。

　　极具隐逸气质的清代江南园林能给清代文人提供一个融合现实、体味诗情的生活空间与审美空间。阮元对于自己的"蝶梦园"有如下的记载："辛未、壬申间，余在京师赁屋于西城阜城门内之上冈。有通沟自北而南，至冈折而东。冈临沟上，门多古槐。屋后小园，不足十亩，而亭馆花木之胜，在城中为佳境矣……玲峰石井，嵌崎其间。有一轩二亭一台，花辰月夕，不知门外有淄尘也。"①在此，阮元的"蝶梦园"虽然地处北京，但通过他的描述，我们可以看出，"蝶梦园"具有江南园林的审美风格。而通过他在园林中"不知门外有淄尘"的居住体验，阮元表达了他在自然山水之中的愉悦之感。苏州的耦园最初名为"涉园"，"涉园"名字来源于陶渊明《归去来兮辞》中的"园日涉以成趣"，因而具有隐逸田园的审美意趣，最初为清顺治年间陆锦所修建，后为清末沈秉安购买。沈秉安在仕途受阻后便归隐苏州，购得"涉园"后改名为"耦园"，并沿袭了其隐逸的审美意趣，但是将这种隐逸之意进一步发展——"耦"古义指两人并而耕，他借用这种意义指代其与妻子双双在田园中隐居耕作。耦园住宅的两侧，建有东西两处园林，在西园里面有"藏书楼"与"织帘老屋"。"藏书楼"代表"读"，而"织帘老屋"代表"耕"，这体现出耕读结合的诗意田园生活，而为了突出田园生活的韵味，西园的"织帘老屋"周围有叠石而成的

---

① 〔清〕震钧撰：《天咫偶闻》卷五，北京：北京古籍出版社 1982 年版，第 104 页。

假山,象征着群山环绕。而在东园中,由于其园林空间相对较大,耕园的主体建筑"城曲草堂"建于其中,这也是隐逸精神的表达,"城曲草堂"象征着园主人对于城市生活的排斥,向往着诗意的隐居生活。耦园的中心地带有一湾由溪流形成的水池,水池四周有假山环绕,一座曲桥横贯水池,在水池南端建有一水榭"山水间",其"山水间"的命意来源于欧阳修的"醉翁之意不在酒,而在于山水之间",表达了园主人对于自然山水的钟情;而在水池东侧的山上,"吾爱亭"伫立其中,其亭名取意于陶渊明的"众鸟欣有托,吾亦爱吾庐,既耕亦已种,时还读我书",表达了园主人在山水间隐逸,在耕读两宜中诗意地生存。网师园中"集虚斋"命名源于庄子"唯道集虚"的审美意蕴,表达了传统文人在自然中获得的澄澈通透的内心境界,在自然山水中修身养性,守持真道,排除内心尘渣,形成不同流俗的自然本性,达至虚静空明的审美境界。

而"拟入画中行"则代表着清代江南园林对于画意的追求。清代江南园林作为我国文人写意山水园林的成熟形态,它是随着我国山水画技巧与意境的发展而获得了这种成熟的。清代许多江南园林都直接由画家设计和建造,据《扬州画舫录》《履园丛话》记载,扬州余氏万石园和片石山房假山均出自石涛之手,清初在江苏各地堆山的名手张涟(字南垣),亦曾专门学过绘画。常州"近园"兴建时,曾请画家王石谷、恽南田、笪重光等参与。[1] 由此可见,清代江南园林的设计者大多为文人或士大夫,他们都十分熟悉山水画的创作技巧与内在意境的生成规律,在园林中叠山理水,种草植木都不是对于自然的简单模仿,而是体现了造园者对于绘画艺术规律与旨趣的理解;而且,在园林整体布局和局部设计的过程中,造园者力图呈现出内蕴画意的园林景观,从而使得江南园林的审美意境与山水画意境有内在的相通之处。

我国的文人山水画不重形象的逼真,而重意境神韵的生成,这种山水画的审美追求也成了清代江南园林的审美追求。清代江南园林对于

---

[1] 参见宗白华等:《中国园林艺术概观》,江苏:江苏人民出版社 1987 年版,第 430 页。

园林景观的打造,虽然也取材于自然山水,但并不是对自然山水草木的机械模仿,而是对自然的名山大川、大江大河进行高度的概括与提炼,从而取其审美意境与神韵达到神似的境界。因而通过对自然山水的艺术加工之后,园林中的山就有"一峰则太华千寻"之境,水也有"一勺则江湖万里"之势。与此同时,为了实现园林符合山水画的审美意境,清代江南园林在整体设色方面偏于淡雅,白色、灰色、墨绿色是其经常使用的颜色,这些颜色的采用不仅使得园林与周围的自然环境融为一体,而且也便于实现一种淡泊深邃的园林境界,从而与文人山水画的意境相通。

总之,为了实现"拟入画中行"的审美旨归,清代江南园林的设计不仅有画家的参与,而且通过亭台楼阁的多元搭配、假山水池的互相映衬、花草树木的合理烘托,近景远景、主景次景形成了鲜明的层次感与画面感,从而实现了山水画意境的生成。

以"芥子纳须弥"为基本理念,在"顿开尘外想,拟入画中行"的审美创造中,清代江南园林建构了一种和居与乐居的居住模式。清代江南园林一般园宅合一,既具有居住功能,也注重审美功能的打造,充分地体现出功能性与审美性的融合。清代江南园林的这种宅园合一,在都市内创造出人与自然和谐相处的居住环境,从而在游赏中实现和居与乐居的居住空间,给人一种诗意家园的审美体验。这种居住模式的文化内涵不仅影响了当时整个江南地区的建筑风格,而且反映了清代人对乐居环境的审美追求。

第三节　岭南园林

岭南园林作为我国古代园林三大流派之一,其文化景观与审美意蕴的形成与岭南地区的自然地理环境有十分紧密的关系。作为一种文化景观,由于其独特的地域环境,岭南园林文化与我国北方皇家园林文化、江南文人园林文化相比较,呈现出其独有的文化风采;由于自然地理环境的独特性,岭南地区文化的价值观、审美观的独特性,岭南园林的风格既有别于北方皇家园林的壮丽,也有别于江南文人园林的纤巧秀美。因此,岭南园林作为我国传统园林的一个分支,它具有我国传统园林的基本特征,但由于独特地域文化的影响,岭南园林整体布局、外部装饰、山水处理、花木搭配方面呈现出独特的岭南特质。岭南园林整体布局更加注重灵巧性,局部景观的处理更加偏于幽深雅致,因而形成了一种轻盈幽远、精雅灵动的审美风格。岭南园林的环境美学思想体现在以下两个方面:

一、居幽志广,览远怀畅

东莞可园园主张敬修在《可楼记》中记叙了其营建可园的审美意图,他指出:"居不幽者,志不广;览不远者,怀不畅。吾营可园,自喜颇得幽致。"①这种居幽志广、览远怀畅的审美追求成了我国传统岭南园林的境界诉求。

为了实现览远怀畅的境界诉求,岭南园林在宅基选址上注重宅基周边环境景观的优美性,而为了利用园外这些优美的自然景观,合理地将之纳入园中,在园林的整体设计中,园林面向这些景观的侧面尽量采用通透开阔的设计。园内大多建有高于园墙的山体与楼阁,从而方便将园外优美的自然景观尽收园内,在园内空间与园外空间的有机结合中,无限地扩大园林的审美视域。同时,园内也会设置相对宽广的水面,利用水面的开阔,达成审美视野的平面延展,从而实现"览远"的意境生成。

虽然岭南园林在园内的整体格局上呈现出四周围合的局面,但在审美视线的组织上,它更多地灵活运用我国古代园林景观拓展常用的借景手法,合理地将园外与园内的空间进行组合,从而将园外景观与园内景观融为一体,形成整体性的审美景观。这种整体性审美景观的生成不仅加强园林景观的空间层次感,从而也在空间的拓展中达成了"怀畅"的

---

① 〔清〕张敬修撰,杨宝霖编:《可园遗稿·可楼记》,《可园张氏家族诗文集》,东莞市政协文史资料委员会出版 2003 年版,第 52 页。

目的。

广东东莞的可园作为岭南园林的典型代表,成了清代广东四大名园之一,建于清代后期,园主人为张敬修。为了达到览远怀畅的审美目的,东莞可园在修建过程中进行了匠心独运的设计,可园主要以建筑的手段来实现"览远"。为了借园外之景,也为了更好地综览园内之景,张敬修在可堂之上建筑可楼,但可楼仅有两层楼高,对于实现登高览胜的审美目的依然无法完全实现,"营可楼而览仍不畅通",无法尽览远近诸山之景,于是,张敬修在可园的西边再建邀山阁。园中的邀山阁也是为了登高览胜而建,邀山阁是可园的最高建筑,共四层,其名有邀山入阁之意境。在此阁之上登高远望,园内园外之景尽收眼底,"于是来青环碧,数百里之山咸赴,其高视远览,目力且为之穷"。① 由此可见,登上邀山阁,欣赏者就能体验到"来青环碧",数百里以外的青山都邀之入阁。邀山阁总体有四层,高达17.5米,这在岭南园林甚至我国古代园林中都十分罕见,在此阁上俯视可赏可园全景与园外田园风光,远视可见东江风光与周边罗浮莲花诸山胜景。为了避免邀山阁对整个园林空间造成压迫感,可园将其建于园西的边缘地带,将之与双清室和可轩等园林建筑互相搭配,并在两侧配套曲廊和平台,这不仅可以避免其过于高大而对整个园林形成审美的压抑感,而且通过与其他建筑的互相融合,实现了整个园林的高低有致,十分有效地体现了可园的层次感与节奏感。这种处理方式使得此楼高耸而无压迫之感,挺拔而无突兀之感,从而与整个园林形成一个和谐的审美整体。为了达成"览远"的审美目的,同为广东四大名园之一的清晖园为了得地之利,其园林宅基地的选择在三面环山之地,因而在园内并不要如可园建邀山阁这样高大的建筑。为了借园外的山景,清晖园只是建稍高于园墙的平台与楼阁就可以览胜入园。园内建有凤台,与凤台相对的是园外远处的凤山,凤山风景连绵而来,经由凤台导引入园,并与园内森郁林木融为一体。清晖园北部地势较低,为了揽山

---

① 〔清〕张嘉谟撰,杨宝霖编:《张嘉谟诗文集佚·邀山阁记》,《可园张氏家族诗文集》,第246页。

景入园,接近水池部位建造船厅,登上船厅,向东远望可见太平、神步诸山,向西远望可引梯云山美景入园。通过船厅的导引,园外诸山风景顺势而来,与园内池塘水体浑然一体。

为了实现居幽志广的境界诉求,岭南园林在整体布局上更偏于使用几何形状的空间分割形式来实现空间的搭配,从而实现园林的幽静深远之境。岭南园林的这种偏好几何形状的整体布局方式与其对西方园林文化的吸收有十分紧密的关系,在某种意义上说,岭南园林之所以区别于北方皇家园林与江南园林,也与其对于西方园林文化的汲取有内在的关联性。随着明清以来中西文化交流的加强,岭南地区与西方文化的交流更为密切,在这种文化交流的过程中,岭南园林的发展在继承我国传统园林文化的基础上合理地吸收了西方园林的造园手法,从而在园林设计与建设中实现了中西融合。在吸收西方园林文化的过程中,岭南园林在整体布局上不仅以我国传统园林布局为基础,而且在很多方面汲取了西方园林几何规则布局的方式。与江南园林几乎不采用几何形状进行园林布景不同的是,岭南园林在园林布景中对于几何形状(如圆与方)有一种特殊的钟爱之情,但这种钟爱之情并不是对于西方园林的生吞活剥,而是在我国园林传统布局的基础上对其进行因地制宜的改造。岭南园林对于几何形状的采用并不是使用单纯的圆形与方形,而是对这种几何形状进行不规则的合理变形来丰富园林的空间,从而在相对规则的形状组合中形成复杂的园林空间。从东莞可园的整体布局来看,矩形是其空间分割的主要形式,其每个小空间的边界大多以水平或垂直的方式呈现,但通过几何形状的巧妙组合,园内的空间形态复杂多变,各种大小空间经营得疏密有致,从而形成了幽远深邃的审美境界。

而在园林的局部布置中,岭南园林采用我国传统的隔景、框景等方式,通过园门、花窗、假山、石洞等来加强空间与景深的层次感与幽深感;岭南园林也采用曲折道路加强空间组合的灵活性和丰富性。位于广东番禺的余荫山房的园门位于整个园林的东南角,与我国传统四合院的大门方位大致相近,从园门往内看,由于园林布局的巧妙,欣赏者无法对园林内景一览无余。只有透过园内游廊拱桥，水榭、假山才能若隐若现，园林内景在欣赏者的移步换景中层层呈现，在景色变幻迷离之中达成了幽远深邃的审美效果。而可园的建筑以空间衔接的方式形成了一个统一的建筑组群，在这个整体中，前后勾连，在多元变化中呈现一气流通之感，从而形成了幽深神秘之审美境界。与此同时，不同的建筑组群之间形成了类似于天井的园林景观，如壶中天、问花小院、葡萄林堂敞厅等。这些类似于天井的空间通过墙体与庭院形成间隔，但这种间隔并不是完全隔绝，隔离的墙体上一般都设有漏窗与小门，从而形成隔而不绝的审美体验；而欣赏者可以通过漏窗与小门达成框景与借景的目的，从而有效地加强了可园的幽深感。可堂、雏月池馆等建筑近水或跨水而建，可亭建于水面之上，通过曲桥与雏月池馆前的平台连为一体，让人有凌波之感，而建筑的临水面窗户高槛，游廊依水，从而欣赏者依廊凭窗都可与水融为一体，可得幽深之审美体验。

二、审美与功利的完美结合

岭南一般指称我国南方五岭以南的地域，由于地处热带、亚热带季风气候地带，岭南地区的自然地理环境呈现出炎热多雨的气候特征。正由于这种独特的自然地理环境，岭南园林在考虑园林审美功能的同时，对于园林的功能性也十分注意。

为了满足避晒遮阴、通风降温的功能需求，岭南园林在整体布局上采用庭院与庭园结合在一起的格局，一般采用坐北朝南的整体朝向，在园内通常采用前园后院、前庭大而后庭小的整体格局。其整体朝向与整体格局除了有审美的要求外，也是为了在狭小的园林空间内获得更好的通风效果。东莞的可园为了适应岭南地区的自然地理环境，在东面设置园门将风顺畅地引入园林之中，经由擎红小榭空间合理地流入园林内部的空间；而且可轩、可堂等建筑都不采用墙壁，双清室的大窗户也可以让风自由地进入室内空间。此外，可园也充分地利用天井与冷巷形成风流通畅的通道路，进一步促进园内的通风效果。

与此同时,岭南园林中建筑的比重较大,园林建筑组合的形式多样,而且这种组合形式与江南园林相比更加密集与紧凑,更多采用"联房博厦"和"高墙冷巷"的形式,"联房博厦"的组合方式通过将连片建筑如厅堂、居室、书斋及其他类型的房屋联系在一起,形成连宇成片的态势,这种组合方式不仅减少了外墙,减少了室外太阳直射带来的热量,从而可以适应岭南地区炎热的气候条件,取得良好的遮阳效果;而且,岭南地区雨季漫长,这种连宇成片的组合方式有利于雨季的内部联系与有效地抵挡强烈台风的冲击。而"高墙冷巷"的形式体现在各种建筑之间经由敞厅、连廊、巷道等空间合理连接,从而达到内外空间的沟通,在通透开敞中实现降温通风的效果。余荫山房的前庭与内庭之间连宇成片,层层叠叠,建筑之间的联系采用"冷苍"相连,冷苍无顶,墙内外的两侧种有种种花卉、竹木,可以遮挡阳光形成荫凉之处。

此外,为了更好地适应岭南地区的气候,提高园内的环境质量,岭南园林在处理建筑物与水体的融合过程中,采用了独特的"船厅"与"壁潭"。"船厅"既不是我国古代北方园林与江南园林中的"舫",也不是一般意义上的"水榭",它其实就是一个跨越水面或临近水面的厅堂,水体从船厅的下面或旁边流过,从而使得船厅内在临水赏景时一派清凉。"壁潭"一般在水池旁通过廊榭围设而成,石山陡壁立于其上,从而形成幽深清凉的审美体验。

第十一章　清代民居的环境美学思想

我国传统民居是相对于官式建筑而言的民间居住建筑,它与各地的自然地理环境与生活习俗紧密相关,从而体现出鲜明的地域性与民族性。与官式建筑遵循法式与则例不同,传统民居在建造过程中大多遵循当地的自然地形,合理而有效地利用当地的建筑材料,很好地体现人与自然的融合与统一。清代作为我国传统民居发展的最后一个时期,不仅在民居建筑的技术与造型方面表现出总结性的态势,而且在民居建造理念与民居建筑文化方面也呈现出总结性的态势。在我国传统环境观的影响下,清代民居呈现出丰富的环境美学思想。本章一方面总体论述清代民居的环境美学理念,另一方面,具体论述各种民居如北京四合院、徽派建筑、福建土楼、陕北窑洞、侗族鼓楼中所体现的环境美学思想。

清代民居的环境美学理念的形成是对清代以前历代民居环境美学理念的一种发展与总结,它是在我国历代人们修建民居时对人与环境关系的审美考察过程中逐步形成的。清代民居的环境美学理念集中表现在家园意识的鲜明体现、生态精神的完美呈现、环境设计的因地制宜等三个方面。

第一节　家园意识的鲜明体现

我国传统民居经历了一个共生、共存、共荣、共乐与共雅的发展过程[①],以环境美学的视野来衡量这个过程,其实就是一个在安居、利居、和居与乐居中建构家园意识的审美发展过程,共生、共存、共荣有利于安居与利居的实现,而共乐、共雅有利于和居与乐居的达成。如何在感悟人与环境的融合中实现家园感的生成,实际上成为我国传统人居理想达成的重要内容。从家园感生成的轨迹来看,安居与利居的环境是家园感生成的坚实基础,就传统民居来说,安居与利居环境表现在民居必须具备安全舒适的内部与外部空间,拥有满足人类基本生存需要与发展需要的基本物质条件;而和居与乐居是家园感生成的重要标志,和居与乐居实际上是一个诗意与审美的生活状态,就传统民居而言,和居与乐居的实现应当关注居民在其中生存的精神状态,满足人们对于精神层面的需求,这就需要传统民居具有优美的自然环境与深厚的文化内涵,从而使居住者在其中诗意栖居,并获得一种温馨的家园感。

1. 安居与利居

明代王君荣在《阳宅十书》的跋中提到:"君子所居而安者,宅之系于身,切要矣。"[②]在此,王君荣强调了住宅安居对于人的重要性。的确,对于古代中国人而言,住宅作为其修身养命的根基,白天在其中饮食,夜晚在其中寝卧,在其中,人们上可以奉祖先之香火,下可以继后辈之承嗣。由此可见,传统民居作为人们安身立命之所,其安全性与舒适性应当是首要考虑的问题。我国传统的各种民居由于依托的自然地理环境不同,呈现出多元的地域特色与民族特色,但在安全性与舒适性的追求上具有内在的一致性,而这种追求首先体现在住宅环境设计中采用相对封闭与内向的院落格局。中国的传统民居作为传统建筑中的一种,具有传统建

---

① 李先逵:《风水观念更新与山水城市创造》,《建筑学报》,1994 年第 2 期。
② 〔明〕王君荣撰,郑同校:《阳宅十书》,北京:华龄出版社 2017 年版,第 222 页。

筑的基本特点。我国传统建筑的平面布局偏于四合院式,力图以内向的房屋围合成封闭的院落,在形制上强调其独立于外部世界的特点,这种格局的形成从使用功能上来看,主要是为了保证居住的安全性与舒适性,而从伦理功能来看,偏于四合院式的平面布局有利于建构家庭内部的伦理空间秩序,达到安居的目的。北京的四合院、南方的三合院、陕北的窑洞、福建的土楼等民居都体现出这种四合院式的封闭结构,从而实现安居的目的。

北方汉族民居以北京的四合院最为典型。四合院利用北房、南房和东、西厢房从东西南北四面围合而形成院落,除了在东南角开设大门与外部世界相通,对外的墙面上一般都不开设窗户,如果开窗户也只是在南面墙体的上部开一个小窗,为了利于采光。因此,四合院内是一个相对封闭的空间环境,这种结构是为了更好地抵御北方寒冷的天气,而四合而成的院落能够更好地接纳阳光进入居住的空间,从而形成了安全舒适的居住环境。

对于南方民居而言,这种相对封闭环境的建构与北方四合院略有不同。从整体而言,南方民居的封闭性比北方民居的封闭性要相对弱化,南方民居更多采用天井式的庭院,如江南民居的形制较为常见的格局是马鞍型的三合院,这种三合院与北方的四合院相比较,就是住宅南边的房屋被去除了,从而使得庭院朝南开放,充分发挥院落采光通风的功能。而更偏于南方的两广地区的岭南民居,由于所处地域气候炎热,更加注重其整体格局的通透性,通过更多窗户与门的设置,并加大门与窗的尺寸,来获得良好的通风效果。南方民居在房屋外面也一般用高墙围合,主要的功能是防晒与防火,从而获得安全的居住环境。

在福建的南部地区,土楼成为当地居民更愿意采用的民居形式。由于福建南部地区在历史上不太安定,以圆方形为主的土楼就像一座防御型的城堡,其安全性能极佳。从整体格局来看,土楼也具有传统建筑四合院式的格局,通过坚固厚实的土墙围合而成的院落形式,能有效地防止自然灾难与战争对于居民的侵害,保护居民生活在一个安全的环境之中。从土楼的功能来看,土楼具有良好的通风采光、防潮抗震、易守难攻等功能,充分体现了安居的环境美学理念。

正是由于从安居的角度出发,我国传统民居基本采用内向封闭的四合院式格局,而这种内向封闭格局的形成,再加上我国古代独特的生态观,我国传统的民居就与周边的自然环境逐步形成了一个自给自足的内向耗散自活结构。这种结构的形成,使得我国传统民居有机地融合在自然的生态系统之中,其住宅建筑的修建更多的是在顺应与尊重自然的基础上点化自然,不可能对周边的自然环境进行大规模地调整与改造,因而在自然的交流过程中形成一种建筑与自然共生的和谐关系。在这种和谐共生的理念指导下,我国传统民居强调对于环境的适应,而没有通过大规模的环境改造造成自然生态环境的破坏,即使对于自然环境有一定的改造,但这种改造没有超出环境自然修复的限度,从而保持了环境的生态平衡,保留了一个和谐的生态环境。而在这种和谐的生态环境中,我国传统民居更好地实现了其利于居住、利于发展的居住理念。

2. 和居与乐居

为了实现和居与乐居,传统民居在宅基选址、院落设计、局部装饰与伦理观念上进行了精心的考量。

就宅基选址来看,云南傣族的民居大多为竹楼。竹楼一般建于两山或群山之间的开阔地带,而且靠近自然的水体,所以其宅基地或者位于小溪旁边,或者位于大河两岸,或者位于湖泊水沼的周围,竹楼聚集而成的村落周围翠竹成荫,绿树环绕。由此可见,竹楼的宅基选址十分注意竹楼与周边环境的协调性,竹楼一般被周围植物的浓荫与葱绿所掩映,居住在其中不仅充满了人与自然合一的和谐之感,还能体味大自然的诗情画意中充满了审美的愉悦感。福建客家土楼作为我国极具特色的大型民居建筑,或依山而建,或循溪选址,或倚田而居,在青山绿水中居住,体现了人与自然之间的生态和谐,而且,在青山绿水的映衬之下,田园风光极富诗情画意,土楼这种人居环境充分表现了人们在家园中的和居与乐居。

就院落的设计而言,为了达成和居与乐居的目的,我国传统民居十分重视采用传统园林建造的审美理念。在房屋围合的院落或庭院中,人们运用传统园林中的构成要素如山石、植物、花木等,合理而和谐地将其组合在一起,实现人与自然的完美融合。对于大型院落而言,居住者在高墙深院中叠石成山、理水成池,花草树木成荫,将之打造成真正的园林;而对于小型院落而言,人们也极为精心地种几丛翠竹、几棵芭蕉,合理地勾勒出人与自然融合之态。因此,传统民居运用园林的审美理念,在院落中营造一种人与环境和谐的审美氛围,从而使之成为真正的理想家园。

在局部装饰上,我国的传统民居建筑,不仅通过象征手法的运用,在墙体、屋脊和门窗等局部构件中达成赏心悦目的审美效果;而且,也通过颜色的合理搭配与外墙的造型设计来引发人们的审美兴趣。在和居与乐居的家园意识的导引下,传统民居中通过彩绘、雕刻等各种装饰手法来表达吉祥如意的居住意愿,并通过楹联匾额、影壁对联等传统方式来表达对美好生活的向往。江南民居的外墙通常采用空斗墙和编竹抹灰墙,其墙体的颜色多为白色,并与屋顶的灰瓦互相映衬,其建筑的整体色调素雅明净,颜色搭配十分合理,从而与江南地区的自然环境相得益彰,凸显出江南水乡的审美风情。在外墙的造型设计上,江南民居注重造型的优美性及其与天空轮廓线的交融,这在传统的徽派民居中体现得最为充分。徽派民居在外墙的造型处理上,采用了马头墙的形制,通过层层跌落、层次分明的马头墙,在掩映藏露之间彰显出其造型的独特美感。这种马头墙一般比屋脊要高,但通过中间高两头低的建筑技巧,从而使得屋脊若隐若现,尽显含蓄之美。与此同时,在蔚蓝色天空的映衬下,马头墙不仅有效地加强了民居空间美感的开放性与韵律性,而且也体现了人与自然的相得益彰。

为了实现和居与乐居的家园感,我国传统民居通过伦理观念加以合理的引导与培育。我国传统的民居建筑渗透着传统的伦理精神,在重视伦理秩序及群体和谐的过程中努力实现一种温馨的家园感。北京四合院的方正、和谐、理性的布局正昭示了这种伦理精神的渗透,四合院后院与前院相通的门都设置在住宅的中轴线上,一般三开间的正房(又称"堂屋")作为坐北朝南的北房,不仅是家中长辈起居与会客的场所,而且也是举行重大的议事、祭祖、婚丧等礼仪活动的地方;中堂作为正房最为核心的单位,通常供奉有"天地君亲师"牌位;而厢房位于正房的东西两侧,主要用作书房或晚辈的起居室;而住宅中的檐下回廊与院落相当于现代建筑中的公共空间,主要作为家中所有成员亲近自然与亲情融汇的地方。因此,四合院伦理精神的渗透有利于传统"天伦之乐"的实现,抛开传统宗法观念的消极性,从传统伦理的正面价值来看,四合院的伦理精神有利于培育家庭与社会基本的伦理道德,并通过一种和居与乐居的方式呈现出来。而南方的福建土楼也鲜明地体现出这种传统的伦理精神,土楼作为一个家族与家庭的中心,体现出客家人十分强烈的家庭与家族的伦理体制。无论是方形的还是圆形的土楼,都在土楼中轴线的中心部位建造一座高大的厅堂,作为整座土楼的中枢,而且土楼内每一环、每一层、每一间房都朝向这个中枢,从而体现了家庭与家族的内在统一性与和谐性。由此可见,我国传统民居中渗透的伦理精神与观念虽然有其严肃与消极的侧面,但更多是体现一种和居与乐居的家园意识。

第二节 生态精神的生动表达

我国传统民居在传统生态思想的影响下,体现了一种内在的生态精神。在具体的建筑设计中,我国传统民居顺应不同地域的自然地理环境,在西北与西南的高原地区,因高就低,依山傍水,形成一种错落有致的民居分布格局;在中原的平原地区,依据平坦的地势,建构出中轴分明、庭院深锁的围体式格局;在江南的水乡环境中,利用自然的秀丽山水,采用粉墙黛瓦,构造出小桥流水式的诗意民居。高原民居的因高就低、平原民居的庭院深锁、江南民居的小桥流水都体现了传统的顺应自然、点化自然的生态智慧与精神。

我国传统民居的生态精神来源于我国传统哲学中蕴含的生态智慧，这种生态智慧最集中的表现就是强调人与自然的不可分割性。从老子所提出的"人法地，地法天，天法道，道法自然"观念开始，我国古人就已然意识到人与自然环境之间有一种内在的共通性，这种共通性就是一种自然而然性，天地人三者都必须服从与尊重生生不息的自然内在规律。这种对自然而然性的顺应与尊重最终形成了我国传统哲学最为核心的"天人合一"理念，体现了极其丰富的生态精神。在"天人合一"理念的导引下，我国传统哲学强调人与自然内在的生态联系，将以天地为代表的自然世界与人类世界视为异质同构的生态整体，天地万物的各种变化与人类世界的各种变化在自然而然性中得到了一种统一的说明，从而天地人之间形成了一个互相循环与生发的有机整体。对于我国古代形成的这种天地人的整体性，李约瑟从哲学的层面进行了评价，认为我国古代哲学发展了一种有机的宇宙哲学。① 而我国古代民居合理地运用了这种宇宙哲学，强调民居与天地自然内在的生态契合度。在这种天人同构思想的启发下，我国传统的风水观念在民居的选址与建设中很好地发挥了这种生态精神。明代万历年间王君荣编著的《阳宅十书》中提到："人之居处，宜以大地山河为主。"②在此，《阳宅十书》强调人居住的地方，应当顺应大地山河的自然走势，从而实现天地自然与人之间的内在交流与沟通。在此前提下，《阳宅十书》对于住宅的周边环境进行了详细的描述，其中重点提到了，住宅必须建于地势宽平之处，明堂一定要宽阔，前后有水环抱当为最佳。从上述对于住宅周边环境的描述来看，我国古人对民居的选址强调人与自然的融合。

与此同时，民居生态精神也表现在对于"气"的重视。在我国传统的唯物主义哲学中，"气"被认为是世界万物最为基本的存在方式，天人之所以能够产生、互相感应乃至于合一，主要是由于"气"的大化流行。而

---

① （英）李约瑟撰，《中国科学技术史》翻译小组译：《中国科学技术史》第三卷《数学》，北京：科学出版社1978年版，第337页。
② 〔明〕王君荣撰，郑同校：《阳宅十书》，第1页。

对于住宅而言,由于"气"的存在,自然地理环境、住宅建筑与人本身三者会形成一个和谐的生态整体。在这个整体中,三者互相感应与影响,自然地理环境与住宅建筑会对人的生命存在本身产生重要的作用。如果人在住宅选址与建筑修造的过程中无视"气"的和谐运作,将会产生不良的后果。因此,我国古代的风水理论十分注重住宅环境中"气"的生态和谐。《黄帝宅经》就是从气化和谐的角度,具体地论述了人与天地自然的和谐、人与住宅之间的和谐,《黄帝宅经》指出:"夫宅者,乃是阴阳之枢纽、人伦之轨模。"[1]在此,《黄帝宅经》从"气"的角度认为,住宅作为阴阳二气交汇的地方,它是决定一个家庭是否安康和睦的最终依据。住宅不仅是阴气与阳气的交汇之所,而且也是阴阳二气和谐运作的枢纽,当阴阳二气以一种和谐互补的方式存在时,居于此处的家庭必然会安康和睦。而且《黄帝宅经》也十分形象地将住宅及其周边环境视为一个生态整体而比喻为人:"宅以形势为身体,以泉水为血脉,以土地为皮肉,以草木为毛发,以舍屋为衣服,以门户为冠带。"[2]住宅周边的自然地形地势就是住宅的身体,住宅周边的泉水就是住宅的脉络,住宅的宅基及其周边的土地就是住宅的皮肉,住宅周边的草木就是住宅的毛发,住宅本身的舍屋就是住宅的衣服,住宅的门窗就是住宅的帽子和系带。晋代郭璞在《葬经》中也表达了这种生态和谐的精神,他首先表达了对气的认识:"夫阴阳之气,噫而为风,升而为云,降而为雨,行乎地中,而为生气。"[3]"气"可以分为阴阳二气,阴阳二气相互运动与鼓荡,充盈外溢的过程中由于受到外力的推动扩散形成风,相互作用到一定的程度就升空为云,当云在空中受到冷却时就降落为雨。这种在天地之间运行的阴阳之气或为风或为云或为雨,而运行于地中之阴阳之气,可称之为"生气"。其次,他认为,人与万物都是由生气所化育,从而人与自然万物之间有一种内在本质的相通性。这种地中的阴阳之气发散而生育万物,"生气行乎地中,

---

[1] 王玉德、王锐编著:《宅经》,北京:中华书局 2011 年版,第 9 页。
[2] 王玉德、王锐编著:《宅经》,第 75 页。
[3] 〔清〕吴元音:《葬经笺注》,泽古斋重钞,乾隆八年,第 1—2 页。

发而生乎万物"。基于对阴阳之气的认知,郭璞对于"风水"进行了界定:"气乘风则散,界水则止,古人聚之使不散,行之使有止,故谓之风水。"[1]在此,他认为,气可以通过风的运行而流散,但可以使用水作为界限防止阴阳二气的流失。古人十分清楚地认识到气的特性与水的作用,他们为了使定居之地积聚的阴阳之气不至于随风流散,尽力通过水的作用使不断运动的阴阳二气静止,而在这过程中采用的方法与措施,古人将之称为"风水"。由此,古代的"风水"理论对于阴阳二气的治理方法进行了总结,而这种总结更多是为了使天地人之间形成一个和谐的生态整体。

由此可见,在"天人合一"与气化和谐思想的影响下,我国古代民居的生态精神在历史发展过程中逐步形成了,其基本的理念在于强调顺应自然,实现人与自然的和谐共生。我国古代民居的生态精神主要体现在住宅选址、总体布局等方面。

就住宅选址来说,从我国传统风水观念出发,我国传统民居在住宅选址中遵循负阴抱阳的基本原则,并在这基本原则的指导下形成背山面水式的空间格局。这种负阴抱阳的原则在南方更多体现为真正的背山面水的住宅格局,这种格局一般具有相对内向封闭的自然环境,在这种环境中十分有利于形成内部良性循环的生态环境,住宅后面的山体有利于抵御冬季来自北方的寒风,而住宅前面的开阔水面有利于迎接来自南方的季风,坐北朝南的格局既可以充分达到良好日照的目的,又可以避免阳光的直射。当然,这种负阴抱阳的基本原则在北方就不一定体现了背山面水的空间格局,因为北方多平原地域,因此,在北方平原地区为了体现这种负阴抱阳的基本原则,住宅更多采用背有依托之基、面临开阔之地的相对内向的空间格局,合理地通过层数与层高的处理实现住宅建筑整体格局的前低后高,建筑的左右两侧呈现出环形的格局,这种住宅格局前后左右的处理方式其实也是对于负阴抱阳原则的灵活运用。而对于城市住宅的格局而言,为了实现与周边环境的生态联系,达成藏风

---

[1] 〔清〕吴元音:《葬经笺注》,泽古斋重钞,乾隆八年,第2页。

聚气的目的,形成山环水抱之意境,也是有一定的讲究与原则的。清朝林牧在《阳宅会心集》中认为:"一层街衢为一层水,一层墙屋为一层砂,门前街道即是明堂,对面屋宇即为案山。"①在此,林牧指出,为了实现山环水抱的住宅格局,住宅的选址可以充分地利用城市中的各种建筑要素,以城市街道为水,以城市墙屋为山,门前的街道可以视之为明堂,对面的屋宇可以视之为案山。

就民居的总体布局来说,我国传统民居,无论是北方的四合院,还是江南的民居,大多采用了以庭院与住宅建筑共存的总体布局。庭院作为传统民居总体布局中的一个重要组成部分,它的重要作用就是加强人与自然的生态联系,体现出民居的生态精神。庭院的存在一方面可以更好地解决居民对于采光通风的要求,人在庭院中能与自然实现沟通;另一方面,庭院的空间也可以方便居住者将自然中的花草树林引入其中,从而实现人与自然的交融。

第三节　环境设计的因地制宜

在民居环境设计上,中国传统民居注重因地制宜,这种因地制宜一方面体现在民居环境的总体设计上强调民居与当地环境的契合性;另一方面体现在民居用材上强调就地取材。

1. 民居与当地环境的契合性

我国传统民居在历史发展的过程中,随着人们对于当地环境的深入了解,呈现出一种民居与当地环境高度契合的态势。

传统的北京四合院采用院落式的平面格局,主要是为了适应北京地区的自然环境。院落的设置主要是为了人们进行室外活动的方便,而北京的自然气候环境无霜期很长,而且每年日照的天数也比较多,适于居民在室外进行日常活动。四合院中庭院成为人们日常室外活动的主要

---

① 〔清〕林牧:《阳宅会心集》,嘉庆十六年刻本,第45页。

场所,庭院的设计不仅可以在人口密度很高的居住条件下为人们提供一个与自然融合的空间,而且它也很好地解决了民居空间中日照与通风的问题。北京地处北方,冬季较为寒冷,宽敞的庭院可以更多地接纳阳光,在冬日中不仅可以提高室内的气温,而且也可以给人们带来精神上的愉悦之感。与此同时,院落具有纳气通风的重要功能,院落与室内的通道和穿堂连成一体,更好地促进室内空气的流通。

传统的江南民居和北方的四合院在整体的平面布局上基本类似,但由于南方人口密度比北方更大,因而其整体的布局更为紧凑与精巧;院落也成为江南民居中十分普遍地采用的建筑单元,但其院落的空间比北方更小。这种整体空间布局的形成与南方的自然地理环境十分契合,因为南方山地较多,农田面积本来就比北方少,如果民居的宅基地占地太多,就会导致耕地面积的减少。为了适应南方炎热潮湿的气候特征,南方民居的房间墙壁较高,而且每个房间的内部空间也比较大;为了防潮,其住宅多采用两层的设计,贴地的一层采用砖石结构,而上层采用木制构造;前门与后门互相通透,为了更好地通风换气。南方民居中沿建筑物短轴方向修建的外墙多采用形似马头的设计,这种高于屋顶的外横墙头不仅可以在密集居住时很好地保持各个家庭的私密空间,而且也能起到防止火灾漫延的作用,此外,还能实现住宅景观的打造。如徽派建筑在民居的外部造型上,十分普遍地采用造型独特的马头墙,马头墙高于层顶,有的马头墙造型中间高而两头低,隐约可见屋脊,在掩映藏露之间呈现出黑白分明的住宅景观;有的马头墙上部呈人字形,两侧层层跌落,以檐角屋瓦为基座呈飞翔之态,并与碧蓝的天空相映成景。整体来说,这种马头墙的格局表达了建筑住宅对于当地环境的契合性,也表达了当地居民对于天人和谐的追求。

而对于岭南民居而言,它们大部分都地处我国亚热带地区与沿海区域。由于岭南夏天的日照时间很长,而且气候比较炎热、空气十分潮湿,再加上降雨量多且台风活动频繁,因此,在岭南地区每年都有洪水与台风造成的自然灾害。为了更好地应对这种洪水灾害,岭南民居的建筑内部空间大多要比建筑周边空间高出一些,其墙脚更多地使用砖石或其他具有防水功能的建筑材料进行建造,为了加强雨季时期民居内部的互相联系,人们聚居地的房屋呈现出密集分布的态势;与此同时,为了更好地契合台风频繁的自然环境,岭南民居十分注重屋顶层的坚固性,在屋顶层大多使用砖石或其他性能坚固的建筑材料,这有利于防止台风对于建筑物造成破坏。更为重要的是,岭南民居对于屋顶的设计尤其体现了其与环境的适应性。我国北方建筑的屋顶大多采用坡屋顶形式,这种屋顶形式不仅有利于减弱阳光的直射与增强屋顶排水的通畅性,而且也模仿了自然山顶与树顶形状,体现了人与自然的统一。北方民居在屋顶设计上还采用了凹曲屋面的造型,这种凹曲屋面不仅造型优美,形成了我国古代建筑飘逸舒展的灵动之美,而且也深蕴传统天人合一的文化理念,这种凹曲屋面的整体形状就像一个"人"字,从而内蕴着人在天地之间并与天地和谐共存的文化观念。岭南民居的屋顶也大多采用坡屋顶,这有利于减弱夏季阳光的曝晒与雨季的排水,但很少采用北方的凹曲屋面,而更多采用直坡层面。这种直坡屋面的屋顶形式是基于南北自然环境差异而形成的。岭南地区降雨量大,而且雨季时多有台风,容易形成横风横雨,假如采用北方的凹曲屋面,这种横风横雨十分容易渗入上陡下缓的凹曲屋面,从而造成屋顶渗水。而直坡屋面有利于防止横风横雨造成的"反水"现象。

藏族碉房是我国传统藏族的主要民居形式,藏族大多分布在西藏、青海、甘肃及四川西部等地域。这些地域大风频繁,自然气候干燥寒冷,昼夜温差大,白天阳光强烈而且辐射很强。为了更好地适应青藏高原的自然地理环境与气候条件,传统藏族民居形式呈现出其独特的地域特色,防御式的碉房成为其主要的民居形式,这种民居多使用石材建造,其形状就像碉堡,所以被形象地称为"碉房"。由于碉房所处地域环境与气候条件的独特性,其宅基的选址及房间窗户的设计都体现了防御的功能。藏族碉房宅基地的选择一般都位于山的南面,其基本格局大多是背山面路或背山面水,从而很好地防御冬季凛冽的寒风;碉房房间的窗户大多较小,而且窗口的上部设计有各种形状的遮蓬,这种遮蓬的设置不仅有利于防风沙与防阳光,而且也形成其独特的民族风情。

2. 就地取材

为了更好地体现环境设计的因地制宜,我国传统民居在建造材料的使用上侧重于就地取材。就地取材不仅有利于节省建筑成本,而且也体现了各地民居的独特风貌,表现了民居与当地自然环境融为一体的居住理念。福建的土楼、云南的竹楼、藏族的碉房、西北的窑洞都十分鲜明地体现这种就地取材的营建理念,这种理念使得其民居建筑十分契合当地的自然地理环境与气候条件,表达了人与自然的亲和性。

因藏族地区有各种丰富的石料,藏族地区的碉房多以石材为主要的建筑材料。藏族碉房采用当地的片石、毛石、碎石等石料,同时还使用一种由岩石风化而形成的"阿嘎土"——这是藏族地区特有的一种土,十分适宜用于建造房屋。石材主要用于碉房墙体的建设,对自然形态的石材进行简单打磨后砌筑而成的墙体呈现出一种粗犷豪放之美,而且这种墙体能很好地与周边自然环境融为一体。为了适应藏族地区雨量少且气候干燥的自然天气情况,碉房中也适量采用了当地的柳木、杨木、松柏木等建筑材料,并且将之十分巧妙地与石材融为一体。福建土楼的建筑材料大多采用当地的生土,在夯筑房屋的过程中,合理地加入细沙、石灰、竹片、木条、红糖、糯米饭等材料,从而形成坚固的墙体。这种以当地生土、木材为主要建筑材料的土楼不仅具有防风防潮、冬暖夏凉的使用功能,而且也符合当地居民与自然融为一体的审美意愿。西北地区的窑洞作为我国黄土高原地区一种汉族居民的"穴居式"民居,具有悠久的历史。由于黄土高原地区特殊的自然地理环境,高大的树木无法生长,此地区的民居不可能以瓦房的形式出现;而此地区丰富的黄土和砂石可以成为其天然的建筑材料,这为窑洞的修建提供了十分优越的自然材料,也形成了黄土高原地区民居的独特风貌。最初的窑洞更多采用原生态的黄土作为主要的建筑材料,在修建过程中,当地人们最大限度地利用原生态的黄土作为窑壁、窑顶、院墙、背墙,可以说整个窑洞和院落都是由黄土建成;而随着窑洞的发展,人们逐步运用黄土炼制的砖与黄土下层的基岩作为建筑材料,这种逐步发展的建筑材料也依然体现了西北人民在建造房屋时就地取材的建筑理念。

第四节　各种民居类型的环境美学思想考察

以上我们将我国传统民居作为整体对其体现的环境美学理念进行了深入的考察,而上述的环境美学理念具体地体现在各种民居类型中。接下来,我们将具体考察北京四合院、徽派民居、福建土楼、陕北窑洞、侗族鼓楼等各地极富代表性的民居中的环境美学思想。

一、北京四合院

北京四合院作为一种十分典型的合院式民居,是北京地区汉族居民所采用的主要民居形式,在人与自然的融合和诗意的空间设计中,体现出丰富的环境美学思想。

1. 天人合一的追求

四合院民居建筑中天人合一的追求,来源于我国古代思想中关于天人关系的思考,这种天人关系思考中得出的天人合一的理念在我国古代建筑设计中更多表现为我国古代的风水理论。李约瑟在《中国科学技术史》中从风水的角度探索了建筑中表现的天人合一理念,他引用了查特利对于风水的定义:"调整生人住所和死人住所,使之适合和协调于当地宇宙呼吸气流的方术。"据此定义,李约瑟认为,每个地方因其地形特点制约着自然之气对该地产生影响,而在修建民居时,人们应当根据当地的自然地势,合理地选择与顺应当地的地形,从而获得人地之间的内在和谐。[①] 在此,李约瑟指出,中国古代的风水观念使得我国古代的建筑(当然也包括民居建筑)内蕴着天人合一的追求。在此基础上,李约瑟指

---

① (英)李约瑟撰,何兆武等译:《中国科学技术史》第二卷《科学思想史》,第386页。

出，在风水理论引导出的天人合一追求的支配下，我国古代的建筑为了适应当地的自然景观，"一般都非常愿意采用迂回曲折的道路、垣墙和建筑物，这似乎是要适合当地景观而非左右当地景观；特别忌讳直线形的几何布局"，而通过对于当地景观的适应，在李约瑟看来，我国古代的建筑"体现了一种显著的审美成分"，因为"它说明了中国各地那么多田园、住宅与村庄所在地何以优美无比"。在此，李约瑟认为，我国古代建筑在风水理论的指导下，趋向于人与自然的和谐，因而总是包含着一种突出的美学成分，这可以通过中国古代田园、民居、乡村的美丽景观得到充分的说明。基于对这种人与自然和谐理念的赞赏，他深入地比较了中西方建筑的主要差异，并毫不掩饰地表达了对中国古代建筑的欣赏。他通过自身的审美体验来说明这种欣赏之情，他指出，在青年时代，他对于凡尔赛的花园与公园极为赞赏与羡慕，但随着他对中国古代建筑的熟悉与体验，他就觉得凡尔赛的建筑景观十分无聊，因为凡尔赛的建筑景观不像中国古代的建筑景观一样随着自然的流动而流动，更多的是通过几何布局来实现对自然的禁锢与束缚。

由于我国古代风水理论中天人合一的追求，我国传统建筑中所体现的环境观强调人、建筑与环境的内在关系，因而，我国传统建筑，尤其是民居，十分注重人与自然的融合与协调，这一点在北京四合院的设计中体现得最为典型。

北京四合院十分讲究建筑与周围环境的协调性与统一性，其整体设计与院落设计等方面极为强调人与自然的内在统一。就整体设计而言，四合院将古代"天圆地方"的观念很好地融入其整体规划之中。在我国古代，前人将天地未分的状态称为太极，在太极生两仪的过程中，阴阳天地就产生了，天阳地阴、天圆地方的观念也随之产生。这种"天圆地方"的观念在四合院中体现为四合院呈东西与南北对称建房，其整体的住宅结构为方形，这是"地方"观念的形象表达；而四合院作为院落式的住宅，院落作为整个建筑的中心点，呈现为一种封闭式的圆形格局，这是"天圆"观念的形象表达。与此同时，四合院的建筑如正房、厢房、倒座房等相对独立，如同井田制的格局，体现了"地方"的观念；而四合院内通过院落与檐下回廊实现了良好的交流，体现出一种融洽团圆的居住氛围，这代表了"天圆"的观念。此外，四合院的大门一般都开在东南角，取紫气东来之意，代表着建筑与"天气"的交融，同时也象征着"天圆"；而大门的形状都是方形，代表着"地方"观念的表达。

就院落设计而言，四合院的院落具有通天接地、藏风聚气的功能。四合院从整体设计来看，具有内向的封闭性，为了使整个四合院充满生气与活力，通过院落的空旷性达到通天接地的效果。四合院的院落一般面积比较大，它坐北朝天，能够充分地接纳日精月华，有纳气通风的功效，这不仅可以使四合院呈现出勃勃生机，而且也体现了人与自然的融通。

2. 诗意的空间设计

北京四合院整体与局部的空间设计都表达了人们对于诗意生活的追求，这种富有诗意的空间设计体现了我国传统民居不仅具有居住功能，而且也具有审美功能，可以让居住在其中的居民获得精神的愉悦与满足。与此同时，对于诗意空间的打造，也表达了人们对于诗意美好生活的向往与追求。

对于四合院而言，这种诗意空间的形成一方面体现在私密空间的打造。四合院整体上呈现为一种围合式的空间格局，其四周由围墙与东西南北四面房屋围合起来，对面的墙面上一般不设置窗户；其与外面相联的只有东南角的大门，关上大门，四合院内自成天地，形成一个私密性很强的内部空间，这种与外部空间的隔绝性与封闭性使得院内的家庭生活呈现出一种宁静的生活状态。但这个层层围合的私密空间内，体现的却是一种诗意而温馨的家园感，四合院内的院落对于所有的家庭成员都是完全开放的，而且院落内的花草树木、假山流水、檐下回廊都经过精心的打造，为所有的家庭成员提供了优美的景观，人们可以在院内欣赏各种景观，尽享天伦之乐。

这种诗意空间的打造另一方面也体现在院内的空间布局与景观设

计上。四合院的大门设置在整个建筑的东南角,由大门而入,迎面而来的就是影壁,影壁的设计不仅使得院内空间具有层次性,而且也有效地促成了人们对于院内景观的期盼。绕过影壁进入四合院内,其内部空间的设计也是灵活多变的,各个房间尤其是正厅、正房与耳房之间都有相通的房门,这有效地增加了空间的丰富性与多样性;与此同时,四合院的房间内大多设有隔断与屏风,从而使得内部空间产生隔而不断、似断实续的诗意之美。

四合院院落的设计与景观打造也体现了人们对于诗意生活的向往,在院落中,正房之前以对称的方式栽种槐树、银杏等高大树木或海棠、丁香等开花灌木,在院中央叠放姿态秀逸的山石,或放置金鱼大缸,成为院内的主要景观,在庭院两侧可以设置藤架,蜿蜒曲折的藤枝不仅可以成为纳凉的绿荫,而且也可以使得院内充满田野风味。各种植物自由生长,令整个院内空间呈现出一种无尽的生命与活力,而且植物的绿色与红漆木栏形成红绿颜色的鲜明对比。

北京四合院内大量地采用木雕,形成了丰富的审美景观。四合院中的木门上一般都有木雕,木雕的形状多为蜿蜒盘绕的花卉植物,以及龙等具有吉祥含义的兽头。四合院的窗户一般以木制的窗格作为构架,而这种窗格的形态与样式十分丰富,有万字纹、菱形、六边形等各种形态,当阳光照进室内时,这些多样的图式在地面和墙壁上形成了摇曳多姿的审美景观,从而使得整个房间充满了温馨的诗意。

二、徽派民居

徽派民居是中国传统民居的一个典型代表,成熟于明清两代。徽派民居十分典型地反映了徽州地区的自然地理环境、风水观念与审美倾向。在其成形与成熟的过程中,由于受到独特的地理与人文环境的影响,徽派民居体现出十分鲜明的诗情画意,在诗情画意中形成了极富生活气息的温馨家园。1932年梁思成和林徽因为了更好地评价建筑之美,在《平郊建筑杂录》中提出"建筑意"的概念,用以丰富对于建筑之美的审美表达,力图解决建筑之美只有"诗意""画意"描述的审美缺陷——"这些美的存在,在建筑审美者的眼里,都能够引起特异的感觉,在诗意和画意之外,还使他感到一种建筑意的愉快。"①在此,他们强调了建筑意是在诗意与画意之外的,并且这种建筑意的愉快是不同于诗意愉快与画意愉快的。由于徽派民居对于诗情画意的注重,梁思成和林徽因这种对于建筑意与诗意画意的区分,其实并不太适合于徽派民居的审美。通过诗情画意的环境建构,徽派民居就形成了一种建筑意的愉快,诗意与画意正是形成建筑意的坚实基础,如果离开这种诗情画意去欣赏徽派民居的建筑意,可能会无从下手。因此,对于徽派民居而言,诗情立家、画意成园正是其独特建筑意的表达方式,也是其形成徽州地区人们家园感形成的重要基础。

1. 诗情立家

徽派民居诗情的生成主要是由于人们在民居村落的营建过程中充分地运用了诗意的建造理念。为了形成温馨的家园感,徽派民居不仅在整体的设计上讲求建筑组群的审美效应,村落如星罗棋布,遥遥望去粉墙远近矗立,成片的马头墙与石牌坊形成一种整体的诗意氛围;而且在设计的方法上也讲求诗意的渗透,大多以简洁朴素的建筑材料达成一种深远的审美内涵,并通过我国古代山水诗技法与情韵的运用,以有限的山水自然表达无限的自然审美体验。而在局部景观的设计与建造中,徽派民居力求以诗意的设计技巧来形成诗性的审美空间。在对自然环境进行合理整饬的前提下,徽派民居村落设置小亭一座、书院一所,创造出一种诗意的村居环境;有时候一个园名、一块匾额、一副楹联都呈现出诗意的光辉。位于歙县唐模村中的檀干园,其园名来源于《诗经》中"坎坎伐檀兮,置之河之干兮",充分地体现了诗意的审美意蕴。而就唐模村与檀干园的整体布局而言,其布局在起承转合中讲求虚中有实、实中有虚。镜亭作为全园的核心景观,建于湖面之上,其四面临湖水,正面建有观景

---

① 梁思成:《凝动的音乐》,天津:百花文艺出版社1998年版,第123页。

平台,在平台上,可见江南山村中小桥流水式的审美景观。

徽派民居的诗情不仅体现于水墨一般的山水与粉墙黛瓦的建筑等实体的存在当中,而且也表现在光与影的巧妙处理之中,更为重要的是在这种虚实结合中诗情实现了虚实相生。日本建筑学家茂木计一郎体验到了徽州传统民居的诗情在光影转换与虚实结合中如何产生的审美情境:长长的街巷又深又窄,阳光虽然射不进去,但可以看到明亮的天空。石板路蜿蜒曲折,身在其中仿佛迷失在西班牙、意大利古老的街头。穿过饰有精巧砖刻门罩的大门进入室内,从天井上面射入明亮幽静的光线,洒满了整个空间,人似乎在这个空间里消失了。站在天井里向上仰视,四周是房檐,天只有一长条,一种与外界完全隔绝的静寂弥漫其中。底层正中有开敞的大厅,向着天井开放;木质柱、梁和墙壁,以及有精细雕刻的门窗在暗中发光。[①] 在此,茂木计一郎通过他在徽派民居中对于光影的体验,描述了诗情在光影明暗交替中的产生过程,明亮的天空与在阴影中的长长的街巷形成鲜明的对比,明亮幽静的光线洒满整个室内空间,呈现出一种人与境谐的诗情之美。而通过光影悄无声息的意境营造,在动静结合中达成心静的诗意空间,一种与外界完全隔绝的宁静弥漫于心间。但这种静是一种诗意的静,不是毫无声音,万籁俱静,而是通过光影及其他的动来反衬这种诗意的静,阳光在照射,轻风在流动,甚至虫鸟的鸣叫与芭蕉叶上的雨声,都衬托出这种诗意的宁静空间,在诗情中人们体味到家园的宁静与温馨。

2. 画意成园

徽派民居呈现的温馨家园感不仅以诗情见长,而且也以画意取胜。徽派民居审美体验中意画的生成一方面源于其对独特的自然地理环境的合理利用。白墙黑瓦的徽派民居隐现于空灵的徽州山水之中,充满了泼墨山水的浓郁画意。徽州古称新安,其主要的地域范围为以黄山作为

---

① (日)茂木计一郎、稻次敏郎、片山和俊撰,江平、井上聪译:《中国民居研究——中国东南地方居住空间探讨》,台北:南天书局1996年版,第37—38页。

中心的安徽南部区域,包括黟县、歙县、休宁、祈门、绩溪、婺源六县。徽州地区群山环绕,其地理环境以山水形胜见长,拥有众多风景如画的天然山水,这种独特的自然地理环境使得当地居民依山定居,傍水成村,从而为徽派民居这幅巨型山水画的形成提供了自然的画纸,而且其底色因时而变,五彩斑斓。万物复苏的春天时节,靠近民居的山坡田野遍布着漫无边际的各种颜色的花朵,与白墙黑瓦的民居建筑相映成画,充满了田园风光的画面令人心醉;而到了金秋时节,群山中层林尽染,与粉墙黛瓦互相映衬,层次分明,恰似一幅美不胜收的秋意山水画。这种优美的自然环境为徽派民居在村落选址、空间设置、建筑布局中增添无穷无尽的画意。

另一方面,徽派民居的意画的生成也源于它对徽州地区深厚的人文历史底蕴的吸收,尤其是它对于新安画派创作思想的吸收。新安画派形成于明末清初,其成员主要为居住在徽州区域及寓居外地的徽州籍画家,渐江①是新安画派的开创者,并与汪之瑞、孙逸、查士标合称为新安画派四大家,成为新安画派的主要代表。"新安画派"的提法最初由清初张庚提出,张庚《浦山论画》指出:"新安自渐师以云林法见长,人多趋之,不失之结,即失之疏,是亦一派也。"②新安画派力图从自然的山水、现实的日常生活中获取绘画的素材,从而打破清初"四王"复古的绘画体倾向,其绘画风格偏于简淡清逸,抛弃了复古画派柔媚华贵的创作风格,在绘画结构与技法上也注重对以"四王"为代表的清初画坛复古倾向的破解。通过对自然山水与现实生活的审美体验,新安画派的绘画境界强调以形写神,体现了一种浓厚的生活情趣,从而实现了可居可游的审美境界。这种可居可游的审美境界的生成源于对郭熙描述的山水画理想境界的求索。在《林泉高致》中,郭熙指出,就山水而言,世人一般认为可分为可行者、可望者、可游者、可居者,而山水画作能够表达出这四种山水境界,

---

① 渐江(1610—1664),俗姓江,名韬、舫,字六奇、鸥盟,为僧后名弘仁,自号渐江学人、渐江僧,又号无智、梅花古衲,安徽歙县人,是新安画派的开创大师。
② 〔清〕张庚:《浦山论画》,见俞剑华编著:《中国画论类编》,第 223 页。

都可以视之为妙品,但他认为,就绘画境界而言,可行可望之境界不如可居可游之境界。[1] 正是由于对这种可居可游之审美境界的追求,新安画派的绘画境界与徽派民居画意的生成有一种内在的紧密关系。徽派民居村落的整体规划与村落中水口园林的设计都受到新安画派所追求的审美境界的影响。就民居村落的整体规划而言,徽派民居村落一般以山体作为整体村落的背景,而以水体作为整个村落的内在骨架,并根据自然山水的内在气势因地制宜地安排民居与各种景点。由此可见,徽派民居村落的布局方式充分地体现了新安画派对于山水的处理方式与内在审美精神,从而在实现画意立园的审美追求中,在徽州大地上形成了一幅幅充满生活情趣的自然山水画。

三、福建客家土楼

在 2008 年 7 月 6 日举行的第 32 届世界遗产大会上,"福建土楼"作为世界文化遗产正式入选《世界文化遗产名录》。其入选的主要原因是它是植根于东方血缘伦理关系和聚族而居的民族传统文化的重要历史见证。[2] 福建土楼具有独特的建筑风格,并沉积着深厚的历史文化,主要分布在福建西部与南部的永定、南靖、华安三县。福建土楼在宋元时期开始出现,经过明代的进一步发展,到了清代呈现出一种成熟的态势。福建土楼因地制宜,一般依山而建,在合理吸引传统风水观念的基础上形成聚居的整体格局。福建土楼的环境美学思想主要体现在"家族守望"的家园意识、人与环境共生的生态意识等方面。

1. "家族守望"的家园意识

为了更好地适应福建西南部崇山峻岭的自然环境,生活在此地域的客家先民们为了共同耕种土地、共同防御外部威胁的需要,在建筑上采用了十分典型的聚族而居的形制特征。一般来说,一座土楼由一个家族

---

[1] 〔宋〕郭熙:《林泉高致》,见俞剑华编著:《中国画论类编》,第 632 页。
[2] 黄维:《"福建土楼"被列入〈世界遗产名录〉》,人民日报,2008 年 7 月 7 日。

居住,成为其家族的凝聚中心。这种家族聚居的格局,十分清晰地体现出客家人的家族伦理制度。"福建土楼仍保持着汉民族村落制度的基本原则,即以单一姓氏为主体或联盟的人群聚集,将亲缘与地缘有机地结合在一起。土楼几乎是血缘村落,一座土楼一个姓氏,或一个宗族。"①这种家族聚居的居住模式有利于"家族守望"的家园意识的形成。同族同宗聚居的土楼内,一般都是多代同堂,有着其共同的祖辈,人们相互之间存在着祖孙、父母、兄弟、叔侄、妯娌等多元的同族关系。辈分最高的长辈在土楼内具有极大的权威性,并通过这种权威性实现聚居共财过程中的和睦相处。日本学者茂木计一郎对于这种情况进行了深入地分析,并且指出,虽然几世同堂的大家族制度在中国是自上而下司空见惯的习俗制度,但客家人的这种情况——到今天依然保持了共同协作的家族观念的大家族制度,还是十分罕见的。② 永定的承启楼,全楼的整体格局为四环一中心,中心就是家族的祖堂,外环为四层,其余三环都为一层,外环的最底层作为厨房,第二层作为谷仓,第三、四层作为卧室,每一间房的上下四层分配给一家人居住。从这种格局来看,承启楼中就没有正房与厢房之分,也没有明确地区分前院与后院,而且每一家人居住的面积基本相等,在住房分配上也不区分族人地位的高与低。外面的四环全部面朝位于正中心的家族祖堂,这表明正是由于共同的祖先才有他们温馨的家园,这也使得整个家族具有核心的凝聚力。③

福建土楼的这种居住模式十分清晰地表达了客家人对于家庭与家族在日常生活过程中的重要作用,其中体现出鲜明的家园意识。在某种意义上说,福建土楼以生土为主要建筑材料构筑了有形的家园,而以家园守望的奉献精神打造了无形的家园意识。这种无形的家园意识又通过有形的建筑部件加以清晰地表达,门楼是整个土楼建筑的主要出入

---

① 陈丽玲:《福建土楼:地方性文化景观的模板》,《福建地理》,2002 年 12 期。
② (日)茂木计一郎、稻次敏郎、片山和俊撰,江平、井上聪译:《中国民居研究——中国东南地方居住空间探讨》,第 159 页。
③ 参见楼庆西:《中国传统建筑文化》,北京:中国旅游出版社 2008 年版,第 279 页。

口,而祖堂位于土楼的中心位置,成为家族精神的聚焦点,门楼与祖堂都位于土楼建筑的中轴线上,成为整个土楼的物质轴心,也成为整个土楼的精神轴心。通过门楼与祖堂的聚焦作用,每一座土楼内的居民自觉成为一个团结与和谐的家族整体,从而促成了每一个土楼家族的发展与统一。正是在这种意识上,土楼中的门楼与祖堂就成了家族守望的象征,从而有效地促成了家园意识与家园精神的形成与发展。

2. 人与环境共融的生态意识

福建土楼充分表达了人与环境之间和谐共生的生态意识,力图实现土楼的建筑空间与自然环境之间的有机融合。茂木计一郎认为,建筑设计中有三种境界,第一种境界是生境,指的是依靠已有的自然条件略加整饬的环境及其特征与魅力;第二种境界是画境,它是在生境的基础上,体现某种鲜明的人工意图而创造出来的环境特征;第三种是意境,指的是将自然、人与建筑融为一体的理想境界。而福建土楼的设计就达到了意境这种理想的境界。① 其实,茂木计一郎所提出的建筑设计的三种境界,其源头是我国古代文人写意山水园林创作过程的三个阶段,我国古代文人园林的创作过程首先是创造自然美与生活美的"生境",其次通过艺术加工上升到艺术美的"画境",最后才通过触景生情、情景交融达到理想美的"意境"。②福建土楼达成的这种意境,体现出鲜明的人与环境共融的生态意识。

一方面,从选址来看,福建土楼的选址十分注重建筑与自然环境的内在融合。福建土楼的选址强调对自然环境的充分利用。一般来说,为了便于人在环境中生存的便利性,楼址选择注重日照的充分性、交通的方便性、生活的舒适性。基于此,楼址一般选择在依山靠水、近路避风的坐北朝南之地,从传统的风水观念入手,其楼址左边一般有清泉流过,右

---

① (日)茂木计一郎、稻次敏郎、片山和俊撰,江平、井上聪译:《中国民居研究——中国东南地方居住空间探讨·前言》,第1页。
② 参见孙晓翔:《生境·画境·意境——文人写意山水园林的艺术境界及其表现手法》,见宗白华等著:《中国园林艺术概观》,第423—446页。

边有通达的大路,前面有便于生活的水塘,后面有地势不高的山体。楼址的自然取势忌讳前面高而后面低,其建筑的整体面向忌讳坐南朝北。在前低后高的自然取势的基础上,土楼后面的山体如果较高,则整体建筑的高度偏高或者整体建筑建得与山体保持一定的距离,从而在建筑与山体之间形成一种合理而和谐的搭配,在人与环境的和谐融合中达成了一种极富生态精神的整体空间。

华安的二宜楼的选址就如其楼名一样宜山宜水,十分合理地布局在山水之中。二宜楼依山傍水,并与周边的自然山水融为一体,楼的后面是山丘绵延,呈现出层峦叠嶂之势;楼前是两条清澈的溪流交汇之所,黄墙黑瓦的土楼建筑在青山绿水之间自然天成,与整体的自然环境融为一体。南靖的田螺坑土楼群位于山丘的半坡上,由步云楼和与文昌楼组成,其中步云楼为方形,振昌楼、瑞云楼、和昌楼为圆形,文昌楼为椭圆形。整个土楼群前低后高,东面、西面、北面为山丘环绕,南面是成片的梯田,在依山顺势中呈现出一种错落有致之美,由低到高的成片土墙与成片的梯田互相呼应,在与自然之景、山丘之势的互相配合中,其建筑空间与周边的自然环境空间完美地融为一体,实现了人文环境与自然环境之间的自然天成。

另一方面,从建筑材料来看,福建土楼主要使用的材料为当地的生土、木材,这也体现了一种鲜明的生态意识。"土"在客家人的眼中就是大地,就是孕育生命的基础,本来就包蕴有天然、原生态的意义。土楼在当地被称为"生土楼",主要采用当地的生土并辅之以当地的木材作为主要的建筑材料而建成。这些建筑材料所形成的土木结构与完全的砖木结构相比,更具有天然的透气功能,而且这种结构也能实现冬暖夏凉、通风防火的实用功能。可以说,从使用的建筑材料来说,福建土楼是一种带有天然与原始意味的生态建筑,其生土筑成的墙体由于透气功能的存在,形成了一种冬暖夏凉的宜居环境,从而有效地保持土楼内部生活的舒适性。而且,这些建筑材料具有天然的可循环性,生土与木材都来源于大地,最后又回归于大地,福建土楼的这种建造模式使得当地长期的建造活动没有对自然生态环境造成破坏,实现了当地环境与居住者之间的共生共荣。

四、陕北窑洞

陕北窑洞作为一种古老的民居形式,它的历史可以回溯到人类早期的穴居模式。陕北窑洞民居是我国西北地区黄土高原汉族居民的主要居住模式,它主要的建筑方式是在黄土断崖地区以横向挖掘的方式打造洞穴,作为居住的房间。陕北窑洞民居在建筑过程中不占用农田、不破坏自然生态环境,建成之后能与当地自然环境保持完美的融合,而且从利居宜居的角度来看,它的建筑形式形成了冬暖夏凉的舒适的居室环境。陕北窑洞民居的环境美学思想主要体现在依恋大地的情结、利居环境的创建等方面。

1. 依恋大地的情结

陕北窑洞民居依恋大地的情结不仅表现在建筑材料对于黄土的充分利用中,而且也表现在建筑整体对于黄土高原上大地环境的自然取势中。就黄土高原黄土的利用来看,根据就地取材的建造理念,早期的窑洞一般将黄土作为主要的建筑材料,窑洞的建造主要在黄土崖壁上进行横向挖掘而获得窑洞空间,窑壁、窑顶的打造过程中最大限度地利用原生态的黄土土体,院落中的院墙与背墙也都是由黄土建造。而且,可以将黄土制成土坯,建造洞口墙、火坑、土台、土家具等。而随着时代的发展,在建筑技术发展的推动下,对于建筑材料提出了更高的要求,当地居民将黄土烧制成青色的砖瓦,用来建造窑洞的主体、防水与装饰部件。这种使用原生态黄土与经由黄土烧制的青色砖瓦建成的窑洞,与周边自然环境中的黄土大地完美地融合在一起,在与大地的依恋中形成了十分和谐的整体生存环境。

而就窑洞整体建筑对当地自然环境的自然取势而言,陕北窑洞民居的选址一般靠近容易接近日照的崖坡。从村落的总体布局与单个窑洞的规划来说,其整体的建筑群都是随顺着自然的山势进行因地制宜的安排,在最大程度上实现了黄土与大地的融合,从而与周边的自然地理环境一起保持着原始的自然风貌。作为陕北窑洞民居中最为普遍的形式，这种选址靠近崖坡的窑洞一般被称为靠崖窑，这种窑洞在建造过程中根据自然山体的自然态势，在自然形成的黄土崖壁上横向进行挖掘，在形成同一水平面多洞连接的布局后，可以在不同的水平面上形成上下排列的窑洞群，从而组合成台阶式的组群结构。这种上下排列的台阶式窑洞组群使得整个聚居环境的室内与室外都与自然形成的山势融为一体。

2. 利居环境的创建

陕北窑洞民居对于利居环境的创建不仅表现在其平面布局上，也表现在其内部布局中。就陕北窑洞民居典型的平面布局而言，一般表现为靠山式、沿沟式、下沉式。靠山式的陕北窑洞民居一般将黄土山坡的一面加以铲平，使之呈现出垂直的平面，接下来就在这个垂直的平面上挖掘窑洞，这种窑洞民居主要建于靠近山坡与土原的地域，从而更好地利用山坡与土原这种自然地理环境。为了更便于居住者生活，这种窑洞背靠山坡与土原，前面的平地一般应有自然的沟壑与清流，在后面高前面低的整体格局中合理地体现出后面土坡、前面水体的理想居住模式。沿沟式的窑洞民居一般沿着水流冲出的沟壑两岸进行布局，为了防止洪水的侵袭，其窑洞位于沟壑两边崖壁上部。这种窑洞所处的地理位置靠近农田，十分便于农业耕作，而且窑洞的顶层部分不仅可以作为窑洞上层的庭院，而且也可当成打麦晒麦的场所和通往外部的通道。由于靠近黄土沟壑，其窑洞民居有利于避风，有利于阳光的照射，而且生活用水十分方便。而就下沉式的窑洞民居而言，其建造的方式主要在黄土平地上挖四周方形的深坑，接下来在坑垂直的四边土壁的下部挖掘房间，从而建成类似于天井式的方形窑洞宅院。为了方便进出，这种民居一般从窑洞宅院的一角挖出斜坡式的通道。为了防止雨水的侵扰，在窑洞宅院顶部的四边建有砖墙，并在砖墙上设置有排水的设施。窑洞宅院内专门有用作粮仓的窑洞，其窑洞顶部设置孔道，这处孔道与上部的打谷场相通，方便将打谷场的各种粮食直接收入粮仓。这种天井式的下沉式窑洞宅院一方面注重其内在空间与外在公共空间的相对区分和隔断，从而实现家居空间的私密性；另一方面以宅院内部的庭院将各个家庭的居住空间紧密地结合在一起，从而实现邻里之间的互相交流。正是在这种隔与不隔的辩证处理中，下沉式窑洞宅院在很大程度上实现了利居环境的创建。

　　而就陕北窑洞民居的内部布局而言，由于西北地区黄土具有直立不容易塌陷的自然特性，其单个窑洞空间一般采用拱顶直壁的内部构造，从而保持其内部结构的稳固性。从力学的角度看，拱顶的承重性能比平面的顶部更好，因为通过拱形的顶部设计，可以使窑洞顶部的压力分到两侧土墙，而土墙可以通过特制的草泥涂抹加固，而且也可以使用木制撑架撑住窑洞的拱形顶部，这就更加保持其内部结构的稳定性。这种拱顶的处理方式一方面可以使得整个窑洞结构呈现出一种轻巧灵动的审美效果；另一方面也可以获得更好的居住体验，拱顶的设置不仅使得窑洞空间可以充分地接受日照，因为拱顶的形状可以在窑洞的门洞处形成高高的圆拱，从而使得冬天的阳光能够进入窑洞的深处，而且拱形屋顶也可以加大窑洞竖向空间的宽度，从而形成一种通透开阔的空间感。

第十二章　晚清时期的工商业城市环境审美思想

　　晚清时期,西方文明的侵入与沿海城市的出现促使环境观的转型。1840 年以后,随着西方文明的侵入与沿海工商业城市的出现,传统环境观在新的时代背景下出现了新的转型态势。环境观的转型态势促成了新的环境观的产生,并在应激反应中逐步形成与成熟。这种新的环境观不仅在范围上表现为由古而趋今、由内而趋外,而且在内质上表现为农业环境向工商业城市环境转型的认可。在晚清环境观的转型过程中,晚清时期的环境审美观也发生了重大的改变。这种重大的改变基于晚清工商业城市的出现与发展,主要体现在对工商业城市环境的审美。其主要的内容一方面表现为,在城市环境破败的批判性观察的基础上对城市公共环境的审美关注与改造;另一方面表现为对城市景观与新的生活观的推崇。与此同时,晚清时期的环境审美观的重大改变也体现在反思工商业城市环境的过程中寻求城市环境的审美建构思路。

第一节　晚清工商业城市出现与发展

　　晚清工商业城市的出现源于 1843 年广州、厦门、福州、宁波、上海等五处通商口岸的开放,史称"五口通商"。可以说,约开商埠成为我国晚清工商业城市产生的起始点。根据中英《南京条约》的规定,清朝允许英国人及其所带家眷居住在广州、福州、厦门、宁波、上海等沿海港口,并且可以自由地从事贸易通商,而且英国可以在这些港口设立领事、管理等职位专门办理商贾事宜。从此开始,广州、福州、厦门、宁波、上海等沿海城市开始向工商业城市发展。从 1843 年约开商埠开始,在 1843 至 1844 年间,我国被迫向西方英美法等国先后开放了广州、厦门、福州、宁波、上海等五个港口城市作为中外商业贸易的商埠。而从五口通商一直到 20 世纪初期,我国在西方国家不平等条约的压迫下被动开放的商埠达到 70 多处。① 可以说,自 1843 年约开商埠开始,我国晚清时期的工商业城市在西方列强的压迫下形成了其十分艰难而又偏于畸形的发展态势。在西方列强的压力下,英美法等国从事商业贸易的商贾陆续进入这些港口城市,与我国进行着不太对等的商业活动。可以说,在 1898 年清末新政主动开放商埠以前,这些约开商埠过程中形成的工商业城市发展在某种意义上说是畸形的、不平衡的,而且也无法有效地带动周边地域经济发展,这种不自主的城市发展虽然促成了个别通商口岸城市实现了局部的与被动的发展,但无法推动晚清时期城市健康有序的发展,也无法形成城市发展的自由态势。

晚清时期工商业城市的出现源于约开商埠,而工商业城市的发展更多源于自开商埠意识的确立与自开商埠的实践。可以说,开放商埠的过程可以分为被动的约开商埠与主动的自开商埠两个发展阶段。主动的自开商埠开始于 1898 年,伍廷芳于 1898 年 2 月 10 日向清朝政府呈上《奏请变通成法折》,在此折中,他提出了对于开埠通商的看法。他认为,设立通商口岸与外国通商利大于弊,其主要的好处在于能够有效地防止外国侵犯我国的主权,并从世界历史的事实来说明这种好处。他指出,譬如瑞士、比利时等小国未曾被欧洲强国所入侵,能够独立自主,其主要的原因在于这些小国"彼全国通商,重门洞开,示人以无可欲",而我国紧

---

① 张海鹏编著:《中国近代史稿地图集》,地图出版社 1984 年版,第 83—84 页。

锁国门,反而让西方列强有觊觎之心。因此,他在《奏请变通成法折》中
提出应积极与西方国家进行通商,开放通商口岸。① 而为了筹措甲午战
争的战后赔款,清朝政府内部的许多官员也认为,自开商埠可以有效地
缓解国家财政捉襟见肘的态势。因此,1898 年 4 月,总理衙门奏请湖南
岳州、福建三都澳、直隶秦皇岛为通商口岸,②并在奏折中重点就自开通
商口岸与缓解财政危机之间的关系进行了深入地论述,认为自开通商口
岸能够有效地缓解当时的财政危机。而在戊戌变法"百日维新"的推动
下,自开商埠也成了一项当时变法的措施得以顺利地实施。1898 年 8 月
10 日,清政府宣布,正式开放岳州、三都澳和秦皇岛为通商口岸。③ 这成
了我国自开商埠的开始,也有效地推动了我国晚清时期工商业城市的发
展。而到了 1901 年开始的清末新政时期,清朝政府已经意识到约开商
埠只能促进工商业城市被动、畸形的发展,而为了摆脱这种城市发展的
不利状态,清朝政府大力推进自开商埠,力图主动地、全面地发展工商业
城市。虽然清朝政府从主观意识上已然清晰地体会到必须自主推进工
商业城市的发展,但由于推进城市发展的资金与整体的社会环境存在不
足,再加上全国各地在落实这种政策也存在不足,故而这种良性的城市
发展更多地只体现在沿海、沿江及其一些重点的省会城市。由此,中部
与西部的城市依然没有得到更多的发展,这也形成了东部城市与中西部
城市之间发展的巨大落差。虽然自开放商埠以来,我国晚清时期城市发
展存在太多的不足,但无论如何,自 1898 年自开商埠以来,清朝政府关
于城市发展的一些新政措施,不仅推动我国工商业城市的发展,而且也
全面开启了我国城市近代化的自主历程。

　　约开商埠促成了晚清工商业城市的出现,而自开商埠则有效地促成
了工商业城市的发展。在我国工商业城市的发展过程中,由于约开商埠

① 〔清〕伍廷芳:《奏请变通成法折》(1898 年 2 月 10 日),《伍廷芳集》上册,北京:中华书局 1993
　　年,第 47—50 页。
② 〔清〕朱寿朋:《光绪朝东华录(四)》,北京:中华书局 1958 年版,第 4062 页。
③ 〔清〕朱寿朋:《光绪朝东华录(四)》,第 4158 页。

的内在规定性,通商贸易成为当时城市的主要功能,因此,清末城市的政治与军事功能很快就被经济功能所替代,而这种城市功能的转型促成了商业力量的壮大,这种壮大的商业力量成为城市发展的基础力量,并与晚清时期城市工业的出现在客观上推动了工商业城市的发展。

在约开商埠与自开商埠的促进下,晚清时期的城市商业活动呈现出快速发展的势头。1843 年宁波约开商埠后,第一年的贸易额就"达到了五十万元"。① 在 1843 年至 1852 年之间,厦门的进出口贸易总额大大增加,其中出口总额增加 5.1 倍,进口总额增加 4.6 倍。② 天津与上海成了当时全国贸易额名列前茅的通商口岸。尤其是上海,由于地理位置的优越性,每一个省的货物都可以通过水路运输送到上海,并将其通过海运出口到西方国家,同时,也可以将从西方进口的物资源源不断地转运到内地。上海这种转运中枢的地理位置再加上约开商埠之后外国资本的大量进入,促进了其商业发展水平快速发展。开埠后一年之内,在上海开业的英美商行就多达 11 家。③ 而到 1854 年,国外的商行数量达到120 余家。上海的进出口总额在当时全国的进出口总额中占有很大的比例。而到了 1865 年,上海开始取代广州的地位,成为当时全国最大的商业中心。④

晚清时期,工业的出现与发展也推动了工商业城市的发展。随着通商口岸商业的快速发展,通商口岸也出现了一批工厂。其实,约开商埠的条约中并没有授权西方国家在通商口岸设立工厂,但外国商人在高额利润的驱动下,不顾当时条约的约定,在没有取得我国同意的前提下,在

---

① 张仲礼主编:《中国近代经济史论著选译》,上海:上海社会科学院出版社 1987 年版,第 438—439 页。
② 参见张仲礼主编:《东南沿海城市与中国近代化》,上海:上海人民出版社 1996 年版,第178 页。
③ (美)马士撰,张汇文等译:《中华帝国对外关系史》第一卷,北京:三联书店 1957 年版,第399 页。
④ 郑祖安:《近代上海都市的形成》,《上海史研究》,上海:学林出版社 1984 年版,第 172—173 页。

通商口岸擅自开设新式工厂。因之,在广州、福州、厦门、宁波、上海等五口通商口岸中,出现了新式工业区。基于中外商业贸易的发展与海运的实际需求,西方国家在通商口岸最早建造了船舶修理与制造工厂。19 世纪 40 年代至 50 年代,西方国家在广州和上海等通商口岸先后建造了船舶修理与制造工厂;与此同时,上海还出现了外国投资的印刷厂与加工厂。①据有关资料记载,到 1894 年中日甲午战争前,外国商人在上海建立了许多船舶修理与制造工厂,如 1862 年建立的祥生船厂、1865 年建立的耶松船厂等等,这些船厂在修理船舶的同时,制造汽船、拖船、炮艇、货船等等。此外,英、法、美等国商人在上海设立了缫丝厂、制糖厂、蛋粉厂、制革厂、轧花厂、制药厂、汽水厂、印刷厂、卷烟厂、火柴厂等各种工厂。在外国商人在通商口岸建立工厂的同时,清朝政府意识到了工业对于城市发展的重要性,于是,政府制订了一系列鼓励创办工业的政策,鼓励民族资本开办工厂。这些政策有效地推动了民族资本对于工业的介入,同时也良性地促进了晚清时期工商业城市的发展。据有关资料统计,在 1902 年至 1913 年间,天津新建的工厂就多达 49 家,而其中民族资本投资建立的有 28 家,其投资总额高达 373 万元。在湖北汉口,截止到 1911年,民族资本投资的企业多达 120 余家,投资总额高达 1000 万余元,在厂工人多达 8000 多人,投资的行业涉及火柴、面粉、榨油、玻璃等多种行业。②

晚清时期,城市工业的出现与发展,促使城市人口的迅猛增长,从而扩大了城市的规模。在商业与工业的通力合作下,清末的城市也快速地实现了近代化的转型,并在我国形成了以上海为中心的初具规模的城市体系。在这个体系中,上海之所以成为工商业城市的中心,与其得天独厚的区域优势有密切的联系。在 19 世纪 40 年代开埠之初,上海只是一个初具规模的县城,到了 1865 年,其人口达到 69 万人,其中租界人口达

---

① 林庆元主编:《福建近代经济史》,福州:福建教育出版社 2001 年版,第 153 页。
② 何一民:《中国城市史纲》,成都:四川人民出版社 1994 年版,第 259—276 页。

15 万;而到了 1910 年,上海人口已远超北京,达到 130 万人,其中租界人口达 62 万。[①]

由上可见,晚清时期工商业城市的出现与发展是以商业作为基础的,约开商埠与自开商埠促成了商业的发达,从而使城市功能发生了重大的转型。在城市商业发展的推动下,晚清的工业也逐步出现并得到相应的发展,从而促成我国工商业城市的发展。晚清工商业城市的发展,进一步带动了社会结构的变化,并由此引发了社会观念与社会心理的巨大转变,崭新的城市文化观念与文化心理也在逐步生长,而环境审美观念也在这种文化观念与心理的变化中出现了新的转型。

第二节　晚清工商业城市环境美学的主要内容

1840 年鸦片战争之后,工业文明随着列强的入侵而进入中国,一批新型的都市先后出现,最具代表性的城市为上海。新型城市的出现促使城市展现出新的功能与活力,工业与商业以较政治更大的力量影响着城市环境,洗刷着城市新的面貌。人们的环境审美观相应发生重要的变化。这种变化主要体现在:

一、城市公共环境的审美关注

晚清时期工商业城市环境的破败,达到了令人震惊的地步,于是自晚清以来,社会中的精英知识分子普遍开始对工商业城市环境投以审美的关注。

1. 城市环境破败的批判性观察

明代就有人开始关注这种城市环境污染的问题,并从批判的角度考察这种城市环境破败的情况。明代的谢肇淛在《五杂俎》中就有对于当

---

① 张开敏等:《上海市人口》,《中国人口年鉴》(1985 年),北京:中国社会科学出版社 1986 年版,第 448 页。

时北京城市环境破败的客观描述:"京城住宅既逼窄无余地,市上又多粪秽,五方之人繁嚣杂处,又多蝇蚋。每至炎暑几不聊生,稍霖雨即有浸灌之患,故疟痢、瘟疫相仍不绝。"①在此,谢肇淛通过对北京当时城市环境的观察,指出北京城市环境存在的问题,其街道与住宅十分狭窄没有更多的多余空间,街市上由于人口众多,粪秽之物随处可见,苍蝇蚊子到处飞舞;尤其是到了气候炎热的夏天,这种情况更加严重,当暴雨来临时,由于下水道系统的不完善,市内街道就时常浸灌,造成污水横流,因此,疟痢、瘟疫等传染病时有发生。

到了晚清,随着多个商埠的开放,我国工商业城市逐步形成,城市人口大量增加。但当时清政府对此没有充分地认识到城市环境的重要性,也没有进行有效地城市管理。因而,在我国最早的工商业城市中,城市的公共环境呈现出更加严重的问题,而当时的一些有识之士对此进行了深入的批判性观察。

曾为郑观应《盛世危言》作序的陈炽,在《庸书》内外百篇中,疾陈旧制之弊,倡言社会改革,在其中就有对于我国当时城市环境的批判性观察。在《庸书外篇》卷上《虞衡》中,陈炽曾有如下的描述:"京省内外,芜莱满目,埃尘蔽天,杠梁废弛,沟渠湮塞,邱墟芜杂,如旷古未经开辟者然。至若一哄之市,四达之衢,逼仄熏蒸,酿为疾疫。旱则风沙卷地,潦则泥淖载途,城邑类然,北方尤甚。"②在此,陈炽对于我国当时的城市环境进行了细致的批判性观察,无论是北京还是各省的城市,城市里灰尘满天,沟渠堵塞,城市中的市场与街道十分"逼仄熏蒸",造成传染病的发生与传播;几乎所有的城市在干旱的季节里风沙扑面而来,而雨季里则满街泥淖,这种情况尤其以北方的城市最为严重。

而王韬就集中对上海的城市环境进行了批判性观察。从上海城区的居住条件来看,由于上海自开埠以来,各国商人与游客纷至沓来,形成

---

① 〔明〕谢肇淛:《五杂俎》,上海:上海书店出版社 2001 年版,第 26 页。
② 〔清〕陈炽撰、赵树贵、曾雅丽编:《陈炽集》,北京:中华书局 1997 年版,第 92 页。

"人烟稠密"的状况。而随着西方文明的入侵，整个城市形成了一种奢靡的风气，因此，在上海"居家涉世"十分不易。而当时在上海居住的我国居民由于生存的压力，不得不四五家人挤住在一幢楼房里，由于居住人口太多，"空气既极窒塞，秽浊自必充斥，即西人所谓炭气多养气少，疫疠一起，如放边炮，循此药线而接续不绝"①。从上海城区的排水系统来看，"河渠甚狭，舟楫不通。秋潮盛至，水溢城闉，然浊不能饮。随处狭沟积水，腥黑如墨。一至酷暑，秽恶上蒸，殊不可耐"。② 由于城市排水河渠十分狭窄，当雨季水量过大时，城市的很多街道都被浊水漫溢，排水沟渠中的积水，腥黑如墨，十分肮脏。当酷夏来临时，"秽恶上蒸"，令人十分难以忍受。从上海城区的街道环境来看，"余见上海租界街道宽阔平整而洁净，一入中国地界则污秽不堪，非牛溲马勃即垃圾臭泥，甚至老幼随处可以便溺，疮毒恶疾之人无处不有，虽呻吟仆地皆置不理，惟掩鼻而过之而已"。③ 在此，郑观应通过上海租界与非租界的街道对比来描述非租界地区街道恶劣的环境，街道沿途都可以看到牛马粪便与垃圾臭泥，居民可以随处便溺，从而造成街道环境令人掩鼻。在郑观应对于城市街道环境的关注中，我们可以在其《论治旱》一文看到他集中探讨了处理城市粪便污水的方法，力图借用日本的水粪之法来合理地解决城市污水的问题。其主要的方法是在城市的村中准备粪池，将所有人畜便溺与垢秽之水全部引入其中，这不仅可以在旱季时为农田提供水源，而且更为重要的是，可以防止城市瘟疫与流行病的产生。因为在郑观应看来，"凡疠疾之兴，由秽气中人所致"，污水的集中处理可以保证污水不至于"蓄于街衢"，从而有效地避免了难闻的气味弥漫大街小巷。当这些污水被运出城市时，城市的空气可以保持一种清新的状态，十分有利于城市居民的身体健康。④

---

① 〔清〕郑观应撰，夏东元编：《郑观应集》下册，第 1234 页。
② 〔清〕王韬撰：《瀛壖杂志》，上海古籍出版社 1989 年版，第 4 页。
③ 〔清〕郑观应撰，夏东元编：《郑观应集》上册，第 663 页。
④ 〔清〕郑观应撰，夏东元编：《郑观应集》上册，第 87 页。

由此可见,随着我国工商业城市的出现,城市环境成了当时有识之士十分关注的问题,而由于当时城市环境的破败,这种关注更多地表现出一种批判性的倾向。但在这种批判性的观察中,清末知识分子在一种中西城市环境比较分析视野的导引下,同时也表现出一种对于城市公共环境进行审美改造的迫切愿望。

2. 城市公共环境的审美改造

随着中外交流的进一步加深,上述关于城市环境的批判性观察逐渐孕育出一种对城市环境进行审美改造的时代要求。

1866 年,清政府派出第一批游历西方的使团,其主要目的是真正地接触与了解西方文明的具体情况。当时斌椿父子带领同文馆的学生一行五人在英国人赫德的引导下,游历了包括英法荷兰等国在内的 11 个欧洲国家。在此之后,张德彝、志刚、李圭、刘锡鸿等人先后出访外国。在游历过程中,他们关注了外国主要城市的城市环境,巴黎城市环境十分干净,没有一点尘埃,英国城市中的厕所时时清洗,十分清洁的情况都历历在目,表达出对于外国城市环境的羡慕之情,并在与我国当时城市环境的对比中表达了城市环境与居民身体健康之间的内在关系。19 世纪 70 年代,李圭、刘锡鸿奉旨前往西洋与日本。在此过程中,他们看到了英国伦敦的城市环境十分洁净,整个城市都没有秽气,而在日本东京,他们看到城市内河渠"深广洁净",城市街道十分宽广,而且时时加以清扫洗涤,行人经过时"无纤毫秽物"[1]。陈炽在考察了西方城市街道卫生情况后指出,西洋各国街道整齐清洁,由于经常维护,街道显得十分平坦,而且街道两旁都种植各种绿化植物。正是由于西方政府对于城市街道卫生情况十分重视,在城市居住的居民"无致疾之因"[2]。

这种关注西方城市环境的思想动态直接开启了 19 世纪末 20 世纪初康有为与蔡元培等人对于城市环境的思想表达。康有为在《孟子微》

---

[1] 范铁权:《近代科学社团与中国的公共卫生事业》,北京:人民出版社 2013 年版,第 36—44 页。
[2] 〔清〕陈炽撰,赵树贵、曾雅丽编:《陈炽集》,北京:中华书局 1997 年版,第 92 页。

卷四《同民》第十中提到："今各国都邑皆有公囿,聚天下鸟兽草木,识其种别,恣民游观,以纾民气,同民乐,甚得孟子之义。"①

由上可以看出,晚清的知识分子对于西方城市环境卫生与城市景观在审美关注的基础上表达了羡慕之情,并在此基础上反观我国的城市环境卫生与环境。他们对于我国当时的城市环境进行批判性考察,并且推动了晚清城市公共环境卫生事业的发展。

19世纪中叶以后,随着开眼看世界思潮的进一步发展,中西文化与思想交流日益加强,晚清城市公共环境的卫生事业也已经开始酝酿,并且得到一定程度的发展。② 在中西文化交流的过程中,我国关于城市公共环境的卫生观也产生了重大的变化,晚清时期的思想家提出了改进我国城市公共环境卫生与城市自然景观的思想主张。

（1）公共卫生观的初步形成

在晚清时期,由于城市公共环境卫生观的缺席,城市居民的公共卫生意识严重缺失,晚清城市公共环境呈现出环境十分肮脏、传染病到处流行的局面。郑观应指出,这种城市公共环境危机的出现主要是由于当时城市居民不重视卫生、不重视公德。③ 在指出这种环境污染形成的原因之后,郑观应在《中外卫生要旨》中表达了对城市公共环境卫生状况的关注,并且就公共环境卫生问题提出了一系列的改进措施。

关于城市流行病的预防与处理,郑观应指出为了防止流行病的发生,城市居民应当注意城市空气的卫生,居住人口太多的房屋必须设置有通风的装置,而且也不可久居其内;房间的卧室不能太小,如果过于狭窄则一定要有"通风妙法",经常居住的房屋必须经常开门以便新鲜空气进入;城市居民必须远离释放恶臭之气的污浊之水;房屋周围要注意清理腐烂的动植物;坑厕等阴沟积秽之所产生的恶气不可呼吸,一旦呼吸

---

① 康有为:《康有为全集》（第五册）,第461页。
② 何小莲:《论中国公共卫生事业近代化之滥觞》,《学术月刊》2003年第2期。
③〔清〕郑观应撰,夏东元编:《郑观应集》（下）,第1231页。

容易得上传染病。① 而就具体的措施而言,郑观应提出应当十分注意的事项:一是注意城市的食品卫生安全,城市市场内对于病死的猪羊牛、家禽等肉类应当禁止出售,水果未成熟也不应当销售,所有的死鱼烂虾也应明令禁止在市场叫卖,这些禁售的食品必须通过法令的方式加以查禁,如有违反这些禁令的,就必须加以严厉打击。城市居民的饮水必须是干净的,这样就可以有效地避免各种疾病的发生。② 二是成立专门的城市环境卫生管理部门,从而加强对瘟疫、霍乱等传染病诱发因素的治理与控制。随着城市规模的进一步扩大,城市居住人口越来越多,"其粪溺堆积,菜皮果核,动若丘陵,瓦砾灰泥,倾满街巷,通渠淤积,雨过弥漫,况夏季地气炎蒸,一干一湿,积秽远扬",在这种十分恶劣的城市环境中,天花、痘疮、瘟疫等传染疾病十分容易发生而且互相传染,如果不成立专门的卫生管理部门,传染病的疫情将变得无法有效地控制。③ 而对于传染病的疫情处理,郑观应认为,天花、痘疮、瘟疫等各种流行病的感染者,必须及时地进行医疗救护,如果无法控制则需将传染者送至偏远之地加以合理地隔离;与此同时,流行病感染者的衣物及其生活用品必须加以销毁,以防止疫情四处扩散。④ 关于城市环境卫生的治理,他认为应从城市整体环境与家居环境两个方面入手,具体有效地进行环境治理。从城市整体环境的治理来看,城市应当广开沟渠,建立完善的污水排放体系,以便于污水的排放。他认为,建造冲沟与排沟对于保持城市环境卫生是十分重要的措施,其总沟的开口之处必须建在远离居住之所的空旷之处,污水排放的出口应设立在远离城市的城郊地带,假如污水只能排入河中,则排入之河水流必须十分快速,整个冲沟与排沟系统的沟道内用砖石铺就,而且要有合适倾斜度,从而有利于城市污水的排放。⑤ 郑观应

---

① 〔清〕郑观应:《中外卫生要旨》卷二,广州:广东科技出版社2014年版,第216页。
② 〔清〕郑观应:《中外卫生要旨》卷二,第260页。
③ 〔清〕郑观应:《中外卫生要旨》卷二,第259—260页。
④ 〔清〕郑观应:《中外卫生要旨》卷二,第254—256页。
⑤ 〔清〕郑观应:《中外卫生要旨》卷二,第155—156页。

在《劝广州城厢内外清除街道粪草秽物公启》中对当时广州的城市环境卫生进行了描述，广州城市内外各处都是粪草堆积，"小则壅塞里闬，大则积若邱陵"，污秽之物随处可见，假如大雨之后天气放晴，阳光晒在污秽之物上，则污浊之气弥漫于城市内外，居民受此浊气，必然会"感而成疾"，并且互相传染。基于对这种城市环境卫生状况的忧患，他在《劝广州城厢内外清除街道粪草秽物公启》中提出了具体的解决方案。他指出，城市应当实行街道卫生负责制度，政府进行有效的督查，各街道的负责人落实执行，重点对街道的污秽之物进行清理；同时，城市应当制定保护城市卫生的相关法令，要求每位城市居民遵守，如果违反卫生法令，则以法责之。① 而就每个家庭的居住环境而言，他也提出了一些合理的建议：用于居住的房屋必须保持良好的通风状况，房屋内外要经常清扫，房间内也必须设立沟渠，方便冲洗厕所内的污秽之物，防止疾病的发生。②

（2）城市自然景观的打造

正由于工商业城市环境建构中对于工业景观的推崇，城市规划与设计忽视了自然景观的打造，尤其是 19 世纪末期以前，我国工商业城市在发展过程中，其城市规划与设计基本上忽视了自然景观的打造。进入 20 世纪以后，随着埃比尼泽·霍华德（Ebenezer Howard）③"田园城市"的城市建设与社会改革理论的引入，近代工商业城市规划才开始意识到自然景观的重要性。虽然霍华德"田园城市"论的重点在于通过"田园城市"的建构来实现城乡一体化，但当这种理论引入到中国时，中国当时的学者们并没有意识到"田园城市"的社会改革作用，而是将其重心放在单纯的城市建设上。当时的市政专家董修甲曾明确指出："田园新市之制度实亦我国当今之急务，盖我国无论旧式城市（如内地各城市是），或新

---

① 〔清〕郑观应撰，夏东元编：《郑观应集》（下），第 350 页。

② 〔清〕郑观应撰：《中外卫生要旨》卷二，第 253 页。

③ 埃比尼泽·霍华德（Ebenezer Howard），19 世纪末 20 世纪初英国社会改革家，1898 年出版了《明日：一条通往真正改革的和平道路》（在 1902 年再版为《明日的田园城市》）一书，提出了"田园城市"的城市建设和社会改革理论，倡议建立一种兼具城市和乡村优点的田园城市（Garden City），用城乡一体的新社会结构形态来取代城乡分离的旧社会结构形态。

式城市（如各通商大埠是），其卫生上、居住上急待解决之问题实多。至我国乡野，虽极合卫生，惟人生需用物具，多不设备，不便也孰甚？故欲使我国各地悉成乐土，当注意寓乡于市之意。"①董修甲在此提倡田园新市之制度，但其关注的重点是当时城市的卫生与居住情况，并就城市卫生与乡野卫生情况进行了比较，认为乡野"空气充裕，树木众多"，形成了居住的理想之地，其言外之意就是要在城市规划中重视城市绿地的建设，这种观点在当时成为人们的一种共识。正因为如此，19世纪末20世纪初期引入的"田园城市"理论，促使当时的城市设计与规划者对城市自然景观建设的问题给予了充分的重视，力图通过城市园林与经济绿地建设来改善城市的居住空间环境。

二、工商业城市景观的审美

随着工商业城市的出现与发展，越来越多的人迁徙到城市，当领略到城市生活的便利与繁华，人们逐步对城市景观投以更多的审美关注。人们对工商业城市景观的审美体现在两个层面：

第一层面表现在对城市景观的审美关注。1843年五口通商之后，上海成为通商口岸，外国租界开始出现，上海的北郊与西郊在荒郊和田野的基础上快速出现了工商业城市景观，这种城市景观的出现与形成也表明上海由传统的城市演变成工商业城市。这种城市景观最早出现在外国租界，租界区域的城市景观具有极大的示范与引领作用，它不仅催生了上海市民对于晚清工商业城市景观的审美关注，而且也导引了当时我国民众对于城市景观的接受。上海租界地域在开辟城市景观之前，完全是一种田野弥望、河网交织的乡村景观，充满了我国传统农村的审美气息，但随着城市规划的实施、城市市政设施的建造，逐步形成了由街道、广场、公园与建筑等城市设施交织而成的景观。在当时上海的普通市民与游客眼中看来，这些城市景观具有极度的新鲜感，对之产生了极大的

① 董修甲：《田园新市与我国市政》，《东方杂志》1925年第22卷第11期，第41页。

审美关注。黄楙材在《沪游脞记》中有这样的描述，从上海小东门吊桥外自北向东一带是外国商人租住的地方，上海人俗称为"夷场"，在这片区域，洋楼高耸入云霄，这些洋楼在外观上"八面窗棂，玻璃五色，铁栏铅瓦，玉扇铜环"。而且这片区域中，街道纵横交错，即使居于此地的人们，也容易迷失方向；街道道路宽广，可以容纳三四辆马车并排行走，而且街道地面都是用碎石铺平，纵使雨天，路面整洁而无泥泞之苦。① 这种新式的城市景观与上海老城厢②的传统城市面貌形成了巨大的反差，而在这种反差的选择中，人们对于新式的城市环境与景观投以更多的审美注意，从而这种新式的城市景观导引了人们当时的环境审美，成了城市景观打造的审美范本。

在晚清工商业城市景观的影响下，上海老城厢地区兴起了以"填浜筑路"为先导的城市景观打造。清末时上海老城厢主要有河浜与巷弄两种城市构成要素，河浜主要用于行船与居民生活，而狭窄曲折的巷弄主要用于陆上交通。这种以河浜为主体而形成的浜巷体系与传统的江南农村风貌在形态上基本一致，无论是在传统城区，还是在乡村，河浜两旁都有狭窄的小路。而且从历史发展的角度来看，以河浜为主体的浜巷体系是在传统江南农村的基础上逐步形成的。在传统的江南田野中，河渠纵横交错，而高于农田的河渠土堤俗称为"田塍"，为了有效地实现农田正常排灌，就必须进行定期的维护。在纵横交错的河浜网络中，这种经常维护的"田塍"就成为当时从事农业生产的农民最为便利的道路，这也形成了当时江南农村沿着河浜走向而分布的路网系统。在传统城市化的进程中，许多江南农村区域成了城市，而在传统城市的形成过程中，河浜的功能发生了改变，由最初服务于农业逐步地演变为服务于城市的各种行业，而城市居民在建房选址时从便利的角度更多偏爱于河浜两岸，因为在河浜两岸不仅交通方便，而且也更利于获得日常用水。从这种城

---

① 〔清〕黄楙材撰，上海通社编：《沪游脞记》，转引自《上海研究资料》，上海：上海书店1984年版，第55页。

② 上海老城厢，晚清以来人们对上海县治所的习惯性指称。

市发展的需要出发,原来的农田被抬高与堤岸持平,成了城市建筑的宅基地,而原来河浜与农田之间的小道也强化了其通行的功能,在城市人口数量增多的前提下,这些小道也演变成了城市居民赖以通行的巷弄。因此,这种由弄、浜、屋组合而成的传统城市构成与江南地区的乡村形态没有本质上的区别。但由于城市与乡村功能存在太多的差异,这种由弄、浜、屋组合而成的传统城市形态随着城市的发展不足以支撑城市功能的有效发挥。晚清以前的上海城区由于河浜的纵横交错而形成了十分便利的河运体系,这种河运体系为当时的交通运输提供了极大的便利。而到了晚清,河浜的交通运输功能逐步减弱甚至消失,这种局面的形成有自然的原因,由于许多的河浜与大海的潮汐相互贯通,潮汐的涨落会带来泥沙的淤积,从而造成河道的淤塞;但这种自然的原因不足以造成河道的消失,河道的消失更多的是人为的因素所造成的。随着城市人口的增加,人们需要更多的地基来建造房屋,于是建筑不断地侵占原有的河道,使得河道越来越窄。再加上,由于当时人们环境保护意识的薄弱,所有的垃圾都倾泻于河道之中,这一方面造成河道水源的污染,另一方面也加剧了河道的堵塞。据吴馨编著的《上海县续志》记载:"积年以来,沿河业户造屋筑驳,愈占愈狭。而住居临河之铺户居民,又不知爱惜,以秽物垃圾任意倾弃于河道,最易淤塞。"[1]在此,吴馨十分清晰地描述了在人为因素的影响下,河浜的交通运输功能逐步减弱甚至消失的历史过程。河浜运输功能的丧失,河浜污染而导致日常生活功能的丧失,再加上城市居民对于上海租界城市景观的审美关注,从1906年开始,上海老城厢的填浜筑路逐步实施。在历史发展的过程中,上海老城厢曲折狭窄的巷弄是由河浜的堤岸逐步演变而成,而随着城市居民对于河浜的侵占,原有的河床逐步抬升,成了通行的道路,并且与原来狭窄的巷弄融为一体。这种局面的形成使得河浜逐步消失,按着传统正常的治理逻辑,为了解决河浜堵塞与河道水源清洁的问题,疏浚河浜应成为最合理

---

[1] 吴馨编:《上海县续志》卷五,南园志局1918年版,第36页。

的选择,从而有效地限制河浜消失的趋势。但当时的上海政府并没有采用传统的疏浚方式,而是出人意料地将市区内的河浜填平,使之成为平整的道路。这种填浜筑路的方式虽然出人意料,但也在情理之中。20 世纪初期上海老城厢"填浜筑路"的市政措施表达了上海居民对于传统乡村式的城市景观进行改造的愿望,这种愿望来源于人们对于上海租界区域内新型城市景观的审美关注,在这种审美关注的推动下,人们希望将自己的生活环境进行审美的改造,进而形成一种新型的工商业城市环境审美观。

随着时代的变化,到了 20 世纪二三十年代,这种对于工商业城市环境的审美欣赏不仅流行于城市居民的审美体验之中,而且,即使是对来自农村的人们也充满了审美的诱惑力。20 世纪 30 年代,中山路及其附近地段作为当时青岛市最繁华的中心地带,成了当时青岛城市生活的一个样本,同时也成为城市居民对于工商业城市环境审美体验的最核心地段。1933 年 8 月 13 日《青岛时报》上的一篇名为《青岛之夜》的文章,通过一个前往中山路报馆传送稿件的记者的审美体验,详细地描绘了青岛普通市民对于当时繁华工商业城市环境的审美感受。在这位记者的眼中,"各个商店的个个大玻璃窗,内里一切的陈列,都是华丽衣料,文明的装饰,香水香皂,再加上电汽的精配,更显示的近代文明无有止境!"①由此可见,中山路一带,高楼洋房林立,在高楼洋房中到处可见美轮美奂的商店,这些商店的外部装饰与内部装潢都十分精美,现代化的汽车在闪闪发光的柏油路面上来回行走。而从这位记者对于近代城市文明的评价——"近代文明无有止境",我们也可以看出当时城市居民对于工商业城市环境的欣赏之情。

而发表于 1934 年《青岛时报》的文章《由龌龊贫病的油菜地到光辉灿烂的中山路》,更为形象地描述了中山路附近繁华的城市景观:"过了

①《青岛之夜》,《青岛时报》,1933 年 8 月 13 日。转引自马树华:《"中心"与"边缘":青岛的文化空间与城市生活》,华中师范大学博士学位论文 2011 年,第 38 页。

国民桥,踏上了天津路,映进了眼帘是立体的近代建筑物",在这些建筑物内布满了商店,商店中整齐地排列着各式各样的精美商品,青岛百货公司中堆放着全国各埠运来的手工制和机制的国货与西方的舶来品。而来到中山路上,人们可以看到,平坦的柏油马路上,行驶着1934年式之雪佛兰、福特等各种汽车,各种"摩登男女,东西洋人,小市民,小官僚,新闻记者,……交织成市中心的人口,咯咯的皮鞋声,木屐声,应和着无线电收音机,成为一九三四年春青岛的新交响乐",上述景象再加上戏院、国际俱乐部、外国军舰,"妆扮出青岛是一个近代的都市"①。由《由醌酲贫病的菠菜地到灿烂光辉的中山路》这篇文章中所描述的城市景观,我们可以发现,工商业城市环境对于当时的城市居民有一种极大的审美诱惑力,这种新型的城市环境成了居民的审美对象,并形成了一种十分流行的审美时尚。更为重要的是,这种城市景观对来自农村的人们也会形成一种审美冲击。在"新感觉派"作家施蛰存的作品《春阳》中,我们可以看到,这种城市环境的光影对于乡下人"蝉阿姨"的审美诱惑:宽敞的街道上行驶的每一辆汽车都闪烁着"崭新的喷漆的光",商店中"每一扇玻璃橱上闪耀着各方面投射来的晶莹的光",远处高楼大厦的屋顶上"辉煌着金碧的光",这一切的光影变幻使得"蝉阿姨"的心情特别愉悦,"天气这样好,眼前的一切都呈着明亮和活跃的气象"。② 由上可知,在小说《春阳》中,施蛰存通过对"蝉阿姨"的心理描写,表现了上海十里洋场的城市景观对于农村居民产生的审美愉悦,从而展现了人们环境审美观念的巨大改变。

第二个层面体现在对于新生活观的推崇。随着人们对城市景观的审美追求,我国传统的生活方式被视为过时与落后,人们的生活观也出现了很大的改变,在追逐近代物质文明的过程中,形成了新的生活观念。而这些新的生活观念的形成又反向进一步推进了晚清时期工业文明审

---

① 《由醌酲贫病的菠菜地到灿烂光辉的中山路》,《青岛时报》,1934年2月4日。转引自马树华:《"中心"与"边缘":青岛的文化空间与城市生活》,华中师范大学博士学位论文2011年,第39—40页。

② 施蛰存:《春阳》,《善女人行品》,上海:上海书店出版社1986年版,第101页。

美观的生成,从而促进了新的环境审美趋势的形成。

这些新的生活观念表现在以下三个方面:

第一,对于时髦的追赶。当时的审美消费观念中,"时髦"之物就是美的、好的,"时髦"之物只要一出现,就会受到当时人们的追捧与青睐,从而人人争相效仿。这种对于"时髦"的追求十分极端地表现在上海市民的审美消费之中,上海市民追求"时髦"的消费时尚可以称得上独领风骚,对于"时髦"的追赶不仅是上海女性的审美追求,而且上海的男性也成为这种时尚追求的追随者。这种审美消费时尚在上海表现如此突出是有其内在的原因的,在晚清时期的北方工商业城市中,"来自北方政治中心的意识形态化了的儒教对经济利益和物质消费总是持一种保守的心态,认为一味追求利益会动摇人的心性,影响社会安定;超出礼仪之外的消费又会有损个人的德行,有伤风化,甚至会有僭越的政治风险。因此,虽然其所信奉的孔圣人有'食不厌精,脍不厌细'的言论,但思想深处却对审美消费有一种本能的抵触"。① 但是对于江南地区而言,本身商品经济相当发达,而且远离政治中心,该地区的人们对于审美消费不存在心理的抵触,因而在工商业城市发展的推动下,形成了与北方不同的审美消费观念。而对于上海而言,由于其五方杂处的城市环境,江南地区注重审美情趣的生活特质在上海表现得十分充分,这种注重审美情趣的消费观念也十分符合其城市商业的发展与繁荣。正因为如此,随着城市经济的发展,以江南移民为主的上海市民阶层不满足于物质生活的提高,他们更加期盼精神文化生活的满足,从日常生活审美消费的层面对于精神文化生活提出了新的需求,因而上海市民阶层从文学、园林艺术、衣食住行等与日常生活密切相关的方面形成了一种审美消费的追求。并且,这种追求在当时的上海市民社会促成了一种崇尚审美消费的社会风气,这种社会风气在上海消费社会中愈演愈烈,成为上海市社会生活的审美特色。这种审美消费的社会风气十分突出地表现在上海市民对

① 姜晓云:《研寻江南都市文化的美丽精神》,《江苏社会科学》,2006 年第 4 期。

于衣饰的重视上,当时的上海市民,无论是富商阶层,还是有一定资产的中产阶层,都十分注重对服饰的讲究。鲁迅曾撰文对民国时期上海市民对服饰的注重进行过描绘:"在上海生活,穿时髦衣服比土气的便宜。如果一色旧衣服,公共电车的车掌会不照你的话停车,公园看守会格外认真的检查入门券,大厅子或大客寓的门丁会不许你走进正门。所以,有些人宁可居斗室,喂臭虫,一条洋服裤子却每晚必须压在枕头底下,使两面裤腿上的折痕天天有棱角。"①虽然鲁迅在此描述的是民国时期上海的社会风气,但这种描述对于晚清时期的上海依然有效。上海市民的日常消费在这种对时髦的求索中愈来愈趋于审美化,对于这种审美消费时尚,当时的上海报刊进行过许多的报道与描绘。1897 年 7 月 14 日的《申报》就有文章提到:"沪上习俗之标新立异,更变无常。有客籍之人旅游过此者,谓之较之两三年前街市有不同焉,车马有不同焉,衣服有不同焉,一切器玩饮馔以及寻常日用酬酢往来之事各有不同焉,以沪上求时新其风气较别处为早,其交易较别处为便。而不知在土著之人观之,则凡诸不同者,不待两三年也,有一岁而已变者焉,有数月而即变者焉。"②成书于民初的《中华全国风俗志》对于晚清时期上海人的时髦追赶也进行了形象的描述:"上海人最喜用新字,无论何种……若冠一新字于其上,遂觉件件皆新,一新而无不新。"③但是这种追求时髦的审美消费时尚由于缺乏有效的引导,在形成与发展的过程中存在一定的盲目性,当时上海的报纸就对此进行过批评:"此邦之人狃于时尚,惟时之从,一若非时不可以为人,非极时不足以胜人。于是妓女则曰时髦,梨园竞尚时调,闺阁均效时装,甚至握管文人亦各改头易面,口谈时务以欺世子。"④

---

① 鲁迅:《南腔北调集·上海的少女》,《鲁迅全集》第四卷,北京:人民文学出版社 2005 年版,第 578 页。
②《申报》1897 年 7 月 14 日,转引自乐正:《近代上海人社会心态(1860—1910)》,上海:上海人民出版社 1991 年版,第 112 页。
③ 胡朴安:《中华全国风俗志(下编)》,石家庄:河北人民出版社 1986 年版,第 213 页。
④《释时》,《申报》1897 年 7 月 14 日,转引自乐正:《近代上海人社会心态(1860—1910)》,第 111 页。

　　第二，对于洋货的推崇。随着晚清通商口岸的设立，西方的物品大量地进入我国的工商业城市，这些物品不仅具有西方近代科技的审美特质，而且也带有异域的审美特色。这些西方的舶来品逐渐地被晚清时期的人们所认可，从而渗入到人们的日常生活之中。对于洋货的推崇不仅充分地表现出当时的崇洋心理，也表达了当时审美消费时尚的流行。道光年间，城市中的上层社会享用洋货逐步成为消费时尚，当时发达的工商业城市已经在上层社会的引领下开始形成崇洋的社会风气。"凡物之极贵重者，皆谓之洋，重楼曰洋楼，彩轿曰洋轿，衣有洋绉，帽有洋筒，挂灯曰洋灯，火锅名为洋锅，细而至于酱油之佳者亦名洋酱油，颜料之鲜明者亦呼洋红洋绿。大江南北，莫不以洋为尚。"①而到了19世纪末期，随着通商口岸的进一步增加，洋货的影响力持续稳定地增长，洋货不仅充斥于口岸城市的商店，而且也深入到周边的中小城镇，甚至在一些乡村也能发现洋货的踪影。直隶玉田的人们就经常消费洋货，"饮食日用曰洋货者，殆不啻十之五矣"②；而在云南昭通等偏僻之地，也能看到各种哔叽、羽纱、钟表、玻璃等洋货商品，其价格"并非贵得惊人"③，从而成为当时普通民众日常生活中消费的产品。

　　第三，奢侈消费观念的形成。由于传统耕读传家思想的影响，我国传统社会在消费理念上一般都崇尚节俭、力戒奢侈。张履祥在《补农书》中推崇耕读传家思想，并且强调"务本节用"④对于家庭与国家的重要意义。曾国藩在家书中指出："无论大家小家，士农工商，勤苦俭约，未有不兴，骄奢倦怠，未有不败。"⑤在此，曾国藩充分地意识到节俭对于家庭建构的重要性，从而反对奢侈消费。但到了19世纪末期，随着新型工商业

---

① 陈作霖：《炳烛里谈》，转引自陈登原：《中国文化史》下册，北京：商务印书馆2014年版，第300页。

② 姚镐编：《中国近代对外贸易史资料（1840—1895）》第2册，北京：中华书局1962年版，第1106页。

③ 姚镐编：《中国近代对外贸易史资料（1840—1895）》第2册，第1106—1107页。

④ 〔清〕张履祥撰，陈祖武点校：《杨园先生全集》，第1109页。

⑤ 〔清〕曾国藩撰，王澧华、向志柱注释：《曾国藩家训》，长沙：岳麓书社1999年版，第1页。

的发展和城市商业气氛的进一步形成,传统的消费理念逐步瓦解,消费风气在商业文化的推动下发生了巨大的改变。虽然传统的上海社会呈现出传统节俭的消费风习,"士习诗书,民勤耕织,俗尚敦厚,少奢靡越礼之举"①,但随着时代的发展,19世纪70年代以后,上海的报刊上就曾经进行过有关俭与奢的消费理念讨论。1874年《申报》有文章对崇俭禁奢的观念提出了质疑:"夫人之奢侈者,精其食,美其服,奇巧其器具,各习是也。乃吾静夜自思,假设一邦之富人食必糙米,服必布衣,用必粗恶之具,则营业工匠自食其力之人又何以自鬻其技能?安能各臻于富乎?民不能自富,国又何由富乎?……使诸只用朴素粗恶之物,则国仅有朴素之物,又何以臻于富耶?惟奢侈之人爱求精巧之物,是以鼓励皆精巧,又为分财与人之道也。……此实利国之奥妙,非属纸上空谈者。"②1877年《申报》上有一篇题为《论治世不必偏重节俭》的文章认为,随着时代的发展,国家没有必要推行节俭之策,节俭的传统美德"可行诸三代以上,不能行之三代以下也"。"繁华之事皆哀多益寡,以有济无道也。行之何害?禁之何为?""裕国足民之道,不在乎斤斤讲求崇尚节俭,盖自有其道也。此道若得,则上下皆富矣,何至有患贫之时哉?区区节俭又何足道哉?"③更有甚者,有的文章从富国与富民的层面对禁奢与崇俭提出了新的见解:"(假)使上之人纵而禁之,则资壅而不流,财积而不散,而贫民之藉贸易工作以日谋衣食者,将无所措手足矣。""崇俭能久,此特为一身家之计耳,非长民者因俗为治之道也。"④由此可见,在时代发展的过程中,人们开始从新的视角重新审视这种传统的崇俭禁奢观念,并对这种传统的消费观念进行了质疑,从而在实际的消费活动中逐步摆脱这种观念的束缚。但是,晚清时期的奢侈消费虽然源于对传统观念的破解,但这种

---

① 黄苇、夏林根编:《近代上海地区方志经济史料选辑:1840—1949》,上海:上海人民出版社1984年,第342页。
②《申报》1874年12月1日,转引自乐正:《近代上海人社会心态(1860—1910)》,第100—101页。
③《申报》1877年2月28日,转引自乐正:《近代上海人社会心态(1860—1910)》,第101页。
④《申报》1872年5月21日,转引自乐正:《近代上海人社会心态(1860—1910)》,第101页。

奢侈消费在当时的环境中存在着畸形发展的趋势，而这种畸形发展的奢侈之风最终导致了晚清城市风气的败坏。

第三节　晚清工商业城市环境建构的反思与出路

晚清工商业城市环境美学思想已经开始反思不合理的城市景观设计与不健康的城市风气，并在这种反思的过程中，寻求城市环境审美建构新思路。

一、"城市病"的出现

城市病的出现一方面表现在城市规划的不合理，造成城市与自然的脱离，城市的生态环境出现问题，城市污染日趋严重；另一方面，城市奢侈之风盛行，导致城市风气的破败。

1. 城市环境的污染

我国晚清工商业城市由于过度关注商业与工业的发展，造成城市的不合理规划；再加上对于工商业景观审美的过度关注，人们对城市环境的人工景观特别青睐，这在很大程度上导致人们对城市自然景观的漠视，进而造成城市与自然的分裂。正由于城市整体规划的不合理与自然景观的缺席，我国晚清工商业城市的生态环境出现了严重的问题。

晚清工商业城市环境存在的问题，并不主要体现在工业企业对于环境的污染，而主要体现在城市街道环境与社区环境的肮脏与污染，并且这种肮脏与污染的环境严重地影响城市居民的健康生活。英国伦敦会医药传教士雒魏林（William Lockhart）在 19 世纪中叶左右在我国传教行医达到二十年，当他 1843 年到达上海后，他对于上海当时的卫生状况进行如此描述：外国人进入上海，他们都会对上海公共卫生水平的糟糕状况感到吃惊，这种糟糕状况在城市的夏季体现尤其明显。天气炎热的夏天，城市的街道上人流涌动，街道狭窄拥挤，经常能看到多个家庭挤住在同一个狭窄的地方。整个城市没有完善的沟渠卫生清洁管理条例，还有一些人以捡拾破烂为生;而且地下排水系统也极不完善,从而导致排水沟经常成为一个个的污水池,散发出恶臭的气味,污染着城市的空气。在雒魏林看来,这些城市环境的污染都可能会引发与滋生各种传染性的疾病。① 当时的海关医生亨德森(Henderson)在其任职期间,将上海生活在船上的人们与生活在城市中的人们进行了比较观察,结果他发现两者在卫生状况上都极其糟糕。他指出,"住在船上的人"与"有些居住在陆地上的人"在生活上都极不注意,两处的人们都忽视必要的保健措施,从而使得其死亡率远远高于"此地应有的数字"。由此,他对于上海城市环境的卫生状况做出了一个令人震惊的结论:当时世界上任何一个港口都比上海港更加卫生。而且作为一个外国人,他也很无奈地认为,任何一个欧洲人来到中国之后,都不可能按照欧洲人的卫生标准来安排自己的生活。② 由上可见,上海为沿海开放城市,同时也是我国晚清工商业城市的代表,其城市环境的污染尚且十分严重,其他的沿海开放城市环境状况也存在同样的问题。至于内陆地区的近期工商业城市,其城市环境污染情况有过之而无不及。当时的首都北京街道,晴天的时候灰尘弥漫,雨天的时候遍地泥泞;街道上随处可见人畜的粪便,街道两边的露天水沟散发出各种难闻的气味。③ 1821 年,俄罗斯的传教士就对北京的春天有过这样的描述:"全年淤积起来的所有脏物都堆积在大街上,空气中充满了难闻的气味。"而即使到了 20 世纪初期,北京城市环境的污染情况依然没有得到有效的改观,弥漫街道的灰尘与臭味仍然是前来北京参观游玩的游客们最难忍受的。④ 而在西南的成都,城市环境的状况也令人担忧。法国旅行者马尼爱如此描述当时成都的城市环境:"迨既入其

---

① William Lockhart. The Medical Missionary in China:A Narrative of Twenty Years' Experience. London:Hurst and Blackett,1861,pp. 36 - 37.
② 徐雪筠:《近代上海社会经济发展概况(1882—1931)——〈海关十年报告〉译编》,上海:上海社会科学院出版社 1985 年版,第 20 页。
③ 史明正:《走向近代化的北京城——城市建设与社会变革》,北京:北京大学出版社 1995 年版,第 15 页。
④ 史明正:《走向近代化的北京城——城市建设与社会变革》,第 109—116 页。

境,则殊觉恶陋无比。自郭外及城中,随路秽积,不可向迩。……所经房屋,秽败摧朽,如人身之患大麻疯,无一块好肉。"①由此可见,只要进入当时的成都市,人们就会觉得无比恶陋,从城市外围到城市的中心地带,沿途随处可见堆积的污秽之物,气味逼人,不可靠近;而在城市的大街小巷行走,经常必须跨过垃圾堆,而且沿途臭气扑面而来;街道两边的房屋,"秽败摧朽",令人观感十分不好。

　　由上可知,在外国人的眼中,我国晚清工商业城市的城市街道"狭窄、弯曲、凹凸不平、肮脏不堪、臭气熏天"②。这种印象虽然可能有过激之处,而且也不可能完全说明我国晚清工商业城市的环境状况。但从上述外国人的描述中,我们可以相对清晰地了解到,当时的城市环境的确存在很多的问题,由于这些环境问题,外国人对于我国晚清时期城市的整体观感不佳。从我国当时的国民对于城市的印象中,我们也可以看出,国内的人们也对当时的城市环境诟病不止。1894年广东发生严重的鼠疫,本来上海只是作为一个事不关己的旁观者,但在1894年5月13日,经由上海开往外洋的法国公司轮船抵在广东香港后,不愿承接当时港中的货物与客人。这就使得上海意识到,基于当时上海与香港两地经济联系的密切性,这场遥远的鼠疫其实并不遥远,而是与其息息相关,上海也不是旁观者,而是一个完全的参与者或者可能的受害者。而借此契机,当时上海的《申报》从鼠疫流行的原因分析入手,对上海的城市环境进行了严厉的批判。1894年6月27日,《申报》头版头条刊登文章《去秽所以祛疫说》,从上海市厕所存在的问题入手,将城市环境问题提高到"爱民"的层面;同时,文章还将上海市租界地区与非租界地区的环境进行了比较,"租界地较之非租界,则一秽一洁,已有上下床之别";在此基础上,重点对租界与非租界的坑厕进行了对比分析,非租界地区的坑厕,气味难闻,即使是冬天经过坑厕所在地域都秽气逼人,不可忍受,而到了

---

① 四川省政协文史资料研究委员会编:《四川文史资料选辑第20辑》,成都:四川人民出版社1979年版,第26—27页。
② (美)罗斯撰,公茂虹、张皓译:《变化中的中国人》,北京:中华书局2006年版,第1页。

夏天,则"满城皆污秽,即不见坑厕,而秽气亦扑入鼻。观掩而过者,几欲闷死",从而造成居住在城中的居民"如终年在鲍鱼之肆",并进而造成"鼠疫诸症,感而即发"①,严重地影响城市居民的安居。由此可见,当时来华的外国人对于我国城市环境的描述并不是对我国城市的刻意歧视与故意抹黑。当外国人对我国当时城市的批评言论反馈到我国时,国内的人们也是深有同感的。的确,由于当时我国各界对于城市的整体环境并不关注与重视,这导致了城市环境污染问题十分严重。

2. 城市风气的破败

在约开商埠与自开商埠的推动下,我国晚清工商业城市得到了快速的发展。由于开放商埠的城市地理位置的优越性,城市工商业发展十分迅速,城市人口数量也迅猛增长,再加之清末处于新旧消费观念的转折期,清政府没有能够正确地加以引导,故而在晚清工商业城市的快速发展过程中,开埠城市的风气呈现出一种破败的状态。随着西方文化的输入与消费观念的引入,晚清工商业城市的居民在盲目地追赶时髦与崇洋的过程中,城市奢侈消费的风气十分流行。许多城市商人为了自我炫耀,一旦家庭有婚嫁丧葬,刻意地追求盛大的排场,力图通过这种奢侈的排场获得社会的认可与实现自身的社会价值。"商人们讲求体面排场,追求奢侈豪华,相互攀比,斗富争雄,为的是得到某种优胜者的快感,为的是向人们证实自己的社会价值。"②此外,许多的城市富商盲目地推崇与过分地模仿西方的生活方式,经常出入于娱乐场所,以赌博作为日常的消遣。

随着上述消费观念与生活方式的改变,城市的社会风气日益呈现出一种破败的状态,在开放商埠的这些城市中,嫖妓、赌博、吸食鸦片等行为日益流行。上海在开埠以后,"因名副其实地被当作世界上最邪恶的城市之一而闻名"。1864年,英国驻上海的领事巴夏礼在一次租地人大

①《去秽所以祛疫说》,《申报》1894年6月27日,转引自曹树基:《1894年鼠疫大流行中广州、香港和上海》,《上海交通大学学报(哲社版)》,2005年第4期。
② 乐正:《近代上海人社会心态(1860—1910)》,第99页。

会上提到,公共租界与法租界内华人居住的一万所房子中有 668 所是妓院,而且,吸食鸦片的场所与赌博的地方多得不计其数。萨默塞特公爵在 1869 年访问上海后,将上海称为"罪恶的渊薮",他的这种表述使得侨居上海的教会人士十分痛心。① 上述的言论表现了当时上海的城市风气在外国人眼中的印象,这并没有过多的失实之处,国内不居上海的外地人对于当时以上海为代表的工商业城市风气的破败也是深有体会的。李伯元的小说《文明小史》就对此有相关的表述。《文明小史》所反映的时代背景是 1900 年庚子事变后面临激烈动荡变革的中国社会,它深入地描述了西方文明进入中国之后在抵制之后被接纳,接纳之后被扭曲的历史过程,在对这个历史过程的描述中,它也涉及了对晚清工商业城市风气的批判。在小说的第十四回中,贾子猷、贾平泉、贾葛民三兄弟想去逛上海,他们的母亲听后无语,但三兄弟逛上海之心甚为坚定,其母亲叹了一口气说,上海并不是好地方,老一辈的人常提到,年轻人只要一到上海,就没有不学坏的,而且,上海当地"浑帐女人极多,化了钱不算,还要上当"。由此可见,在当时普通人的眼中,上海就是一个大染缸,社会风气极其不好,很容易将人带入歧途。包天笑在《钏影楼回忆录》中提到,他初到上海时,对于夜茶馆等场所是不敢去的,当时苏州的老人家是不允许他们的晚辈们去上海的,因为在清代末期,苏州人对于上海是没有好印象的。苏州人认为,上海不是一个地方,而是一个黑色的大染缸,堕落进去就洗不清了。② 而对于当时居住在上海的居民来说,上海依然不是一个心旷神怡之地。1898 年的《新闻报》有文章提到,在当时的上海居民看来,上海租界地带华洋杂处,听到的与看到的都十分奇诡,商铺中各种珍货罗列,光怪陆离,无所不有,男女的服饰与别的城市差别甚大;每天下午的 3 至 5 点,租界内"香车宝马络绎纵横,衣香鬓影往来不绝",夜晚时分,租界内街道在电灯的照耀下如同白昼。偶来上海之人见此情

---

① (美)罗兹·墨菲撰,上海社会科学院历史研究所编译:《上海——现代中国的钥匙》,上海:上海人民出版社 1986 年版,第 8 页。
② 包天笑:《钏影楼回忆录》,香港:大华出版社 1971 年版,第 180 页。

景,不自觉地就会"目眩心速",疑为天堂之想;但久居此地者的感受则与之完全相反,作者作为久居上海之人,当他与朋友出去散步时,随处可见"妓女之淫亵,流氓之恣横,市侩之鄙俚,纨绔之骄纵",想要寻求一种心旷神怡之境界完全不可得。①

对于当时上海社会风气的败坏,当时上海的报纸就从人们追求服饰时髦华丽入手对此进行批判。1903 年 1 月 19 日的《申报》就有文章指出,追求服饰的时髦多变必然会导致人心混乱,从而造成"奋往之心无从振,忠爱之心无从生",形成"奸诈之心,贪婪之心,偏私之心,迂谬之心"的流行,进而导致社会风气变坏。②《东方日报》1908 年的文章《论学术与道德相离之危险》则指出,追求服饰时髦华丽会造成社会道德的堕落,而道德的堕落必然会引起城市风气的败坏,文章以一种极端的方式认为,"文明所至之处即腐败道德所生之地"。并且认为,物质文明与精神文明呈现出一种反比例的关系,物质文明愈进步而精神文明愈退步,随着物质文明的进步,人类智勇兼备,但道德荡然无存。并据此指出世界风俗的发展规律是"由朴而奢,由真而入伪,由敦厚流于浇漓",从而得出了"国愈开化,风俗愈下"的悲观结论。③ 但学者的这种对于社会风气的批判并没有起到太大作用,民国时期的上海依然是一个奢侈消费与纵情享乐的城市,并且城市风气的败坏有增无减。1913 年 5 月 9 日的《时报》就刊文指出了这种社会风气败坏对于当时人们的不良影响:"今之沪上,一般士人无论学界或商界,每有聚数十同志创为俱乐部者。……麻雀也、牌九也、鸦片也、酒食也、叫局也,群居终日,言不及义。少年子弟趋之若鹜,乐而忘返。……是直秘密之销金窟耳。"④由此,我们可以看出,文章指出的这些奢侈消费方式在过去更多流行于上流社会,但到了民国

①《新闻报》,1898 年 7 月 28 日,转引自乐正:《近代上海人社会心态(1860—1910)》,第 119 页。
②《申报》,1903 年 1 月 19 日,转引自乐正:《近代上海人社会心态(1860—1910)》,第 117 页。
③《论学术与道德相离之危险》,《东方日报》1908 年第 5 卷第 3 期,转引自乐正:《近代上海人社会心态(1860—1910)》,第 118 页。
④《时报》,1913 年 5 月 9 日,转引自朱英:《近代中国经济发展与社会变迁》,武汉:湖北人民出版社 2008 版,第 106 页。

时期,这些方式十分流行,成为普通的上海人追求的生活方式,成了一种十分流行的社会风气。1913 年 10 月 13 日的《申报》有文章指出,近来上海经济从内里看日渐干涸,但从表层的社会风气看则日趋奢华,城市中夜以继日进行着奢华的酒席与娱乐,人们"娶妾押妓,争豪角胜。一宴之费可破十家之产,一博之资可罄九年之蓄"。① 由此可见,当时上海的社会风气败坏到了一种十分严重的地步。

二、晚清工商业城市环境审美建构的思路

晚清工商业城市审美建构的思路表现在以下两个方面:

1. 抛弃华洋杂糅的城市环境建构理念

自从 1845 年英国通过《上海租界章程规定》在上海获得设立租界的权利开始,我国晚清时期的工商业城市规划与建设就呈现出华洋杂糅的局面。而随着西方城市规划理念与实践在我国传统城市的实施,我国传统城市向工商业城市的转型中,其城市环境的建构呈现出一种华洋强行嫁接、互相杂糅的态势。

西方国家在我国城市进行租界建设的时候,更多地从自身的需要与利益出发,而不会考察租界与原有城区的协调搭配,这导致了城市的畸形发展与整体性的缺失,最终造成了城区互相嫁接拼贴的城市格局。尤其是上海、天津、汉口与广州等城市,由于这些城市有多国的租界,一方面各国租界的规划与建设彼此之间没有统一的协调,建筑的规划呈现出一种零散的状态;另一方面,各国租界与原有城区也缺乏良好的联系,新旧城区的建筑对立十分明显,从而造成城市建筑缺乏整体感。而就具体的单体建筑而言,在 19 世纪华南与华中各开放商埠中,"买办式"的建筑大量出现,体现了中西建筑的强行嫁接,这种"买办式"建筑的修建,"由于找不到外国建筑师,设计图是由外商绘制,由中国建筑师加以修改,使

---

①《申报》,1913 年 10 月 13 日,转引自朱英:《近代中国经济发展与社会变迁》,第 106 页。

之适合本地材料和中国技术"①。

由于华洋杂糅的城市建设态势,我国工商业城市虽然在西方文化的推动下逐步向近代城市转型,但是这些城市是由传统的封建城市与商业城镇转化而成。在转化的过程中,这些城市由于缺乏整体性的城市规划与设计,无法对城市周边乡村形成有效的辐射,因而它们与传统的乡村难以形成合理的互动。基于此,这些城市的文化环境无法形成一种统一的氛围,从而形成了本土的传统文化与西方的近代文化、本土的农业文化与西方的工业文化互相对立的城市文化环境。鲁迅就对这种对立的文化进行过形象的描述:"中国社会上的状态,简直就是将几十世纪缩在一时:自油松片以至电灯,自独轮车以至飞机,自镖枪以至机关枪,自不许'妄谈法理'以至护法,自'食肉寝皮'的吃人思想以至人道主义,自迎尸拜蛇以至美育代宗教,都摩肩挨背的存在。"②鲁迅在此描述了本土文化与西方文化是一种"摩肩挨背"的存在态势,虽然是"摩肩挨背",但更多的是以一种对立与冲突的方式共存。虽然鲁迅的这种描述直指的是民国初期的城市文化环境,这种描述其实符合19世纪中后期我国工商业城市文化环境的实际情况。因此,华洋杂糅的城市建设必然会导致本土文化与外来文化的二元对立;而且这种二元对立的城市文化环境会带来极其严重的负面影响。

这种负面影响一方面体现在城市市民对于西方外来文化产生一种盲目崇拜的心理,从而对之产生一种文化的依附性。随着西方文化的强势输入,其强烈的异域特质对于城市居民有极大的吸引力,其中最为明显的是对于洋货的推崇,使用洋货不仅成为城市上层阶层的时尚,而且也引起了城市下层民众的审美关注。这种华洋杂糅的城市文化环境正如华洋杂糅的城市建设一样,都是中西方文化的强行嫁接,这种强行嫁接不仅导致人们对西方文化有雾里看花之感,从而造成对

---

① 戴斯:《上海租界居住三十年回忆:1870—1900》,转引自(美)郝延平撰,李荣昌等译:《十九世纪的中国买办:东西间的桥梁》,上海:上海社会科学院出版社1988年版,第271页。
② 鲁迅:《鲁迅全集》第1卷,第344页。

于西方文化的片面解读,而且也会使人们强行将西方文化进行同化,在同化的过程中采用一些非正常的方式与手段,从而形成一些非常怪异的文化表达形式。当华洋杂糅作为一种普遍存在的城市文化现象,它就造成了两种文化非有机结合的文化态势。在语言使用上,上海就形成了在英语词汇的基础上采用中国语法的"洋泾浜"英语。而在日常生活习俗中,中西嫁接式的打扮在当时的工商业城市中随处可见。张焘在《津门杂记》中就对此进行了形象地描述,在天津的紫竹林通商码头,住在此处的广东人甚多,因为广东与外国通商最早,"得洋气在先,类多效泰西所为",他们学习西方人以纸卷烟吸食之;在衣襟下方缝制布兜,放置零物以便拿取。最近,天津人习得这些生活习惯,"衣襟无不作兜,凡成衣店估衣铺所制新衣,亦莫不然。更有洋人之侍僮马夫辈,率多短衫窄袴,头戴小草帽,口衔纸卷,时辰表练,特挂胸前,顾影自怜,唯恐不肖"①。

　　这种负面影响另一方面体现在严重地腐蚀了当时城市的社会风气。中西文化在城市中互相对立,两种文化都无法获得主流的位置,从而导致社会的道德处于一种无所制约的状态,这种松散的缺乏约束的社会道德状态必然会造成社会风气的持续下滑。这种情况在上海表现得最为明显,"上海是两种文明会合,但是两者中哪一种都不占优势的地方"。在上海的外国人眼中,中国甚至是上海都是化外之地,他们在上海行使着最大的自由权利,中西的道德对他们来说是毫无意义的。而对于居住于上海的中国人而言,我国传统的道德是无法限制他们的,"对华人来说,上海同样是不受限制的,那些选定来此过新生活的人,例如商人,由于上项选择而与传统中国及其所行使的维护道德的约束断绝关系。另有一些在饥荒或内战时期漂泊到市区内,或者从乡间拐骗出来充当私家奴仆的人,就此失去家庭联系,这种境遇在传

---

① 〔清〕张焘撰,来新夏主编:《津门杂记:天津事迹纪实闻见录》,天津:天津古籍出版社1986年版,第137页。

统中国,便是衣食无靠、道德败坏。其中不少人沦为娼妓,那是不足为奇的。"①

由上可见,抛弃华洋杂糅的城市建设思路,首先可以实现城市规划的统一性,促进城市健康和谐的发展;其次,可以有效地实现城市的辐射与引领作用,从而防止工商业游离于广大的乡村之外;再次,可以促成城市居民对于本土优秀文化的自信心,防止盲目地崇拜外国文化;最后,可以促成良好城市风气的建构。

2. 田园城市的发展思路

晚清时期,我国工商业城市逐步由传统城市向近代城市演变和发展,而在这种演变和发展的过程中,城市功能的转型逐步形成了城市发展思想的改变。英国学者埃比尼泽·霍华德(Ebenezer Howard)的"田园城市"理论在此时期引入了中国。1898年霍华德在《明日:一条通向真正改革的和平道路》一书中提出了"田园城市"理论,这种理论的提出基于霍华德对近代城市发展中出现的问题的反思。他意识到,虽然近代城市的发展在促进物质、文化与社会进步方面起到了十分重要的作用,但这种近代城市的无序发展一方面造成了乡村的停滞与落后,另一方面也造成了城市生活中出现了过度的两极分化与资源浪费,城市居民越来越远离自然环境。因此,这种理论的提出虽然是从近代规划入手,但其实质是倡导一种重大的城市革命与社会变革。正如芒福德在此书1946年版的序言中提到的一样:"霍华德把乡村与城市的改进作为一个统一的问题来处理,大大地走在了时代的前列;他是一位比我们许多同代人更高明的社会衰退问题诊断家。"②因此,霍华德提出的"田园城市"理论,重点针对的问题是,在工业化的时代背景下,如何实现城市环境的宜居,如何实现城市与自然的融合。而为了解决这些问题,近代工商业城市的发

①(美)罗兹·墨菲撰,上海社会科学院历史研究所编译:《上海——现代中国的钥匙》,第10—11页。
②(英)埃比尼泽·霍华德撰,金经元译:《明日的田园城市·译序》,北京:商务印书馆2000年版,第16页。

展必须有效地消解城市吸纳人口的功能,只有将这种功能加以合理地移植与理性地控制,城市才会在与自然的融合中形成宜居的环境。由此可见,霍华德提出的"田园城市"理论力图从社会改革的层面对传统的城市化道路进行强力的反驳,力图用城乡融合的城市建设思路替代城乡对立的城市建设思路,从而实现社会结构形态的改变。① 因此,霍华德所说的"Garden City"(田园城市)强调"城市和乡村必须成婚,这种愉快的合作将迸发出新的希望、新的生活、新的文明。"②由上可知,霍华德倡导的田园城市其本质上是一个能够促成城市与乡村协调发展的城乡结合体。③

　　霍华德的"田园城市"理论在晚清时期传入中国之后,在城市管理者与市政学者的共同努力下,从晚清开始,我国的城市建设过程中就开始进行"田园城市"理论的建设实践,并且随着晚清与民国时期工商业城市理论研究与城市建设实践的推动,"田园城市"理论产生了一定的社会影响。孙中山在《治国方略》的《实业计划》这一部分中计划将广州建成一座花园都市:"广州附近景物,特为美丽动人,若以建一花园都市,加以悦目之林囿,真可谓理想之位置也。广州城之地势,恰似南京,而其伟观与美景,抑又过之。夫自然之原素有三:深水、高山与广大之平地也。此所以利便其为工商业中心,又以供给美景以娱居人也。珠江北岸美丽之陵谷,可以经营之以为理想的避寒地,而高岭之巅又可利用之以为避暑地也。"④此处的"花园都市"是由英文"Garden City"英译而来⑤,由此可见,孙中山是想将广州建成霍华德主张的"田园城市"。但从上述引文的表述来看,孙中山侧重于城市自然景观的打造,而没有更多涉及霍华德所言的城乡互融的社会改造目标。1928年,当时的广州市长林云陔在《广州

---

① 金经元:《近现代西方人本主义城市规划思想家》,北京:中国城市出版社1998年版,第45页。

② (英)埃比尼泽·霍华德撰,金经元译:《明日的田园城市》,第9页。

③ 李金旺:《基于可持续发展的城市规划及管理研究》,武汉:湖北人民出版社2007年版,第139页。

④ 孙中山撰,牧之等选注:《建国方略》,沈阳:辽宁人民出版社1994年版,第164页。

⑤ 参见冯江:《广州变形记:从晚清省城到民国第一座现代城市》,清华大学建筑学院主编:《城市与区域规划研究》,北京:商务印书馆2013年第1期,第113页。

市政府施政计划书》中重新提出，最新的城市设计应当以"田园城市"为最佳方案，并且指出，假如不拓展城市区域将郊外村野包括进来就无法实现"田园城市"的目标。因此，他认为，为了将广州建成田园城市，当务之急就是拓展城市的区域。① 当时的市政学者殷体扬则针对当时的城市发展状况提出自己的理论见解："现在社会发生一个大问题，就是如何使城市具有乡村的生趣，如何使乡村兼具城市的利益。为要达到这个目的，不能不使城市乡村化、乡村城市化，而田园都市的理想就是应这种需要而生，也可说是达到这目的最妙的方法。"② 而且，市政专家也受到"田园城市"理论的影响，并于1930年代末展开了建设"成都新村"的实践计划。当时的市长杨全宇曾说："成都为西南文化及政治中心……因此我们现在应该大家尽力，替成都市的将来，立下一个稳固的基础……我们要努力建设新成都。"③ 按照这一计划，成都实行了功能分区，即城北火车站附近一带为工业区，城内及城东牛市口沙河铺一带为商业区，城南一带为居住区。④

非常遗憾的是，晚清乃至民国时期的市政规划者对于"田园城市"理论的理解过于狭隘，从而导致在当时的城市建设实践中偏于寻求田园城市物质形态的复现，而忽视了田园城市的社会改造作用。甚至，由于当时历史条件的局限，晚清乃至民国工商业城市对于田园城市的物质形态复现都无法有效完成。

但是，如果当时的市政专家们能够深入地理解霍华德"田园城市"的城市与社会改造的深刻意图，"田园城市"的理论还是有可能为近代的工商业城市环境的改造提供新的审美建构思路。"田园城市"理论能够有效地纠正清末新政提出的城乡分治的城市建构理念，从而引导人们正确

---

① 转引自冯江：《广州变形记：从晚清省城到民国第一座现代城市》，清华大学建筑学院主编：《城市与区域规划研究》，第114—115页。
② 殷体扬：《田园都市的理想与实现》，《学生杂志》，1931年第8期。
③ 杨全宇：《成都市政周报发刊词》，《成都市政府周报（创刊号）》，1939年1月7日。
④ 陈乐桥：《建设"新成都"与都市设计》，《成都市政府周报》，1939年3月11日。

地认识城市与乡村的内在关系。正因为如此，"田园城市"的建设思路不仅可以合理地实现城市与乡村资源的共享，从而在共享的基础上实现城乡资源的优势互补，实现城市与乡村的共同发展；而且，另一方面，田园城市的发展思路也能实现城市人居环境的有效改造。城乡分治的城市建构思路由于城乡之间的内在隔阂造成了城市环境中自然景观的缺席，而田园城市的建设思路在城乡共同发展的基础上能够有效地实现人与自然、人与环境的和谐统一，从而形成自然环境优美的城市人居环境。

主要参考文献

一、中文文献：

（一）古代典籍

〔明〕谢肇淛：《五杂俎》，上海：上海书店出版社 2001 年版。

〔明〕计成撰，陈植注译：《园冶注释》，北京：中国建筑工业出版社 1981 年版。

〔明〕祁彪佳：《祁彪佳集》，北京：中华书局 1960 年版。

〔清〕张履祥撰，陈祖武点校：《杨园先生全集》，北京：中华书局 2002 年版。

〔清〕黄宗羲：《黄宗羲全集》，杭州：浙江古籍出版社 1985—2005 年版。

〔清〕顾炎武撰，黄珅、严佐之、刘永翔编：《顾炎武全集》，上海：上海古籍出版社 2011 年版。

〔清〕顾炎武撰，于杰点校：《历代宅京记》，北京：中华书局 1984 年版。

〔清〕顾炎武：《肇域志》，上海：上海古籍出版社 2004 年版。

〔清〕顾炎武撰，华忱之点校：《顾亭林诗文集》，北京：中华书局 1983 年版。

〔清〕王夫之：《船山全书》，长沙：岳麓书社 2011 年版。

〔清〕李渔：《李渔全集》，杭州：浙江古籍出版社 1991 年版。

〔清〕顾祖禹撰，贺次君、施和金点校：《读史方舆纪要》，北京：中华书局 2005 年版。

〔清〕刘献廷：《广阳杂记》，北京：中华书局 1957 年版。

〔清〕袁枚撰，王英志主编：《袁枚全集》，南京：江苏古籍出版社 1993 年版。

〔清〕李斗撰，王军评注：《扬州画舫录》，北京：中华书局 2007 年版。

〔清〕沈复撰，俞平伯校点：《浮生六记》，北京：人民文学出版社 1984 年版。

〔清〕唐岱、沈源：《圆明园四十景图咏》，北京：中国建筑工业出版社 2008 年版。

〔清〕郑燮撰，卞孝萱编：《郑板桥全集》，济南：齐鲁书社 1985 年版。

〔清〕龚自珍:《龚自珍全集》,上海:上海人民出版社1975年版。

〔清〕张庚、刘瑗撰,祁晨越点校:《国朝画征录》,杭州:浙江人民美术出版社2011年版。

〔清〕笪重光:《画筌》,成都:四川人民出版社1982年版。

〔清〕道济撰,俞剑华标点注译:《石涛画语录》,北京:人民美术出版社1959年版。

〔清〕沈宗骞:《芥舟学画编》,济南:山东画报出版社2013年版。

〔清〕盛大士:《溪山卧游录》,杭州:西泠印社出版社2008年版。

〔清〕朱一新:《京师坊巷志稿》,北京:北京古籍出版社1982年版。

〔清〕魏源:《魏源全集》,长沙:岳麓书社2004年版。

〔清〕魏源:《魏源集》,北京:中华书局1976年版。

〔清〕魏源撰,陈华等点校注释:《海国图志》,长沙:岳麓书社1998年版。

〔清〕张相文:《新撰地文学》,长沙:岳麓书社2013年版。

〔清〕梁启超:《饮冰室合集》,中华书局1989年版。

〔清〕曾国藩:《曾国藩全集》,长沙:岳麓书社1985年版。

〔清〕王韬撰,楚流、书进、风雷选注:《弢园文录外编》,沈阳:辽宁人民出版社1994年版。

〔清〕王韬:《弢园文录外编》,北京:中华书局1959年版。

〔清〕王韬:《瀛壖杂志》,上海:上海古籍出版社1989年版。

〔清〕梁廷枏:《夷氛闻记》,北京:中华书局1959年版。

〔清〕林则徐:《林则徐全集》,福州:海峡文艺出版社2002年版。

〔清〕徐继畬撰,田一平点校:《瀛寰志略》,上海:上海书店出版社2001年版

〔清〕张德彝:《航海述奇》,长沙:湖南人民出版社1981年版。

〔清〕冯桂芬:《校邠庐抗议》,《采西学议———冯桂芬、马建忠集》,沈阳:辽宁人民出版社1994年版。

〔清〕王闿运撰,马积高编:《湘绮楼诗文集》,长沙:岳麓书社1996年版。

〔清〕朱寿朋编:《光绪朝东华录》,北京:中华书局1958年版。

〔清〕伍廷芳:《伍廷芳集》,北京:中华书局1993年版。

〔清〕陈炽撰,赵树贵、曾雅丽编:《陈炽集》,杭州:浙江人民出版社1992年版。

〔清〕郑观应撰,夏东元编:《郑观应集》,上海:上海人民出版社1982年版。

康有为:《康有为全集》,北京:中国人民大学出版社2007年版。

《十三经注疏》,北京:中华书局1979年影印。

(二)今人著作:

吕思勉:《中国文化史》,北京:新世界出版社2008年版。

柳诒徵:《中国文化史》(上、下卷),上海:上海古籍出版社2001年版。

陈望衡:《环境美学》,武汉:武汉大学出版社2007年版。

陈望衡:《中国古典美学史》,武汉:武汉大学出版社 2007 年版。

葛兆光:《中国思想史》,上海:复旦大学出版社 2001 年版。

葛兆光:《古代中国社会与文化十讲》,北京:清华大学出版社 2002 年版。

梁思成:《中国建筑史》,天津:百花文艺出版社 1998 年版。

刘敦桢主编:《中国古代建筑史》,北京:中国建筑工业出版社 1980 年版。

潘谷西:《中国建筑史》,北京:中国建筑工业出版社 2009 年版。

傅熹年:《中国古代建筑十论》,上海:复旦大学出版社 2004 年版。

熊月之:《西学东渐与晚清社会》,北京:中国人民大学出版社 2010 年版。

熊月之编:《上海通史》,上海:上海人民出版社 1989 年版。

侯幼彬:《中国建筑美学》,北京:中国建筑工业出版社 2009 年版。

周维权:《中国古典园林史》,北京:清华大学出版社 2008 年版。

王毅:《中国园林文化史》,上海:上海人民出版社 2014 年版

张家骥:《中国造园论》,山西人民出版社 2003 年版。

陈从周:《园林谈丛》,上海:上海人民出版社 2008 年版。

宗白华等:《中国园林艺术概观》,江苏人民出版社 1987 年版

金学智:《中国园林美学》,北京:中国建筑工业出版社 2000 年版。

贾鸿雁:《中国游记文献研究》,东南大学出版社 2005 年版。

任仲夷:《中国山水审美文化》,上海:同济大学出版社 1991 年版。

刘庆柱:《三秦记辑注》,西安:三秦出版社 2006 年版。

中国圆明园学会编:《圆明园四十景图咏》,北京:中国建筑工业出版社 1985 年版。

杨宝霖编:《可园张氏家族诗文集》,东莞市政协文史资料委员会出版 2003 年版。

朵云编辑部编:《清初四王画派研究论文集》,上海:上海书画出版社 1986 年版。

俞剑华编著:《中国画论类编》,北京:人民美术出版社 1986 年版。

潘耀昌编著:《中国历代绘画理论评注·清代卷》,武汉:湖北美术出版社 2009 年版。

卢辅圣编:《中国书画全书》,上海:上海书画出版社 1993—1998 年版。

周积寅:《中国历代画论》,南京:江苏美术出版社 2007 年版。

俞丰译注:《王翚画论译注》,北京:荣宝斋出版社 2012 年版。

周韶华:《感悟中国画学体系》,武汉:湖北美术出版社 2014 年版。

汪世清编:《石涛诗录》,石家庄:河北教育出版社 2006 年版。

杨新:《扬州八怪》,北京:文物出版社 1981 年版。

王伯敏:《中国绘画通史》,北京:三联书店 2000 年版。

郭廉夫:《花鸟画史话》,南京:江苏美术出版社 2001 年版。

张海鹏:《中国近代史稿地图集》,北京:中国地图出版社 1987 年版。

张仲礼主编：《中国近代经济史论著选译》，上海：上海社会科学院出版社 1987 年版。

张仲礼主编：《东南沿海城市与中国近代化》，上海：上海人民出版社 1996 年版。

林庆元主编：《福建近代经济史》，福州：福建教育出版社 2001 年版。

何一民：《中国城市史纲》，成都：四川人民出版社 1994 年版。

乐正：《近代上海人社会心态(1860—1910)》，上海：上海人民出版社 1991 年版。

范铁权：《近代科学社团与中国的公共卫生事业》，北京：人民出版社 2013 年版。

钟叔河：《从东方到西方——"走向世界丛书"叙论集》，上海：上海人民出版社 1989 年版。

胡朴安：《中华全国风俗志(下编)》，石家庄：河北人民出版社 1988 年版。

姚镐编：《中国近代对外贸易史资料》，北京：中华书局 1962 年版。

史明正：《走向近代化的北京城——城市建设与社会变革》，北京：北京大学出版社 1995 年版。

余作荣：《生态智慧论》，北京：中国社会科学出版社 1996 年版。

曾繁仁：《生态美学导论》，北京：商务印书馆 2010 年版。

徐恒醇：《生态美学》，西安：陕西人民教育出版社 2002 年版。

王进：《我们只有一个地球：关于生态问题的哲学》，北京：中国青年出版社 1999 年版。

刘湘溶：《生态文明论》，长沙：湖南教育出版社 1999 年版。

贾卫列、刘宗超：《生态文明观》，厦门：厦门大学出版社 2010 年版。

王祥荣：《生态与环境》，南京：东南大学出版社 2000 年版。

金经元：《近现代西方人本主义城市规划思想家》，北京：中国城市出版社 1998 年版。

福建社会科学院历史研究所编：《林则徐与鸦片战争研究论文集》，福州：福建人民出版 1985 年版。

(英)宾汉：《英军在华作战记》，中国史学会编，《鸦片战争》资料丛刊第 5 册，神州国光社 1954 年版。

(美)阿尔·戈尔撰，陈嘉映译：《濒临失衡的地球——生态与人类精神》，北京：中央编译出版社 2012 年版。

(美)亨利·戴维·梭罗撰，徐迟译：《瓦尔登湖》，上海：上海译文出版社 1997 年版。

(美)唐纳德·L·哈迪斯蒂撰，郭凡、邹和译：《生态人类学》，北京：文物出版社 2002 年版。

(美)霍尔姆斯·罗尔斯顿撰，刘耳、叶平译：《哲学走向荒野》，长春：吉林人民出版社 2000 年版。

(法)阿尔贝特·施韦泽撰，陈泽环译：《敬畏生命》，上海：上海人民出版社 2017

年版。

（法）塞尔日·莫斯科维奇撰，庄晨燕译：《还自然之魅》，北京：生活·读书·新知三联书店 2005 年版。

（英）罗宾·柯林伍德撰，吴国盛、柯映红译：《自然的概念》，北京：华夏出版社 1999 年版。

（美）罗斯撰，公茂虹、张皓译：《变化中的中国人》，北京：中华书局 2006 年版。

（美）罗兹·墨菲撰，上海社会科学院历史研究所编译：《上海——现代中国的钥匙》，上海：上海人民出版社 1986 年版。

（英）埃比尼泽·霍华德撰，金经元译：《明日的田园城市》，北京：商务印书馆 2000 年版。

（美）蕾切尔·卡逊撰，吴国盛评点：《寂静的春天》，北京：科学出版社 2007 年版。

（加）卜正民撰，王兴亮等译：《哈佛中国史》，北京：中信出版社 2016 年版。

（意）利玛窦、金尼阁撰，何高济等译：《利玛窦使华札记》，北京：中华书局 2010 年版。

（美）费正清、刘广京编，中国社会科学院历史研究所编译室译：《剑桥中国晚清史（1800—1911 年）》（上下卷），北京：中国社会科学出版社出版 1985 年版。

（美）李约瑟撰，何兆武等译：《中国科学技术史》第二卷《科学思想史》，北京：科学出版社与上海古籍出版社 1990 年版。

（美）马士撰，张汇文等译：《中华帝国对外关系史》，上海：上海书店出版社 2006 年版。

（美）高居翰撰，李佩桦等译：《气势撼人——十七世纪中国绘画中的自然与风格》，北京：生活·读书·新知三联书店 2009 年版。

（美）高居翰撰，李渝译：《图说中国绘画史》，李渝译，北京：三联书店 2014 年版。

二、英文文献

Ronald W. Hepburn, *The Reach of the Aesthetic : Collected Essays on Art and Nature*, Aldershot: Ashgate, 2001.

Allen Carlson & Arnold Berleant, eds. , *The Aesthetics of Natural Environments*, Canada: Broadview Press, 2004.

Allen Carlson, *Aesthetics and the Environment : The Appreciation of Nature, Art and Architecture*, London and New York: Routledge, 2000.

Allen Carlson & Barry Sadler, eds. , *Environmental Aesthetics : Essays in Interpretation*, Victoria, B. C. : University of Victoria, 1982.

Allen Carlson & Sheila Lintott, eds. , *Nature, Aesthetics, and Environmentalism : From Beauty and Duty*, New York: Columbia University Press, 2008.

Allen Carlson&Arnold Berleant, eds. , *The Aesthetics of Human Environments*, Peterborough: Broadview, 2007.

Glenn Parsons & Allen Carlson, *Functional Beauty*, Oxford: Oxford University Press, 2008.

Allen Carlson, *Nature and Landscape: An Introduction to Environmental Aesthetics*, Columbia University Press, 2009.

Arnold Berleant, *Art and Engagement*, Philadelphia: Temple University Press, 1991.

Arnold Berleant, *The Aesthetics of Environment*, Philadelphia: Temple University Press, 1992.

Arnold Berleant, *Living in the Landscape: Toward an Aesthetics of Environment*, Lawrence: University Press of Kansas, 1997.

Arnold Berleant, *Environment and the Arts: Perspectives on Environmental Aesthetics*, Aldershot: Ashgate, 2002.

Arnold Berleant, *Re-thinking Aesthetics*, *Rogue Essays on Aesthetics and the Arts*, Aldershot: Ashgate, 2004.

Arnold Berleant, *Aesthetics and Environment: Variations on a Theme*, Aldershot: Ashgate, 2005.

Arnold Berleant, *Sensibility and Sense: The Aesthetic Transformation of the Human World*, Exeter: Imprint Academic, 2010.

Arnold Berleant, *Aesthetics beyond the Arts: New and Recent Essays*, Aldershot: Ashgate, 2012.

Yrj ö Sepänmaa, *The Beauty of Environment: A General Model for Environmental Aesthetics*, Helsinki, 1986.

Yrjö Sepänmaa ed. , *Real World Design: The Foundations and Practice of Environmental Aesthetics*, Helsinki: University of Helsinki, 1997.

Emily Brady, *Aesthetics of the Natural Environment*, Edinburgh: Edinburgh University Press, 2003.

Emily Brady, *The Sublime in Modern Philosophy: Aesthetics, Ethics, and Nature*, Cambridge University Press, 2013.

Jack L. Nasar, eds. , *Environmental Aesthetics: Theory, Research, and Applications*, Cambridge: Cambridge University Press, 1988

J. Douglas Porteous, *Environmental Aesthetics : Ideas, Politics and Planning*, New York, Routledge, 1996.

Holmes Rolston, *Environmental Ethics: Duties to and Values in the Natural World*, Philadelphia: Temple University Press, 1988.

Eugege Hargrove, *Foundations of Environmental Ethics*, Englewood Cliffs: Prentice Hall, 1989.

Yi-Fu Tuan, *Topophilia, A Study of Environmental Perception, Attitudes and Values*, Englewood Cliffs, New Jersey: Prentice-Hall, 1974.

Yi-fu Tuan, *Space and Place: The Perspective of Experience*, Minneapolis: University of Minnesota press, 1977.

Yi-Fu Tuan, *Passing Strange and Wonderful: Aesthetics, Nature, and Culture*, Washington, D. C. : Island Press, 1993.

Hal Foster ed. , *The Anti-Aesthetic: Essays on Postmodern Culture*, Seattle, Washington: Bay Press, 1995.

H. H. Gerth & C. Wright Mills eds. , *From Max Weber: Essays in Sociology*, New Work: Oxford University Press, 1946.

M. Featherstone, S. Lash and R. Robertson. eds. *Global modernities*, London: Sage, 1995.

Mike Featherstone et al. eds, *Theory, Culture and Society, Special Issue on Problematizing Global Knowledge*, vol. 23, no. 2 - 3, March-May 2006, London: Sage Publications, 2006.

Richard Shusterman, ed. , *Analytic Aesthetics*, Basil Blackwell Ltd, 1989.

Jeffery Kastner & Brian Wallis , *Land and Environmental Art* , London: Phaidon Press, 1998.

Thomas Heyd, *Encountering Nature: Toward an Environmental Culture*, Burlington: Ashgate, 2007.

S. C. Bourassa, *The Aesthetics of Landscape*, London: Belhaven, 1991.